DIETRICH BRÜGGEMANN

MATERIALERMÜDUNG

Mehr über unsere AutorInnen und Bücher:
www.edition-w.de

Die Deutsche Nationalbibliothek verzeichnet diese Publikation in der
Deutschen Nationalbibliografie; detaillierte bibliografische Daten sind
im Internet über http://dnb.d-nb.de abrufbar.

ISBN 978-3-949671-03-6
© Edition W GmbH, Frankfurt/ Main 2022
Umschlaggestaltung: Michaela Spohn Design
unter Verwendung eines Motives von Dennis Rudolph
Satz: Publikations Atelier, Dreieich
Druck und Bindung: CPI – Clausen & Bosse, Leck
Printed in Germany

Für F.

Inhalt

Die Welt geht auseinander wie ein fauler Fisch.
Wir wollen sie nicht balsamieren.
J. W. Goethe, Faust 1

If the world ends
I hope you're here with me
I think we could laugh just enough
To not die in pain
Guillemots

1
Vertreibung

»Im Anfang war das Wort, aber welches Wort, das verrät einem keiner. Und da fängt das Problem schon an. Findest du das gut?«

»Gut für was?«

»Als Ankündigungstext. Ich finde es schlecht.«

Maya löschte den Text, tippte etwas anderes, vertippte sich, löschte wieder und sagte:»Tippen auf dem Handy ist wie Haareschneiden mit Fausthandschuhen.«

»Das finde ich gut«, erwiderte Jacob,»schreib das doch rein.«

Maya konzentrierte sich auf ihr Smartphone, und Jacob schaute an ihr vorbei und in die Ferne. Die Sonne brannte vom Himmel, und am Horizont flimmerte die Luft, als würde jemand ein Spiegelei braten. Neben einem Waldstück in ein oder zwei Kilometern Entfernung lag ein kleiner Teich. Hundert Meter näher stand eine Reihe von schlanken Bäumen, deren Blätter im Sonnenlicht silbern glitzerten. Einer der Bäume war umgefallen, seine Blätter glitzerten jetzt am Boden. Vor den Bäumen war ein abgeerntetes Feld, trockene Maishalme ragten aus dem rissigen Boden, und hoch oben in der Luft flog ein Vogel langsam im Kreis. Noch ein Stück näher, fünf Meter von Jacob entfernt, spazierte eine magere Katze durchs Gras, und noch viel näher, einen halben Meter von Jacob entfernt, saß eine junge Frau mit halblangen rotblonden Haaren, die einen Kaffeebecher ohne Henkel in der Hand hielt und mit gedankenverlorener Konzentration auf ihr Handy schaute. Sie trug eine ausgewaschene schwarz-rosa gestreifte Hose und ein altes T-Shirt, auf dem »Sparkasse Oldenburg« stand. Jacob stellte sich vor, er würde sie nicht kennen, und versuchte sie so anzuschauen, wie er sie als Fremde anschauen würde. Es gelang ihm nicht. Es war Maya, seine Freundin. Sie klopfte auf ihr Handy und sagte: »Scheißinternet.«

»Ja. So ist das hier.«

Sie saßen nebeneinander auf einer Bank, die aus einem Brett auf zwei Klötzen bestand. Es war ein Freitagmittag, Anfang August, und der Sommer nahm kein Ende. Vor ihnen stand ein Tisch aus verwittertem grauen Holz, neben ihnen war ein Stück Wiese, dann ein Blumenbeet, daneben hinter einem hölzernen Zaun ein kleiner Gemüsegarten und dann eine Wiese mit Obstbäumen. Hinter Jacob und Maya stand ein kleines Haus, die Fassade war grau, in den Fenstern hingen staubige Gardinen, zum Hintereingang führten drei Stufen hinauf.

Jacob legte den Kopf in den Nacken und sah nach oben. Ein Flugzeug zog einen schmalen Kondensstreifen über den Himmel. Als Kind hatte Jacob bei diesem Anblick an Raketen und Raumschiffe gedacht. Später immer noch an Fernweh und Abenteuer. Heute dachte er: Alle fliegen irgendwohin, machen da Fotos von sich selber und stellen die dann ins Internet. Vor vier Jahren, als er Single gewesen war, hatte sich bei Tinder angemeldet. Dort gab es viele verschiedene Frauen, die sich mit immer demselben Foto präsentierten: an irgendeinem Strand, auf dem Höhepunkt eines Luftsprungs. Für jedes dieser Fotos war jemand zum Flughafen gefahren, in zehn Kilometern Höhe irgendwo hingeflogen, dort ein Auto gemietet, vom Flughafen irgendwo hingefahren, hatte eine Tür aufgeschlossen, Licht angeschaltet, einen Wasserhahn aufgedreht, warm gegessen, kühl getrunken, Strom verbraucht, Waren und Dienstleistungen konsumiert. Irgendwann hatte sie am Strand die beste Reisegefährtin oder den damaligen Freund gebeten, ein Foto von ihr zu machen, auf dem sie in die Höhe sprang, und dabei möglichst genau den richtigen Moment zu erwischen. Das hierfür verwendete Handy war das vorläufige amtliche Endergebnis von 3 000 Jahren Forschung und Technik und bestand aus Rohstoffen, die die Menschheit auf fünf Kontinenten der Erde entrissen hatte, und für das Sprungfoto hatte es ein paar Versuche gebraucht, dann war eines gelungen, die Frau war auf dem oberen Totpunkt der Flugbahn scharf abgebildet, und ihr Gesicht sah nicht aus wie das eines Hundes, der sich gerade schüttelt, also wurde das Foto gespeichert, dann zog man weiter, blieb noch ein paar Nächte, setzte sich schließlich wieder in ein Flugzeug, flog mit achthundert Sachen durch die Stratosphäre zurück und lud das Bild irgendwann bei Tinder hoch, wo es dann am Ende als eines von hunderten Luftsprung-Strand-Fotos nach links weggewischt wurde, und zwar von Männern, die ihre eigenen Tinderbilder auch für einmalig hielten, während sie in Wahrheit eher hundert- oder tausendmalig waren. Das eigentlich Erstaunliche daran war, dass sich auf diese Weise überhaupt Paare fanden, in denen die Partner einander für einzigartig hielten. Jacob hatte das Gefühl gehabt, auf Tinder fünfzigtausendmal derselben Frau zu begegnen, die fünfzigtausendmal am Strand in die Höhe sprang und irgendwas von *Travel/Books/Yoga/Avocados* in ihr Profil schrieb. Jacobs Tinderphase war kurz und erfolglos gewesen. Er hatte die Strandluftsprungfrauen nach links weggewischt und fast alle anderen auch, aber umgekehrt hatten die Frauen ihn auch alle weggewischt, und so kam er in vier Monaten Tinder-Präsenz auf kein einziges *Match*. Dieser Misserfolg war so spektakulär, dass er fast schon wieder stolz war.

In der Mittelstufe hatte Jacob einen engagierten Biolehrer gehabt, der eine AG angeboten und Ausflüge gemacht hatte. Einer dieser Ausflüge hatte zu einer Fischzucht geführt. Es gab Becken, in denen es vor Fischen wimmelte und in denen man angeln konnte. Die anderen Ausflugteilnehmer hatten reihenweise Fische aus dem Wasser gezogen, nur Jacob hatte eine Stunde lang überhaupt nichts gefangen. Er fand das aber nicht schlimm, denn er war sich nicht sicher, ob er einen Fisch haben wollte. Fünfzehn Jahre später auf Tinder kam er sich genauso vor: Er warf halbherzig die Angel aus, bekam trotz ungeheurem Angebot nichts ab und wusste nicht, ob er darüber traurig sein sollte. Als er dann Maya kennenlernte, hatte er nur noch alle paar Tage ein paar Minuten lustlos auf Tinder verbracht und es dann ganz gelassen.

Jacob wusste, dass man so gut wie nie im Leben bei irgendwas der Einzige war. Wenn man am Strand in die Höhe sprang, dann taten tausend andere das auch. Bei Tinder musste es also vielen Menschen so ergehen wie ihm: Sie wischten sich durch tausend Fotos, und am Ende kam nichts heraus. Für viele andere funktionierte es zwar, aber Jacob wurde das Gefühl nicht los, dass es sich da um eine dünne Oberschicht aus gutaussehenden Erfolgsmenschen handelte, die medial überrepräsentiert waren und deswegen dachten, es gäbe außer ihnen niemanden. Die breite Masse schob Bilder von Millionen anderen Menschen sinnlos hin und her, war dabei wiederum der irrigen Annahme, die Ausnahme zu sein, und schämte sich. So gesehen war das Ganze ein riesenhaftes Monument der Sinnlosigkeit.

»Das ist wie im Gulag«, hatte Jacobs Freund Moses dazu gesagt. »Die Nazis haben ihre KZ-Häftlinge mit Zwangsarbeit massenweise vom Leben zum Tode befördert, aber die Arbeit hatte immer einen erkennbaren Zweck – Bauarbeiten oder Waffenmontage oder sowas. In Russland hingegen war die Arbeit völlig sinnlos. Schnee von links nach rechts schaufeln und dann gleich wieder zurück.«

»Aber müssen wir uns Sisyphos nicht als einen glücklichen Menschen vorstellen?«, hatte Jacob gesagt.

»Hast du noch mehr Kalendersprüche auf Lager? Hast du Chaos in dir und willst einen tanzenden Stern gebären?«

»Ja, das hatte ich vor.«

»Sisyphos *wäre* ein glücklicher Mensch, wenn der Stein auf dem Berg einen Zweck *hätte*. Wenn er beispielsweise als Baustein eines Hauses gedacht wäre – ganz egal, was für ein Haus. Es kann auch ein Nazi-Folterknast sein. Hauptsache nachvollziehbarer Zweck. Das Haus muss fertigwerden. Aber solange der Stein keinen Zweck hat, ist Sisyphos unglücklich und der Mythos behält recht: Es ist die Höchststrafe. Und dass das Empfinden des Menschen so beschaffen ist, das ist wiederum das Absurde, denn Bombenbau für Hitlerdeutschland hat in der Welt objektiv mehr Schaden angerichtet als Schneeschaufeln in Sibirien.«

»Und was hat das mit Tinder zu tun?«

»Der Vorgang ist der gleiche. Du schaufelst sinnlos irgendwas von links nach rechts. Aber anders als ein Gulag-Häftling bildest du dir einen Sinn ein. Du brauchst keine Nazi-Aufseher, die dir befehlen, Bomben zusammenzuschrauben, du hast deinen eigenen Nazi-Aufseher in dir drin, der dir die sinnlose Arbeit zu etwas Sinnvollem zurechtlügt.«

»Na ja«, hatte eine rotblonde Frau eingeworfen, die mit am Tisch saß, »das ist aber ein bisschen überspitzt, oder? Die Frauen und Männer auf Tinder sind eben keine sinnlosen Schneemassen, sondern potentielle Partner, also haben wir ein Ziel, Kontaktaufnahme und Paarung, wo wir über den Sinn streiten können, was aber subjektiv als sinnvoll erlebt wird. Um das Ziel einer Tinder-Session herauszufinden, muss ich mir keinen inneren Nazi-Aufseher konstruieren.«

»Wir meinen beide dasselbe«, hatte Moses gesagt.

»Nee«, hatte sie erwidert, »du lässt dich von der oberflächlichen Ähnlichkeit zwischen Schneeschaufeln und Tinderwischen blenden und drehst intellektuelle Loopings. Du schaufelst verbalen Schnee hin und her. Davon abgesehen taucht sinnlose Zwangsarbeit schon bei Dostojewski auf, und zwar im *Bericht aus einem Totenhaus*, aber ob das in russischen Lagern wirklich umgesetzt wurde, da sind die Gelehrten sich nicht so einig, und es gibt Quellen, die behaupten, die Nazis hätten das auch gemacht, aber da müsste ich nochmal nachgucken. Ich bin müde. Komm, wir tanzen.«

Das Gespräch hatte nachts gegen eins in einer Theaterkantine stattgefunden, Maya war Regieassistentin einer Inszenierung, zu der Jacob die Musik beisteuerte, und Moses war auf Jacobs Einladung zur Generalprobe gekommen. Jacob hatte sich über die Probenzeit mit

Maya angefreundet, eigentlich sogar in sie verliebt, und konnte jetzt zuschauen, wie Moses ihrem Intellekt verfiel und sich gleichzeitig ärgerte, dass sie ihn argumentativ aufs Kreuz gelegt hatte. Maya wollte damals aber niemanden, keinen Freund und keine Affäre, also hatte Jacob sich wieder entliebt, um dann, fünf Monate nach der Premiere, überraschenderweise doch mit ihr zusammenzukommen. Das war vier Jahre her, und seitdem waren in seinem Handy immer noch Rohstoffe aus fünf Kontinenten, aber keine am Strand in die Höhe springenden Frauen mehr. An die dachte er nur noch selten, wenn er am Himmel einen Kondensstreifen sah, so wie jetzt, als er mit Maya vor dem Häuschen saß, das seinem Vater gehörte.

Im Hintereingang war Gerhard, Jacobs Vater, erschienen. Er trug ein Tablett mit einer Kanne Kaffee und einem Teller mit drei viereckigen Stücken Rhabarberkuchen. Er stellte das Tablett ab, und ein braunes Blatt fiel vom Baum und landete auf dem Kuchen. Jacobs Vater warf das Blatt weg, nahm sich eines der Kuchenstücke und biss hinein. Dabei schaute er in die Ferne zu dem umgefallenen Baum und sagte: »Haste gesehen? Der Biber hat eine von den Pappeln umgelegt. Darfste aber nix machen. Naturschutz. Zumindest für den Biber. Die Bäume schützt keiner.«

Gerhard wohnte seit fünf Jahren in diesem Haus, das allein auf dem Acker lag. Davor hatte er in Magdeburg gewohnt, davor in Bremen und davor in Würzburg, wo Jacob aufgewachsen war, bis er 16 war und die Ehe seiner Eltern auseinanderging. Ein weiteres Blatt fiel vom Baum und landete in Gerhards Tasse. Er fischte es heraus und sah es nachdenklich an.

»Miniermotte. Wirste nicht los. Ich hab beschlossen, dass ich Miriam in Zukunft so nennen werde.«

Miriam war Jacobs Mutter.

»Ich werde im Geiste meine Lebensgeschichte umschreiben«, sagte Gerhard, »einmal mit *Suchen und Ersetzen* rübergehen und überall *Miriam* durch *Miniermotte* ersetzen.«

»Papa«, sagte Jacob und merkte, wie seine Stimme einen Sprung machte, eine große Terz nach unten, der wahrscheinlich auf der ganzen Welt dasselbe sagte: Du nervst.

»Ja, ja, ja, ja, ja«, sagte sein Vater, »lass mich doch mal einen Witz machen. Eure Generation hat keinen Sinn mehr für Satire.«

Der Baum, unter dem sie saßen, war eine Kastanie, und das Haus lag in der Uckermark. Vielleicht war es auch die Schorfheide oder der oder das Oderbruch. Jacob war orientierungslos, was die Namen der Gegenden um Berlin herum betraf. Genauso orientierungslos war er bei den Namen von Pflanzen und Tieren. Einen Papagei und einen Kaktus konnte er identifizieren, aber Buchfink, Teichrohrsänger und Nachtigall kannte er allenfalls aus Büchern aus den 60er und 70er Jahren, die es in den 90ern in der Ortsbücherei gegeben hatte. Am Ausgang der Bücherei stand ein Rollwagen mit ausgemusterten Büchern, die man für eine Mark mitnehmen konnte. In jedes Buch war hinten ein Zettel eingeklebt, auf den das Rückgabedatum gestempelt war, anhand dessen man sehen konnte, wann und wie oft das Buch »Die Vögel des Waldes« im Lauf der Jahre ausgeliehen gewesen war. Jacob hatte einige dieser Bücher in seinem Kinderzimmer gehabt. Sie handelten von Fischen, Bibern und Zugvögeln, er blätterte sie manchmal durch und achtete darauf, keine Seite auszulassen und jedes Bild gewissenhaft anzuschauen. Sein Verhältnis zu Zeisig und Zaunkönig war trotzdem nicht besser geworden, und Pflanzenbücher hatten ihn überhaupt nie interessiert, daher wusste Jacob nicht, wie die Blumen hießen, die in Kübeln neben dem Eingang des Hauses standen. Rosen, Tulpen und Narzissen konnte er unterscheiden, danach war Schluss.

Maya wusste, wie die Pflanzen in den Kübeln hießen, aber sie war dagegen. In der Sonne waren ein paar kümmerliche Geranien, an der Fassade eine Kletterrose und im Schatten zwei Begonien und eine Hortensie. Maya fand die Pflanzen banal und lieblos behandelt. Wenn das ihr Haus wäre, würde das anders aussehen. Dann wäre auf der Terrasse eine große Familie von Töpfen in allen Größen mit Rosen und Tomaten und Chili, dann wäre da in der Ecke zwischen den Bäumen ein Komposthaufen, auf dem fünf verschiedene Sorten Minze wild wuchern würden, und überall Kürbisse und Zucchini. Und ein großer Busch Salbei, der würde hier wachsen wie wahnsinnig. Wenn das mein Haus wäre, dachte Maya, dann wären hier immer Leute, den ganzen Sommer über, dann würde immer irgendwo jemand sitzen und ein Buch lesen oder eins schreiben oder ein Bild malen oder Kunst machen oder sich ein Theaterstück ausdenken. Abends würden alle im Garten unter dem großen Baum an einem langen Tisch gemeinsam essen, im Baum würden Lichter hängen, keine zwei Teller auf dem Tisch würden gleich aussehen, dann würden alle zusammen Wein trinken und man würde sich gegenseitig vorlesen und erzählen, was man tagsüber gemacht hatte. Paare würden sich hier finden, ein Jahr später würden sie mit Babys wiederkommen, und nach drei Jahren wäre schon alles voller Kinder. Im Winter würde das Leben sich ins Haus zurückziehen, sie würde den Ofen anheizen und Brot backen und immer einen großen Topf Gemüsesuppe auf dem Herd haben, aber auch im Winter wären immer ein paar Leute im Haus, die vor der grauen Trübsal des Berliner Winters flohen. Maya fragte sich, ob in dieser Fantasievorstellung auch ein Platz für Jacob war. Saß er mit ihren Freunden an der langen Tafel? War er im Winter dabei, wenn es um fünf dunkel wurde und sie die Suppe auf den Herd stellte? Oder gab es ihn nicht? All das dachte sich Maya, aber das Haus gehörte nicht ihr, sondern Jacobs Vater, der neben ihr saß, in seiner Kaffeetasse rührte und mit dem Mund Bewegungen machte, als hätte er etwas zwischen den Zähnen.

Gerhard hatte beobachtet, wie Maya mit zusammengezogenen Augenbrauen auf seine Terrassenbepflanzung starrte. Er konnte ihre Gedanken nicht lesen, aber ihr Anblick sagte: Die ist energisch, die will mit der Stirn durch die Wand, egal wie dick die Wand ist und ob dahinter die Welt zu Ende ist. Es wäre ein völlig natürlicher Impuls gewesen, sie in den Arm zu nehmen und zu küssen, aber sie war ja die Freundin seines Sohnes, und dieser Gedanke war der eigentlich absurde, denn Gerhard hatte das Gefühl, höchstens Ende 30 oder Anfang 40 zu sein, aber nicht 76. Das, was er als seine eigene Wahrheit empfand, war vor 40 Jahren stehengeblieben, aber die Realität hatte sich über die Jahrzehnte immer weiter von dieser Wahrheit entfernt, die Realität war grotesk geworden und hatte ihn in einen alten Mann verwandelt. Gerhard hatte schon seit einigen Jahren keine Frau mehr im Arm gehalten, und er konnte nicht verhindern, dass eine wütende Eifersucht auf Jacob in ihm aufstieg. Sein eigener Sohn war ihm immer ein Rätsel geblieben. Er wurde den Argwohn nie los, dass Jacob ihn im Grunde hasste, und den darunterliegenden Argwohn, dass Jacob dafür gute Gründe hatte. Und jetzt saß sie hier vor ihm, die junge eigenwillige Frau, die Jacob mitgebracht hatte – Jacob, dieses schreiende Baby, dieses egozentrische Kleinkind, dieser endlos Fragen stellende Fünfjährige, dieser penetrant Widerworte gebende Neunjährige, für den Gerhard sein eigenes Leben irgendwo abgestellt und stehen gelassen hatte wie ein Auto, das man parkt und dann vergisst, wo man es geparkt hat, und dann geht man halt zu Fuß weiter. Ihm wurde schwindlig, wenn er über sich selbst nachdachte.

Maya wandte den Blick von den Pflanzen ab, und Gerhard schaute rechtzeitig weg von ihr, um ihr nicht das Gefühl zu geben, er hätte sie angestarrt.

»Ich muss die Pflanzen mal gießen«, sagte er.

»Mein Freund Moses sagt immer: Zuviel Gießen bringt den Tod«, sagte Jacob.

»Moses?« fragte sein Vater, »Sohn jüdischer Eltern?«

»Nein«, sagte Jacob, »aber er ist in Gießen aufgewachsen –«

»Und seine Eltern wollten den Holocaust wiedergutmachen«, unterbrach Maya, »deswegen heißt er Moses und seine Schwestern heißen Hannah und Rachel.«

»Und deswegen sagt er immer: Zuviel Gießen bringt den Tod«, sagte Jacob.

19

»Weil seine Eltern Philosemiten sind.«

»Nein, weil er in Gießen aufgewachsen ist.«

Maya hatte keine Lust auf dieses Wochenende gehabt. Sie hasste die roten Regionalzüge der Deutschen Bahn, sie hasste sämtliche Bahnhöfe, an denen der Zug hielt, und die Bahnhöfe, an denen man aus- oder umsteigen musste, die hasste sie erst recht. Sie hasste sämtliche Mitreisende, und sie hasste die elektronische Flöte, die mit der Melodie eines längst vergessenen Volksliedes jeden Halt ankündigte.

»Aber mein Papa fährt übers Wochenende weg«, hatte Jacob erwidert, »und kommt erst Sonntagabend wieder. Wir schlagen zwei Fliegen mit einer Klappe: Erstens Pflichtbesuch, der sitzt da immer so allein, zweitens ein Wochenende zu zweit auf dem Land. Wir können die Räder mitnehmen und zum See im Wald fahren.«

»Sag nicht immer *mein Papa*. Das klingt, als wärst du gerade mit Gymnasialempfehlung aus der Grundschule gekommen.«

»*Mein Vater*«, hatte Jacob erwidert, »oder *Gerhard*. Wenn ich *Gerhard* sage, komme ich mir vor wie ein antiautoritär erzogenes Kinderladenkind aus den 70ern.«

»Antiautoritäre Erziehung hätte dir gut getan.«

»Die antiautoritär erzogene Generation, die ihre Eltern beim Vornamen nennen musste, ist jetzt Ende 40 und hängt in ihrer Therapie fest, während die 15 Jahre jüngeren, die *Mama* und *Papa* sagen durften, an ihnen vorbeigezogen sind und Karriere gemacht haben.«

»An welchem Endvierziger bist du denn schon vorbeigezogen?«

»An keinem, und das liegt an meinem komplett mangelnden Ehrgeiz. Ich will mit dir aufs Land fahren, die Hängematte in den Garten hängen und die Seele baumeln lassen.«

»So intensiv kann ich meine Seele gar nicht baumeln lassen«, hatte Maya gesagt, »dass diese schrecklichen Bilder aus meiner Seele rausverdunsten.«

»Welche schrecklichen Bilder?«

»Die aus dem Regionalzug. Die vollgequalmten Brandenburger Teilzeitnazis mit Bierdosen und grauenhaften Tattoos, denen die Wampe aus der Jogginghose hängt und die von Pritzwalk nach Pasewalk fahren und dabei mit stumpfem Blick in eine stumpfe Welt glotzen und sich fragen, warum sie eigentlich von Pritzwalk nach Pasewalk fahren, denn hinterher müssen sie ja doch wieder von Pasewalk nach Pritzwalk zurück, da könnten sie auch gleich in Pritzwalk bleiben, und daneben ihre verfetteten Trullas, die sich nach 49 Jahren Verfettete-Trulla-Dasein in verfrüht verfette Omas verwandeln, und dann die resoluten Muttis aus dem Plattenbau in Köpenick, die sich für was Besseres halten als die Nazitrullas, und dann die Berliner Speckgürtel-Spießer-Fahrradausflugsgruppen mit teuren Funktionsjacken für fünfhundert Euro, die mit zwanzig voluminösen Spießer-E-Bikes die ganze Bahn vollstellen und die sich wiederum für was Besseres halten als die Köpenicker Muttis und die Nazitrullas, weil sie nen Job bei der Senatsverwaltung für Kultur und Besserwisserei haben, und dann am Ende noch Craft-Beer-trinkende Neukölln-Idioten mit Bart und Dutt, die in Startups arbeiten und sich für was Besseres halten als alle anderen und die sich die ganze Uckermark kaufen wollen. Und dann vielleicht noch verstrahlte Mittfünfziger aus Mitte, die in den 90ern die Loveparade erfunden haben und sich die ganze Uckermark schon gekauft haben, weswegen die Craft-Beer-Hipster jetzt leer ausgehen. Da komme ich dann aufs Land und muss drei Tage lang die Seele intensiv baumeln lassen, bis es mir wieder halbwegs gut geht, und dann fahren wir zurück und auf dem Rückweg ist es wieder dasselbe.«

»Hältst du dich nicht auch für was Besseres als die alle?«

»Keine Ahnung«, hatte Maya gesagt, »ich kann mich selber in dieser Situation gar nicht wahrnehmen. Ich verschwinde zwischen Naziwampen und Fahrradtaschen. Ich existiere nicht, also bin ich auch nichts Besseres.«

»Dann gebe ich mich geschlagen«, hatte Jacob gesagt, »wir bleiben hier und legen uns aufs Tempelhofer Feld.«

»Nein«, hatte Maya erwidert, »ich will ja auch aufs Land, aber im Zug musst du mich fest in den Arm nehmen, sonst kriege ich Depressionen, wenn ich lilafarbene Aufbau-Ost-Bausünden aus den 90ern sehe und zubetonierte Unterführungen und Bahnhofschilder, die mit -walde oder -felde oder -ow enden, zum Beispiel Faschow oder Pornow oder Brutalow. Und ich will nicht, dass dein Vater uns abholt. Wir nehmen die Räder mit.«

Jacob hatte sie also in den Arm genommen, als sie an Lichtenberg vorbei aus der Stadt hinausfuhren, hinaus in den Sommer, der überall war und kein Ende nahm, vorbei an Möbelhäusern und Self-Storage-Hallen, an Plakatwänden mit Sportschuhen, Autos und Gartengeräten, dann hinaus nach Brandenburg und durch Dörfer, in denen die Bahn den alten Backsteinbahnhof dichtgemacht hatte, wo auf dem Vorplatz ein einsamer Asia-Imbiss stand und drei Jugendliche biertrinkend und rauchend in eine unklare Zukunft guckten, vorbei an Schrebergärten mit Deutschlandfahnen, vorbei an Einfamilienhäusern, die aussahen wie im Baumarkt gekauft, mit blau glänzenden Ziegeldächern und Fassadenverblendungen aus Imitat, bei dem man nicht sagen konnte, was es imitieren sollte – »das ist Imitat in seiner reinsten Form«, hatte Maya dazu gesagt, »es imitiert nichts mehr, es ist in seiner Imitathaftigkeit ganz bei sich«, dann hatte es Verspätung wegen einer Weichenstörung gegeben, so waren sie eine Stunde lang in Angermünde hängengeblieben, hatten die Fahrräder auf den Bahnsteig gestellt, sich daneben auf den Boden gesetzt und in den Himmel geguckt.

»Ich glaube«, hatte Jacob dort zu Maya gesagt, »die Welt ist wie ein verstimmtes, eigentlich schrottreifes Klavier. Wenn man da Beethoven-Sonaten spielen will oder irgendwas, was es schon gibt, dann kann das nur schiefgehen. Wenn man aber gar nichts will, sondern herausfindet, welche Töne noch brauchbar sind, dann kann man auch auf einem Schrottklavier Musik machen. Man muss nur improvisieren.«

»In diesem Plädoyer für Bescheidenheit«, hatte Maya erwidert, »steckt eine kleine Portion Arroganz. Eigentlich sagst du: Wer nicht Klavier spielen kann, der versteht meine Metapher nicht, aber Klavier-spielenkönnen reicht nicht, man muss zusätzlich noch improvisieren können, nicht nur doof nach Noten spielen, und voll der sensible krea-tive Künstler sein. Und dann am Ende muss man so tun, als wäre man bescheiden und introvertiert. Die Arroganz der Bescheidenheit. Zent-rales Problem der deutschen Kulturlandschaft.«

Jacob hatte nichts gesagt.

»Entschuldigung«, hatte Maya gesagt, »das klang jetzt döfer, als es gemeint war.«

»Und du darfst an den Leuten im Zug leiden. Steckt da nicht auch eine Portion Arroganz drin?«

»Nein. Da stirbt meine Seele.«

»Also sich beklagen, dass einem durch die bloße Präsenz anderer Menschen Gewalt angetan wird, ist okay, aber konstruktiv nachden-ken, was man dagegen tun könnte, das ist nicht okay. Da bin ich dann privilegiert, weil in meinem Vergleich ein Klavier vorkommt.«

»Bei solchen Gesprächen stirbt meine Seele auch.«

Jacob seufzte. »Na gut, dann lassen wir das Klavier weg, dann ist das Leben halt wie ein gewundener Trampelpfad, auf dem man nicht einfach geradeaus fahren kann, aber dann sind wir bald bei den Post-kartensprüchen, die meine Mutter in der Küche hängen hat und die du immer so lustig findest.«

»Man muss sich lustig machen«, hatte Maya entgegnet, »sobald ir-gendjemand Sätze von sich gibt, in denen *das Leben* vorkommt, kann man sich gar nicht genug lustig machen.«

»Hier«, sagte Jacobs Vater und legte einen kleinen Stapel von ge-falteten und gehefteten Blättern auf den Tisch. Sie sahen aus wie die Schülerzeitung, bei der Jacob in der zehnten Klasse mitgemacht hatte. Auf dem Titelblatt stand:

SOKRATES-REPORT

Durchblick & Klartext seit 2013

Sechster Jahrgang – Ausgabe 33 – Aug./Sep. 2019

Aus dem Inhalt:

BRÜSSELER KARTELL ENTLARVT SICH SELBST
DER GEHEIMPLAN DER ROCKEFELLER FOUNDATION:
WAS WIRKLICH BIS 2030 PASSIEREN SOLL
WIE CHURCHHILL KAISER WILHELM AUFS KREUZ LEGTE
KÜNSTLICHE INTELLIGENZ UND NATÜRLICHE DUMMHEIT:
DIE ALLMACHT DER ALGORITHMEN
WISSENSCHAFTLER AM CERN SPIELEN MIT DEM ENDE
DER WELT
DIE VERRÄTERISCHEN SCHUTTBERGE DES 11. SEPTEMBER
BITCOIN, BILDERBERGER UND B'NAI B'RITH:
UNZEITGEMÄSSE GEDANKEN ZU GELD UND MAGIE
GLOSSE: GEPLANTE OBSOLESZENZ UND MEINE
KAPUTTE KAFFEEMASCHINE

»Nehmt ruhig alle mit«, sagte Gerhard, »ihr könnt das auch gern an eure Freunde verteilen.«

Maya beugte sich über den Stapel und verdrehte den Kopf, um die Überschriften lesen zu können. Gerhard hielt ihr ein Exemplar hin. Maya nahm es nicht, aber sagte: »Bei *Churchhill* ist ein h zu viel.«

Gerhard setzte seine Brille auf, beäugte die Titelseite und erwiderte: »Tatsächlich. Eieiei. Das war alles auf den letzten Drücker, wir haben in der Endredaktion zwei Nächte durchgeackert, da kann das mal passieren.«

Jacob schlug das Heft von hinten auf und las auf der letzten Seite:

Nietzsche und Overbeck trinken ein Bier
Satirische Kurzgeschichte von Barry Gerrington

Auf der vorletzten Seite stand als Herausgeber der Name seines Vaters, Gerhard Benrath, und als *Redaktion* zehn Namen von acht Männern und zwei Frauen, die allesamt nicht existierten, sondern Pseudonyme von ihm selbst waren. Gerhard schrieb dieses Heft seit acht Jahren im Alleingang und war stolz darauf, wie er alle Welt glauben machte, dahinter stünde eine ganze Gruppe von Autoren, wo doch in Wahrheit alles von ihm war. *Alle Welt* waren die ungefähr 800 Abonnenten, die den *Sokrates-Report* bezogen. Gerhard war selbst stets aufs Neue beeindruckt, wie jeder seiner erfundenen Autoren einen ganz eigenen Tonfall hatte, und wies gelegentlich mit leisem Stolz darauf hin. Jacob konnte diese Tonfallunterschiede nicht richtig wahrnehmen, aber ihm fehlte der Antrieb, seinem Vater das mitzuteilen oder ihn damit zu konfrontieren, was er da alles von sich gab. Erstens war es ihm irgendwie egal, zweitens war jede Diskussion zu diesem Thema vollkommen fruchtlos, und außerdem fand Jacob die Artikel manchmal sogar ganz interessant, zumindest für die ersten drei Absätze, bevor er sie wieder weglegte, weil er den Tonfall schrill fand, egal welcher erfundene Autor da schrieb. Dass Gerhard ihm sein Blatt so aktiv unter die Nase hielt, war allerdings neu, bisher hatte er es immer nur dezent ins Gespräch geschmuggelt oder irgendwo aus Versehen liegengelassen, und wenn Jacob gewusst hätte, dass das passieren würde, dann hätte er diesen Wochenendausflug vielleicht nicht gemacht. Jacob hatte den Kontakt zu seinem Vater auf ein Minimum reduziert, aber ihm fehlte der Mut oder die Entschlossenheit, ihn ganz abzubrechen.

Maya nahm das Heft jetzt auch in die Hand und suchte den Churchill-Artikel. Er war mit »Bernhard Hartge« gezeichnet.

»Hier ist *Churchill* richtig geschrieben«, stellte sie fest.

»Na so ein Glück«, seufzte Gerhard.

Jacob legte das Heft auf den Tisch.

»Nimm es mit«, wiederholte sein Vater, »das kann sich bei deinen Freunden ruhig auch mal verbreiten. Und guck mal auf Seite 22. Da ist eine Replik auf Franz Tschackert, die sich gewaschen hat.«

»Wer ist Franz Tschackert?«, fragte Maya, nahm das Heft und blätterte an die angegebene Stelle.

25

Jacob tippte Maya an den Ellbogen. Ihm waren diese Aktivitäten seines Vaters peinlich, Maya fand sie lustig.

»Das ist ein Spinner«, erwiderte Gerhard, »der glaubt an die Weltverschwörung von CIA und Scientology und schreibt ein Blatt, das keiner liest.«

»Also nicht so wie dieses Blatt«, fuhr Maya fort, »das hat ja offensichtlich einige Leser.«

»Wir haben fünfzehnhundert Auflage. Tschackert fantasiert von *CI-Antology* und hat vielleicht 200 Leser. Aber bildet sich ein, er könne mir ans Bein pinkeln.«

»Gut, dass da jemand für, äh, *Durchblick und Klartext* sorgt.« Maya nickte todernst, und Jacob konnte es kaum ertragen, wie dieser Spott von seinem Vater entweder nicht bemerkt oder stoisch ignoriert wurde. Er stupste Maya unter dem Tisch mit dem Fuß an, sie trat heftig zurück. Er zog sein Handy aus der Tasche, sah nach der Uhrzeit und sagte:

»Musst du nicht mal los?«

»Eile mit Weile«, sagte sein Vater, sah dann auf die Uhr und sagte: »Verdammt.«

Er ging ins Haus und kam mit einer Reisetasche aus 90er-Jahre-Nylon zurück. Maya blätterte weiter im *Sokrates-Report*. Es war nicht zu erkennen, ob ihr Gesicht Interesse oder Abscheu ausdrückte.

»Ihr kennt euch ja aus«, sagte Jacobs Vater, »schlafen könnt ihr im Wohnzimmer, das obere Stockwerk ist tabu, der Rasen zwischen den Bäumen könnte mal gemäht werden, es gibt massenweise Kirschen, bedient euch. Der Apfelbaum hinterm Schuppen trägt zum ersten Mal seit sieben Jahren, aber nur sehr wenig, bisher genau drei Äpfel, und die hätte ich gerne weiter unter Beobachtung, also lasst da bitte die Finger von, die sind ohnehin noch nicht reif.«

»Alles klar.«

»Dann macht euch eine schöne Zeit. Ich komm Sonntagabend wieder.«

»Da sind wir schon weg.«

»Na dann. Tschüs, Maya!«

Maya schenkte Gerhard ein zuckersüßes Lächeln und winkte zum Abschied, als er in seinen 23 Jahre alten Ford Focus Kombi stieg. Der Wagen sprang an und setzte rumpelnd zurück. Gerhard reiste an diesem Wochenende zu irgendeinem Treffen; er hatte Jacob erzählt, um was es da ging und wo es stattfand, aber Jacob hatte es sofort vergessen.

»Komm«, sagte Maya, »wir stellen uns an die Ausfahrt und winken.«

Jacob griff nach ihrer Hand und sagte: »Wenn schon, dann richtig.«

Händchenhaltend liefen sie ums Haus und kamen gerade rechtzeitig an, als Gerhards Auto um die Ecke bog. Sie winkten wie fröhliche Kinder, Gerhard hupte, das Auto fuhr den Feldweg entlang, der einen Kilometer weit zur Straße führte, und zog eine Staubfahne hinter sich her, die langsam in den windstillen Sommerhimmel aufstieg und in der Ferne verschwand.

»Tut mir leid, dass du dir das anhören musst«, sagte Jacob.

»Ist doch toll«, entgegnete Maya, »er glaubt da wirklich dran. Das ist eine Wahnsinnsleistung. Also eine Leistung, aber halt auf dem Gebiet des Wahnsinns.«

Maya konnte an der Welt leiden wie kaum jemand, aber wenn sie nicht litt, dann beurteilte sie alles konsequent nach dem Unterhaltungswert. Man konnte nie vorhersehen, ob eine Bahnfahrt durch Brandenburg oder eine Begegnung mit Jacobs Vater bei ihr zu Schimpftiraden oder Freudenausbrüchen führen würde. Und Jacob mochte beides an ihr, denn er empfand Maya, auch wenn sie schimpfte, in gewisser Weise als musikalisches Ereignis.

Sie gingen wieder ums Haus und durch die Hintertür hinein. Das Haus hatte im Erdgeschoss nur eine Küche, einen Flur und ein kombiniertes Wohn- und Esszimmer, außerdem eine schmale Treppe ins Obergeschoss. Oben war eine Schlafkammer und ein weiteres Zimmer, das Gerhard als Arbeitszimmer benutzte, doch das obere Stockwerk hatte Jacob erst ein einziges Mal betreten, und das war vier Jahre her. Im Wohnzimmer gab es einige DDR-Möbel aus den 60er Jahren, eine »Wohnwand« aus den 90ern und ein monströs großes sowie ein kleineres Sofa. Überall stapelten sich Bücher, kopierte Zettel, Briefe, Zeitungen und eingetrocknete Kaffeetassen. Jacob kannte genügend Hauskauf-in-Brandenburg-Geschichten aus dem Freundeskreis, da gab es stets einen ersten Akt, in dem man schubkarrenweise alten DDR-Schrott hinausbeförderte. Genau das hatte Gerhard nicht getan. Er hatte alles so gelassen, wie es war, ein paar eigene Möbel sowie einen klobigen Röhrenfernseher aus der Spätzeit der Fernsehröhre dazugestellt und dann nach und nach alles mit Papier und Bücherstapeln überhäuft. Immer wenn Jacob zu Besuch war, also höchstens einmal im Jahr, dachte er, hier sei demnächst ein Ausmaß an Verwahrlosung erreicht, bei dem man irgendwie einschreiten müsse. Jedesmal ging er dann in die Küche, erwartete das Allerschlimmste und kam erleichtert wieder heraus, denn hier hielt Gerhard einigermaßen Ordnung. Er kochte Marmelade ein, verzehrte Gemüse aus dem eigenen Garten und ernährte sich ansonsten weitgehend von Spiegelei.

Im Flur standen die Rucksäcke, mit denen Maya und Jacob angereist waren. Obwohl sie nur für ein Wochenende gepackt waren, sahen sie nach einer längeren Abenteuerreise aus, denn an jedem Rucksack hing eine zusammengerollte Isomatte und ein Schlafsack, außerdem beulte Jacobs Rucksack sich von einer großen zwei-Personen-Hängematte, in der sie den Großteil des Wochenendes zu verbringen gedachten. Zwischen Jacob und Maya herrschte Übereinkunft, dass sie in diesem Haus keine Matratze, kein Bettzeug und kein Handtuch benutzten, sondern alles selber mitbrachten. Gerhard besaß sowieso nur eine einzige Matratze, und auf der schlief er selber im Obergeschoß, das Jacob weder betreten wollte noch durfte.

»Lass mal raufgehen«, sagte Maya.

»Nur über meine Leiche.«

»Hast du Schiss vor deinem Papa?«

»Nein, ich habe keinen Bock. Und außerdem wäre das unfair. Man kann ein fragwürdiges Verschwörungsblatt im Selbstverlag herausbringen und trotzdem ein Recht auf Privatsphäre haben.«

»Ich will nur meine Ängste beruhigen. In meiner Phantasie ist dein Vater ein Holocaustleugner und Kinderschänder und hat da oben alles mit menschenverachtenden Sachen volltapeziert, von denen ich nachts schlimm träumen werde, aber wenn ich jetzt da raufgehe und sehe nur ein normal zugemülltes Arbeitszimmer von einem alten Mann, der einen unterhaltsamen Knall hat, dann kann ich beruhigt schlafen. Aber du musst mitkommen.«

Jacob schüttelte den Kopf.

»Mir geht es genau umgekehrt. Ich befürchte das Allerschlimmste und will es nicht bestätigt bekommen.«

»Warum nicht?«

»Weil dann das Wochenende im Eimer wäre und wir nach Hause fahren müssten.«

»Lahme Ausrede. Das wäre voll aufregend.«

»Hängematte im Garten ist auch aufregend. Komm.«

Jacob nahm beide Rucksäcke und schleppte sie hinaus in den Sonnenschein, zwischen die Bäume des Gartens. Es kam ihm vor, als sei der Geist seines Vaters mit einigen Minuten Verspätung dem Auto hinterhergeflogen, jetzt war er weg, man konnte durchatmen und den Garten als Garten wahrnehmen. Das Gras stand hoch, die Äste hingen tief, die Sonne fiel in Millionen Strahlen durch die Zweige.

»Hier«, sagte Jacob, »zwischen den zwei Dingsdabäumen haben wir Schatten von dem –«

»…Walnussbaum, und die beiden Dingsdabäume sind Birnbäume.«

Jacob zog die Hängematte aus dem Rucksack und hängte sie zwischen die Bäume. Maya spazierte währenddessen durch den Garten und kam mit einer Stofftasche voller Äpfel, Birnen und Kirschen wieder.

»Zu zweit in der Hängematte«, sagte Jacob, als sie ihre Gliedmaßen über- und untereinander sortierten, »komme ich mir immer vor wie zwei Elefanten in der Badewanne.«

Sie lagen gegenläufig, Kopf neben Füßen, das hatte sich in längeren Versuchen als die beste Anordnung herausgestellt. Jacob hatte vorgeschlagen, zwei separate Hängematten mitzunehmen, aber auf diesen Vorschlag war Maya nicht eingegangen. »Ich will Körperkontakt und Gedankenaustausch«, hatte sie gesagt, »einzeln herumhängen kann ich so schon genug.« Jacob schlug ein Buch auf, und Maya nahm den *Kindle* zur Hand, den ihr ihre Mutter vor drei Wochen zum Geburtstag geschenkt hatte.

»Guck mal«, sagte sie und hielt ihm das Gerät hin, »guck dir mal diesen Scheiß an.«

»*Blutig schwarzer Schnee*«, las Jacob auf dem Sperrbildschirm, den das Gerät anzeigte, wenn man es ausschaltete, »nach *Blutig grünes Gras* und *Blutig blauer Himmel* der neue nervenzerfetzende Superschocker von Ashley B. Callahan.«

»Nervenzerfetzender Superschocker steht da nicht.«

»Das habe ich hinzugedichtet.«

»Können die ihre Kackwerbung nicht wenigstens personalisieren? Halten die mich für bekloppt? Ich will doch kein Gerät in die Hand nehmen, was zur Begrüßung jedesmal meinen Intellekt beleidigt. Die sammeln doch eh alle Daten, also könnten sie auch mal einen Blick darauf werfen, was auf diesem Gerät gelesen wird, und dementsprechende Werbung anzeigen. Das ist für mich als Kundin sonst ein miserables Produkterlebnis mit hoher Frustrationsrate oder wie die das in eurer Managementseminaridiotensprache heißt. Amazon, Scheißverein, so wird das nichts mit der Weltherrschaft.«

»Stimmt«, sagte Jacob und versuchte sich auf sein Buch zu konzentrieren.

»Nerv ich dich?«

»Man kann das wegschalten. Man muss irgendwelche Ordner löschen und dann schreibschützen. Behauptet zumindest Moses.«

»Kannst du mir das machen?«

»Das kannst du selber.«

»Ja, aber ich kann auch meinen Mann für mich arbeiten lassen.« Maya wischte die Werbung weg, wanderte mit dem Finger durch ihre Bibliothek, konnte sich nicht entscheiden, legte den *Kindle* wieder weg und nahm den *Sokrates-Report* erneut zur Hand. In der Mitte, dort wo das gefaltete Heft sich von selbst öffnete, stand:

WIE AM CERN MIT DEM ENDE DER WELT GESPIELT WIRD

*Ein Interview mit Dr. Ing. Wolfgang A. Richter vom
Sensos-Institut für biophysische Materialprüfung – Teil 1*

In der Fachwelt der Kern- und Elementarteilchenphysiker herrscht seit zwei Jahren Aufruhr, doch das Schweigekartell der etablierten Wissenschaftsjournalisten hat das Thema bisher erfolgreich aus den Mainstreammedien ferngehalten. Damit könnte es jetzt vorbei sein, denn bereits im April diesen Jahres erschien das Buch »Der große Zerfall« aus der Feder des – informierten Zeitgenossen bestens bekannten – Dr. Ing. Wolfgang A. Richter, seines Zeichens Gründer, Vorstand und wissenschaftlicher Leiter des renommierten Sensos-Instituts in Weiden/OPf. In seinem Werk entwirft er ein plausibles und auch Laien verständliches Szenario, wie waghalsige Teilchenexperimente am CERN in Genf eine Kettenreaktion auslösen könnten, an deren Ende die Vernichtung des gesamten physischen Universums stehen würde. Dr. Richters Buch, das bei uns am Redaktionstisch für manches Stirnrunzeln, die eine oder andere Sorgenfalte und einige nachdenkliche Gespräche sorgte, wurde in der Establishment-Presse mit eisigem Schweigen quittiert – wer hätte es anders erwartet –, doch wir erweisen der Wahrheit die Ehre, auf dass sie siegreich vom Felde gehen möge. Wir erreichten Dr. Richter telefonisch am Rande einer Konferenz in Rosenheim, und er war so freundlich, uns eine Stunde seiner kostbaren Zeit für ein Telefoninterview zur Verfügung zu stellen, das wir in drei aufeinanderfolgenden Teilen veröffentlichen. Das Gespräch führte Greta H. Bernhard.

Maya sah stirnrunzelnd in die Ferne, haarscharf an Jacob vorbei.

»Was machst du denn für Grimassen?« fragte Jacob.

»Erkennst du meinen Gesichtsausdruck nicht?«

»Nein. Du guckst, als wolltest du aussehen wie Albrecht Dürers Mutter.«

»Das ist manches Stirnrunzeln und die ein oder andere Sorgenfalte.«

»Hä?«

»Steht hier.«

Jacob wandte sich wieder seinem Buch zu, das aus den 70er Jahren kam und davon handelte, wie alle menschliche Kultur eigentlich nur eine Fluchtbewegung vor der unerträglichen Gewissheit des Todes sei. Das Buch zog ihn einerseits herunter, andererseits nicht so richtig in seinen Bann, er schweifte dauernd ab und fragte sich dabei, ob diese Abschweiferei ganz normal war oder ob er der falsche Adressat für das Buch war oder ob das ein Resultat der allgemeinen Smartphone-Sucht war und niemand sich mehr länger als drei Minuten konzentrieren konnte. Dann dachte er an Moses, der ihm das Buch empfohlen und nach eigenen Angaben dreimal gelesen hatte, also rief er sich zur Ordnung, las noch einen Absatz, schweifte wieder ab und stellte sich den Autor als 70er-Jahre-Mann mit Schnurrbart, Koteletten und Karohemd vor, der in einem Gebirge aus hölzernen Zettelkästen am Schreibtisch saß, mit qualmender Zigarette im Mundwinkel und einer weiteren qualmenden Zigarette im Aschenbecher auf seiner Schreibmaschine vor sich hintippte und auf dessen Horizont vor lauter Rauchen und Schreibmaschineschreiben nie der Gedanke auftauchte, dass die Menschheit nicht nur aus Männern bestand. Es gab Fotos aus den 70ern, auf denen Jacobs Vater genauso aussah, und Jacob war nie das Gefühl losgeworden, dass Männer aus dieser Generation Frauen in gewisser Weise als Teil einer anderen Menschheit betrachteten.

Die Hängematte schaukelte, und Maya fiel fast heraus, als sie sich zum Boden beugte und im Rucksack nach ihrem Handy fischte.

»Was hast du vor?«

»Ich muss den Typen googeln«.

»Viel Erfolg. In zwei bis drei Stunden weißt du mehr.«

Maya tippte *Dr. Ing. Wolfgang A. Richter Sensos Institut* ins Handy und wartete. Jacob schlug sein Buch zu und schaute in den Himmel.

»Welchen Typen und wieso musst du den googeln?«

»Der Typ, der hier sagt, dass Kernphysiker in der Schweiz fahrlässig das Ende der Welt herbeiführen könnten. Der hat bestimmt an der Bundeswehr-Universität studiert. Solche Leute waren immer 12 Jahre Zeitsoldat, haben dann an der Bundeswehr-Uni irgendwas Technisches studiert, dann haben sie 30 Jahre lang für eine mittelständische Firma gearbeitet, und jetzt sind sie Rentner und schreiben Bücher, in denen drinsteht, dass Kaiser Wilhelm an gar nix schuld war. Darunter liegt aber in Wahrheit ein Ressentiment gegen die eigenen Altersgenossen, die in ihren Zwanzigern an der Uni die Nächte durchgefeiert und gesoffen und gevögelt haben und genau durch diese Sauf- und Vögelzeit ein solides Netz an Beziehungen geknüpft haben, das einen mühelos durch einen langen Lebenslauf trägt, während sie selber Zeitsoldat waren und immer fleißig und natürlich auch dauernd besoffen, aber eben anständig, mit soldatischer Haltung, ohne Vögeln und ohne Karriere-Mehrwert. Scheiß-Internet, da kommt ja wirklich nix.«

Maya ließ das Handy fallen, angelte wieder nach unten und zog den Beutel mit dem Obst aus dem Gras. Sie reichte Jacob einen Apfel und nahm sich selber eine Handvoll Kirschen. Jacob biss in den Apfel. Er schmeckte intensiv süß, fast wie ein Stück Apfelkuchen. Er reichte ihn Maya.

»Probier mal«.

Maya griff nach dem Apfel und biss hinein.

»Krass. Lecker.«

»Wo ist der denn her?«

Maya wedelte vage in Richtung Schuppen.

»Ist der von dem Baum, von dem wir nix nehmen sollten?«

»Ich hab mir nicht gemerkt, welcher Baum das war.«

Jacob nahm den Apfel zurück und aß weiter. Nach zwei weiteren Bissen änderte sich der Geschmack, und er biss auf einen Wurm. Er verzog das Gesicht und warf den Apfel weg.

»Bäh. Spätestens jetzt ist egal, von welchem Baum der war.«

Maya hatte ihre Kirschen aufgegessen und die Kerne in alle Richtungen gespuckt. Sie sah nochmal nach ihrem Handy, das weiterhin auf Daten wartete, die nicht kamen. Dann legte sie sich wieder in die Hängematte und blickte in den Himmel, an dem jetzt eine einzelne kleine Wolke erschienen war. Jacob blickte in denselben Himmel, die Hängematte schaukelte sanft, ihre Körper berührten sich – seine Füße an ihrem Hinterkopf, ihre Knie an seinen Rippen, seine Hand auf ihrem Po, ihre Hand auf einer Wanderung, die gemächlich zwischen seine Beine führte. Die Schwerkraft und die Hängematte drückten sie aneinander, Jacob ließ seine Hand um Mayas Körpermitte herumwandern und dachte dabei an ein Segelschiff, das ohne besondere Eile auf dem Äquator vor sich hinsegelt. Er küsste ihre Füße. Der rosa Nagellack auf ihren Zehennägeln war drei Wochen alt und nur noch in Bruchstücken vorhanden.

»Warum«, sagte Maya und fingerte an seiner Hose herum, »trägst du immer diese dämlichen Gürtel?«

»Damit ich meine Hose nicht verliere.«

»Ich schenke dir bald mal Hosenträger.«

»Dann schenke ich dir einen Minirock.«

»Dann schenke ich dir einen Schottenrock.«

Der Versuch, sich in der Hängematte gegenseitig auszuziehen, führte zu unvorhersehbaren Schwankungen und Schaukeleien, und als Jacob Mayas Ellbogen ins Gesicht bekam, setzte er sich auf und stellte die Füße auf den Boden. Sie streiften sich die Kleider vom Leib, legten sich wieder hin und machten da weiter, wo sie aufgehört hatten.

»Ich liege oben«, verkündete Maya.

Sex in der Hängematte erwies sich als umständlich, aber interessant.

Umständlich, aber interessant, dachte Jacob vor sich hin, das beschreibt das Zusammensein mit Maya generell ganz gut, und dann dachte er: Schweife ich schon wieder ab? Bin ich überhaupt bei der Sache? Offenbar nein, beziehungsweise ja? Liebe ich sie genug? Müssten wir nicht eigentlich wie zwei Tiere übereinander herfallen und jeden klaren Gedanken vergessen? Liegt das jetzt auch an der Smartphone-Epidemie, dass ich nicht mal beim Sex ganz bei der Sache bin? Oder wird umwerfend toller Sex in Filmen und Romanen und in der Presse und im Internet viel zu sehr abgefeiert? Ist das alles nur Medienpropaganda? Und ist *Medienpropaganda* ein Wort, das auch in meines Vaters Verschwörungstheorie-Blatt drinstehen könnte? Werde ich auch mal so enden? Und ist mein Vater eigentlich noch anatomisch, also, äh, technisch in der Lage, Sex zu haben? Würde er mir die Wahrheit sagen, wenn ich ihn fragen würde?

Jacob schüttelte den Kopf, weil dieser Gedankengang ihm jetzt wirklich auf die Nerven ging. Er mochte Sex mit Maya, aber ob dieser Sex *life changing* war, das wusste er nicht so genau. Maya wusste es auch nicht, aber sie dachte auch nicht so kategorisch darüber nach. Gerade versuchte sie testweise, sich beim Sex ein Baby vorzustellen. Maya war sich alles andere als sicher, ob sie überhaupt Kinder wollte; sie fand die Verbindung zwischen Sex und Kinderkriegen merkwürdig unplausibel, genau deswegen versuchte sie manchmal beides mit Absicht zusammenzudenken, aber es funktionierte nie, in ihrer Vorstellung wollte einfach kein Kind auftauchen, auch jetzt gab es nur Jacob und sie selbst, zwei nackte Körper, die in einer großen blauen Hängematte eine seltsame Choreographie aus Hebelwirkung und Schwerkraft aufführten.

»Warum schüttelst du den Kopf?«, fragte sie.

»Keine Ahnung«, sagte Jacob, »das war mein, äh Körper.«

»Schau mir in die Augen«, sagte sie.

Mayas Augen waren von einem klaren, blassen Blau, wie der Himmel an einem Wintertag.

Jacobs Augen waren dunkelgrau. Seine Mutter behauptete, sie seien grün.

Eine Moment lang hielten sie still und hielten den Blick. Dann vergaß er seine Gedanken, und sie vergaß ihre. Kein Abschweifen, keine Medienpropaganda, kein imaginäres Kind, nur sie beide und eine Nähe, für die es keine Worte gab.

Ein Motorengeräusch näherte sich, dann war wieder Stille.

»Hast du das gehört?«, sagte Maya.

Eine Autotür fiel ins Schloss, dann erklangen Schritte, und dann hörte Jacob das charakteristische Räuspern seines Vaters.

Er hielt die Luft an, löste sich von Maya und richtete sich halb auf.

»Hey«, sagte Maya, »das ist überhaupt kein Grund, jetzt aufzuhören.«

»Wieso kommt der denn jetzt zurück«, zischte Jacob leise.

»Frag nicht mich«, erwiderte Maya in normaler Lautstärke.

»Psst!«

»Wieso? Wir machen doch nix Verbotenes!«

Jacob zog die Hängematte über ihnen zusammen, sodass nur zwei Köpfe und vier nackte Füße hinausschauten.

»Komm«, sagte Maya, »wir machen weiter. Der wird uns schon nicht stören.«

Sie griff Jacob beherzt zwischen die Beine.

»Das lässt gerade stark nach«, flüsterte Jacob.

»Du hast Angst vor deinem Papa«, kicherte Maya.

Gerhard kam um die Ecke des Schuppens und blieb stehen. Er trug eine Sonnenbrille, die zu hoch saß, und eine gelbe Schirmmütze, die ihm zu klein war.

»Der Zug fällt aus und der nächste auch«, rief er in den Garten hinein. »Weichenstörung oder irgend so was. Ich hätte drei Stunden am Bahnhof warten müssen.«

Er sah in den Garten und zu Jacob, dessen Kopf aus der Hängematte hervorschaute. »Da wäre jetzt noch genug Zeit, um hier zwischen den Bäumen zu mähen. Du könntest mir helfen.«

»Jetzt sofort?«

»Wenn überhaupt, dann jetzt. In einer Stunde haben wir das.«

»Siehst du«, zischte Maya halblaut, »wir hätten einfach weitermachen müssen, dann hätte er uns in Ruhe gelassen.«

»Wie bitte?«, fragte Gerhard.

Maya rief in den blauen Himmel: »Bei Jacob lässt es gerade stark nach, der kann jetzt nicht mähen.«

Sie sprang nackt aus der Hängematte, rief »oh!«, zog sich Unterhose und Hose und T-Shirt an, hob den *Sokrates-Report* vom Boden auf, wedelte damit in Gerhards Richtung, rief »das ist hochinteressant!« und legte sich wieder zu Jacob.

»Ey«, sagte Jacob und wollte noch etwas sagen, aber ihm fiel nichts ein.

»Gönn deinem Papa doch mal einen erfreulichen Anblick«, sagte Maya.

Jacobs Vater stand immer noch unentschlossen am Rand des Gartens, drehte den Autoschlüssel in der Hand und sah in seiner verbeulten Hose und dem zu kleinen Käppi aus wie ein altes einsames Kind. Dann bückte er sich und hob etwas vom Boden auf. Es war der zu zwei Dritteln aufgegessene Apfel, den Jacob weggeworfen hatte.

»Wo habt ihr den her?«

»Von einem der Bäume«, sagte Jacob.

»Moment mal«, murmelte Gerhard und verschwand hinter dem Schuppen. Dann kam er wieder, und etwas in seiner Haltung hatte sich verändert. Er hielt auf den Baum zu, an dem ein Seil der Hängematte befestigt war. Nein, dachte Jacob, das wird er nicht tun, und dann wurde ihm klar, dass sein Vater das durchaus tun würde. Das Seil löste sich, die Hängematte gab nach, Jacob und Maya fielen in- und übereinander zu Boden, Maya schrie, Jacob schrie auch, und dann kam Gerhard, stellte sich über sie und schrie am lautesten.

»Was habe ich euch gesagt?« brüllte er, »überall könnt ihr euch bedienen, aber den einen Apfelbaum lasst bitte in Frieden! Das habe ich doch gesagt, oder? Habe ich mich nicht klar ausgedrückt? Und was macht ihr? Ihr habt nichts Besseres zu tun, als genau das zu machen, was ich euch verboten habe!«

»Da war sowieso ein Wurm drin …«, setzte Jacob an und kam auf die Beine, doch sein Vater unterbrach ihn.

»Das kann dir vollkommen egal sein, ob da ein Wurm drin ist oder nicht! Zieh dir gefälligst erstmal was an! Wie stehst du hier überhaupt vor mir? Was habt ihr da eigentlich getrieben? Du ziehst dir jetzt sofort was an!«

»Keine Sorge«, sagte Jacob, »das hatte ich eh gerade vor.«

»Du hast mir nicht zu widersprechen«, brüllte Gerhard, packte mit einem Griff Jacobs Kleider vom Boden und warf sie in die Wiese. Jacob schüttelte nur den Kopf und wandte sich ab, um seine Hose und sein T-Shirt wieder einzusammeln. Währenddessen löste Gerhard auch das zweite Seil, raffte die Hängematte zu einem Knäuel zusammen und knallte alles zusammen Jacob vor die Brust, der inzwischen seine Kleider eingesammelt, aber noch nicht angezogen hatte.

»So«, schnauzte Gerhard, »und jetzt will ich euch hier nicht mehr sehen!«

»Moment mal«, setzte Jacob an, doch sein Vater brüllte: »Raus!!«

»Dürfte ich mich vielleicht noch anziehen?« schnauzte Jacob zurück.

»Was ist das überhaupt für ein Ton?«, herrschte sein Vater ihn an, »ich lasse mich doch von meinem eigenen Sohn auf meinem eigenen Grund und Boden nicht anschreien! Soweit kommt's noch.«

Maya stand die ganze Zeit schweigend daneben und schaute fassungslos von einem zum anderen. So etwas hatte sie noch nicht erlebt. Diese Aggression, dieser wütend schreiende Mann erschreckte sie zutiefst und brachte in ihr eine Saite zum Klingen, die sie selbst nicht kannte. Zorn stieg in ihr auf, Zorn kannte sie, aber dieser Zorn war neu und explodierte in ihrem Kopf. Sie baute sich vor Gerhard auf und schrie ihn an: »Halt endlich die Fresse! Wir gehen sehr gern! Arschloch!«

Der Klang ihres eigenen Schreis überraschte sie selbst, und auch Gerhard wich zurück und schwieg für einen Moment. Maya griff die Schuhe vom Boden, packte Jacob am Handgelenk und zog ihn, nackt wie er war, von der Wiese. Gerhard folgte ihnen und wollte sie schieben wie einen zu langsamen Handwagen, doch als er ihren Arm berührte, explodierte Maya erneut und fauchte: »Fass mich nicht an! Bleib mir vom Leibe!«

Jeder ihrer Ausrufe war wie ein Messerstich. Maya zog Jacob, der seine Kleider und Schuhe und die Hängematte als großes Knäuel im Arm hielt, um die Hausecke herum, die Einfahrt entlang, am Briefkasten vorbei und durch das offene Tor hinaus auf den Feldweg und noch zehn Meter weiter von der Grundstücksgrenze weg. Gerhard verschwand hinter dem Haus und kam mit drei Gegenständen wieder, die er vom Boden unter der Hängematte aufgelesen hatte. Es war Jacobs Buch, Mayas *Kindle* und der *Sokrates-Report*, in dem Maya gelesen hatte. »Lasst euch hier nie wieder blicken!«, schrie er, »undankbares Pack! Nimm deine Drecksgöre und verzieh dich zu deiner Mutter! Miniermotte!«

»Oh doch, ich komm wieder«, brüllte Maya, »und dann haue ich dir deinen eigenen Spaten auf den Schädel!« Gerhard verschwand im Haus, kam gleich darauf mit den beiden Rucksäcken zurück, schleifte sie wie zwei Säcke hinter sich her und warf sie aus dem Eingangstor. Dann ging er nochmal weg, zerrte die beiden Fahrräder aus dem Schuppen und warf sie nacheinander auf den Feldweg. Schließlich stellte er sich breitbeinig in die Einfahrt, genau an die Grundstücksgrenze, und stemmte die Fäuste in die Hüften. Dort blieb er stehen.

Jacob zog seine Kleider an, ging die zehn Schritte zurück zum Haus, vermied den Blick seines Vaters, hob die Räder vom Boden auf und schob sie dorthin, wo Maya stand. Dann ging er nochmal zurück, holte auch noch die Rucksäcke, ließ sie neben die Räder fallen und nahm Maya in den Arm. Engumschlungen standen sie auf dem schattenlosen Acker. Jacob spürte, wie Maya zitterte. Dann löste sie sich aus der Umarmung und trat einen Schritt zurück.

»Hast du deinem Vater noch nie die Stirn geboten?«, fragte sie.

»Dem kann man nicht die Stirn bieten, dem kann man nur den Vogel zeigen.«

»Kann man wohl«, sagte Maya, »ich zeig dir das jetzt.«

Sie marschierte auf das Haus zu. Sie fixierte einen Punkt zwischen Gerhards Augen. Sie hob den *Sokrates-Report* vom Boden auf, wo Jacob ihn liegenlassen hatte, hielt Gerhard das Heft vor die Nase und sagte betont langsam: »Das stelle ich mir zuhause ins Regal und lache mich noch in dreißig Jahren darüber kaputt, wenn du längst tot bist.«

Gerhard holte Luft, doch ihm fiel keine schlagende Antwort ein.

Maya hob das Buch und den *Kindle* vom Boden auf, rannte zurück zu Jacob, zog den Rucksack auf, hob ihr Fahrrad auf und fuhr los. Jacob folgte ihr.

Nach hundert Metern hielt Jacob an. Sein Vorderreifen war platt.

»Warte«, rief er. Maya blieb stehen, er schob sein Rad zu ihr.

»Ich hab kein Flickzeug.«

»Ich auch nicht.«

»Was machen wir jetzt?«

»Schieben. Bis Warnekow sind es fünf Kilometer. Das haben wir in anderthalb Stunden.«

»Ich könnte auch einfach schon fahren«, überlegte Maya.

»Fühl dich zu nichts verpflichtet.«

»Nein. Doch. Ich bleibe bei dir.«

Sie gingen los, Schritt für Schritt den Feldweg entlang. Die Sonne brannte vom Himmel. Es war viertel vor zwölf.

»Eins könnten wir noch machen«, sagte Maya.

»Und zwar?«

»Moses anrufen.«

»Der ist das Wochenende bei seinen Eltern.«

»Moses ist immer irgendwo. Ich ruf ihn an.«

2
Segnung

600 Kilometer südwestlich und 40 Jahre vor dieser Begebenheit lag eine Frau unter einem Mann in einem Bett. Die 70er Jahre gingen dem Ende entgegen. Die Frau hieß Gisela, war 29 Jahre alt, hatte dunkelblonde, leicht gelockte Haare, braune Augen sowie eine Stupsnase und studierte Sozialpädagogik im elften Semester. Ihr Lebensgefährte hieß Günther, war 35, hatte ziemlich viele verschiedene Dinge studiert, zuletzt Deutsch und Geschichte auf Lehramt, und absolvierte derzeit das Referendariat an einem Gymnasium in Kassel. Der Mann, der in diesem Moment auf Gisela lag, war jedoch nicht Günther und sah auch nicht so aus, als würde er Günther heißen. Gisela und Günther führten eine Wochenendbeziehung, Günther wohnte in einem möblierten Zimmer in Kassel und Gisela in einer WG in Heidelberg. Sie organisierte mit ein paar Freunden einen studentischen Filmklub, in dem am Vorabend ein Film namens *Nicht der Homosexuelle ist pervers, sondern die Situation, in der er lebt* gezeigt worden war, und der Mann, unter dem Gisela jetzt lag, war der einzige Mann im Publikum gewesen, der nicht offensichtlich schwul oder offensichtlich von seiner Freundin zur Veranstaltung geschleppt worden war. Bei der Diskussion nach dem Film hatte der Mann nichts gesagt, aber seine Blicke wanderten immer wieder zu Gisela, ihr Blick konnte sich von seinem nicht lösen, und erst später war ihr klar geworden, was an ihm anders war als bei vielen anderen Männern: Er schaute ihr nicht auf die Brüste, er tastete ihren Körper nicht mit Blicken ab, er sah ihr einfach nur in die Augen.

Dass der Mann überhaupt zu dieser Veranstaltung gegangen war, war Teil einer Strategie. Es fiel ihm nicht leicht, Frauen kennenzulernen. Wenn er eine Frau attraktiv fand, dann hatte er sogleich die Angst, ihr damit zu nahe zu treten, ihr etwas aufzudrängen, das sie nicht wollte, und eine Ablehnung zu provozieren, die ihn wiederum im Kern seiner Seele treffen würde. In dem Land, aus dem er stammte, fühlte er sich damit allein auf weiter Flur, aber in dem Land, in dem er jetzt war, fühlte er sich noch auf ganz andere Art allein. Viele Frauen in diesem Land betrachteten ihn mit schlecht verhohlener Abneigung, als sei er aus minderwertigem Material gemacht. Andere fanden ihn aufregend, eben weil er anders aussah. In beiden Fällen fühlte er sich behandelt wie ein exotisches Tier. Ein etwas älterer Studienkollege, der aus demselben Land stammte, aber schon mit 14 nach Deutschland gekommen war, hatte ihm eines Abends den Rat gegeben:

»Soziologie ist schön und gut, aber da lernst du niemanden kennen. Die Frauen sind komplizierte Zicken, die Männer sind selbstgefällige Großmäuler, und die fangen dann miteinander *Beziehungen* an, in denen sie sich das Leben zur Hölle machen, weil die Frauen eben Zicken sind und die Männer Großmäuler. Und wenn dann doch mal eine interessante Frau dabei ist, dann hat sie garantiert einen besonders schlimmen Männergeschmack. Also studier Soziologie, wenn du auf Soziologie stehst, aber wenn du auf Frauen stehst, dann mach was anderes.«

»Und zwar was?«

»Kunstgeschichte. Da sind die schönsten Frauen, und die Männer interessieren sich meistens nicht für die Venus von Botticelli, sondern den David von Michelangelo, wenn du weißt, was ich meine. Mach ein oder zwei Seminare Kunstgeschichte, notfalls im fünften Nebenfach.«

»Ich habe keinerlei Ahnung von Kunst«, hatte der Mann erwidert, »ich würde dort schwitzen und rot werden und mich als völligen Ignoranten entlarven.«

»Würdest du nicht. In Kunstgeschichte kannst du ein ganzes Studium absolvieren, ohne einen Funken Ahnung von der Materie zu haben.«

»Andere können das, ich könnte es nicht.«

Sein Kommilitone hatte geseufzt und gesagt:

»Du bist deutscher als die Deutschen. Dann mach Freizeitaktivitäten. Mach nicht Sport, da ziehst du immer den Kürzeren gegen irgendeinen Platzhirsch, und Mädels, die auf Sportler stehen, sind eh nicht unsere Zielgruppe. Orchester sind gut, aber da muss man halt ein Instrument spielen. Chöre, schwierig, da sind viele Frauen mit energischem Kinn, die sich selbst und die Welt sehr ernst nehmen und beides nicht richtig auseinanderhalten können und auf Kirchentage gehen. Glaub mir, mach irgendwas mit Literatur, Film, Theater. Da sind immer schöne Frauen.«

Der Mann hatte am Ende beide Ratschläge befolgt, aber in den kunsthistorischen Seminaren hatte sich nichts ergeben, und bei den Lesungen, Vorträgen und Theaterabenden, die er besuchte, auch nicht. Dann hatte er den Aushang des Filmklubs gesehen und sich gedacht: Vielleicht kommt hier beides zusammen. Bei diesem Film werden vermutlich nicht viele Männer im Publikum sein, die sich für Frauen interessieren, aber vielleicht wird da irgendeine Frau sein, bei der ich nicht gleich denke, dass sie denkt, dass ich sie vergewaltigen will, weil ich schwarze Haare und dunkle Augen und eine große Nase habe.

Das hatte Gisela in der Tat nicht gedacht. Der Blick dieses Mannes löste in ihr etwas aus, für das sie sich irgendwie vor sich selbst schämte. Sie fand seinen Körper nicht attraktiv. Er war nicht besonders groß, kein bisschen sportlich, eher ein bisschen dicklich, und sein Haaransatz hatte bereits den Rückzug angetreten. Günther sah besser aus. Doch Günther sah sie nicht mit diesen Augen an. Wenn Günther sie ansah, dann bekam sein Gesicht, ja sein ganzer Körper diesen Hundeblick, der sagte: Ich werde dich niemals verlassen. Im Blick dieses Mannes dagegen, der da nach der Vorführung von *Nicht der Homose-*

xuelle ist pervers, sondern die Situation, in der er lebt im Publikum saß und Gisela ansah, in diesem Blick lag etwas, das in Gisela den Wunsch weckte, sofort mit ihm zu schlafen. Nicht der Homosexuelle ist pervers, dachte sich Gisela, sondern wir alle. Da sitzt dieser südländisch aussehende Typ, Araber oder Marokkaner oder was weiß ich, den ich gar nicht besonders attraktiv finde, er schaut mich an, ich will mit ihm schlafen und finde das selber gleichermaßen pervers und erfüllend. Oder auch erfüllend, weil es pervers ist.

Jetzt, wenige Stunden später, lagen sie in Giselas Bett, sie unten und er oben.

Dem Mann war das nicht ganz geheuer. Er hätte nichts dagegen gehabt, in Deutschland eine Frau zu finden, zu heiraten und sich nie wieder bei seinen Eltern blicken zu lassen, vor allem bei seiner Mutter, neben der es keine Luft zum Atmen gab. Doch er hatte nicht das Gefühl, dass dieser Sexualakt in so eine Richtung führen würde. Gisela hatte ihn nach dem Ende des Filmgesprächs mit einer beiläufigen Bemerkung angesprochen und ihn eingeladen, mit den Filmklub-Organisatoren in eine Kneipe mitzukommen. Als die Gruppe sich auflöste, hatte sie ihm vorgeschlagen, in einem anderen Lokal noch einen Absacker zu trinken. Er sagte wenig und sprach so leise, dass sie im Lärm der Kneipe jedesmal nachfragen musste. Sie mochte seine Stimme, gleichzeitig tat er ihr leid und dazu kam ein Stück Abneigung, denn sie wusste, dass sie spätestens bei Tageslicht auch seine Stimme nicht mehr mögen würde. Sie wollte mit ihm schlafen, und sie nahm nicht an, dass er das nicht auch wollte. Als sie ihm in der zweiten Kneipe den Arm um die Schultern legte, war der Mann überrumpelt. Als sie sich dann an ihn schmiegte, erstarrte er zu Stein. Als sie ihn kurzerhand küsste, setzte sein Herz für einen Moment aus, doch dann sagte er sich: Aha. So ist das also in diesem Land. Mach es wie die Einheimischen. Lerne und versuche zu verstehen.

Gisela hatte in ihrem Leben schon mehr Sex gehabt als der Mann. Es war nicht sein erstes Mal, aber auch nicht sein zwanzigstes. Er war fest entschlossen, sich das nicht anmerken zu lassen, also versuchte er sie so *ranzunehmen*, wie man es als Mann ja vermutlich machen musste. Gisela fand diese Vehemenz etwas befremdlich, das hatte sie so nicht erwartet, vor allem aber spürte sie sein Gewicht und dachte: Du könntest dich ruhig mal ein bisschen leichter machen, mein Freund. Günther war da deutlich geschickter.

»Ich kriege kaum Luft«, keuchte sie.

»Was?«

»Ich kann nicht atmen! Mach dich ein bisschen leichter!«

Erschrocken stützte er sich auf und verlagerte sein Gewicht auf Ellbogen und Knie.

»Besser so?«

»Ja, aber du kannst trotzdem weitermachen. Nicht einfach aufhören.«

Spätestens als er kam, war ihr klar, dass es bei diesem einen Mal bleiben würde. Dieses mechanische Gevögel war unterm Strich enttäuschend, und sie konnte sich nicht richtig erklären, was der Mann eigentlich wollte.

Ihre Beziehung zu Günther hatte mit alledem wenig zu tun. Günther und Gisela waren sich einig, dass Konventionen wie Monogamie und Treue nur die Fassade waren, hinter der sich kapitalistisches Besitzdenken verbarg. Günther wollte Gisela nicht besitzen, er wollte mit ihr zusammen sein und sich in diesem Zusammensein die Freiheit bewahren, auch andere Frauen zu lieben und auch diese Frauen nicht zu besitzen, genausowenig wie sie ihn. Günther und Gisela hatten in ihren Elternhäusern gesehen, in was für eine Alltagshölle die Institution der Ehe führen konnte, und sie waren sich in einig in dem Entschluss, nicht in dieser Hölle zu enden. Dieses schweigende Unglück, diese zähe Masse aus nie offenbarten Sehnsüchten, dieses Missverständnis, mit dem die Leute aus jugendlicher Verknalltheit eine lebenslängliche Fesselung machten – das sollte ihnen nicht passieren. Immer wenn sie gemeinsam eines der beiden Elternhäuser besuchten, in dem die Eltern saßen und an den erwachsenen Kindern ins Leere vorbeischauten, in ihr restliches Leben, wie in einen engen Tunnel, atmeten Günther und Gisela hinterher befreit auf und dachten: So wollen wir nie sein.

Sie konnten sich vorstellen, gemeinsam Kinder großzuziehen. Günther mochte den Gedanken, eines Tages ein Kind zu haben, das zu ihm aufschaute und ihm Fragen stellte. Manchmal, wenn er irgendwelche Haushaltsdinge tat, führte er dabei in Gedanken Gespräche mit einem imaginären Dreijährigen und erklärte dem Kind, was er alles machte. Doch zugleich befremdete ihn der Gedanke, seine Gene weiterzugeben. Er wusste ja gar nicht, was das für Gene waren. Sein eigener Vater war in den letzten Tagen des Krieges bei der Verteidigung irgendeiner Rheinbrücke von einer Granate in Stücke gerissen worden. Günther war im Januar 1946 zur Welt gekommen und in einem Land aufgewachsen, das vollauf damit beschäftigt war, sich am eigenen Schopf aus dem Sumpf zu ziehen. Bei einigen seiner Freunde fehlten die Väter, bei anderen fehlten den Vätern Arme oder Beine, aber man sprach nicht darüber, was gewesen war. Andererseits sprach man dauernd darüber, *der Krieg* war in den Gesprächen der Erwachsenen stets präsent, aber immer nur im Hintergrund, als Nebensatz, als beiläufige Erwähnung. Günthers Mutter heiratete 1948 einen neuen Mann und sprach nicht mehr viel über Günthers Vater. Eine Weile noch hing neben ihrem Kleiderschrank ein Schwarzweißfoto von einem jungen Mann in Wehrmachtsuniform, und als sie in eine größere Wohnung umzogen, verschwand das Foto in einem Karton und kam nicht mehr zum Vorschein.

Als Günther dann älter wurde, informierte er sich über die Nazizeit, und was er erfuhr, erschütterte ihn. Was mochte sein eigener Vater in dieser Zeit getan haben? Hatte er Menschen gefoltert oder getötet? War er ein blonder Herrenmensch, ein Sadist, ein Ungeheuer gewesen? Was für Gene waren das also, die Günther da weiterzugeben hatte? Und war die Idee, sich selbst in Form von Nachwuchs zu reproduzieren, nicht auch schon faschistisch? War dieser Gedanke, zu Ende gedacht, nicht die Keimzelle der ganzen Blut-und-Boden-Ideologie?

Günther und Gisela hatten oft über diese Dinge gesprochen. Gisela hatte gesagt, dass sie es schön fände, Kinder von verschiedenen Männern zu haben. Sie konnte sich den Zusammenhang nicht ganz erklären, aber der Gedanke, eine traditionelle Familie zu gründen, löste in ihr Beklemmungen aus. Es hätte sich angefühlt, als hätte ihr eigener Vater, der ein autoritärer Schreihals war, damit am Ende doch noch gewonnen. Sie wollte diesem Mann keine Macht geben. Sie wollte keinem Mann Macht geben. Sie wollte Kinder mit verschiedenen Männern.

Günther war zwiegespalten. Er spürte, dass ihn das möglicherweise überfordern würde, auf eine Art, die er jetzt noch nicht erfassen konnte. Aber wenn er zu Gisela gesagt hätte: Ich wünsche mir das schon irgendwie, dass meine Kinder auch von mir abstammen, dann hätte er sich erstens selber in diesem Moment schrecklich gefunden, zweitens meinte er da die Stimme seines unbekannten Nazivaters zu hören, und drittens wusste er, dass es hier mit Gisela kein Verhandeln gab. Wenn Gisela etwas beschloss, dann war das so. Sie hätte ihn verachtet. Er hätte sie verloren. Und das wollte er nicht. Er wollte Gisela. Wenn er diese Frau verlieren würde, dann wäre sein restliches Leben grau und trostlos.

Als Gisela ihm mitteilte, dass sie schwanger sei, freute Günther sich. Als sie ihm gleich darauf mitteilte, dass das Kind ziemlich sicher nicht von ihm sei, traf ihn die Mitteilung wie eine kleiner Stoß in die Magengrube. Sein Bauch war in dieser Sache offenbar nicht so weit wie sein Kopf.

»Ist das ein Problem für dich?«, hatte Gisela gefragt.

»Nein«, hatte Günther erwidert, »und wenn es doch ein Problem wäre, würde ich beschließen, dass es keins ist.«

»Es ist also ein Problem?«

»Nein, ist es nicht.«

»Dann ist ja gut«, hatte Gisela gesagt und seine Hand genommen, »und natürlich wird das unser Kind sein.«

Ein paar Wochen später war das Gespräch nochmal darauf gekommen, und Günther hatte gefragt, wer denn eigentlich der biologische Vater dieser Schwangerschaft sei.

»Spielt das eine Rolle?«, hatte Gisela zurückgefragt, »für mich spielt es keine Rolle. Aber wenn es für dich ein Problem ist, dann kannst du dich gern trennen. Niemand zwingt dich, bei mir zu bleiben.«

Günther hatte sich nicht getrennt, und als sieben Monate nach diesem Gespräch das Kind zur Welt kam, war zumindest klar, dass der biologische Vater des Kindes keine Ähnlichkeit mit Günther hatte. Das Kind hatte dunkle Augen und schon bei der Geburt pechschwarze Haare. Günther fühlte wieder den kleinen Schlag in der Magengrube und rief sich selbst zur Ordnung. Er dachte an die Leichenberge in Auschwitz, in Sobibor, in Bergen-Belsen, er dachte an die Millionen Toten, die zum Skelett abgemagerten, in ihren eigenen Exkrementen liegenden Menschen. Nach Auschwitz, hieß es, könne man keine Gedichte mehr schreiben, aber Günther fand, dass dieser Gedanke zu kurz griff. Gedichte konnte man also keine schreiben, aber Theaterstücke, Romane und Liebesbriefe schon? Nein, das alles ging nicht mehr. Nach Auschwitz konnte man im Grunde nicht mal mehr einen Einkaufszettel schreiben, denn die Tatsache, dass man am Leben war und in der Lage, einkaufen zu gehen, war ja nur die andere Seite dieses himmelschreienden Skandals namens Holocaust, vor dem jedes Wort verstummen musste. Nach Auschwitz konnte man eigentlich gar nicht mehr leben. Ob man leben wollte, war man nicht gefragt worden, aber ob man neues Leben in die Welt setzen wollte, konnte man selbst entscheiden. Wer konsequent war, durfte nach Auschwitz kein neues Leben in die Welt setzen. Schon gar nicht hier, im Land der Täter.

»Täter«, hatte Gisela mal gesagt, »nicht Täterinnen. Waren ja alles Männer. Ich bin mir also gar nicht so sicher, ob ich mich mit denen wirklich identifizieren muss.«

Dieser Ausweg stand Günther nicht offen. Er hatte nach Auschwitz zwar keine Gedichte geschrieben, aber ein Kind in die Welt gesetzt, das zugleich eindeutig nicht sein Kind war, und in gewisser Weise erleichterte ihn das. Er fragte Gisela nie wieder, wer der biologische Vater war und wo er herkam, doch wenn er gefragt hätte, hätte Gisela es ihm nicht sagen können, denn sie hatte den Mann, mit dem sie schlief, selbst nicht gefragt. Und das hatte den Mann sehr überrascht, denn sonst wurde er zehnmal am Tag gefragt, wo er herkam.

»Schau dir die Frau genau an«, hatte der ältere Kommilitone gesagt, »und dann sag die Wahrheit. Je nach Situation bist du Jude oder Araber.«

»Aber das ist nicht beides die Wahrheit.«

»Ja, aber es gibt eine tiefere, eine poetische Wahrheit. Wenn die Frau, mit der du ins Bett willst, die ganze Last der deutschen Schuld mit sich herumträgt, dann sag ihr, du wärst Israeli. Wenn sie eher im linken Lager sitzt und Israel als imperialistische Besatzermacht sieht, dann bist du aus Jordanien oder dem Libanon oder halt aus Palästina. Und wenn sie einen unpolitischen Eindruck macht, also wenn ihr das alles nicht so wichtig ist, dann bist du aus Marokko oder Ägypten. Mit deiner Nase könntest du Ägypter sein.«

Der Mann war sich nicht sicher, ob er in der Lage wäre, das so durchzuziehen, aber so weit war es nicht gekommen, denn Gisela hatte ihn einfach überhaupt nicht gefragt, wo er herkam, und das hatte ihn irritiert. Die ständige Fragerei ging ihm auf die Nerven, aber wenn die Frage ausblieb, war das auch seltsam. Nachdem er mit Gisela geschlafen hatte oder sie mit ihm, wurde er sehr müde, und als er morgens aufwachte, war Gisela schon aufgestanden. Er zog sich die Kleider über, in denen noch der Rauch aus den Kneipen vom Vorabend hing, und ging in die WG-Küche, wo Gisela mit ihrer Mitbewohnerin saß. Sie bot ihm einen Kaffee an und schob ihm ein Brett mit einem Brotlaib herüber, von dem er sich selbst etwas abschneiden durfte. Er setzte sich mit einigem Abstand neben sie, weil ihm unangenehm war, dass seine Kleider nach Zigarettenrauch stanken, aber sie sagte ihm, er solle doch näherkommen, also rückte er seinen Stuhl an sie heran.

Sie sprach dann aber nicht mit ihm, sondern mit ihrer Mitbewohnerin über den deutschen Bundeskanzler, der Helmut Schmidt hieß, und über die Stationierung amerikanischer Atomwaffen. Währenddessen legte sie gelegentlich eine Hand auf die Schulter des Mannes, streichelte ein bisschen seinen Nacken und zog die Hand dann wieder weg. Irgendwann schaute sie auf die Uhr und sagte, sie müsse jetzt in die Uni. Der Mann ging mit ihr aus der Wohnung. Auf der Straße umarmte sie ihn zum Abschied und sagte:

»Das war schön.«

Dann stieg sie auf ihr Fahrrad und fuhr davon.

In den darauffolgenden Wochen sah er sie in der Universität noch einige Male. Er ging nochmal zu einer Vorführung des Filmklubs und sah einen drei Stunden langen Schwarzweißfilm namens *Im Lauf der Zeit*, der ihn in seiner Ereignislosigkeit tief verstörte, doch Gisela war an diesem Abend nicht da. Einmal ergab sich ein kurzes Gespräch in der Mensa, bei dem Gisela klar zu erkennen gab, dass sie kein Interesse an weiteren Begegnungen hatte. Zum Ende des Semesters verließ er Heidelberg, und so bekam er Giselas Schwangerschaft nicht mehr mit und erfuhr auch nie, dass er in Deutschland einen Sohn hatte, dem Günther und Gisela den Vornamen Moses gaben. Der Mann ging zurück in das Land, aus dem er gekommen war, und heiratete eine Frau, die seine Mutter für ihn ausgesucht hatte. Zunächst fühlte er sich in diesem Leben nicht besonders wohl, aber als er Vater eines Kindes wurde, war er überrascht über die alle Grenzen sprengende Freude, die dieses Ereignis in ihm auslöste, und als seine Mutter starb, war ihm, als wäre ein tonnenschweres Gewicht von seinem Herzen genommen, und er war mit seinem Leben insgesamt zufrieden.

Wenn Gisela den Mann damals nach seiner Herkunft gefragt hätte und wenn er dem Rat seines Freundes gefolgt wäre, dann hätte er sich als Jude ausgeben müssen, denn weder die Unterdrückung der Arbeiterklasse noch die der Araber in Palästina gingen Gisela so nah wie der Holocaust. Sie machte sich viele Gedanken, wie in einem Land, das ihr einigermaßen normal und zivilisiert erschien, nur wenige Jahre vor ihrer Geburt ein solcher Zivilisationsbruch hatte passieren können.

Sie hätte schreien können, wenn sie eine der zahllosen grauenhaften Geschichten von Juden las, die ein Leben als ganz normale deutsche Patrioten geführt hatten, die an Feiertagen stolz ihre Orden aus dem Weltkrieg anlegten, den man damals noch nicht als den »Ersten« bezeichnete, und die dann von den Deutschen, die sich in Nazis verwandelt hatten, umgebracht worden waren. Dass Gisela ihren ersten Sohn »Moses« nannte, kam dennoch nur zur Hälfte aus diesem Gefühl einer schuldbeladenen Verbindung zum Judentum. Zur anderen Hälfte war es eine Reminiszenz an den Schauspieler Moses Gunn aus der Serie *Shaft*, die Günther und sie mochten. Und gegen jede Logik gab es eine dritte Hälfte, das war ihr eigener Nachname, der »Goldberg« lautete, ohne dass in der Ahnenreihe irgendetwas Jüdisches zu finden gewesen wäre. Einen Sohn namens »Moses Goldberg« in die Welt zu setzen empfand sie als kleinen Racheakt am deutschen Volk, und als das zweite und das dritte Kind sich einstellten, machte sie konsequent weiter und gab auch diesen Kindern biblische Vornamen.

Als Moses aufwuchs, sagte Gisela ihm zunächst, sein Vater sei Israeli gewesen. Später verblasste ihre Holocaust-Betroffenheit ein wenig, Empörung über die Politik des Staates Israel gesellte sich hinzu, und als Moses mal wieder nach seinem biologischen Vater fragte (er tat das eigentlich nur, wenn ihm auf dem Schulhof hinterhergerufen wurde, sein Vater sei ein Schlappschwanz und sein Mutter eine Prostituierte, und zum Glück geschah das nicht oft), dann teilte sie ihm mit, sie sei sich da nicht ganz sicher, der Mann könne auch Araber gewesen sein, sie habe ihn nicht gefragt. Moses' Eltern seien ohnehin sie beide, Günther und Gisela, und sie hätten ihre Kinder sehr lieb, darum gehe es und nicht um die Gene. Nachdem Günther sein Referendariat beendet hatte, zogen sie gemeinsam nach Gießen. Hannah wurde 1982 geboren und war tatsächlich ein Kind von Günther, der es zu diesem Zeitpunkt doch nicht mehr so schlimm fand, seine Gene weiterzugeben. Im Jahr

1986 begegnete Gisela einem rothaarigen Iren, bei dem sie wieder dieses seltsame Gefühl hatte, sie müsse mit ihm schlafen, was sie dann auch tat, und dabei entstand ein Kind, das den Namen Rachel bekam. Günther hatte zu dieser Zeit schon beginnende Probleme mit der Prostata, außerdem rauchte er viel, seine Potenz ließ nach, zumindest beim Sex mit Gisela, aber auch bei gelegentlicher Selbstbefriedigung. Irgendwie ließ alles nach, sogar sein bodenloses Entsetzen über den Holocaust. Er hatte sich damit abgefunden. Dass ihm das überhaupt gelang, entsetzte ihn wiederum, aber auch dieses Entsetzen war nicht mehr so stark, wie er es mit Anfang 30 empfunden hätte. Das einzige, was nicht nachließ, war sein Interesse am allabendlichen Glas Wein, aus dem auch mal drei oder fünf Gläser werden konnten. Die drei Kinder erfüllten ihn mit Stolz, und zugleich ereilte ihn manchmal eine sanfte, tiefe Traurigkeit, wenn er sie ansah, aber auch die verschwand beim zweiten Glas Wein.

Moses stand auf der Terrasse und rauchte eine Zigarette. Die Sonne brannte vom Himmel über der Neubausiedlung, die inzwischen eine Altbausiedlung war. In den 80er Jahren hatten junge Familien hier Häuser gebaut und sich niedergelassen, jetzt waren es alte Familien, also gar keine Familien mehr, sondern alte Ehepaare oder vor allem Witwen, denn die Männer starben ja gemeinhin zuerst. Im Garten nebenan goss Frau Frankenberger ihre Blumen. Frankenbergers waren Mitte der 80er Jahre hier eingezogen, Moses erinnerte sich an eine schmale Frau mit sehr langen Haaren im geblümten Kleid, deren Blick immer in eine merkwürdige Ferne zu gehen schien, und an einen kräftigen Mann mit stattlichem Schnurrbart, der ab und zu mit ihm Fußball spielte und dabei eng anliegende Shorts trug, sodass man die Muskeln an seinen Beinen bewundern konnte. Moses' Vater hatte nicht so muskulöse Beine, seine Beine waren käsebleich und dünn, und er trug auch nie Shorts. Frankenbergers hatten keine Kinder. Manchmal hörte man, wie sie sich stritten, und manchmal lief Herr Frankenberger nach solchen Streits türknallend aus dem Haus, fuhr mit aufheulendem Motor weg, blieb ein oder zwei Tage verschwunden und kam dann zurück. Zur Jahrtausendwende hatte Herr Frankenberger sich den Schnurrbart abrasiert, zu diesem Zeitpunkt hatte er schon eine ansehnliche Wampe, in den Nullerjahren war er dann jedesmal, wenn Moses an Weihnachten zu Besuch kam, noch ein Stück dicker geworden, und dann war er im November 2015 an einem Herzinfarkt gestorben. Am Heiligabend hatten Moses' Eltern in diesem Jahr dann Frau Frankenberger, deren Haare da längst grau und kurz geschnitten waren, zu sich eingeladen. Sie hatte den ganzen Abend schweigend auf dem Sofa gesessen und an allen Leuten vorbei in ein unbestimmtes Nichts geschaut. Seitdem war Frau Frankenberger einfach immer älter geworden, und wenn Moses ihr ins Gesicht sah, meinte er, in ihrem Blick stilles Entsetzen zu sehen, dass das Leben jetzt schon im wesentlichen vorbei war, dass sie selber kein langhaariges Mädchen im geblümten Kleid mehr war, dass ihr Mann jeden Tag immer noch tot war und dass die Kinder, mit denen sie immer gerechnet hatte, nicht existierten.

Die Terrassentür bewegte sich. Moses' Schwester Rachel räusperte sich demonstrativ und sagte: »Deine Zigarette stinkt bis hier rein, und es gibt Kaffee.«

Moses drückte die Zigarette aus und ging ins Haus.

Mitten im Wohnzimmer, im Schein der Spätnachmittagssonne, die durch die gläserne Terrassentür hereinfiel, stand wie ein riesengroßer Fremdkörper ein verstellbares, fahrbares Krankenhausbett. Darin lag, halb aufgesetzt, Moses' Vater, der nicht sein Vater war: Günther. Seine Haut war grau, seine Haare standen wie ein weißer Kranz um seinen Hinterkopf, seine Wangen waren eingefallen, seine Augen lagen tief in den Höhlen. An seinem Handgelenk war mit weißen Pflastern ein Zugang fixiert, in den ein Schlauch führte, der aus einer digital gesteuerten Pumpe einen ständigen Strom von Schmerzmitteln in seinen Blutkreislauf pumpte. Günthers Atem machte ein regelmäßiges Geräusch, das klang, als würde man mit der Hand langsam über ein glattes Holzbrett streichen. Er sah Moses an, und es war nicht zu erkennen, was er in diesem Moment empfand.

Günther hatte vor acht Jahren, also zu spät, mit dem Rauchen aufgehört. Wenn er seinen Sohn rauchen sah, dachte er »mach es nicht so wie ich« und gleichzeitig dachte er »dann mach es halt so wie ich« und außerdem dachte er »mach doch, was du willst«.

Gisela kam mit einer Kuchenplatte aus der Küche und setzte sich auf die Couch, auf der Rachel schon saß. Rachel hatte das Gesicht ihrer Mutter und deren leichte Stupsnase geerbt, jedoch mit der hellen, leicht rötlichen Haut ihres biologischen Vaters samt der rotblonden Haare und vieler Sommersprossen. Die Haare waren jetzt allerdings knallblond gefärbt und zu einem hohen Pferdeschwanz gebunden, unter dem der Nacken und die Seiten ausrasiert waren. Sie trug eine karierte Bluse und eine enge Jeans mit Schlitzen und Nieten und Nähten und verschiedenen Schriftzügen über- und aufeinander. Auf beiden Armen hatte sie eine Ansammlung von Tattoos, zu denen jedesmal, wenn Moses sie sah, wieder ein neues dazugekommen war. Auf ihrem linken Unterarm kreisten zwei Fische um ein japanisches Schriftzeichen, am Ellbogen war ein Tribal-Muster aus Schnörkeln und Haken, darüber ein blumig dekorierter mexikanischer Totenkopf, der sich einen Zeigefinger vor die Lippen hielt, und daneben eine Urne, auf der EGO geschrieben stand.

Moses hatte sich nie zu einem Tattoo durchringen können. Manchmal, wenn er vor dem Spiegel stand, überlegte er, wo eins hinpassen könnte. Wenn er wieder dreimal in einer Woche ohne Grund von der Polizei aufgehalten und durchsucht worden war, überlegte er hin und wieder, sich einen Hitlerbart zu rasieren, und manchmal, wenn er auf den Straßen von Neukölln fünfmal hintereinander auf Arabisch angesprochen worden war, überlegte er, sich »Ich spreche kein Arabisch« in arabischer Sprache auf die Unterarme zu tätowieren.

Als er an einem grauen Sonntag irgendwann im Berliner Winter in Jacobs Küche mit Jacob und Maya beieinandersaß, hatte er diesen Gedankengang dargelegt, der ihm am Vorabend gekommen war, den er jetzt aber schon wieder für eine Schnapsidee hielt.

»Dann tätowier dir doch gleich *Dieses Tattoo ist eine Schnapsidee*«, hatte Maya gesagt, »aber am besten gleich in mehreren Sprachen.«

»Nur wenn wir alle drei das machen.«

»Ich finde Tattoos theoretisch großartig«, hatte Maya gesagt, »aber ich habe noch keins gefunden, das ich an mir selber sehen will.«

»Bei mir ist das umgekehrt«, hatte Jacob gesagt, »ich kann mir alles Mögliche vorstellen, aber ich hätte das Gefühl, ich bevormunde mein zukünftiges Selbst auf fast schon unverschämte Weise. *Lieber Jacob aus dem Jahr 2024 oder 2035, ich male dir jetzt einen Hirsch aus geometrischen Linien auf den Oberarm, und was du davon hältst, ist mir scheißegal.*«

»Aber dein zukünftiges Selbst bevormundest du doch eh die ganze Zeit«, gab Maya zurück, »Berufswahl, Partnerwahl, Wohnortwahl, Familiengründung. Im Grunde zeigst du deinem zukünftigen Ich andauernd den Mittelfinger. Dein zukünftiges Ich wird sagen: Oh Gott, ich habe Jahre meines Lebens mit Maya verplempert, wie konnte ich nur.«

»Mein Problem liegt ganz woanders«, hatte Moses gesagt, »ich würde mich mit einem Tattoo verpflichtet fühlen, den dazugehörigen Körper permanent in Topform zu halten, also dreimal wöchentlich in die Muckibude rennen und Proteinshakes in mich reinkippen oder was auch immer man da machen muss. Ein Körper, der einfach irgendwie nach Schreibtischarbeit und nicht viel Sport aussieht, ist okay, aber derselbe Körper mit Tattoos ist nicht okay. Das Tattoo sagt: Guck mal hier, das ist ein Körper, dessen Besitzer ihn gestalterisch behandelt. Alles, was da nicht straff gespannt und gebräunt und enthaart ist, sondern irgendwie schwabbelt, ist nicht Schicksal, sondern eigene Schuld.«

»Stimmt doch gar nicht«, sagte Maya. »guck dir doch an, wie sie in Neukölln herumlaufen und ihre knallbunt tätowierten Speckrollen in die Gegend halten. Das ist denen voll egal.«

»Ja. Sieht grauenhaft aus.«

»Nein, sieht super aus. Weg mit dem Schönheitsterror, zeigt euren Körper so, wie er ist.«

»Ich habe nicht das geringste Bedürfnis, der Welt meinen unperfekten Körper unter die Nase zu halten«, sagte Moses.

»Du bist ja auch ein Mann. Du bist privilegiert. Dein Körper ist nicht Gegenstand ständiger Betrachtung.«

»Doch. Ich sehe überall Sixpacks und Bizepse, die mich durch ihre bloße Existenz demütigen, und die Filme und Bücher und Zeitschriften sind voll von Frauen, die sich detailliert über die körperlichen Vorzüge ihrer Männer inklusive Penislänge austauschen.«

»Selber schuld, wenn du so bekloppte Filme und Bücher und Zeitschriften konsumierst.«

»Dann bist du auch selber schuld, wenn du dir die ständige Begutachtung des weiblichen Körpers so krass reinziehst. Und außerdem bist du selber gar nicht betroffen. Lass doch mal die Betroffenen zu Wort kommen.«

Maya ließ die Kaffeetasse fallen und fuhr von ihrem Stuhl in die Höhe. »Wie bitte? Ich bin nicht betroffen? Wie meinst du das denn bitteschön?«

»Dein Körper entspricht genau dem Schönheitsideal. Du bist schlank, hast die richtigen Kurven an den richtigen Stellen, deine Brüste haben genau die richtige Größe, du bewegst dich elegant und melodisch. Du kannst mir nicht erzählen, dass du unter irgendeinem schrecklichen Schönheitsdiktat leidest. Ich dagegen bin 1,77 Meter groß, für einen Mann also schon zu klein, und sehe nicht besonders sportlich aus. Ich bin von Alltagsdiskriminierung betroffen, von der du als nichtbetroffene Frau dir gar keine Vorstellung machen kannst. Jeder Blick einer Frau, die mich mustert und dann unter »nicht attraktiv« wegsortiert, ist für mich gewaltvoll, also eine Mikroaggression, also ein Trauma. Außerdem bin ich intersektionell mehrfachbetroffen, da ich nicht aussehe wie die blonde deutsche Mehrheitsgesellschaft, sondern für die jüngeren wie ein *Kanake* und für die älteren wie ein

Gastarbeiter. Und da kommst du als mehrfach privilegierte, gut aussehende, weiße, deutsche Cis-Frau und willst mir was über Privilegien erzählen.«

»Moment Moment Moment«, fiel Maya ein und holte tief Luft, und gleichzeitig sagte Jacob:

»Könnt ihr mal aufhören oder wenigstens etwas leiser –«, doch dann fiel ihm Maya wieder ins Wort und rief »so viel Mansplaining auf einen Haufen hab ich überhaupt noch nie gehört!«, dann fragte Jacob »was ist Mansplaining?«, und dann fiel Moses ihm ins Wort und rief: »Es gibt überhaupt nur zwei Privilegien, nämlich Schönheit und Reichtum, und ich besitze keines von beiden! Und da haben wir hier noch gar nicht von Penislänge geredet! Das ist das dritte große Privileg, aber das ist ein echtes Tabuthema, nicht so ein behauptetes, da redet wirklich keiner davon, und das ist bei mir auch total miserabel! Ich bin ein nichtattraktiver nichtweißer Mann mit zu kleinem Penis! Ich verlange Ausgleich für diese Benachteiligungen!«

»Stimmt nicht«, rief Maya, »dein Schwanz ist total durchschnittlich! Aber er ist hässlich!«

»Woher weißt du das denn?«, rief Jacob.

»Aus der Sauna!«, schrie Maya.

»Das mit der Hässlichkeit ändert sich aber im erigierten Zustand!«, schrie Moses.

»Das will ich sehen, bevor ich es glaube!«

»Das wirst du niemals sehen, du gehörst nämlich zu Jacob, und deswegen –«

»Patriarchalische Kackscheiße! Ich gehör niemandem!«

»Ich hab gesagt, du gehörst *zu* ihm!«

»Hast du nicht!«

»Hab ich doch!«

»Du hast irgendwas genuschelt!«

Jacob hielt sich die Ohren zu, schloss die Augen und sagte: »Hört auf, hört auf, hört auf, hört auf, hört auf, hört auf, hört auf.«

Als er die Hände von den Ohren nahm und die Augen wieder öffnete, war Stille. Maya und Moses saßen schweigend auf ihren Stühlen, Maya las in einem Asterix-Heft und Moses in dem Anzeigenblatt, das man im Bioladen kostenlos mitnehmen konnte.

An diesen Disput mit Jacob und Maya dachte Moses, während er die Tattoos auf der blassen Haut seiner Schwester betrachtete. Er deutete auf die Urne, auf der »EGO« geschrieben stand, und fragte: »Ist das neu?«

»Na ja, *neu*«, erwiderte Rachel, »das haben wir letztes Jahr mit der Mädelsgang in Amsterdam gemacht.«

Rachel hatte nach der elften Klasse die Schule geschmissen, dann ein paar Jahre vor allem gefeiert, irgendwann eine Ausbildung zur Krankenschwester gemacht, arbeitete jetzt in der Verwaltung eines Krankenhauses in einer Satellitenstadt von Frankfurt, eine Stunde von Gießen entfernt, und verbrachte den Großteil ihrer Freizeit mit fünf Freundinnen, die sie als »Mädelsgang« bezeichnete. Moses traf Rachel allenfalls zweimal im Jahr, und dann erzählte sie Geschichten aus der Mädelsgang, die zumeist davon handelten, wie irgendwelche Männer, mit denen einzelne Mädelsgang-Mädels angebandelt hatten, sich unmöglich aufgeführt hatten. Rachel fuhr einen Opel Corsa, auf dessen Heckscheibe in gotischen Lettern »MÄDELS« stand und darunter in verschlungener Schreibschrift »Gang«. Diesen Heckscheibenaufkleber hatten alle Mädelsgang-Mädels an ihren Autos. Ein Mädel namens Mellie hatte ihn der Gang zu ihrer Hochzeit geschenkt, um damit zu zeigen, dass die größte Loyalität trotz Hochzeit immer noch der Gang gehörte. Ein anderes Mädel, das Karo hieß, war dadurch allerdings in die Zwickmühle geraten, denn Karo hatte an ihrem Auto bereits einen Heckscheibenaufkleber mit der Inschrift: *Früher ritten Hexen auf Besen – heute fahren sie Clio*, und daneben war kein Platz für einen zweiten. Moses wusste nicht genau, wie diese Geschichte ausgegangen war und ob er sie sich richtig gemerkt hatte. Vielleicht hieß Karo auch Karla und fuhr keinen Clio, sondern einen Twingo. Die Männer, mit denen Rachel manchmal etwas hatte, fuhren auch Autos, die ihnen sehr wichtig waren. Einen davon hatte Moses mal kurz zu Gesicht bekommen. Neben der hinteren Tür seines Autos war ein Aufkleber, auf dem ein Piktogramm-Weibchen über ein Piktogramm-Auto gebeugt stand und von einem Piktogramm-Männchen rücklings *gevögelt* wurde. Darunter stand *Gas or ass – no free rides!* Der Mann hieß Ulf und wirkte konturlos, etwas teigig, und Moses dachte, dass Ulf froh sein konnte, wenn überhaupt jemals irgendeine Frau in sein Auto einsteigen wollte. Auf Ulfs Auto waren noch andere weiße Aufkleber, darunter eine Hand, bei der der Ringfinger abgeknickt und die anderen drei Finger ausgestreckt waren, und ein VW-Zeichen, bei dem das V und das W in Frakturschrift geschrieben waren. Moses fragte sich, ob das wohl bedeutete, dass Ulf ein verkappter Nazi war, aber zwanzig Sekunden später fiel ihm beim Blick in den Flurspiegel auf, dass er selber ein Volksbühnen-Shirt trug, auf dem in gotischen Lettern DIE LÜGE stand. Beim nächsten Besuch im Elternhaus war Rachel dann wieder Single und schimpfte auf Männer und manchmal auch auf andere Frauen. Und jetzt erzählte sie vom vergangenen Wochenende.

»Ich so auf der Tanzfläche«, sagte Rachel, »und er so, ich geh Drinks holen, magst du was, und ich so, bring mir nen Moscow Mule mit, und irgendwann denk ich, ey Typ, wo bleibst du, und geh zur Bar und da ist er nicht und geh zurück zur Tanzfläche und da ist er auch nicht und dann denke ich, ey, der ist jetzt nicht auf dem anderen Floor, wie scheiße wär das, und geh einmal quer durch den Club, aber da ist er auch nicht, und dann schau ich sogar vor den Klos und draußen im Raucherzelt und da ist er auch nicht und dann seh ich ihn in der dunkelsten Ecke mit dieser Frau, und die labert ihn zu und er lächelt sie an und hat zwei Moscow Mule in der Hand, also geh ich hin und sag: Ey, soll ich dir mal das Glas abnehmen, war ja glaube ich für mich, oder, und er schaut mich noch nicht mal an und sagt: sorry, ich komm gleich. *Sorry, ich komm gleich!* Und glotzt weiter auf ihre Titten, dabei hatte die gar keine Titten, die war nämlich magersüchtig.«

»Sie war also immerhin nicht fett«, sagte Moses.

»Wieso fett? Ich sag doch, die war magersüchtig.«

»Es gibt in deinen Erzählungen nur zwei Sorten Frauen«, sagte Moses. »Die, die dicker sind als du, sind fett, und die, die dünner sind als du, sind magersüchtig.«

Rachel ballte die Faust und schlug Moses gegen den Oberarm. Weil Moses im selben Moment nach seiner Kaffeetasse griff, schwappte die über und verteilte ihren Inhalt quer über den Tisch.

»Geschieht dir recht«, sagte Rachel.

Moses stand auf, um aus der Küche einen Lappen zu holen. Sein Blick streifte den seines Vaters, der in seinem Pflegebett lag und die Szene schweigend betrachtet hatte. Er konnte nicht mehr sprechen, denn er hatte Kehlkopfkrebs. Moses kam zurück, wischte schweigend den Tisch ab, brachte den Lappen weg, kam wieder und goss sich eine neue Tasse Kaffee ein.

»Lass uns bitte achtsam miteinander umgehen«, sagte Gisela.

»Ich war achtsam. Rachel hat mich gehauen.«

»Zu Achtsamkeit gehört, dass man die Gefühle anderer respektiert.«

»Zu Achtsamkeit gehört aber auch, dass man sich nicht gegenseitig den Kaffee aus der Hand schlägt.«

»Das ist ja nicht von alleine passiert. Du hast Rachels Erzählung von vornherein nicht ernst genommen, und dann hast du bei der erstbesten Gelegenheit eingehakt und ihr zu verstehen gegeben, dass du alles, was sie sagt, für bescheuert hältst.«

»Ich habe ihre Erzählung von vornherein nicht ernst genommen? Du kannst also in meinen Kopf reingucken und sehen, was da vor sich geht?«

»Man hat es dir angemerkt. Was ist denn so schwierig daran, die Gefühle anderer Menschen ernstzunehmen.«

»Ich nehme alle Gefühle todernst, aber wenn Rachel von anderen Frauen redet, gibt es nur zwei Sorten: Die einen sind fett, die anderen sind magersüchtig. Und dann gibt es noch die *Mädels* aus der *Mädels-*

60

gang. Drei Sorten. Verrat mir, auf was für Gefühlen ich herumtrample, wenn ich diese Beobachtung ausspreche.«

»Du machst es nicht besser, indem du es nochmal wiederholst.«

»Nochmal: Erklär mir, auf was für Gefühlen ich herumtrample, wenn ich diese Beobachtung ausspreche.«

Gisela schüttelte den Kopf. »Ich möchte nicht, dass wir in diesem Ton miteinander reden. Erst recht nicht in dieser Situation.« Sie machte eine Handbewegung, die das Bett mit ihrem sterbenskranken Mann einschloss.

Moses holte tief Luft und atmete langsam aus. Ich weiß nicht genau, dachte er, warum wir uns *in dieser Situation* einen pampigen Monolog über irgendeinen Honk anhören müssen, der in irgendeiner Bauerndisco irgendeine Ische angeflirtet hat und möglicherweise ganz erleichtert war, dass er kurz mal von Rachel loskam, und dann dachte er, wie seine Mutter erwidern würde: Das hat Rachel emotional mitgenommen, und dieses Erlebnis will sie mit ihrer Familie teilen, und dann dachte er, wie er selbst sagen würde: Aber dieses Herumgeschimpfe nimmt mich auch emotional mit, und das würde ich gern mit meiner Familie teilen, und dann würde Rachel sagen: Du warst schon immer gemein zu mir, immer bist du gemein zu mir, und dann würde sie irgendwann heulen.

»Vielleicht gelingt es ja einmal, nicht gemein zu deinen Schwestern zu sein«, sagte Gisela.

»Hat Hannah sich eigentlich mal gemeldet?«, fragte Moses.

Seine Mutter schüttelte den Kopf. Moses wandte sich an Rachel. »Bei dir?«

Rachel schüttelte den Kopf, zog die Augenbrauen herauf und die Mundwinkel herab.

Hannah war das mittlere der drei Geschwister, drei Jahre jünger als Moses und vier Jahre älter als Rachel. Hannah war in allen Schulfächern gut gewesen, in Mathe und Naturwissenschaften jedoch von einschüchternder Brillanz. Sie hatte die sechste Klasse übersprungen und dann nochmal die elfte. Freundinnen hatte sie keine, von Freunden ganz zu schweigen. Ihre Freizeit verbrachte sie damit, detaillierte Zeichnungen von Pflanzen und Bäumen anzufertigen und dicke Bücher zu allen möglichen Themen zu lesen. Sie spielte Querflöte und brachte es bis zum Bundeswettbewerb »Jugend musiziert«, um danach das Instrument wegzulegen und nie wieder anzurühren. Nach dem Abitur hatte sie in Rekordzeit Physik und Mathematik studiert, bei diversen Forschungsinstitutionen gearbeitet und war aus dem Leben ihrer Familie immer mehr verschwunden. Vor einem halben Jahr war bei Günther zusätzlich zu dem Prostatakrebs, den er schon länger hatte, Kehlkopfkrebs diagnostiziert worden, und seit diesem Zeitpunkt war mehr oder weniger klar, dass er sterben würde. Moses hatte Hannah geschrieben, sie hatte kurz geantwortet, dass sie sich später ausführlicher melden würde, und sich dann nicht mehr gemeldet.

»Hannah geht ihren Weg«, sagte Gisela, »und der führt anscheinend nicht mehr zu uns. Klar macht mich das traurig. Es zeigt aber auch, dass Blut eben doch nicht dicker ist als Wasser. Ihr zwei seid hier, Hannah nicht. Ich wusste damals schon, dass ich das Richtige tue. Und ich freue mich, dass Günther all die Jahre an meiner Seite war und euch mit mir großgezogen hat. Das ist das, was wirklich zählt.« Sie legte eine Hand auf das Bett, wo man unter der Decke Günthers Bein vermuten konnte.

Moses schaute aus dem Fenster und sagte: »Frau Frankenberger gießt ihren Garten und sieht von Jahr zu Jahr trauriger aus.«

»Frau Frankenberger ist sehr aktiv in der Kirchengemeinde und im Hospizverein«, sagte seine Mutter, »die macht das richtig toll. Älter werden wir alle.«

Moses sagte nichts und trank Kaffee.

Günther bewegte sich im Bett. Sein Atem wurde rauher, er schluckte mühsam und deutete auf die Schmerzmittelpumpe.

»Sollen wir die Dosis steigern?«, fragte Moses.

»Würde ich nicht machen«, sagte Rachel, »die Wirkung steigert sich irgendwann nicht mehr, da ist er am Ende einfach nur voll sediert. Das ist schon genau so eingestellt, wie es richtig ist.«

»Die Versorgung ist wirklich top«, sagte Gisela, »die haben uns das genau erklärt und man kann da auch jederzeit anrufen, wenn was ist. Er kriegt drei Medikamente gegen die Schmerzen und zwei gegen die Nebenwirkungen. Das ist super, oder?«

Sie schaute zu Günther. Er schaute zurück und hob mühsam den Daumen.

»Waren jetzt eigentlich schon Besichtigungen?«, fragte Rachel.

»Letzte Woche waren zwei Leute da«, sagte Gisela, »aber ich glaube, ich geb das doch an einen Makler«.

»Makler?«, fragte Moses.

»Es bringt nichts, sich was vorzumachen«, sagte Gisela, »und ich habe nicht vor, hier noch jahrelang allein in dem viel zu großen Haus zu sitzen.«

»Du lässt Kaufinteressenten durchs Haus marschieren, während Papa hier im Bett liegt?«

»Ja, und das haben wir gemeinsam besprochen. Das musst du uns schon zugestehen, dass wir so etwas zusammen entscheiden.«

»*Zusammen entscheiden* heißt soviel wie: Du hast entschieden, und er musste zustimmen.«

»Nein, wir haben partnerschaftlich und auf Augenhöhe besprochen, wie wir es am besten machen.«

Moses sagte nichts.

»Was verdrehst du denn jetzt die Augen«, sagte seine Mutter.

»Papa«, sagte Moses, »findest du das okay, wenn Mama jetzt schon das Haus verkauft, damit sie nach deinem Tod möglichst schnell hier raus kann?«

Sein Vater sah ihm ins Gesicht, und sein Blick konnte alles oder nichts bedeuten. Günther wusste selber nicht, wie er was fand. Er war müde. Er wollte keinen Streit. Er wollte schlafen. Er wollte die Schmerzen loswerden. Er wollte wieder jung sein und alles anders machen. Oder nochmal genauso. Vielleicht weniger rauchen. Und er wollte eine Zigarette.

»Moses«, sagte Gisela betont ruhig, »nochmal: Günther und ich haben das gemeinsam beschlossen, und ich bitte dich, das zu respektieren.«

Moses schwieg. Dann sagte er: »Nein. Ich respektiere das nicht.«

»Na gut«, sagte Gisela und zog die Augenbrauen hoch, »deine Entscheidung.«

Moses stand ruckartig vom Sofa auf und ging zur Terrassentür. Die Tür wog ungefähr zwei Tonnen. Man musste sich mit dem ganzen Gewicht dagegenstemmen, damit sie sich rumpelnd und quietschend bewegte. Jahrelang hatte Günther sich darum kümmern wollen und es nicht getan, dann war er krank geworden und hatte eines Tages die Tür selbst nicht mehr aufbekommen. Also war er manchmal tagelang im Wohnzimmer hinter der Glastür gesessen, die er nicht mehr öffnen konnte, und hatte still hinaus in den Garten geschaut.

Moses zog die Tür auf, trat auf die Terrasse und zündete sich eine Zigarette an.

»Machst du bitte die Tür zu«, rief Gisela aus dem Zimmer, »der Rauch zieht hier rein.«

Moses schob die Tür zu und zog an der Zigarette. Der Geschmack war im Grunde widerwärtig, und das merkwürdige Gefühl im Körper, das er beim Rauchen bekam, war ihm unangenehm. Warum genau rauchte man überhaupt? Warum hatte sein Vater 50 Jahre lang geraucht und starb jetzt daran?

»Wer einen Raucher küsst, könnte genausogut einen Aschenbecher auslecken«, sagte Maya bei solchen Gelegenheiten gern. Jacob und Maya waren selbstverständliche Nichtraucher. Jacob steckte sich gelegentlich mal eine Zigarette an, wenn er in irgendwelchen Clubs auflegte beziehungsweise spielte (man durfte das nicht als »Auflegen« bezeichnen), dann machte er Selfies mit Zigarette und nahm das auf eine Art unernst, für die Moses ihm am liebsten gleichzeitig eine reinhauen und ihn umarmen wollte. Jacob und Moses hatten sich vor acht Jahren kennengelernt, als sie zusammen in einer Band spielten. Moses spielte mit wenig Kunstfertigkeit und viel Hingabe Bass, Jacob spielte mit souveräner Professionalität Keyboards sowie gelegentlich Gitarre und hatte ein Händchen dafür, banale Durchschnittsmusik in etwas Schöneres zu verwandeln, indem er andere Akkorde darunterlegte und die Melodie subtil veränderte. Beim Sänger und Songschreiber der Band, der Kai hieß, stieß das aber auf wenig Begeisterung, denn Kai wollte seine Songs genauso haben, wie sie waren, also verließ Jacob die Band bald wieder, und ohne Jacob hatte Moses auch keine Lust mehr. Stattdessen waren sie Freunde geworden. Wenn Moses mit Jacob sprach, hatte er das Gefühl, dass die Welt irgendwie doch einen Sinn ergab. Jacob lebte in einer Welt, die musikalisch organisiert war. Dann war Jacob mit Maya zusammengekommen, und das war für Moses noch ein Grund mehr, mit ihm befreundet zu sein, denn in Maya brannte ein Feuer, das ihn erschreckte und begeisterte. Insgeheim war er verliebt in sie, und zugleich wusste er, dass das völlig theoretisch war und eine Beziehung zwischen ihm und ihr eine Katastrophe werden würde, ganz davon abgesehen, dass sie ohnehin mit Jacob zusammen war, den er liebte wie einen Bruder. Außerdem war sein Geschmack ein anderer. »Du stehst auf Autoschrauberfantasievollweiber mit Monstertitten und Riesenärschen«, hatte Maya gesagt, als Moses mal wieder eine kurzzeitige Beziehung hinter sich hatte, »mit anderen Worten, du stehst auf Boxenluder, und dann wunderst du dich, wenn du Boxenluder bekommst, mit denen du nur Boxenludergespräche führen kannst, was dir aber komischerweise immer erst nach drei Wochen auffällt und nicht nach drei Minuten. Also änder mal deinen Geschmack. Du brauchst eine jüdische Intellektuelle mit IQ 170 und einer großen Nase. Ich empfehle Hannah Arendt.«

»Wie soll ich denn meinen Geschmack ändern?«

»Einfach ändern. Ich stand auch immer auf dominante Arschlöcher, dann hab ich Jacob kennengelernt und wollte erst nichts, und dann hab ich das hinterfragt und meinen Geschmack geändert.«

»Kennst du eine jüdische Intellektuelle mit IQ 170?«

»Nein, aber wenn ich eine treffe, erzähle ich ihr von dir.«

Moses zog an seiner Zigarette und wünschte sich Jacob und Maya her. Die Zigarette schmeckte immer noch widerwärtig, und er warf sie weg. Er stemmte die rumpelnde Tür wieder auf und blieb stehen.

»Mach doch bitte die Tür wieder zu«, sagte Gisela, »der Rauch zieht hier rein.«

Moses schob die Tür zu. Dann blieb er vor der geschlossenen Tür stehen.

»Ist irgendwas?«

Moses sagte: »Gibt es in der Geschichte dieser Familie irgendetwas, das nicht deine, sondern Günthers Idee war?«

Gisela schüttelte den Kopf und sagte: »Was ist denn heute los mit dir.«

»Das Sofa, auf dem du sitzt«, sagte Moses, »war deine Idee. Papa wollte das weiße. Ich war zwölf und ich weiß noch genau, wie wir in dem Laden standen.«

»Moses, wir haben immer alles zusammen beschlossen. Ein weißes Sofa ist Blödsinn, das hat Günther dann auch –«

»Das Bild über dem Sofa. Dass wir in diesem Haus wohnen. Dass Papa den Job hier in Gießen angenommen hat und nicht in Konstanz. Dass wir im Sommer immer in die Toskana gefahren sind und da immer nach Cecina. Welcher Teppich im Flur liegt, wen wir zum Gartenfest einladen, welches Auto ihr kauft und wie ihr eure Kinder nennt.«

»Da warst du doch gar nicht dabei.«

»Doch. Bei Hannah und bei Rachel war ich dabei. Spätestens bei *Rachel* hätte Papa lieber was Unauffälligeres gehabt. Er wollte sie *Laura* nennen. Diese Judentums-Maskerade ist doch peinlich. Wenn ich das Israelis erzähle, liegen die jedesmal vor Lachen unterm Tisch.«

Rachel verzog angeekelt das Gesicht und sagte: »*Laura.*«

Gisela holte tief Luft und sagte: »Moses, ich verstehe, dass es dir nicht gut geht –«

»Habt ihr damals eigentlich auch *gemeinsam beschlossen*, dass du zwei von deinen drei Kindern mit anderen Männern machst?«

»Willst du mich beschimpfen?«, sagte seine Mutter, »dann geh bitte. Ich lasse mich nicht in meinem eigenen Haus beschimpfen.«

»Ja, denn in diesem Haus gibt es nur eine Stimme, und das ist deine. Andere Leute dürfen nur reden, wenn sie dir zustimmen.«

Gisela atmete scharf durch die Nase ein und schaute demonstrativ aus dem Fenster. Moses redete weiter.

»Du erdrückst alles um dich rum. Deswegen ist Hannah abgehauen. Deswegen hat Rachel die Schule geschmissen und ist stinksauer auf die ganze Welt. Du hast beschlossen, dass Papa zwei Kinder aufziehen soll, die nicht von ihm sind, und er musste das gut finden. Und deswegen hat er Krebs gekriegt, und zwar genau an diesen zwei Stellen. Prostata und Kehlkopf. Das Organ, mit dem man Kinder macht, und das Organ, mit dem man spricht.«

Gisela sah starr aus dem Fenster hinaus. Sie drehte einen Kaffeelöffel in den Händen und legte ihn ab. Dann strich sie mit den Händen ihre Hose glatt.

»Ich bin fassungslos«, sagte sie.

»Ja, wenn Leute eine Meinung haben, die nicht deine ist, dann bist du fassungslos.«

»Ich wusste gar nicht, dass man mit der Prostata Kinder macht«, sagte Rachel.

Gisela atmete schwer und schwieg. Moses wandte sich ab, ging aus dem Wohnzimmer in den dunklen Flur, nahm seinen Schlüssel von der Ablage, öffnete die Haustür und trat hinaus in die gleißende Sonne. Am Haus gegenüber hatte ein alter Mann sein Auto vor die Garage gefahren und staubsaugte den Innenraum. Der Mann nickte Moses zu, Moses grüßte zurück. Frau Frankenberger bewässerte jetzt den Vorgarten.

Vor ihrer Garage stand das Campingmobil, in dem sie mit ihrem Mann Reisen unternommen hatte und das seit seinem Tod nicht mehr bewegt worden war. Um das Fahrzeug herum wuchs Gras aus den Ritzen der Pflastersteine. Am Ende der Straße hielt ein Möbelwagen.

Einen Moment lang wusste Moses nicht, wohin mit sich. Dann ging er zu seinem Auto, einem alten Golf mit Berliner Kennzeichen. Er setzte sich hinters Steuer, ohne den Motor anzulassen, und dachte nach.

Die Haustür stand offen. Er hatte sie nicht zugemacht. Halb erwartete er, dass seine Mutter ihm hinterherkommen würde. Halb erwartete er von sich selbst, dass er jetzt wieder hineingehen und sich entschuldigen würde. Keins von beiden passierte.

Einige tausend Kilometer südöstlich war zu diesem Zeitpunkt ebenfalls Freitagnachmittag, und es war schon eine Stunde später. Der Mann, mit dem Gisela vor 40 Jahren im Bett gewesen war, hielt sein siebtes Enkelkind im Arm, das vor vier Wochen zur Welt gekommen war. Er betrachtete das winzige Gesicht des Babys, der Anblick erfüllte sein Herz mit Freude, und es erstaunte ihn selbst, dass er im selben Moment einen Hauch von Trauer spürte. Zugleich dachte er plötzlich an den Film *Nicht der Homosexuelle ist pervers, sondern die Situation, in der er lebt*, an den er bestimmt zwanzig Jahre lang keinen Gedanken verschwendet hatte und den er ohnehin längst vergessen hätte, wenn er nicht zu der seltsamen Nacht mit der Studentin aus dem Filmclub geführt hätte. Er schaukelte das fröhlich glucksende Baby, er freute sich, als der Säugling etwas machte, das wie ein Lachen aussah, und er verscheuchte den Gedanken an seine vier Semester in Deutschland, die in einem anderen Leben und in einer anderen Zeit stattgefunden hatten.

Moses ließ den Motor an und fuhr los. Er spielte kurz mit dem Gedanken, zur Autobahn abzubiegen und dann melancholisch stundenlang geradeaus zu fahren, einfach irgendwohin. Das wäre irgendwie existentialistisch, dachte er, aber dabei müsste ich mich schon filmen, denn wenn man sowas nur tut und nicht filmt, dann ist es nicht existentialistisch, sondern bloß dämlich. Der Möbelwagen am Ende der Straße gehörte zu einem Umzug. Ein sportlicher Mann um die 30, also um einiges jünger als Moses, hatte ein Kind auf den Schultern, hielt ein zweites an der Hand und dirigierte drei Möbelpacker. Moses fuhr in Richtung Innenstadt, parkte den Golf irgendwo im Parkverbot vor einem Schuhgeschäft, das in seinem Fenster »Räumungsverkauf« verkündete, ging ein paar Schritte die Straße hinunter und war in Gießens überschaubarem Szeneviertel: Ein Singlespeed-Vintage-Fahrradladen, ein Skate- und Snowboardladen, eine linke Buchhandlung und daneben zwei Kneipen. Moses ging in eine der Kneipen, setzte sich an den Tresen und bestellte ein alkoholfreies Bier.

Die anderen Gäste waren zehn Jahre jünger oder zehn Jahre älter als er. Sie waren jung und alt, schön und hässlich, dazwischen gab es nichts, und sie sahen sehr deutsch aus. Schräg gegenüber war eine Shisha-Bar, dort trafen sich die Türken und Araber, also die *Schwarzköpfe*, wie sie sich selber nannten, und dass den Deutschen dieses Wort nicht geläufig war, das sagte schon viel. Viele der Schwarzköpfe hatten die Körperform, die man bekommt, wenn man oft ins Fitnessstudio geht, ihre Körper hingen unter dem Gewicht der aufgepumpten Brustmuskeln und Bizepse nach vorn. Die Deutschen hatten auch oft aufgepumpte Bizepse, trainierten aber auch sehr den Rücken. Die Deutschen redeten immerzu davon, wie wichtig der Rücken war. Vermutlich war das die alte preußische Brust-raus-Bauch-rein-Disziplin, die jetzt *Kieser Training* hieß. Oder war *Kieser Training* auch schon ein längst vergangenes Nuller-Jahre-Phänomen? Moses fühlte sich vom Zeitgeist abgehängt. Zum *Kieser Training* gingen die Türken jedenfalls nicht. Wenn sie keine Muckibudenfiguren hatten, waren sie einfach nur dick, aber auch nicht so wie die entschlossenen dicken Deutschen, sondern gemütlicher. Der dicke Deutsche sendete immer noch die Botschaft: Harte Arbeit, harter Feierabend, hart erarbeitete Kampfwampe. Der dicke Schwarzkopf sagte dagegen mit seinem Körper nur:

Sofa, Playstation, Familie. Die Frauen hatten seidig glänzendes Haar und waren so stark geschminkt, dass man ihre Hautfarbe nur raten konnte. Außerdem hatten sie lange, bunt verzierte Fingernägel, mit denen sie auf ihren Smartphones herumfingerten. Warum saßen die Schwarzköpfe nicht hier in der Kneipe bei den Deutschen? Warum saßen die Deutschen nicht bei den Schwarzköpfen? Vielleicht weil die Deutschen den Shishanebel der Schwarzköpfe nicht mochten und die Schwarzköpfe den Bierdunst der Deutschen auch nicht? Würde sich das irgendwann auflösen? Und wo genau gehörte er selber eigentlich hin?

Moses trank über eine halbe Stunde hinweg sein alkoholfreies Bier aus, bestellte dann ein zweites und dachte nach, ohne dass viel herauskam. Vor der Shisha-Bar pöbelten sich zwei Leute an. Ein Polizeiauto fuhr im Schritttempo vorbei. Auf der Straße standen Gruppen mit Bier in der Hand und rauchten. In der Ecke vor dem Klo knutschte ein Pärchen. Ein Anfangsdreißiger mit Lukas-Podolski-Blick trug zwei Cocktails zu einer blonden Frau, die ebenfalls aussah wie Lukas Podolski.

Ich müsste jetzt irgendjemanden kennenlernen, dachte Moses, der mir irgendwas erzählt. Egal was. Einfach irgendwas, was ich hinterher erzählen kann, damit es am Ende wenigstens eine Erzählung gibt. Ich bin allein dazu nicht in der Lage. Ich sitze mit meinem alkoholfreien Bier am Tresen und stiere vor mich hin. »Stieren« ist ein schönes altes Wort. Ich sollte jetzt einen Songtext schreiben, in dem das Wort »stieren« vorkommt. Andererseits wäre es der Gipfel der Lächerlichkeit, an einem Freitagabend in einer Kneipe in Gießen am Tresen zu sitzen und Songtexte zu schreiben. Um mich herum tun alle das, wozu sie hergekommen sind, nämlich mit ihren Freunden Bier trinken und dann besoffen sein. Das wird fachmännisch geplant und durchgeführt. Nur mittendrin sitzt einer ganz allein und schreibt Songtexte. Das ist die traurigste aller Provinzexistenzen. *Schreib keine Songtexte in Gießen* wäre ein guter Songtitel. Den könnte man mit einer Indie-Band auf Indie-Konzerten in Indie-Clubs spielen, wo Indie-Fans hingehen,

die in den 90ern jung waren und auf Konzerte der Band *Tocotronic*
gegangen sind und jetzt immer noch auf Indie-Konzerte von neuen
Indie-Bands gehen, was ein bisschen verzweifelt wirkt, weil die übri-
gen Tocotronic-Fans aus den 90ern heute Chefredakteur und Chefarzt
sind, in lichtdurchfluteten Altbauwohnungen wohnen und dort immer
noch Tocotronic hören, aber die neuen Platten, die von melodiöser
Getragenheit sind und das Gefühl vermitteln, dass das Leben in der
gesellschaftlichen Machtposition eigentlich doch ganz gut ist.

Eine Frau sah zu ihm hinüber, und Moses erwiderte ihren Blick.
Sie war Ende 30, und ihr Gesicht sah aus wie ein Pfannkuchen. Das
schreibst du auf keinen Fall in deinen Indie-Songtext, dachte Moses,
du kannst alles machen, aber das nicht, sonst hassen dich sogar die
übriggebliebenen Indie-Fans, denn die sind oft selber dick. Schreib
keine Songtexte in Gießen und wenn doch, dann auf keinen Fall über
dicke Menschen. Die dicke Frau lächelte ihm zu. Moses deutete ein
Lächeln an, dann versuchte er ziemlich lang, die Aufmerksamkeit der
Barkeeperin zu erwecken, um seine zwei alkoholfreien Biere zahlen
zu dürfen. Die Barkeeperin war mittelgroß, schlank, bewegte sich mit
der sportlichen Souveränität einer Raubkatze aus einer Tierdoku-
mentation, schäkerte mit ihrem Kollegen, der Limetten und Ingwer
und Gemüse in Stücke schnitt und zu Cocktails verarbeitete, und sie
beherrschte die Kunst, einige Gäste wie Luft zu behandeln, während
andere sofort bedient wurden. Die dicke Frau mit dem Pfannkuchen-
gesicht bekam Gesellschaft von einem dünnen Mann mit dicker Brille.
Daraufhin verwarf Moses seinen Plan, die Kneipe zu verlassen, und
als die Barkeeperin sich ihm endlich zuwandte, bat er nicht um die
Rechnung, sondern um noch ein Bier, diesmal mit Alkohol.

Der dünne Mann und die dicke Frau knutschten. Moses fragte sich,
ob das große Liebe war oder ein Fetisch oder Verzweiflung oder alles
auf einmal oder was ganz anderes. Es gab Männer, die auf fettleibige
Frauen standen und die ihre Frauen manchmal so mästeten, dass die
am Ende 300 Kilo wogen und jahrelang nicht mehr aus dem Bett ka-

men. Man konnte im Fernsehen Berichte darüber sehen, wenn man nicht rechtzeitig wegschaltete.

Nichts davon ergab einen Sinn. Moses hatte Germanistik und Politologie studiert, ohne die geringste Ahnung zu haben, was er damit anstellen wollte. Seine Studienkollegen waren jetzt Journalisten oder kloppten sich mit verbissener Verzweiflung um die wenigen Stellen, die im Uni-Betrieb zu haben waren, oder arbeiteten für Bundestagsabgeordnete oder in Marketingabteilungen von Firmen oder saßen auf einer Professur, zu der sie aber nur Dienstag bis Donnerstag pendelten, denn man konnte ja unmöglich aus Berlin wegziehen. Zwei waren zu großen Unternehmensberatungen gegangen, einer hatte einen Club aufgemacht, einer schrieb Drehbücher fürs Fernsehen, zwei waren Vollzeitväter, viele waren Dreiviertelzeitmütter, eine hatte ein Modelabel gegründet, und sie alle schienen einen Sinn in dem zu sehen, was sie taten. Moses sah den Sinn nicht. Er hatte für ein paar Zeitungen geschrieben, dann war ein Nebenjob aus Studententagen zum Haupterwerb geworden. Ein Kommilitone war im Immobiliengeschäft, für ihn hatte Moses eher aus Spaß Werbetexte verfasst, dann hatte die Immobilienfirma Erfolg, und Moses konnte davon leben. Nebenher schob er immer noch seine Doktorarbeit vor sich her und schrieb gelegentlich Ausstellungstexte für einen Galeristen. Der Immobilienunternehmer-Studienfreund zahlte für Moses' Gefühl grotesk gut, und er musste sich nicht sonderlich anstrengen.

Wie das mit dem Sinn funktionierte, hatte Moses prinzipiell durchaus begriffen. Man musste einen Bereich definieren, in dem man sein Glück machen konnte, dann fand in diesem abgegrenzten Bereich Sinngebung statt, und das sinnlose Drumherum war egal. Moses hatte nur bisher kein Feld gefunden, das er für den Rest seines Lebens auf Kosten aller anderen Felder beackern wollte. Sein Feld wäre die ganze Welt gewesen, aber die ließ sich nicht als Ganzes beackern, es sei denn, man schrieb Romane, aber dann musste man sich Figuren ausdenken, womit man schon ein Feld eingegrenzt hatte, und da ging das Problem wieder los.

»Ich bin Kritiker«, hatte Moses mal zu Jacob und Maya gesagt, »aber wenn ich kritisiere, kritisiere ich alles, also auch mich selbst, und damit kritisiere ich auch meine eigene Kritik, und da beisst sich die Kritik in den Schwanz und fällt tot um.«

»Dann werd Selbstkritiker«, hatte Maya erwidert, »davon gibt es noch nicht so viele. Es gibt Film-, Literatur- und Kunstkritiker, aber keine Selbstkritiker.«

»Und in welchem Medium soll das stattfinden?«

»Instagram.«

Daraufhin hatte Moses beschlossen, eine Kurzgeschichte verfassen, in der jemand permanente Selbstkritik übte und es damit tatsächlich zu Ruhm und Ansehen brachte. Er hatte mit dem Schreiben auch angefangen, aber dann nicht weitergemacht.

Die dicke Frau und der dünne Mann waren gegangen. Die Kneipe wurde leerer. Der Sinn des Lebens hatte sich auch heute wieder nicht eingestellt, doch Moses hatte für einen Moment vergessen, was in seinem Leben sonst los war, und vielleicht war das der Sinn dieses Abends gewesen. Er dachte an seinen Vater, der jetzt mit zwei Sorten Krebs im Wohnzimmer des Hauses lag, in dem er 34 Jahre lang gewohnt und drei Kinder großgezogen hatte. Moses und sein Vater waren nie besonders vertraut gewesen. Manchmal hatte Moses das Gefühl, dass die Schüler, die Günther am Gymnasium unterrichtete, ihm mehr bedeuteten als die eigenen Kinder. Moses war sich auf eine seltsame Art immer unsichtbar vorgekommen. Aber das war auch schon wieder ein Modewort. Alle wollten *sichtbar* sein. Moses war so sichtbar gewesen, dass man ihn wegscheuchen konnte, wenn er im Weg herumstand, aber er war verschwommen sichtbar, niemand schaute ihn scharf an. Dabei hatte er alle Freiheiten gehabt, seine Eltern hatten jeden Schritt des Aufwachsens mit Wohlwollen begleitet, doch schon damals hatte er nicht das Gefühl gehabt, dass sein Leben in irgendeine Richtung von Sinn oder Sichtbarkeit führte – außer dem ganz direkten, eher flüchtigen Sinn, den man empfand, wenn man dem Ruf der Natur folgte und mit einer Frau schlief. Dazu musste man aber auch erstmal für die Mädchen sichtbar werden. Einige wenige bekamen das einfach so geschenkt, der Rest musste sich abmühen und blieb trotzdem weitgehend unsichtbar – oder gelangte zu der Art von Sichtbarkeit, die niemand sich wünschte, weil sie auf Lächerlichkeit hinauslief.

Es war viertel nach eins, als Moses das Auto wieder vor dem Elternhaus parkte. In der Siedlung waren alle Fenster dunkel. Er schloss die Haustür auf und trat in den Flur, ohne das Licht anzumachen. Durch die geriffelte Glastür sah man das Pflegebett als großen Schatten im Wohnzimmer. Moses scheute sich, es als Sterbebett zu bezeichnen, obwohl es genau das war. Es war grausam, vom Sterben zu sprechen, während es noch stattfand. Solange einer lebte, starb er nicht. Gestorben war er erst hinterher.

Die Tür war nur angelehnt. Moses drückte sie auf und schaute ins Zimmer. Der Mond schien zum Fenster herein. Sein Vater war wach und blickte ihn an.

»Hallo«, flüsterte Moses. Günther winkte ihm zu.

»Brauchst du irgendwas?«

Günther schüttelte den Kopf. Dann winkte er Moses zu sich heran. Moses trat ganz durch die Tür, nahm einen Stuhl und setzte sich neben das Bett. Er legte die Hand auf Günthers Schulter und fragte sich im selben Moment, ob diese Geste jetzt richtig oder falsch war. Er hatte im Umgang mit seinem Vater keine instinktive Sicherheit. Er ließ die Hand einen Moment liegen und nahm sie dann wieder weg.

Günther griff zum Nachttisch und nahm sein Handy. Er hatte sich früh eins angeschafft, schon im Sommer 1998, und dann 2003 einmal das Modell gewechselt, seitdem war es immer dasselbe. Erst mit der Krankheit, als er die Sprache verlor und die schriftliche Kommunikation auf dem alten Tastenhandy mühsam wurde, hatte Rachel ihm ihr altes Smartphone vermacht, mit dem er nicht gut zurechtkam. Günther öffnete die Nachrichten-App und tippte: GUT GEMACSHT.

»Was habe ich gut gemacht?«, fragte Moses.

GISELA ZUR SCHNECKE GEMACH, tippte Günther, MUSSTE MAL SEIN.

»Hast du getrunken?«, fragte Moses. Günther schüttelte den Kopf und tippte: ABER GUTE IDEWE.

»Soll ich uns was holen?«

Günther nickte.

Moses ging zum Schrank und betrachtete die Sammlung an Spirituosenflaschen, die sein Vater dort gehortet hatte. Er nahm irgendeine Flasche, füllte zwei Gläser mit dem dunklen Kräuterbitterwacholderzeugs, das aus der Flasche kam, und gab eins seinem Vater. »Prost«, sagte er und stieß mit ihm an.

Günther nahm einen Schluck, und Moses sah, wie er sich beim Schlucken verkrampfte, doch dann entspannte sein Gesicht sich wieder. Moses leerte sein Glas ebenfalls. Der Schnaps schmeckte bitter und hatte einen noch bittereren Nachgeschmack.

»Na dann«, sagte er. Er klopfte Günther nochmal auf die Schulter, räumte die zwei Gläser weg, sagte »gute Nacht« und ging aus dem Raum.

Sein altes Kinderzimmer war im ersten Stock. Moses zog sich aus und ging ins Badezimmer, um sich die Zähne zu putzen und nebenbei ohne großes Interesse im Internet herumzuscrollen. Während er das tat, kam eine Nachricht von seinem Vater:

KOMM NOXHMAL RUNETR.

Moses putzte seine Zähne zu Ende und zog sich seinen Schlafanzug an. Währenddessen kam dieselbe Nachricht mit unterschiedlichen Tippfehlern noch zweimal. »Ich komm ja schon«, schrieb er zurück und ging hinunter ins Erdgeschoss.

HOL UNS NOHC ZWEI DTINKS, schrieb sein Vater, als er noch auf der Treppe war.

Moses ging ins Wohnzimmer, sagte »alles klar«, holte zwei neue Gläser und füllte sie diesmal mit Cognac. Günther kippte sein Glas wieder in einem Zug hinunter, dann griff er wieder zum Handy und schrieb: NOCH EINEN.

»Nee«, sagte Moses, »irgendwann ist auch mal gut.«

Günther klopfte auf das Handy und die Nachricht.

Moses sah ihn schweigend an.

ICJ STERBE, schrieb Günther.

Moses goss ihm ein neues Glas ein. Dann leerte auch er sein eigenes in einem Zug.

DU BIST MEON SOHN, schrieb Günther.

»Ich weiß«, sagte Moses.

Günther schrieb einen längeren Text. Moses wollte ihm über die Schulter schauen, aber Günther drehte das Handy weg. Dann hielt er es ihm hin. Moses las: KÖNNEN WIR BITTE BEIDE SXHREIBEN? DAS IST SONST SO ASYMMERITSH, WENN ICH IMMER SCJREIBE UND DU ALS ANTWORT MIT MIR SPRICHST. DANN FÜHLE ICH MICH KRANK.

»Klar«, sagte Moses.

Günther schrieb wieder, und diesmal hielt er Moses das Handy nicht unter die Nase, sondern schickte die Nachricht ab. Sie lautete: MEON LEBEN IST VORBEI.

Moses schrieb zurück: *Ja, ich fürchte, das ist so.*

Günther schrieb: DAS GING ZUEMLICH SCHNELL

Moses antwortete: *Finde ich auch.*

ICH HABE ANGST.

Verstehe ich.

OCH WÜRDE HANNAH GERN NOCHMAL WIEDERSEHEN

Finde ich auch scheiße, dass die sich einfach rauszieht.

HANNAH IST MEINE TICHTER

TOCHTER

So sieht's aus.

NEIN, SO SIEHT ES NICHT AUS.

Wie meinst du das?

76

HANNAH SOEHT MIR NICHT ÄHNLICH.

Stimmt.

ICH HABE ANGST, DASS AUCH SIE NICHT VON MIR IST:

Warum?

NUR SO EIN BAUCHGEFÜÜHL. IM UNTEREN BAUCHBE-REICH. ODER NOHCF EWITER UNTEN.

Ich dachte immer, das wäre euch egal, weil ihr so total progressiv wart und so weiter?

DAS DAXHTE ICH AUCH.

Moses ließ das Handy sinken und sah Günther ins Gesicht. Sein Vater sah ihn an, und sein Blick war müde und sehr traurig.

»Und was sollen wir jetzt machen?«, fragte Moses.

VATERSCHTFASTEST, schrieb Günther.

Moses griff wieder zum Handy und schrieb: *Und wenn der dann negativ ist?*

Günther ließ den Kopf zurück ins Kissen sinken und antwortete nicht.

Moses nahm sein Glas und goss sich noch einen Cognac ein. Sein Vater hielt ihm wortlos und ohne die Augen zu öffnen sein Glas hin. Beide tranken. Der Alkohol brannte in Moses' Rachen bis hinunter zu seinem Magen und vernebelte seine Gedanken. Er versuchte sich vorzustellen, wie Günther sich jetzt fühlte. Oder all die Jahre gefühlt hatte. Es entzog sich seiner Vorstellungskraft. Günther tippte wieder.

DAS KÄUFT ALL MEINEN PRINZIPIEN ZUWIDER. ICH VER-RATE ALLES, WORAN ICH GEGLAUBT HABE. ICH SXHÄME MICH ENTSETZLICH VOR MIR SELBST. ABER ES LÄSST MIR KEIE RUHE. ICH WILL KLARHEIT HABEN. EGAL WAS AM ENDE RAUSKMOMT.

Moses sah ihm in die Augen und fragte: »Wirklich egal?«

Günther erwiderte seinen Blick, und Tränen traten in seine Augen. Moses schaute weg. Er wollte seinen Vater nicht weinen sehen.

BLUT IST DICKER ASL WASSER, schrieb Hartmut, deutete auf die Tränen in seinen eigenen Augen und machte eine entschuldigende Geste.

»Dir ist aber schon klar, dass –«, sagte Moses, doch Günther unterbrach ihn mit einer Handbewegung und deutete auf das Handy. Moses tippte: *Du siehst hoffentlich auch die Ironie da drin?*

NEIN WIESO?

Wenn dein nichtbiologischer Sohn diesen Blut-ist-dicker-als-Wasser-Suchauftrag für dich übernimmt, dann demonstriert er mit dieser Tat zugleich, dass Blut eben doch nicht dicker ist als Wasser.

Er schickte die Nachricht ab. Günther las sie und schluchzte. Er hielt Moses sein Glas hin, ohne ihn anzusehen. Moses füllte beide Gläser, und sie leerten sie beide. Dann schrieb Günther:

FINDE HANNAH, KLAU IHR EIN HAAR ODER IRGENWDAS UND MAXH NEN VTAERSCHAFTSTEST.

Moses las die Nachricht durch und wusste nicht mehr, ob all das gerade wirklich passierte oder ob er betrunken war oder ob er gerade träumte. Seinem Vater liefen Tränen übers Gesicht. Moses schrieb: *Okay. Wird gemacht.*

Als Moses aufwachte, wusste er nicht, wo er war. Die Sonne schien zum Dachfenster herein, die Uhr auf dem Nachttisch zeigte halb zwölf, und sein Schädel pochte. In seinem alten Kinderzimmer lagen seine Kleider verstreut auf dem Boden, darunter auch der Schlafanzug, und Moses stellte fest, dass er nackt im Bett lag. Hatte er sich mitten in der Nacht ausgezogen? Oder war er bei dem Gespräch mit seinem Vater nackt gewesen?

Er griff zum Handy. Drei neue Nachrichten, alle von Günther:

GUTE NACHT um 1:49 Uhr.

ICH MEONE ES ERNST um 3:54 Uhr.

DU MUSST NOCH EIN HAAR VON MIR MITNHEMEN morgens um 7:23 Uhr.

Moses stand auf, duschte eiskalt, was er zehn Sekunden lang aushielt, und zog sich an. Dann sammelte er seine Sachen vom Boden, zog das Ladegerät aus der Steckdose und holte den Kulturbeutel aus dem Bad. Ladekabel und Badezimmersachen, dachte er, eins von beiden vergisst man immer, aber heute nicht. Ich gehe auf eine Mission für meinen Vater, der nicht mein Vater ist, und das macht mich zu einem erwachsenen Mann, der alles im Griff hat und nie seinen Kulturbeutel vergisst.

Als er mit der Reisetasche die Treppe hinunterkam, standen seine Mutter und Rachel mit einer Tasse Kaffee in der Küche. Seine Mutter sagte »Guten Morgen«, ruhig und gemessen, als sei gestern nichts vorgefallen. Moses ging an die Durcheinanderschublade und holte eine Rolle Frischhaltefolie heraus.

»Was hast du vor?«, fragte Gisela.

»Ich brauche ein Haar von Papa«, sagte Moses.

Er ging ins Wohnzimmer, wo sein Vater ihm entgegensah. »Guten Morgen«, sagte er, »ich mach das dann mal wie besprochen, okay?«

Sein Vater nickte.

Neben dem Bett stand noch die offene Cognacflasche und die benutzten Gläser. Moses ging zu Günther, packte mit spitzen Fingern eins seiner Haare und zog einmal kräftig.

»Ich nehm mal sicherheitshalber ein zweites«, sagte er. Günther nickte. Moses rupfte ein zweites Haar aus und legte es zu dem ersten in die Frischhaltefolie. Seine Mutter und Rachel standen schweigend in der Tür und sahen zu.

»Was machst du da?«, fragte Gisela.

»Habt ihr heute Nacht gesoffen?«, fragte Rachel.

»Ja«, sagte Moses, während Günther nickte und einen Daumen hochhielt.

»Ihr habt WAS?«, sagte Gisela.

»Hast du sie noch alle?«, fragte Rachel.

»Ich muss los«, sagte Moses, »macht's gut.«

Gisela und Rachel sagten nichts.

Moses legte die Frischhaltefolie mit den zwei Haaren in seine Reisetasche, öffnete die Haustür und trat hinaus in den Sonnenschein. Es war Samstag, kurz vor eins. Der Nachbar, der gestern sein Auto gestaubsaugt hatte, mähte jetzt seinen Rasen. Überall in der Siedlung wurden Autos geputzt und Rasen gemäht. Frau Frankenberger war nicht zu sehen, und ihr Wohnmobil stand dort, wo es immer stand.

Moses stieg ins Auto, ließ den Motor an und fuhr los. Im Fahren schnallte er sich an, und als er an der Einmündung zur Hauptstraße hielt, vibrierte sein Handy. Es war ein Anruf von Jacob. Moses sah sich um, ob irgendwo Polizei zu sehen war. Dann nahm er das Handy ans Ohr.

»Hallo«, sagte Jacob, »wir sind hier in der brandenburgischen Pampa und wollten nur mal fragen, ob du zufällig in der Nähe bist, wir sind nämlich gerade bei meinem Vater rausgeflogen und haben ein plattes Fahrrad.«

»Wie es der Zufall will, verlasse ich gerade Gießen«, sagte Moses. »Wenn ich aufs Gas steige wie der letzte Depp, könnte ich in fünf Stunden bei euch sein.«

3
Vollsperrung

»Verspargelung der Landschaft«, sagte der Mann, während er seinen Wagen über die Bundesstraße lenkte,»Kranichhäcksler, Schattenwurf, Geräuschemission, katastrophale Ökobilanz. Politisch gewollter Schildbürgerstreich. Scheißdinger.«
Die Bundesstraße führte durch Wälder, Felder und Dörfer. Man ließ die Häuser einer Ortschaft hinter sich, fuhr ein paar Kilometer durch die Felder und Wälder, gelegentlich kam eine Ansammlung von Häusern mit grünem Ortsschild, an denen man ungebremst vorbeifahren durfte, und dann wieder ein Dorf mit gelbem Ortsschild, bei dem man auf 60 bis 70 herunterbremste, falls es nicht einen Blitzer gab, den man entweder kannte oder den das Handy anzeigte, dann kroch man demonstrativ mit 40 daran vorbei, wobei genug Zeit blieb, die Transparente in den Vorgärten zu lesen, auf denen gegen Windkraft protestiert wurde.

Draußen war es brüllend heiß, im Auto war Kühlschrankluft. Der Wagen hatte nur zwei Türen, man musste also den Beifahrersitz nach vorn klappen, um nach hinten zu gelangen. Maya hatte kurz überlegt, ob sie »hinten wird mir schlecht!« rufen und Jacob auf die Rückbank schicken sollte, aber dann hätte sie das Gespräch mit dem Fahrer bestreiten müssen, also war sie nach hinten geklettert und hatte Jacob den Beifahrersitz überlassen. Der Fahrer war ein Mann um die 40, der sich mit »Sven« vorgestellt hatte, nachdem er neben ihnen auf der Landstraße angehalten hatte. Es war Mayas Idee gewesen, den Daumen rauszuhalten, und schon nach einigen Minuten hatte Sven gehalten und gesagt: »Na sowas hab ich ja seit Jahrzehnten nicht mehr gesehen. Steigt ein.«

Allerdings fuhr Sven nicht nach Berlin, sondern nach Ueckermünde. Es war auch Mayas Idee gewesen, trotzdem mitzufahren. Sie hatte argumentiert, dass das Wochenende erst angefangen hatte, sie keine Pläne hatten und erst Dienstag wieder in Berlin sein mussten. Also hatten sie die Räder an einen Weidezaun angeschlossen und waren zu Sven ins Auto gestiegen. Während der Fahrt besichtigte Jacob auf *Airbnb* die sieben sofort verfügbaren Ferienwohnungen in Ueckermünde, um dann festzustellen, dass die doch nicht so schnell verfügbar waren, dann versuchte er es bei Hotels, die ihm aber zu teuer erschienen, und landete dann auf einer traditionellen deutschen Ferienwohnungswebsite, auf der dieselben Angebote standen wie auf Airbnb. Er zeigte Maya ein paar Wohnungen, sie kommentierte die Hässlichkeit der Sofas, dann sagte Sven: »Ich sag mal so, ich würde an eurer Stelle einfach zum Strand gehen, mir am Imbiss ein Fischbrötchen holen und fragen.«

Maya war von dieser Idee sehr angetan, also hatte Jacob das Handy weggesteckt und sich die vorbeiziehende Landschaft angesehen, die zur Hälfte aus Windrädern bestand und zur anderen Hälfte aus Feldern und Wiesen, auf die man Windräder stellen konnte.

»Das wird demnächst auch alles verspargelt«, sagte Sven.

»Ich finde Windräder schön«, rief Maya.

»Aber willst du sowas vor der Nase haben?«

»Nee. Ich will dran vorbeifahren. Das sieht aus wie Science-Fiction. Grüne Landschaft und mittendrin diese weißen Riesendinger, die sich im Kreis drehen. Viel schöner als Strommasten. Strommasten stehen seit Jahrzehnten überall rum und sehen nicht aus wie Science-Fiction, sondern wie vom Industriezeitalter in die Natur gekackt. Aber gegen die Vermaschendrahtzaunung der Landschaft protestiert keiner.«

»Na ja«, sagte Sven, »irgendwie muss der Strom ja verteilt werden.«

»Ja, und irgendwo muss der Strom ja herkommen.«

»Aber dafür alles mit Windrädern zustellen, die jedes Jahr hunderttausend Vögel erschlagen?«

»Die erschlagen weniger, wenn man einen Flügel schwarz anmalt!«

»Was?«

Maya schrie nach vorn: »Ich hab gesagt, die Windräder erschlagen weniger Vögel, wenn man einen Flügel schwarz anmalt! Also nicht einen Flügel von dem Vogel, sondern vom Windrad!«

Maya war unzufrieden. Sie hatte sich ausgemalt, dass sie in einem alten Auto ohne Klimaanlage mitfahren würden, wo Cassetten herumlagen und man die Fenster aufmachen musste, und dann wäre der Fahrtwind so laut, dass man sein eigenes Wort nicht verstand, und die Sonne brannte durch die Scheiben und man war schweißgebadet, aber so wollte sie das. Stattdessen saß sie jetzt in diesem auch schon zwölf Jahre alten Opel und fühlte sich wie in einer Plastikdose. Es gab keinen Grund zur Beschwerde. Sven war nett. Trotzdem war sie enttäuscht.

»Ich glaube«, sagte Jacob, »das sind in Wahrheit gar keine Windräder, die vom Wind angetrieben werden, sondern umgekehrt. Das sind Propeller, die mit Strom angetrieben werden und Wind erzeugen.«

»Ach«, sagte Sven, »und warum?«

»Die beschleunigen die Erddrehung. So wie ein Propeller das Flugzeug nach vorn zieht, so sorgen diese Windräder dafür, dass die Erde sich immer schneller dreht und wir alle immer weniger Zeit haben. Das ist eine Verschwörung.«

»Aha«, sagte Sven, und aus seiner Stimme war herauszuhören, dass er das Gefühl hatte, Jacob wolle ihm mit dieser Geschichte subtil unterstellen, er sei eine Art Reichsbürger, der an Echsenmenschen und Chemtrails glaubt. Dabei war das gar nicht Jacobs Absicht gewesen. Er fand die Idee mit der Windmühlenverschwörung lustig. Und man hatte ja tatsächlich das Gefühl, dass die Welt sich immer schneller drehte. Aber war das eine perspektivische Illusion? Ein Baum am Horizont sah auch kleiner aus als einer vor der eigenen Nase, und trotzdem dachte niemand: Dort hinten sind die Bäume kleiner. War das

Gefühl der immer schneller laufenden Zeit also eine Illusion, so wie die blau-rote Spirale, die sich vor einem Friseurladen scheinbar unendlich nach oben dreht?

Jacob hatte das Gefühl, dass er die Situation mit Sven irgendwie glätten musste. »Es fühlt sich ja wirklich so an, als ob die Welt sich immer schneller dreht«, sagte er.

»Wohl wahr«, nickte Sven, fuhr aus einem Dorf hinaus und beschleunigte den Opel auf 130.

»Hast du Moses alarmiert?«, fragte Maya von hinten.

»Mache ich jetzt.«

Er schrieb Moses, dass ihr Plan sich geändert hatte, dass sie das Wochenende in Ueckermünde verbringen würden und ob er dazukommen wollte. Sie müssten am Ende wieder zu ihren Fahrrädern, die an einen Weidezaun in Brandenburg angeschlossen waren. Moses wäre also aus mindestens zwei Gründen sehr willkommen.

Im selben Moment und einige hundert Kilometer weiter westlich fuhr Moses mit 160 Sachen auf der Autobahn an einem Lieferwagen vorbei. 160 *Sachen*, dachte Moses, wieso sagt man dazu eigentlich *Sachen*. Mit den 160 Sachen, die der Golf mit Mühe und Not hergab, fühlte Moses sich wie eine lahme Ente. Im Rückspiegel erschien ein grauer Audi und wurde schnell größer. Moses zog nach rechts und ließ ihn vorbeischießen. Der Audi fuhr schätzungsweise 230 oder 250 *Sachen,* und drei Meter hinter ihm folgte ein schwarzer Mercedes. Als die beiden an Moses vorbeigerast waren, scherte der Mercedes ruckartig aus, überholte den Audi rechts und fädelte sich haarscharf vor einem LKW wieder vor den Audi. Moses näherte sich dem Laster und wollte ihn ebenfalls überholen, aber im Rückspiegel kam schon das nächste Geschoss, also trat er auf die Bremse und ließ einen roten Porsche mit knapp 200 *Sachen* vorbei. Danach kam ein weißer Sprinter, der es auch sehr eilig hatte, und ein Familien-SUV, dann war frei, also überholte Moses den LKW und sah dabei im Rückspiegel, wie schon wieder irgendetwas Schnelles näherkam und scharf bremste. Durch die Scheibe konnte man spüren, wie empört der Fahrer war, dass Moses seinen scharfkantigen BMW zum Bremsen zwang.

Sorry, dachte Moses, ich kann jetzt schlecht Platz machen, ich könnte allenfalls in den Laster reinfahren oder den vor mir rammen, aber da hätten wir alle nichts von. Kaum dass er den LKW hinter sich gebracht hatte, wurde hinter ihm lichtgehupt. Daraufhin beschloss Moses, das Familien-SUV, das vor ihm nach rechts zog, auch noch zu überholen, was bei seinem Hintermann einen sofortigen Wutanfall auslöste. Er ließ die Lichthupe aufleuchten und schlenkerte nervös hin und her. Moses zog an dem SUV vorbei, scherte ein und ließ den wütenden BMW vorbei. Der Fahrer gestikulierte im Vorbeifahren, und es sah aus wie eine Mischung aus Scheibenwischergeste, Halsabschneidergeste und Hitlerrede.

Maya hatte irgendwann mal gesagt:»Immer, wenn ich aus dem Ausland komme und über die deutsche Grenze fahre, kriege ich bei diesen blauen Autobahnschildern ein Heimatgefühl! Da bin ich zuhause!«

Und damit war sie nicht allein. Die Autobahn, dachte Moses, ist unser wahres Wohnzimmer, unsere Kirche und unser Wirtshaus. Die ganzen Raser und Drängler verteidigen nicht ihr Revier oder ihr Recht auf Raserei, sondern ihr Vaterland, und zwar gegen die Herrschaft der Muttis. Sie sind traurige Krieger, die von ihrer Truppe getrennt wurden und jetzt einsam durchs Land irren. Wenn wir eines Tages ein Tempolimit einführen, weil wir wollen, dass dieser Krieg auf der Autobahn aufhört, dann werden wir uns noch wundern, denn dann hört der Krieg nicht etwa auf, sondern kommt zurück in unsere Städte und Dörfer. Steile These, dachte Moses, allerdings bin ich mir nicht sicher, ob sie stimmt oder einfach nur steil ist. Fühlt sich auf alle Fälle gut an, irgendwas Philosophisches mit »Deutschland« von sich zu geben. Vielleicht sollte ich Publizist werden. Ich müsste mich nur für eine Richtung entscheiden – mit Kritik am deutschen Mann und seiner Autobahnraserei wäre ich links gut aufgehoben, mit Krieg als

Naturkonstante, oder wenn ich den arabischen Mann dazu nehme, der ja auch gern schnell fährt, eher rechts.

Am Horizont stauten sich die Autos. Jacob ging vom Gas und schaltete den Warnblinker an. Er beschloss den Stau auf der Überholspur zu verbringen, zog weit nach links und kam hinter einen Kombi zum Stehen, in dessen Heckscheibe ein Aufkleber sagte: *Kein Kind mit bekloppten Namen an Bord.*

Moses griff zum Handy. Jacob hatte geschrieben: *Planänderung. Wir fahren per Anhalter nach Ueckermünde. Komm dazu. Wird lustig.*

Moses dachte nach. Er hatte einen Auftrag, aber keine Ahnung, wie er ihn ausführen sollte. Wie machten Leute das in Filmen? Wie machte das die Polizei? Man ging zu letzten Arbeitsstelle, zur letzten bekannten Wohnung. Oder man suchte online. Natürlich suchte man online.

Der Stau bewegte sich einige Meter. Moses fuhr an, blieb wieder stehen und googelte den Namen seiner Schwester: Hannah Goldberg.

Es gab eine amerikanische Journalistin, die so hieß. Und eine deutsche Pianistin aus der ersten Hälfte des 20. Jahrhunderts, Lebensdaten 1907–1943. Diese Jahreszahlen reichten, um zu wissen, dass es sich hier wieder um eine dieser Geschichten von einem Leben handelte, das von den Nazis ausgelöscht worden war. Ein Mensch, der sich irgendwelche Gedanken gemacht hatte, der in den Himmel geschaut und sich gefragt hatte, wie wohl das Wetter werden würde, der morgens Kaffee gekocht hatte, mit Freunden zum Wandern in die Berge gegangen war oder sich an den Ostseestrand gelegt hatte. Diese Hannah Goldberg, von der Moses nichts als einen Google-Treffer in der Hand hielt, hätte bis 1990 oder 2000 leben können. Sie hätte sich über die Hippies oder den Vietnamkrieg aufregen können. Sie hätte in den 50er Jahren der kleinen Gudrun Ensslin Klavierunterricht geben und ihr bei Fehlern mit einem Lineal auf die Knöchel hauen können, aber nein, sie war 1943 im Alter von 36 Jahren ermordet worden, tot, unwiderruflich, für immer, und dadurch war sie zugleich in ihrer Zeit eingefroren. Ihre

Existenz als junge Frau in den 20er und 30er Jahren war nicht überschrieben worden von der älteren Frau, die sie nicht werden durfte. Sie war wie ein Insekt in einem Glasblock, in ewiger Jugend erstarrt, als Mahnmal eines unsagbaren Verbrechens.

Moses fühlte sich seinen Eltern so nah wie sonst nie, wenn er daran dachte, dass sie dieses Entsetzen zum Dreh- und Angelpunkt ihres ganzen Lebens gemacht hatten. Eigentlich fühlte er sich seinen Eltern sogar nur in solchen Momenten nah. Es war ein Grauen, dessen Spuren nie verwehen würden.

Wirklich nie? Auch nicht in einer Million Jahren?

Hannah hatte irgendwas mit Grundlagenphysik geforscht.

Alle Wissenschaftler waren auf Twitter.

Moses öffnete die Website von Twitter. Sie verlangte, dass man sich anmeldete, bevor man irgendwas anschauen oder suchen konnte.

Moses war nicht auf Twitter, nicht auf Facebook und nicht auf Instagram.

Die Sonne brannte aufs Autodach. Die Klimaanlage, die der Golf mal gehabt hatte, war schon kaputt gewesen, als Moses das Auto vor vier Jahren für 1 500 Euro gekauft hatte.

Er öffnete beide Fenster und ließ den Wind durchwehen. Auf der Gegenfahrbahn raste ein Auto nach dem anderen vorbei und schickte einen Windstoß herüber, der die Gräser auf dem Mittelstreifen schaukeln ließ. Moses schaute in den Himmel. Nicht auf diesen Internetplattformen präsent zu sein, erschien ihm wie ein Stück schöne, altmodische Freiheit, so schön wie ein alter Eisenbahnzug, in dem man die Fenster herunterlassen, sich beim Halt auf Provinzbahnhöfen hinauslehnen und die Sonne ins Gesicht scheinen lassen konnte. Moses fühlte sich darin verbunden mit den Menschen aus vergangenen Tagen, deren Bücher er las und deren Musik er hörte. Die waren auch nicht auf Facebook, Twitter oder Instagram gewesen, wenn sie in solchen Eisenbahnzügen in die Sommerfrische gefahren waren.

Das Handy vibrierte wieder. Diesmal war es Maya, die schrieb:

Diggä! Ostseestrandbesuchsbefehl! Gruppenspontanurlaubsdurchführungsanordnung!

Moses schrieb zurück:

Na gut.

»Moses ist dabei!«, rief Maya einige hundert Kilometer weiter östlich auf Svens Rückbank.

»Geil«, sagte Jacob und schaute weiter in sein Handy.

Maya hätte sich ein Gespräch mit Jacob gewünscht. Sie wollte, dass Jacob neben ihr auf der Rückbank saß und sagte, was sie empfand: Dass sein Vater sich unmöglich aufgeführt hatte und dass er Maya dankbar war für den Einsatz, mit der sie sie beide verteidigt hatte. Doch Jacob saß auf dem Vordersitz, und daneben saß Sven, also musste dieses Gespräch irgendwann anders stattfinden.

»Was machst du?«, fragte Maya.

»Ich lasse mich vom Internet verschlucken.«

»Modelleisenbahn?«

»Ja.«

»Süchtling!«, sagte Maya und zog von hinten an seinem Anschnallgurt.

Das Internet war voller Suchtmittel. Die meisten Leute waren süchtig nach den naheliegenden Dingen: Youtube, Twitter, Instagram. Jacobs Internetdroge war dagegen ein Nischenphänomen, dem aber viele Musiker und ausnahmslos jeder Keyboarder verfallen war. Wer einmal angefixt war, für den war es mit dem Musikmachen vorbei, der schraubte nur noch. Es waren *modulare Synthesizer*, die man aus einzelnen Bauteilen zusammenbauen und auf jede erdenkliche Art verkabeln konnte. Das war zeitintensiv und teuer. Man konnte problemlos fünf- oder zehntausend Euro für so ein System hinlegen, vor dem man dann in einem Gewirr von Kabeln saß und stundenlang einen einzigen Klang zusammenstöpselte. Jacob war schleierhaft, wo die Leute das Geld herhatten, vielleicht hatten sie allesamt steinreiche Eltern, und wo sie die Zeit hernahmen, aber vielleicht war die Antwort darauf dieselbe. Jacob hatte keine steinreichen Eltern, und so bestand seine Beschäftigung mit der Materie darin, im Internet Testberichte und Videos zu konsumieren und dann am Ende nichts zu kaufen, was er als sehr befriedigend und gleichzeitig absolut quälend empfand. Einmal hatte Maya ihm dabei über die Schulter geschaut und nach dreißig Sekunden ein einziges Wort gesagt:

»Modelleisenbahn.«

»Kann ich nicht von der Hand weisen«, hatte Jacob gemurmelt. Seitdem machte Maya sich oft und gern über seine Modelleisenbahnbegeisterung lustig.

»Du kannst mich gern als Modelleisenbahnsüchtling bezeichnen, aber bitte zieh nicht an meinem Anschnallgurt«, sagte Jacob über die Schulter nach hinten.

»Sorry« sagte Maya, nahm selber auch ihr Handy und las einen Text. Er lautete:

PLANNED OBSOLESCENCE
Ein Performance des Kollektivs IMPENETRANZA#62C
Wir sind gender*fluid, trans*figurativ, post*identity. Wir hacken das Patriarchat und decodieren den Imperialismus. Wir sind eine Plattform und ein Modus des Übergangs. Wir sind nicht zu fassen. Wir sind die Unsichtbaren und die Marginalisierten. Wir sind ein Raum aus queeren*, nicht*linearen, nicht*weißen, nicht*binären Stimmen. Wir sind eine Masse aus Eremiten. Unsere Obsoleszenz ist geplant. Wir sind Design aus dem Labor der Abstraktion. Wir sind eine semipermeable Membran. We are a multitude of futures. Wir sind der Konsum und wir werden konsumiert. Wir sind euer Alptraum.

Das Kollektiv IMPENETRANZA#62C bestand aus Maya und vier weiteren Leuten, die sich in den letzten Jahren an Berliner Theatern kennengelernt hatten. »Planned Obsolescence« sollte das erste Stück der Gruppe werden, wobei der Begriff *Stück* ausgedient hatte, so wie in der Kunst niemand mehr vom *Werk* sprach – am Theater hieß es *Abend*, und in der Kunst sprach man von *Arbeit*. *Projekt* ging auch, andererseits waren darüber schon viele Witze gemacht worden, also hatte man sich auf *Performance* geeinigt, obwohl Maya dagegen war, weil ihr das zu sehr nach Kunst klang. Die anderen vier Mitglieder des Kollektivs waren Julian, ein schmaler, blonder Dramaturgieassistent vom Deutschen Theater; Niloofar, die an der Schaubühne Regieassistenzen und Video machte; Servet, die an der UdK Tanz und Choreographie studierte, sowie Semjon, ein Schauspieler, den Servet an der Volksbühne kennengelernt hatte. Schon der Name der Gruppe war Ergebnis längerer Diskussionen gewesen. Semjon hatte auf der Zahl 62C insistiert, weil das die Nummer des Häuserblocks war, in dem er die ersten fünf Jahre seines Lebens in einer weißrussischen Provinzstadt verbracht hatte, Servet hatte den Hashtag hinzugefügt und Niloofar hätte die Gruppe am liebsten *Semipermeable Membran* genannt, hatte sich aber damit nicht durchsetzen können. Immerhin war der Begriff jetzt Teil des Ankündigungstextes.

Maya und Niloofar hatten sich vor vier Jahren angefreundet. Es war die Zeit der großen Refugees-Welcome-Welle gewesen, überall ging es um Flüchtlinge, wobei sich zu diesem Zeitpunkt schon die Sprachregelung durchgesetzt hatte, dass die Endung »-ling« nicht gut war und man besser »Geflüchtete« sagen sollte. Maya fühlte sich verpflichtet, dieses Thema zumindest einfließen zu lassen, aber Niloofar hatte keine Lust auf Flucht und Migration. Sie begeisterte sich für obskure ostdeutsche Lyriker aus der Mitte des 20. Jahrhunderts, sie interessierte sich für Wagner-Opern, für Peking-Oper und für Kampfsport, sie wollte Liebesgedichte schreiben und auf Metalcorekonzerte gehen, aber es schien ein Gravitationszentrum zu geben, dem sie nicht entkommen konnte. Wo auch immer sie sich vorstellte oder irgendwas einreichte, die Leute waren zuverlässig irritiert, wenn sie mit Goethe hantierte, die Bibel zitierte oder von Weltraumfahrt erzählte. Und mit ihrer Begeisterung für das Werk von Albrecht Nikolaus Görtzsch, einem früh verstorbenen Dichter, der in den 50er und 60er Jahren in der DDR ein Geheimtip gewesen war, hatte sie ihre Kolleg*innen vom Kollektiv Impenetranza#62C auch nicht anstecken können.

Semjons Mutter war mit ihm aus Weißrussland nach Deutschland gekommen, als er fünf und sie 26 Jahre alt war, hatte ihn allein großgezogen und sich für ihn halb totgearbeitet. Niloofars Vater hatte sich in den 80ern aus dem Iran nach Dortmund durchgeschlagen. Servets Großeltern waren 1967 nach Deutschland gekommen, um bei Daimler-Benz in Sindelfingen Autos zu montieren. Julian hatte keine so nacherzählbare Geschichte, aber er konnte um sich herum eine Aura erzeugen, die so lautstark »ich bin jung und ganz weit vorn« schrie, dass Maya in seiner Gegenwart permanent eingeschüchtert war. All diese vier trugen eine Selbstverständlichkeit nach außen, die ihr fehlte. Maya war in Schöneberg aufgewachsen, ihre Mutter hatte an der damaligen HdK Kunsterziehung studiert, war dann Kunstlehrerin an einem Gymnasium in Spandau und später in Pankow geworden. Tief in sich hatte Maya das Gefühl, dass sie eigentlich nichts zu erzählen hatte und daher besser still sein sollte, wenn Semjon von Block 62C erzählte und den heroinabhängigen Prostituierten, zwischen deren erfrorenen Leichen er als Kind im Winter gespielt hatte. Genauso tief in sich drin hatte sie aber die entgegengesetzte Sicherheit, dass in ihr ein Spieltrieb war und eine Fähigkeit, das Leben wahrzunehmen und davon zu erzählen, die mit solchen Erfahrungen rein gar nichts zu tun hatte. Sie wusste nicht, wie sie dieses Gefühl in Worte fassen sollte, sie konnte es nicht belegen, nicht beweisen, aber wenn sie auf Menschen traf, mit denen sie es teilte, dann waren das leuchtende Momente, aus denen Freundschaften entstanden. Mit Niloofar hatte sie so eine Freundschaft, doch Niloo war damals in Julian verknallt und wollte ihn unbedingt dabeihaben. Julian hatte Servet mitgebracht, Servet wiederum Semjon, und schon waren sie ein fünfköpfiges Kollektiv, das über jedes Wort ausführlich diskutierte. Sie wollten weg vom Autoren- und Regietheater, weg vom alleinherrschenden Regisseur, der zumeist weiß und männlich war und unter der Flagge der Kunstfreiheit seine Neurosen auf die Bühne brachte, die oft aus narzisstischen Kränkungen im Bereich der Sexualität bestanden. Es gab Vorbilder, es gab Theaterkollektive, denen ein weltweiter Ruf vorauseilte. Maya fand es unbefriedigend, denen nachzueifern, aber das sahen die anderen nicht so. Oft hatte Maya den Eindruck, dass sie es völlig okay fänden, eine Imitation der großen Vorbilder ohne besondere eigene Idee auf die Beine zu stellen. Ein halbes Jahr, nachdem sie sich zusammengefunden hatten, war ihnen ein Überraschungserfolg gelungen, als auf einem Nachwuchstheaterfestival ein Programmplatz frei wurde und sie genau eine Woche hatten, um etwas auf die Bühne zu bringen, das nicht länger als eine Stunde dauern durfte. Niloo und Maya hatten gemeinsam den zündenden Einfall gehabt: Sie machten eine szenische Lesung von Schillers »Die Räuber«, bei der sie alle ein gelbes Reclam-Heft mit dem Text in der Hand hielten, atemlos kreuz und quer über die Bühne rannten und dauernd erzählten, warum sie jetzt welche Textpassage ausließen, was man wie abkürzen konnte und dass das Ding in einer Stunde durch sein musste. Der Erfolg war spektakulär und hatte zu diversen Einladungen auf andere Festivals geführt, aber beim Versuch, sich den nächsten *Abend* auszudenken, hatten sie festgestellt, dass es nicht so einfach war, diesen Coup zu wiederholen. So waren drei Jahre vergangen, in denen sie viel diskutiert hatten, aufs Land und an die Ostsee gefahren waren, sich gegenseitig bei ihren verschiedenen Jobs unterstützt hatten, aber inhaltlich nicht wirklich weitergekommen waren. Doch jetzt würde sich das ändern. Sie hatten für sechs Abende im November die kleine Spielstätte des Deutschen Theaters bekommen, ab September sollte geprobt werden, und die Vorbereitungen begannen jetzt. Maya nahm ein Notizbuch und einen Bleistift, hielt das Handy daneben und begann Wort für Wort über den Text nachzudenken.

Der Stau reichte bis zum Horizont. Zehn Meter vor Moses war ein Mann aus seinem Auto ausgestiegen und rauchte eine Zigarette. Schon vor fünf Minuten waren zwei Krankenwagen mit Blaulicht und Sirene durch die Rettungsgasse gefahren. Moses hatte auf der Fahrt nach Gießen vor zwei Tagen selber beinahe einen Unfall verursacht, weil er ein großes Plakat zu lesen versuchte, das am Autobahnrand vor Unaufmerksamkeit am Steuer warnte. Das Plakat war gestaltet wie eine Todesanzeige, und dort stand:

Jens, 28, abgelenkt durch eine SMS.

Moses hatte im Vorbeifahren »Jesus« gelesen, aber das konnte er nicht recht glauben, also schaute er nochmal hin und wäre um ein Haar auf seinen bremsenden Vordermann aufgefahren. *Moses, 39, abgelenkt durch ein Verkehrserziehungsplakat am Autobahnrand*, dachte er und sah im Geiste sein eigenes Foto als Todesanzeige. Waren die Fotos, die man auf solchen Plakaten sah, irgendwelche Models aus der Kartei, oder war Jens, 28, tatsächlich bei einem Unfall zu Tode gekommen? Was sagten die Angehörigen in beiden möglichen Fällen dazu, dass ihr Sohn oder Bruder bundesweit als Verkehrstoter an der Autobahn hing? Es war bestimmt nicht ohne Zustimmung passiert. Nichts in Deutschland passierte ohne Zustimmung der Betroffenen, zweier Gleichstellungsbeauftragten und dreier Ethikkommissionen. Nur die Raserei auf der Autobahn und der Stau, die passierten einfach so. Und der Bau von Amazon-Logistikzentren in den unendlichen Weiten von Niedersachsen und Niederbayern. Und die Globalisierung, was immer das eigentlich war, und die unbezahlbaren Mieten in den Großstädten, und die Euro- und Banken- und Staatsschuldenkrise, von der man nicht genau wusste, ob sie inzwischen eigentlich vorbei oder zum Dauerzustand geworden war. In den Nachrichten wurde immer nur berichtet, dass irgendetwas anfing, aber so gut wie nie, dass etwas vorbei war.

Moses griff zum Handy und las den Wikipedia-Artikel über Hannah Goldberg, die Pianistin, 1907–1943. Es war alles so, wie er sich gedacht hatte. Er ging zurück zur Trefferliste und fand seine Schwester auf der Seite eines Forschungsinstituts in Grenoble. Da war ein uraltes Foto von Hannah, die es offensichtlich hasste, fotografiert zu werden. Ein schüchterner Teenager schaute aus schreckgeweiteten Augen in den Blitz eines Fotoautomaten.

Moses rief die Telefonnummer an, die am Fuß der Seite stand. Dann brach er den Anruf ab, bevor es klingelte, es war ja Samstag, aber dann dachte er »na und« und rief doch an. Jemand meldete sich. »Bonjour«, sagte Moses, »je m'appelle Moses Goldberg, et je cherche ma soeur, Madame Hannah Goldberg.«

Ein weiterer Rettungswagen fuhr mit Blaulicht und Sirene an ihm vorbei.

»Pardon?«

Moses schaute nach hinten, ob da noch mehr Blaulicht kam. Dann wiederholte er seine Frage.

»Désolé«, sagte die Stimme, »je ne connais pas Mademoiselle Goldberg, elle n'existe pas ici.«

»Merci«, sagte Moses und legte auf.

Hatte die Person am Telefon ihm mitgeteilt, dass seine Schwester nicht existierte? War Hannah jetzt so sehr ins Reich der theoretischen Teilchenphysik abgetaucht, dass sie in dieser Welt nicht mehr existierte, sondern nur in einer von unendlich vielen Parallelwelten? Er drückte »Reload« und rechnete damit, dass Hannah gleich von der Webseite des Instituts verschwunden sein würde, doch da war sie wieder mit demselben Foto und derselben Mailadresse. Er klickte die Adresse an und schrieb: *Hey, meld dich bitte mal, es ist dringend.* Er schickte die Mail ab und dann gleich eine zweite hinterher, die nur einen Satz enthielt: *Papa liegt im Sterben.* Und dann eine dritte, die lautete: *Sorry, etwas ausführlicher. Ich war gerade zuhause, es geht ihm nicht gut. Fahre jetzt kurz nach Ueckermünde, dann wieder Berlin. Meld dich mal.*

Dann ging er wieder zurück zur Trefferliste. Hannahs Name wurde in einem Artikel über Kosmologie aus dem Jahr 2013 erwähnt. In dem

Text ging es um die hypothetische Möglichkeit »weißer Löcher«. Von schwarzen Löchern hatte man man schon gehört, sie hatten ungeheure Gravitation, der nichts entrinnen konnte. Ein weißes Loch war das genaue Gegenteil davon. Es hatte unendlich wenig Gravitation, schleuderte unendlich viel Licht ins Universum, und nichts konnte in das weiße Loch eindringen. Es war aber unklar, ob es wirklich weiße Löcher gab. Vielleicht war der Urknall ein weißes Loch gewesen. Hannah war Teil eines Forschertrios, das einen Teil des Formelwerks zu einem Teilgebiet der Theorie beigetragen hatte.

Moses las den Text zu Ende und clickte dann auf den ersten Link, der am Fuß des Artikels vorgeschlagen wurde. In der Türkei war eine Straßenbrücke eingestürzt. Im Hafen der südafrikanischen Stadt Durban war ein Frachtschiff voll Wasser gelaufen und lag jetzt halb versunken im Hafenbecken. In Arizona war ein Serverzentrum in Brand geraten, über den ein Teil des Datenverkehrs für den südlichen Teil der USA lief, in Berchtesgaden hatte ein Rohrbruch eine Bundesstraße unterspült, und in Salzburg hatte ein Stromausfall zwei Aufführungen der Festspiele verhindert. Offenbar ging in vielen Teilen der Welt alles mögliche kaputt. Ein Kaffeemaschinenexperte hatte Moses mal ausführlich erläutert, warum eine kleine Siebträgermaschine aus den späten 80er Jahren, die man gebraucht für 150 Euro bekam, heute in derselben Qualität 3 000 Euro kosten würde, und wie heutzutage alles aus billigstem Material hergestellt wurde und schnell kaputtging. Wenn das auch für Beton und Baustahl galt, konnte man sich den Rest ausrechnen.

Eine Nachricht von seinem Vater kam, diesmal tippfehlerfrei: GUTE FAHRT.

Moses ging wieder an seine Mails. Ein Bekannter hatte ihm eine Mail weitergeleitet und dazu geschrieben: *Vielleicht wär das was für deinen Musikerfreund?* Es war offenbar eine Ausschreibung für eine Filmmusik. Moses schickte die Mail an Jacob weiter. Dann legte er das Handy weg und sah aus dem Fenster. Die Sonne knallte vom Himmel, und die Welt war eine Bratpfanne. Er nahm das Handy wieder und schaute in seine Mails, bevor ihm einfiel, dass er das ja gerade erst getan hatte. Für einen Moment hatte er den Impuls, das Handy aus dem Fenster zu werfen, mitten in die Rettungsgasse, wo der nächste Rettungswagen es zu Schrott fahren würde. Ohne Handy wäre es andererseits schwierig, Maya und Jacob in Ueckermünde zu finden oder überhaupt dort hinzukommen. Moses beschloss, sich in Berlin ein altes Tastenhandy anzuschaffen, sein Smartphone mit einem Nagel mitten durchs Display an die Wand zu nageln und darunter ein Schild anzubringen:

Kommunikationsgerät, frühes 21. Jahrhundert. Wegen Suchtgefahr mit weitreichenden gesellschaftlichen Folgen in den 2030er Jahren außer Gebrauch geraten. 2045 verboten.

Im selben Moment, nur einige hundert Kilometer weiter nordöstlich, saß Jacob auf Svens Beifahrersitz, tippte sich durch einen Onlineshop, ging dann zum Warenkorb, der insgesamt 4 687,25 Euro kostete, und löschte alles wieder. Ab und zu schaute er auf, wenn Sven an einem Ortsschild bremste und ein Dorf mit Windkraftprotesttransparenten durchquerte.

Dann erschien auf seinem Handy eine Mail von Moses. In der Mail stand ein Link:

HACK THE SYSTEM Season 3 Scoring Contest – write music for the Netflix series by acclaimed showrunner Arnon Leyman. Submissions open until Sep 30.

Mach doch mal Filmmusik, sagte Jacobs Mutter oft. Maya hatte diesen Satz übernommen und sagte ihn bei jeder Gelegenheit.

Jacob hatte Schulmusik studiert, ohne eine Sekunde zu glauben, er würde Musiklehrer werden. Er hatte in Bands gespielt, sich an elektronischer Tanzmusik versucht, Theatermusik gemacht. Dann hatte sich vor drei Jahren ein Job für eine Softwarefirma ergeben. Die Firma hieß *Gigue*, ausgesprochen »Gig«, ihr Produkt hieß genauso und war ein Programm, mit dem man elektronische Musik live spielen konnte und das sich neben dem Marktführer *Ableton* und dem Konkurrenten *Bitwig* eine Nische als coolere Alternative erobert hatte. Uneingeweihte bezeichneten das, was man mit dem Programm machte, als »auflegen«, was aber nicht zutraf, denn man legte keine Musik auf, sondern spielte wie auf einem Instrument, doch wenn man den Leuten das erläuterte, hörten sie nicht zu und redeten weiter vom Auflegen. Jacob hatte eine halbe Stelle, also zwei oder drei Tage die Woche, aber auf Bürozeiten wurde nicht streng geachtet. Die Gründer und Chefs von *Gigue* waren selbst Clubmusiker und legten Wert darauf, dass ihre Mitarbeiter*innen aktiver Teil der *Community* waren und sich nicht für die *Company* totarbeiteten, sondern parallel eigene Musikprojekte verfolgten. Jacobs Kollegen waren also sehr damit beschäftigt, jedes Wochenende irgendwo zu spielen, Fotos davon auf Instagram zu posten und das dann beieinander zu *liken*. Der Erfolg war überschaubar. Die Wahrheit war, dass fast allen Leuten, die als zahlende Gäste im Nachtleben herumliefen, die Musik ziemlich egal war. Sie durfte nur nicht stören. Wenn man im *Sisyphos* oder im *Berghain* samstagnachts um vier Pink Floyd oder Mozart aufgelegt hätte, dann hätte man sich Scherereien eingehandelt, aber solange es irgendwie nach elektronischer Tanzmusik klang, war es okay. Es gab eine interessierte Minderheit, die den DJ am Sound erkannte und sich fachmännisch über Filtersweeps auf Hihats austauschen konnte, aber das waren vielleicht fünf Prozent des Publikums, und diese fünf Prozent waren fast alle selbst Musiker. Der Rest wollte feiern. Es gab weltweit einen ungeheuren Bedarf an Techno im weitesten Sinn, diese Musikrichtung hatte einen beispiellosen Siegeszug hingelegt, der Marktanteil von Gitarren und sonstigen Bandinstrumenten war im Vergleich zu Synthesizern und Elektronik nur noch ein Witz. Sich als Musiker auf diesem Feld zu etablieren, war trotzdem nicht einfach, denn es herrschte ein enormes Gedränge. Jeder wollte das, und im Grunde konnte es auch fast jeder. Daher gab es einen nie versiegenden Strom an leicht autistischen Siebzehnjährigen, die seit ihrem fünften Lebensjahr nichts anderes getan hatten, als am

Computer Tracks zusammenzuclicken, die dann als neue Wunderkinder in die Höhe katapultiert wurden und ein paar Jahre lang von London über Tokio bis Buenos Aires überall spielten, bis sie mit Ende 20 wegen drogenbedingter Organschäden kollabierten und wieder vom Karussell hinunterfielen. Sehr selten passierte es, dass ein Mitarbeiter von *Gigue* kündigte, weil seine eigene Karriere Fahrt aufnahm, was dann jeweils mit einer Abschiedsparty gefeiert wurde, bei der es den Kollegen bestens gelang, ihren Neid hinter lässiger Fröhlichkeit oder auch fröhlicher Lässigkeit zu verbergen. Die Gründer, die Ronny und Stefan hießen, gratulierten dem scheidenden Mitarbeiter mit staatsmännischer Großzügigkeit und hielten gemeinsam eine Ansprache, in der Stefan von der Mission und der Community redete und Ronny sagte, das Leben sei eine Feier, bei der es darum gehe, die Feier zu feiern.

Jacobs Job bei *Gigue* war es, den Kontakt zu den *Ambassadors* zu pflegen, also den Leuten, die das Programm kostenlos zur Verfügung gestellt bekamen, was man in der Musibranche als *Endorsement* bezeichnete, und die damit zu *Markenbotschaftern* wurden. Manchmal hatte Jacob das Gefühl, dass eigentlich fast alle, die *Gigue* professionell verwendeten, das Programm geschenkt bekamen, während die zahlenden Kund*innen allesamt Amateur*innen waren, die im Hobbykeller nach Feierabend DJ spielten und vom weltweiten Jetset träumten, aber nie weiterkamen als zu Hochzeitsfeiern im eigenen Landkreis.

»Die Musikinstrumentenbranche ist ein betrügerisches Unternehmen, die parasitär vom Glanz der Popmusik lebt«, hatte Moses mal gesagt, als sie nach einer Probe in einer Kneipe saßen und der Sänger der Band mit dem Gitarristen seit 25 Minuten ein Gespräch über die Vorzüge verschiedener Gitarrenverstärker aus den 60er Jahren führte, »und ihr seid die Opfer.«

»Schwurbel, schwurbel«, hatte Kai, der Sänger der Band, erwidert, doch Moses hatte unbeirrt weitergeredet: »Die Stars bekommen ihr Equipment geschenkt, aber denen ist das egal, die könnten auf Kindergitarren und Plastikeimern spielen, die Stars verleihen nämlich ihre Aura den Instrumenten, nicht umgekehrt. Wir Normalsterblichen müssen für teures Geld Geräte kaufen, an denen der Glanz des Göttlichen hängt. Wir zahlen nicht für die Gitarre, sondern für die Illusion, so zu werden wie die Stars.«

»Meine 72er Paula klingt halt besser als ne Epiphone aus Korea«, hatte Kai gesagt, »das ist keine Illusion.«

»Ja, aber dass du deswegen sein wirst wie Jimmy Page, ist eine Illusion. Wir tragen unser Geld zum Händler in den Tempel, wo in unsichtbarer Flammenschrift über jedem Artikel steht: *Kauf dieses Effektgerät, und du wirst so sein wie Kraftwerk oder Beach House*. Das ist unsere Religion, und die Thomann-Website ist der Stoff, den wir uns in die Venen spritzen und der uns glücklich macht.«

»Finde ich ein bisschen überzogen«, hatte Kai gesagt, »ich steh halt auf gute Gitarren.«

»Jaha! Aber es geht nicht um gute Gitarren, sondern um die Illusion, die daran hängt. Und die führt jedesmal zur Enttäuschung. Jeden Morgen wachst du auf und bist immer noch nicht Slash. Aber wie in jeder Religion und in jeder Sucht führt die Enttäuschung beziehungsweise der Kater nicht zum Abfall vom Glauben beziehungsweise zur Entwöhnung, sondern direkt zum nächsten Gebet und zum nächsten Schuss.«

»Und jetzt bitte nochmal schwurbelfrei«, hatte Kai erwidert.

Jacob hatte eingeworfen: »Mir fallen in der Tat zwanzig Leute ein, die sich endlos darüber austauschen können, welche Einstellung an welchem Vorverstärker auf welcher Amy-Winehouse-Platte besonders toll ist.«

»Ist ja auch interessant«, hatte Kai erwidert.

»Ist an einer Amy-Winehouse-Platte nicht vor allem Amy Winehouse interessant?«

»Es ist Betrug!«, hatte Moses gerufen und mit der Faust auf den Tisch gehauen, dass die Gläser klirrten, »aber es ist ein menschenfreundlicher Betrug, denn anstatt dir die brutale Wahrheit zu sagen, nämlich: Du bist ein Normalo ohne Genie und ohne Charisma, stattdessen sagt er: Kauf dir den Glanz der Stars! So haben alle was davon. Die Instrumentenhersteller, die Händler und wir.«

Kai hatte schweigend durch ihn durchgeguckt. Das mit dem Normalo ohne Genie und Charisma hatte Moses so gesagt, dass er es direkt auf sich beziehen musste.

»Aber übrigens«, hatte Moses nachgelegt, »in Deutschland ist es nochmal anders. Hier *muss* man ein Normalo ohne Genie und Charisma sein, um Karriere als Musiker zu machen.«

»Dann ist ja für mich noch Hoffnung«, hatte Jacob gesagt.

»Es reicht, wenn einer in der Band Charisma hat«, hatte Kai erwidert.

»Ich glaube, es geht auch ganz ohne«, hatte Jacob entgegnet, »und zwar, indem man *retro* ist.«

»Hä?«

»Weil eh alle nur noch den Sound irgendeiner vergangenen Ära nachinszenieren wollen. Und das geht auch ohne Charisma.«

»Na und?«, hatte Kai gesagt, »Hauptsache geil.«

Moses hatte Jacob angestarrt, ihm dann auf die Schulter gehauen und gerufen:

»Du hast so recht! Rock'n Roll hat uns mal die ewige Jugend versprochen, stattdessen sitzen wir jetzt im ewigen Seniorenheim mit lauter frühvergreisten Mittzwanzigern, die die Musik ihrer Großväter technisch perfekt nachspielen. Da klingen sie exakt wie *Joy Division*, aber vor lauter Vintage-Streberei sind sie völlig blind für den Elefanten im Raum, der fett vor ihrer Nase sitzt und auf dessen drei Meter breitem Arsch in Riesenlettern geschrieben steht: IHR SEID SPIESSER. Eure großen Helden hätten auf *Vintage* geschissen. Die haben nämlich damals im Gegensatz zu euch was Neues erschaffen. So sieht's aus. Das ist die Rache der Normalo-Spießer. Sie sind ins Reich der Musik eingefallen wie Kolumbus in Amerika und haben die Ureinwohner verdrängt. Deren Nachfahren sitzen jetzt im Reservat, besaufen sich und warten aufs Aussterben, während die Welt skandinavische, britische und sonstige Stock-im-Arsch-Revivalbands abfeiert. Aber in Deutschland kriegen wir noch nicht mal das hin. Prost.«

Dieses Gespräch war der Anfang vom Ende der damaligen Band und der Anfang der Freundschaft zwischen Jacob und Moses gewesen. Seit damals versuchte Jacob, der von Moses beschriebenen Illusion nicht allzusehr auf den Leim zu gehen, also stellte er sich schwindelerregend teure Warenkörbe zusammen, leerte sie dann wieder und machte Musik vorwiegend auf einem 78 Jahre alten Klavier und einem sechs Jahre alten Laptop. »Klavierjahre sind Menschenjahre, und Laptopjahre sind Hundejahre«, hatte Maya dazu gesagt, »die sind also ungefähr gleich alt«. Und wenn sie über Musik sprachen, dann sagte sie regelmäßig »*Mach doch mal Filmmusik!*« und versuchte dabei den Tonfall von Jacobs Mutter zu imitieren.

Jacob hatte ein paar Mal an solchen Ausschreibungen teilgenommen. Man machte sich viel Arbeit oder wenig, reichte das Ergebnis ein und hörte nie wieder davon. Er clickte den Link in Moses' Nachricht an. Die Serie handelte von fünf Hackerinnen aus fünf verschiedenen Ländern, die in ihrem männerdominierten Metier den Jungs zeigten, wo der Hammer hing. Man sollte drei Sequenzen vertonen und hochladen. *Get the unique chance to showcase your work to a jury of top-notch industry professionals,* hieß es in der Ausschreibung. Und während Sven aus einem kurvigen Waldstück herausfuhr und beschleunigte, beschloss Jacob, an dieser Ausschreibung teilzunehmen und diesmal richtig reinzuhauen. Er würde in nächtelangen Sitzungen eine Musik erschaffen, die die Welt noch nicht gehört hatte. Er fühlte sich bei diesem Beschluss heroisch. Und gleichzeitig fand er sich selber lustig. Aller Wahrscheinlichkeit nach würde dasselbe passieren wie immer, nämlich nichts.

Währenddessen saß Maya auf der Rückbank und überlegte. *Wir sind eine semipermeable Membran* – das klang gut, aber was genau sollte es heißen? Niloofar legte großen Wert auf diesen Satz. »Halbdurchlässig«, hatte sie im Gespräch darüber gerufen, »das ist eine exakte Beschreibung der Gesellschaft! Wasser geht durch die Membran hindurch, die im Wasser gelösten Mineralien jedoch nicht. Also, die Gesellschaft ist durchlässig, du kannst überall hin, aber deinen spezifischen Geschmack musst du zurücklassen. Nur das Wasser kommt durch. Geschmacklos und ohne Eigenschaften. Es nimmt dann aber den Geschmack der Mineralien an, die am neuen Ort vorhanden sind. Wir sickern in die Gesellschaft hinein, aber wir verwandeln uns dabei in das, was dort, wo wir hinkommen, schon ist.«

»Stimmt irgendwie«, hatte Servet gesagt, »so ist unsere Gesellschaft.«

»So ist nicht nur *unsere* Gesellschaft, so ist *jede* Gesellschaft!«

»Woher weißt du das?«

»Hab ich gelesen.«

»Wo?«

»In Büchern.«

Maya verstand die Argumentation, aber war der Satz dann nicht falsch formuliert? Müsste es nicht heißen: *Wir gehen durch eine semipermeable Membran und lassen einen Teil von uns zurück?* Oder wäre das zu umständlich? Sie machte sich eine Notiz. Dann dachte sie über den nächsten Satz nach. *We are a multitude of futures.* Der kam von Julian. Maya fand ihn erstens platt und zweitens aufgeblasen. Sie schrieb in ihr Notizbuch:

Platt – Zukunft ist eh immer eine Vielzahl von Möglichkeiten.

Aufgeblasen – rückt sich selbst in den Mittelpunkt des Universums.

Sven fuhr ungebremst über einen Bahnübergang, das Auto machte einen Satz, der Stift machte einen großen Strich aufs Papier. Maya schrieb weiter.

Wir sind die Zukunft – Hitlerjugendalarm.

Wir sind VIELE Zukünfte – Hitlerjugendalarm plus Größenwahn.

Und warum eigentlich auf Englisch?

Sven nahm die Kurven mit Schwung, ihr wurde übel, sie sah aus dem Fenster. In dieser Schärfe würde sie das den anderen nicht vortragen. Julian würde beleidigt sein, und wenn er beleidigt war, konnte er eine Überheblichkeit ausstrahlen, die es Maya schwierig machte, mit ihm im selben Raum zu sein. Sie überlegte, ob das toxische Männlichkeit war, aber andererseits erinnerte Julian sie in solchen Momenten eher an ihre beste Freundin aus der Grundschule, vielleicht war es also toxische Weiblichkeit.

Der Abend stand noch nicht mal ansatzweise, aber sie mussten der Welt etwas verkünden, denn das Theater wollte einen Text, und der Programmzettel hatte einen Vorlauf von drei Monaten. Unter diesen Bedingungen wäre Maya dafür gewesen, einfach irgendwas zu schreiben, aber diesen Vorschlag hatten die anderen empört abgelehnt. Der vorliegende Text war also ein Ergebnis langer Diskussionen, aber für Mayas Empfinden las er sich trotzdem so, als hätte irgendwer irgendwas geschrieben.

Sie nahm das Handy und schrieb an Niloofar: *Ich finde ihn scheiße.*

Niloofar schrieb sofort zurück: *Wen?*

Unseren Text, schrieb Maya.

Niloofar antwortete: *Klar ist der scheiße. Aber klingt nach Theater.*

Danach kamen zehn Emojis, die sich totlachten.

Maya legte ihr Notizbuch weg und sah aus dem Fenster in die vorbeiziehende Landschaft. Die Felder waren abgeerntet, die Sonne brannte. »Planned Obsolescence«, der Titel des Abends, war von ihr. Mayas Mutter besaß einen Mixer, einen Toaster und eine Kaffeemühle aus den 60er Jahren, die noch tadellos funktionierten. Heute ging alles nach ein paar Jahren kaputt, und dann musste man neue Sachen kaufen. Maya hatte Bilder von endlosen Müllhalden gesehen, auf denen sich der Elektroschrott stapelte. Was hier vor sich ging, erschreckte sie zutiefst, und sie wurde das Gefühl nicht los, dass sich hier ein Prinzip durch die ganze Gesellschaft zog. Elektrogeräte, Kleidungsstücke, Handys und Möbel, aber auch Freundschaften und Liebesbeziehungen – nichts war mehr auf Dauer angelegt. Es hielt ein paar Jahre, ging dann kaputt und konnte nicht repariert werden.

»Die Wegwerfgesellschaft«, dachte Maya, das klingt wie der Titel eines Buchs, das bei meiner Mutter im Regal stehen könnte. Ein Buch aus dem Jahr 1982, gebunden, mit Schutzumschlag, der schon etwas vergilbt und eingerissen ist. Vorn steht DIE WEGWERFGESELLSCHAFT in großen, bauchig-geschwungenen gelben Lettern. Darunter ein Foto von einer Müllkippe, auf der zwei Kinder in Cordschlaghosen und Pullunder stehen. Der Autor heißt Dr. Gottfried Binder, Jahrgang 1938, lebt in Bremen, ist Wirtschaftsingenieur und Politologe, schreibt Beiträge für die »Rheinische Post« und die »Frankfurter Rundschau« und hat einen Lehrauftrag an der RWTH Aachen, wo er auch studiert hat. Er ist Gründungsmitglied der Grünen, aber nach ein paar Jahren ausgetreten, weil ihm die Joschka-Fischer-Krawall-Fraktion auf die Nerven ging, und er war auch schon etwas zu alt, die waren alle um die dreißig, er schon über vierzig. An diesem Buch hat er jahrelang gearbeitet, man hat damals bei Ullstein oder Piper auch Hoffnungen darauf gesetzt, aber dann waren die Rezensionen lauwarm und die Verkaufszahlen enttäuschend. Es ist auch etwas umständlich geschrieben, das merkt man mit 40 Jahren Abstand deutlich. Auf der hinteren Umschlagklappe ist ein Schwarzweißfoto des Autors: Ein Mann Mitte 40, der auch Mitte 50 sein könnte, im karierten Sakko, oben wenig und an den Seiten längere Haare, gewinnendes Lächeln und ein etwas entrückter Blick hinter einer damals zeitlosen Metallbrille. Nach diesem Buch hat er kein weiteres geschrieben, aber seine Ehe war im Eimer, weil er völlig ins Schreiben abgetaucht war und nebenher ja auch noch seinen Job hatte. 1991 hat seine Frau sich von ihm scheiden lassen, jetzt ist er dement und lebt in einem Pflegeheim in der Nähe von Heilbronn, wo sein jüngerer Sohn wohnt, der keine Familie hat und sich ein bisschen um ihn kümmert. Ab und zu sieht man das Buch auf Flohmärkten und kann es von einem Euro auf 50 Cent runterhandeln.

Maya merkte, wie sie einen Kloß im Hals hatte, ja, wie ihr bei dieser Geschichte fast die Tränen kamen, und das fand sie bemerkenswert, da sie sich doch Dr. Gottfried Binder und sein nicht besonders glanzvolles Leben gerade erst ausgedacht hatte. Sie nahm es als Beweis für die Wirkungsmacht der Kunst, öffnete ihr Notizbuch wieder und schrieb: *IDEE – Theaterabend unter dem Titel »Die Wegwerfgesellschaft« komplett im Stil der 70er unter dem Namen eines erfundenen Autors.*

Sven bremste den Opel auf 50 herunter. Sie fuhren an einer Tankstelle, einer Bäckerei und einem Autohaus vorbei.

»Ueckermünde«, sagte Sven, »wollt ihr in die Stadt oder zum Strand?«

»Strand!«, rief Maya.

»Dann würde ich euch da vorn rauslassen, da fährt ein Bus, ich muss nämlich hier zu nem Kunden.«

Sven fuhr rechts ran. Sie stiegen aus, holten die Rucksäcke aus dem Kofferraum und bedankten sich bei Sven.

»Rinjehauen!«, rief Sven, wendete den Opel in einem großen Schwung, winkte ihnen aus dem heruntergelassenen Fahrerfenster zu und fuhr zu seinem Kunden. Er warf einen letzten Blick auf Maya, und sie war im Nachhinein froh, dass sie sich auf die Rückbank gesetzt hatte. Sven war nett gewesen, hatte ihnen kein Gespräch aufgezwungen, war souverän gefahren – aber Männer wie Sven hatten eine Art, sie anzuschauen, bei der sie sich als Mensch unsichtbar fühlte, als Tier aber schutzlos ausgeliefert, wenn man das so sagen konnte. Diese Männer sahen ihr nicht in die Augen, sondern auf ihren Körper und die biologischen Signale, die das eigene Affen-Reptilien-Stammhirn ihnen in diesem Moment sendete, und sie merkten es nicht. Es war sinnlos, mit ihnen darüber zu reden. Es war sogar meistens sinnlos, mit anderen Männern darüber zu reden. Es gab welche, die selber nicht so waren und sich das auch nicht richtig vorstellen konnten, und dann gab es welche, die mit großer Geste Progressivität und Verständnis signalisierten, während sie gleichzeitig selber die Blicke durch den Raum schweifen ließen und alle anwesenden Frauen genauso musterten. Und dann gab es Jacob. Er hatte die Rucksäcke an eine Zaun gelehnt und studierte den Busfahrplan. Maya sah ihn an, und wenn sie ihn ansah, wollte sie ihn beschützen. Sie hatte ihn ja heute schon beschützt.

»In elf Minuten kommt einer«, sagte Jacob.

»Küss mich mal«, erwiderte Maya.

Er legte seine Arme um sie und drückte sie an sich. Sie mochte seine Hände an ihrem Rücken. Er mochte es, ihren warmen Körper an seinem zu spüren.

»Ich bin froh, dass wir da raus sind«, sagte sie.

»Der war doch okay.«

Sie schob ihn in der Umarmung in kleinen Schritten zur Bordsteinkante. Jacob trat vom Bordstein auf die Straße, dadurch verschwand der Höhenunterschied zwischen ihm und Maya, und sie küssten sich. Maya zog den Kuss in die Länge. Dann schaute sie ihm in die Augen und sagte: »Das wäre lustig, wenn jetzt der Bus kommt und dich aus meinen Armen reißt.«

Dann überlegte sie, ob sie es sagen sollte, und dann sagte sie: »Dein Vater ist ein Arsch.«

Über dem Asphalt flimmerte die Hitze. Noch mehr Leute waren jetzt ausgestiegen, standen neben ihren Autos oder saßen unter geöffneten Kofferraumtüren oder auf der Leitplanke. Ein älteres Ehepaar hatte sich mit zwei Campingstühlen in den Schatten eines Lastwagens gesetzt, und weil der Schatten wanderte, hatten sie diesen Sitzplatz schon zweimal verschoben. Moses hatte das Handy zwanzigmal in die Hand genommen und wieder weggelegt, hatte vier Podcasts angefangen und wieder abgebrochen und dann versucht, in einem Buch zu lesen, doch nach jedem zweiten Satz lösten sich die Wörter auf und flogen mit seinen Gedanken durch die Hitze des Samstagnachmittags irgendwohin. Er dachte an Hannah und wie wenig er von ihrem Leben wusste. Zwischen Familienmitgliedern, dachte er, ist eine Art Gummiband, man kann sich lieben oder hassen, aber an Weihnachten landet man bei Mama und Papa auf dem Sofa. Nur für Hannah funktionierte das offenbar umgekehrt. Wenn für normale Leute die Familie ein schwarzes Loch war, dann war sie für Hannah ein weißes.

Moses nahm zum wiederholten Mal das Handy in die Hand und legte es wieder weg. Dann griff er nach einer Zigarette, die er sich schon vor einer halben Stunde gedreht hatte, öffnete die Tür und stieg aus. Sein Vordermann, der kein Kind mit beklopptem Namen an Bord hatte, saß auf der Leitplanke. Es war ein untersetzter Mann Mitte 30 mit karierten Shorts, Tattoos am linken Bein und einem T-Shirt, auf dem irgendwas geschrieben stand. Er nickte Moses zu, und Moses nickte zurück. Moses blieb ein paar Sekunden stehen, um abzuwarten, ob aus dem Nicken ein Gespräch werden würde, dann spazierte er durch die Rettungsgasse zu einem Grüppchen von LKW-Fahrern, die beieinanderstanden und rauchten. Moses bat um Feuer und bekam es. Er rauchte schweigend ein paar Züge mit den LKW-Fahrern. Dann wanderte er weiter und stellte sich in Gesprächsweite zu dem älteren Paar mit den Campingstühlen. Die beiden saßen im Schatten und starrten an ihm vorbei. Moses spazierte zu einem älteren Mann, der in der offenen Tür seines Mercedes lehnte.

»Wissen Sie, was da los ist?«, fragte Moses.

»Sehnse doch«, sagte der Mann, »nennt sich Stau.«

»Ich meine da vorn.«

»Was wohl. Unfall.«

»Ach so«, sagte Moses, »dann weiß ich ja Bescheid.«

Er warf die Zigarette weg, spazierte in die Mitte der Rettungsgasse und blieb dort stehen. Smalltalk mit Wildfremden, dachte er, wir kriegen es ums Verrecken nicht hin. In jedem Land der Welt würde man jetzt freundliche Belanglosigkeiten austauschen, man würde Schach spielen, spontan den Grill anwerfen oder in der Rettungsgasse Walzer tanzen. Nur wir Deutschen stehen schlechtgelaunt herum, und wenn einer uns grüßt, pflaumen wir ihn an.

Eine Stimme holte ihn aus diesen Gedanken. Eine Frau um die 40 mit blondem Kurzhaarschnitt hatte ihre Seitenscheibe heruntergelassen und rief etwas, das er nicht verstand.

»Wie bitte?«, rief Moses. Die Frau wiederholte ihren Satz, und er ging erneut in einem vorbeidonnernden LKW auf der Gegenfahrbahn unter. Moses ging zehn Schritte zu ihr, beugte sich hinunter und sagte: »Sagen Sie das bitte nochmal.«

»Ich hab nur gesagt, dass Sie mitten in der Rettungsgasse stehen!«, sagte die Frau.

»Ach so. Danke für den Hinweis. Aber jetzt steh ich da ja nicht mehr.«

»Aber gerade eben sind Sie mitten in der Rettungsgasse gestanden.«

»Ja, und wenn ein Rettungswagen gekommen wäre, dann wäre ich in einer Sekunde weg gewesen.«

»Darum geht es gar nicht. Wenn in der Rettungsgasse Leute rumlaufen, kommt der Krankenwagen nicht mehr durch.«

»Na ja, sogar wenn in der Rettungsgasse dreihundert Leute stünden, würden die sofort alle zur Seite springen und dann wär frei.«

»Die Rettungsgasse muss frei sein, das ist die Regel, und an die müssen auch Sie sich halten.«

»Aber die Rettungsgasse ist doch frei.«

»Sie brauchen mich nicht so anzuschreien«, sagte die Frau.

»Ich habe Sie nicht angeschrien.«

Die Frau verdrehte die Augen und ließ das Fenster wieder hochfahren. Moses sah sich um. Die rauchenden LKW-Fahrer standen jetzt auch in der Rettungsgasse und schauten in die flimmernde Ferne. Moses deutete mit dem Finger auf die Gruppe und rief in das geschlossene Autofenster: »Gucken Sie mal da! Die stehen auch in der Rettungsgasse! Soll ich hingehen und die zurechtweisen? Oder wollen Sie das übernehmen?«

Die Frau fuhr das Fenster wieder herunter und sagte: »Wenn das so weitergeht, kriegen Sie von mir ne Anzeige.«

»Immer gern!«, rief Moses.

Die Frau zückte ihr Handy und machte aus dem Fenster ein Foto von ihm.

»Machen Sie noch eins von näher, dann erkennt man mich besser«, sagte Moses und ging zwei Schritte auf sie zu.

»Na gut«, entgegnete die Frau, »Sie haben es so gewollt.« Sie löste ihren Anschnallgurt, stieg aus, sah sich um und fragte: »Wo ist Ihr Auto?«

»Keine Ahnung. Müsste ich jetzt suchen.«

»Wo ist Ihr Auto?«, wiederholte die Frau mit erhobener Stimme.

»Es muss hier irgendwo sein.«

Der Streit begann die Aufmerksamkeit der Umstehenden zu erregen. Die Frau wandte sich an den Mann in Shorts, der kein Kind mit beklopptem Namen an Bord hatte, und fragte: »Wissen Sie, welchen Wagen der fährt?«

Der Mann schaute zwischen Moses und der Frau hin und her und zuckte die Schultern. Moses bemerkte, wie seine Aggression sich verflüchtigte. Die Frau tat ihm ein bisschen leid. Er warf die Zigarette weg und sagte: »Da hinten. Der hässliche alte Golf.«

Die Frau ging zu seinem Auto und machte ein Foto vom Nummernschild. Auf dem Rückweg zischte sie »das gibt ne Anzeige«, dann setzte sie sich wieder in ihren Wagen und schlug die Tür zu.

»Es heißt übrigens Rettungswagen, nicht Krankenwagen«, rief Moses ihr hinterher. Er hatte sich mal mit einem Rettungssanitäter unterhalten, dem dieser Unterschied sehr wichtig war. Moses hatte gefragt, ob man nicht auch das Krankenhaus in Rettungshaus und die Krankenkasse in Rettungskasse umbenennen müsste, aber der Sanitäter hatte gesagt, das wisse er nicht, aber sein Beruf heiße schließlich auch Rettungssanitäter und nicht Krankensanitäter.

Der Mann ohne Kind mit beklopptem Namen tauschte einen Blick mit Moses. Dann sagte er: »Du stehst in der Rettungsgasse.«

Moses sagte nichts. Er blieb noch einen Moment in der Rettungsgasse stehen und spürte, wie aus den Autos die Blicke auf ihn gerichtet waren. Dann ging er wieder zu seinem Auto, holte das Handy heraus und setzte sich in den Schatten des Fahrzeugs auf den Grünstreifen. Her mit dem Internet. Jetzt würde er sich hineinwerfen. Aber so richtig.

Der Bus hielt an einem großen Parkplatz, auf den die Sonne herunterbrannte. Von der Haltestelle waren es noch 100 Schritte, dann waren sie am Strand von Ueckermünde. Rechts stand eine Hütte, an der man Handtücher und Plastikspielzeug kaufen konnte, dahinter ein Imbiss-Bungalow, links ein zweiter Imbiss und dann ein Restaurant in einem weißen alten Gebäude. Vor ihnen lag der Strand, und mitten auf dem Strand stand ein großer, weit ausladender Baum.

»Hurra!«, schrie Maya, ließ ihren Rucksack fallen, rannte die letzten Meter und umarmte den Baum. Jacob hob den Rucksack auf und folgte ihr.

»Umarm mit mir den Baum!«, rief Maya. Folgsam ließ Jacob die Rucksäcke fallen und umarmte den Baum. Einige Badegäste schauten von ihren Handtüchern auf.

»Ist der schön!« rief Maya.

»Ist das nicht ungewöhnlich, dass mitten auf einem Strand ein Baum steht?«, fragte Jacob in die Baumumarmung hinein.

»Ja, das ist, weil wir hier nicht direkt am Meer sind, sondern am Haff.«

»Was ist ein Haff?«

»Ein Stück Meer, das durch eine vorgelagerte Insel weitgehend vom offenen Meer getrennt ist. Daher nicht so salzig. Deswegen kann hier ein Baum stehen. Hab ich alles im Internet nachgeguckt, vorhin im Bus, während du Modelleisenbahn gespielt hast.«

»Das stand alles im Netz?«

»Das mit dem Baum nicht. Habe ich selber geschlussfolgert.«

»Komm«, sagte Jacob, »wir machen jetzt eine Unterkunft klar.«

Sie gingen zu einer der beiden Imbissbuden und stellten sich in die Schlange. Als sie an der Reihe waren, bestellten sie zwei Fischbrötchen, und Maya sagte: »Wir hätten da noch eine Frage. Wir bräuchten sehr spontan eine Unterkunft. Wüssten Sie was?«

Der Fischbrötchenverkäufer war ein übergewichtiger Teenager mit Pickeln, Piercings im Gesicht und teils kurz rasierten, teils langen rosa gefärbten Haaren.

»Nee«, sagte er, »aber ich kann mal meinen Onkel fragen.«

Er arbeitete noch zwei Fischbrötchenbestellungen ab, dann griff er zum Handy, startete einen Anruf und reichte das Handy an Maya weiter.

»Hallo, Onkel vom Fischverkäufer! Wir sind spontan hier gelandet und bräuchten eine Unterkunft für zwei Nächte«, sagte Maya ins Handy. »Zwei Leute. Okay. Klingt super. Bis gleich.«

Sie reichte das Handy zurück in die Imbissbude. »Er kommt hierher«.

»Wir sind aber drei«, sagte Jacob.

»Muss der ja nicht wissen.«

»Doch. Fairerweise schon.«

»Das macht für den doch keinen Unterschied, wie viele Leute da pennen.«

»Und wenn es nur zwei Betten gibt?«

»Dann teilen wir uns eins.«

Wenige Minuten später kam ein Mann auf einem Mountainbike angefahren und grüßte in die Imbissbude hinein. Der Teenager deutete auf Jacob und Maya, und der Mann hielt auf sie zu. Er war um die 30, durchtrainiert und bester Laune.

»Tachchen«, sagte er, »Maik. Spontane Unterkunft für euch beide?«

»Ja«, sagte Maya.

»Wir sind aber drei«, sagte Jacob, »heute Abend kommt noch einer dazu.«

»Hattest du nicht zwei gesagt?«

»Nee«, erwiderte Maya, »ich hab drei gesagt. Vielleicht war die Verbindung schlecht.«

»Das ist dann sone Sache. Die Gerhart Hauptmann hat jetzt nur'n Doppelbett, aber ich könnte noch eins reinstellen. Oder es pennt einer auf der Couch. Oder ich geb euch die Gagarin, wenn die schon fertig ist.«

»Wir nehmen alles.«

»Seid ihr mit nem Auto da?«

Maya schüttelte den Kopf.

»Der dritte Mann kommt mit dem Auto«, sagte Jacob.

»Stimmt.«

»Weil, die Gagarin hat keinen Parkplatz. Kommt mal mit.«

Maya und Jacob folgten ihm. Drei Minuten später standen sie im ersten Obergeschoss eines 90er-Jahre-Aufbau-Ost-Neubaus mit violetter Briefkastenblechverkleidung, von der die Farbe abblätterte, in einer Zwei-Zimmer-Wohnung mit Kochnische und hellgrauem Sofa. Aus dem Wohnzimmerfenster sah man auf die Fassade des Nachbarhauses. Über dem Sofa hing ein Bild von einem Weg, der durch Sanddünen zum Meer führte.

»Auf der Couch könnte einer pennen«, sagte Maik, »oder ich stell son Klappbett rein, das steht dann aber halt im Weg rum.«

»Wie groß ist Moses?«, fragte Maya.

»Einsfünfundsiebzig«, erwiderte Jacob.

Maya zog die Schuhe aus, legte sich auf das Sofa unter das Sanddünenbild und sagte zu Jacob: »Mess mal den Abstand zwischen meinem Kopf und der Armlehne.«

»Zwei Handbreit.«

»Passt. Wir ziehen ein.«

»Sechzig Euro pro Nacht für zwei Personen plus zwanzig Endreinigung«, sagte Maik, »dritte Person nochmal zwölf pro Nacht extra.«

»Sie nehmen zwölf Euro für das Sofa?«

»Mit Zustellbett wären es zwanzig. Könnt ihr euch überlegen. Zwingt euch keiner.«

Maya und Jacob tauschten einen Blick.

»Oder«, sagte Maik, »kommt mal mit.«

Er trat wieder ins Treppenhaus, ging eine Etage höher und öffnete eine andere Wohnungstür. »Hier«, sagte er, »mit Balkon und Haffblick.«

Die Wohnung war ähnlich geschnitten, ähnlich groß und genauso möbliert wie die andere, aber es gab einen Balkon, von dem aus man den Strand und den Baum sehen konnte. Über dem Sofa hing ebenfalls ein Bild von einem Weg durch Sanddünen zum Meer. Maya öffnete die Balkontür, trat hinaus und atmete tief ein.

»Hier will ich sein«, sagte sie.

»Achtzig Euro die Nacht plus zwanzig Endreinigung, dritte Person 16 Euro extra«, sagte Maik.

»Wieso ist denn dasselbe Sofa hier teurer als unten?«

»Na wegen Balkon und Haffblick.«

»Aber Endreinigung kostet gleich viel?«

»Ist ja derselbe Aufwand.«

Jacob merkte, wie Maiks Geduld nachließ. »Wir nehmen die«, sagte er.

»Wir nehmen die«, bekräftigte Maya und hielt Maik die Hand hin.

»Top« sagte Maik und schlug ein, »und übrigens Vorkasse. Paypal geht auch.«

Als auch das geregelt und der Schlüssel übergeben war und die Tür sich hinter Maik geschlossen hatte, umarmte Maya Jacob und sagte: »Die Extragebühr für das Sofa zahlst du.«

»Wenn du den Balkonzuschlag zahlst«, erwiderte Jacob, »dann gern.«

»Nee, den Balkon wollen wir ja beide.«

»Und dass Moses bei uns pennt, wollen wir auch beide.«

»Ja, aber das hätten wir dem Typen nicht sagen müssen.«

»Ist aber ehrlicher.«

»Du hattest doch nur Schiss, dass Maik das rauskriegt und dich vermöbelt.«

»Ich möchte in der Tat nicht von Maik vermöbelt werden, aber trotzdem.«

Maya verzog das Gesicht, ließ ihn los und ging ins Bad. Über dem Handtuchhalter hing ein laminierter Zettel, auf dem stand: *Unsere Handtücher bitte nicht zum Strand mitnehmen.*

Die Handtücher sahen trotzdem so aus, als wären sie schon oft am Strand gewesen.

»Ist es moralisch richtig, sich daran zu halten?«, fragte Maya.

»Keine Ahnung.«

»Dann nehme ich sie mit, und wenn Maik uns damit am Strand erwischt, schieb ich es auf dich. Und wenn er dich dann vermöbeln will, vermöble ich ihn.«

Sie nahmen zwei Handtücher aus dem Badezimmer und spazierten die zwei Straßen bis zum Strand. An dem Kiosk, wo es buntes Plastikspielzeug und Taucherbrillen und Badelatschen gab, kaufte Jacob eine blaue Badehose. Sie breiteten das Handtuch aus Maiks Wohnung unter dem großen Baum aus und legten sich nebeneinander. Um sie herum lagen ein paar Familien und zwei weitere Pärchen. Die Sommerferien hatten am vorigen Wochenende geendet. Es war noch immer Hochsommer, aber schon Nachsaison.

.»Das ist Yggdrasil, die Weltesche«, sagte Maya und schaute senkrecht nach oben in die Äste, »also der Baum aus der nordischen Mythologie, an dessen Ästen die Schaukel hängt, auf der das Kind sitzt, das den Käfig in der Hand hält, in dem die Schildkröte sitzt, auf deren Rücken die Elefanten stehen, die auf ihrem Rücken wiederum die Welt tragen.«

Mayas Handy signalisierte eine Nachricht. Sie las sie und sagte: »Moses steht in einem riesigen Stau und kommt spät.«

»Und wieso schreibt der das dir und nicht mir?«

»Weil ich die Reiseleiterin bin.«

Sie nahm den *Kindle* in die Hand, wischte die Werbung für *Blutig schwarzer Schnee* zur Seite und begann zu lesen.

Jacob schaute in den Baum und in den Himmel. Hier am Haff war die Hitze erträglich. Die Sonne brannte, die meisten Badegäste lagen in ihren Strandmuscheln wie erschöpfte Walrosse und regten sich nicht. Einige lagen auch in der prallen Sonne und hatten eine Hautfarbe wie Holz oder Ketchup. Am Himmel bildeten sich Wolken, die Sonne schien nicht mehr aus dem ungefilterten Blau, sondern wie durch einen gläsernen Schleier, und der Nachmittag war wie aus flüssigem Glas.

»Der Nachmittag ist wie aus flüssigem Glas«, sagte Jacob.

»Liest du deutsche Literatur?«, fragte Maya hinter ihrem Kindle, »oder ist dir das selber eingefallen?«

»Ist mir selber eingefallen.«

»Schreib ein Buch. Der Literaturbetrieb braucht Stimmen wie dich.«

»Ich glaube«, sagte Jacob, »heute knallt's noch.«

Moses war im Internet. Ein Klimaforscher empfahl, Küstenstädte bereits jetzt aufzugeben. Eine Kolumnistin sagte, die Deutschen seien rassistischer als die Briten, aber nicht so rassistisch wie die Polen. Forscher waren sich uneinig, was ein merkwürdiger Lichtimpuls zu bedeuten hatte, den Messgeräte auf der ganzen Welt vor zehn Tagen aufgezeichnet hatten. In Bremen wurde eine Straße zum zweiten Mal umbenannt, weil sich herausgestellt hatte, dass die lokal bekannte Schriftstellerin, nach der man die Straße benannt hatte, nachdem der erste Namenspatron als Antisemit enttarnt worden war, 1936 die Enteignung jüdischer Geschäfte in einem Zeitungsartikel befürwortet hatte. Ein Konditormeister, der eine Hochzeitstorte mit einer Zwei-Männer-Brautpaar-Figur in sein Schaufenster gestellt hatte, war ermordet worden. Allerdings in Texas. Oder in Teheran. Moses legte das Handy weg und nahm es wieder zur Hand. Islamistischer Anschlag in Südfrankreich, Nazi-Zelle in Zwickau aufgeflogen, Kognitionspsychologe zeigt Versuchspersonen Bilder von Autounfällen zeigt, woraufhin diese bei einem Reaktionstest besser abschneiden, und will damit bewiesen haben, dass Schockbilder die Verkehrssicherheit erhöhen, kosmologische Konstante kleiner als gedacht, Krebse haben sich in der Evolution mindestens fünfmal unabhängig aus unterschiedlichen Vorstufen entwickelt, diese sieben Wörter, darunter »Halligalli« und »Tohuwabohu«, sollte man nicht mehr verwenden, Literaturwissenschaftlerin findet *Jim Knopf* rassistisch, diese zehn Promis haben dieses Jahr geheiratet, diese fünf simplen Tricks helfen beim Abnehmen, immerwährende Erektion auch noch mit 90. Nur Hannah war weiterhin unauffindbar.

Moses drehte sich noch eine Zigarette und stieg wieder aus, um irgendwen nach Feuer zu fragen. Der Zigarettenanzünder des Autos war schon seit Jahren verschollen. Die LKW-Fahrer waren wieder in ihre Kabinen verschwunden, nur einer stand noch rauchend neben seiner Maschine. Moses fragte ihn nach Feuer. Der Mann gab es ihm. Dann sagte er:»Dauert lang heute.«

»Stimmt«, sagte Moses.

»Wohin willst du?«

»Ueckermünde. Und du?«

»Gdansk. Oder für dich Danzig.«

Der Mann grinste. Er war mittelgroß, hatte kurzgeschorene Haare, schmale Augen und einen Mund, der immer leicht zu lächeln schien.

»Wo würdest du ein verschollenes Familienmitglied suchen?«, fragte Moses.

»In der Kneipe«, sagte der Mann,»oder auf dem Friedhof.«

Moses schaute ihn an und sah durch ihn hindurch. Ihm war eine Idee gekommen, die weder mit Kneipe noch mit Friedhof zu tun hatte.»Danke«, sagte er und ging zurück zu seinem Auto. Er nahm das Handy und öffnete erneut den Artikel über weiße Löcher. Dort wurde Hannah als Teil einer Gruppe genannt, die aus drei Forschern bestand. Die anderen hießen Erik Ullmann und Samir Suleimani. Moses suchte die beiden Namen auf Twitter. Sie hatten beide ein Konto. Der Artikel war vom November 2013. Moses fing mit Erik Ullmann an, der auf Twitter sehr aktiv war. Mehrmals täglich postete er irgendwas Wissenschaftliches. Moses wischte mit dem Daumen nach oben und tauchte hinein in Erik Ullmanns Twitter-Vergangenheit. Dann war Schluss, weil die Twitter-Website nach einiger Zeit verlangte, dass man sich anmeldete. Es gab aber eine andere Website namens *Nitter*, auf der man Twitter ohne Anmeldung lesen konnte. Moses öffnete also *Nitter*, gab Erik Ullmans Profilnamen ein und fuhr in der Zeitleiste nach unten. Es fühlte sich an wie eine Fahrt in ein kilometertiefes Bergwerk, und es dauerte fast zehn Minuten, bis er im Jahr 2016 angekommen war. Dann blieb die Seite hängen, öffnete eigenmächtig einen Link, auf den Moses nicht wollte, und beförderte ihn wieder zum Anfang. Der zweite Versuch dauerte eine halbe Stunde und war erfolgreich. Moses landete auf dem Boden des Bergwerks, am Anfang von Erik Ullmanns Twitterpräsenz. Ullmann hatte sich im Februar 2014 bei Twitter angemeldet.

»Scheiße«, sagte Moses. Dann schaute er auf die Titelleiste von Ullmanns Twitterprofil, wo auch schon erwähnt wurde, dass er sich im Februar 2014 bei Twitter angemeldet hatte, und sagte nochmal »scheiße«.

Die Sonne stand mittlerweile schräg hinter ihm, und es war kurz vor sechs. Auf der Gegenspur donnerten weiterhin die Autos vorbei, auf seiner Seite bewegte sich nichts. Die meisten Ausgestiegenen waren wieder in ihre Autos eingestiegen und dösten vor sich hin. Der Mann ohne Kind mit beklopptem Namen saß am Steuer und hörte Techno. Irgendwo schrie ein Baby.

20% Akku, sagte Moses' Handy, Stromsparmodus, ja, nein. Moses stöpselte es ein und ging auf die zweite Twitter- beziehungsweise Nitter-Expedition. Samir Suleimani, seit 2011 auf Twitter, postete nicht nur Physikfachliteratur, sondern auch Artikel aus kalifornischen Lokalzeitungen und war außerdem anscheinend Marathonläufer. »Na gut«, sagte Moses zu sich selber, »dann legen wir mal los. Schau an, ich rede ja schon mit mir selbst. Das wäre Stoff für ein psychologisches Experiment: Wir geben Probanden eine langweilige Aufgabe, die für das Experiment keine Rolle spielt, aber Stunden dauert, und dann messen wir die Zeit, bis sie anfangen, Selbstgespräche zu führen. Vorher zeigt man Bilder von Verkehrsunfällen oder schönen Frauen, danach misst man, ob der Proband schneller mit Selbstgesprächen anfängt, wenn er vorher ein Katzenbaby gesehen hat. Ich scrolle nach unten, ich scrolle und scrolle, immer weiter. Wie absurd, dass man in der digitalen Welt immer noch solche analogen Reisen machen muss. Muss man überhaupt? Es gibt bestimmt einen Suchbefehl, mit dem man einen Zeitraum direkt anpeilen kann. Müsste ich googeln. Will ich jetzt aber nicht. Schon zu viel Energie ins Scrollen investiert.«

Zwischendurch kam eine Nachricht von seinem Vater, der schrieb: GUT DASS DU DA WARST. GUT DASS DU WIEDER WEG BOST. ICH WÄR AUCHG GERN WEG.

Moses schrieb zurück:

Bei mir wärst du nicht gern. Seit vier Stunden Vollsperrung.

Dann wechselte er zurück zu Nitter, scrollte weiter herunter und war nach 25 Minuten am Ziel. Im November 2013 hatte Samir Suleimani Bilder von einer Hochzeit gepostet, zwei Fachpublikationen, eine Ankündigung eines Marathonlaufs und einen Song von Lou Reed, der damals gerade verstorben war. Und dann die Forschungsarbeit über weiße Löcher samt Verweis auf die Co-Autoren Erik Ullmann und Hannah Goldberg. Hannah hatte einen Twitteraccount. Er hieß @sarah_silberberg.

Moses clickte auf den Link. *Dieser Account ist privat*, sagte Twitter. *Melde dich an oder erstelle einen Account, um @sarah_silberberg zu folgen.*

»Na toll«, sagte Moses.

Eine Autotür schlug. Ein LKW ließ seine Maschine an. Am Horizont bewegte sich etwas. Das Campingstuhlehepaar packte seine Stühle ein und setzte sich wieder in den Mercedes. Der Mann ohne Kind mit bekloptem Namen startete seinen Motor. Leb wohl, du kleine Stau-Gruppe, dachte Moses, wir werden uns nie wiedersehen, aber dieser Moment verbindet uns. Es war 18 Uhr 10, und die Autos rollten an. Die nächsten zwanzig Minuten kroch Moses hinter seinem Vordermann her, dann blieb nochmal für ein paar Minuten alles stehen, dann verengte die Autobahn sich auf zwei Spuren und dann auf eine, was jeweils zu Reißverschluss-Stockungen führte. Auf der restlichen Fahrbahn hatte sich ein bunter, blau und orange blinkender Zirkus aus Polizei- und Feuerwehrfahrzeugen zusammengefunden. Männer in gelben Overalls verzurrten auf einem Tieflader ein schwarzes Wrack, das einmal die Zugmaschine eines LKW gewesen war. Einige Meter weiter stand der Auflieger, nicht völlig ausgebrannt, aber von Flammen beschädigt. Er hatte die typischen Lüftungsschlitze eines Tiertransporters, an denen man immer vorbeifuhr und ein schlechtes Gewissen hatte, es sei denn, man war Vegetarier. Wenn man Vegetarier oder gar Veganer war, dann führte das Vorbeifahren an einem Tiertransporter zu einem Gefühl von moralischer Überlegenheit und außerdem einer Prise Vorwurf an den Rest der Menschheit. Vielleicht war dieses Überlegenheitsgefühl beim Überholen von Tiertransporten schon knapp die halbe Miete beim Vegetariersein. Moses war gelegentlich Vegetarier und dann wieder nicht. Lag da neben dem Transporter ein totes Schwein? Moses drehte den Kopf, um zurückzuschauen, und fuhr beinahe in die Absperrung.

Die Unfallstelle war vorbei. Vor ihm lag unberührte, leere, frische, neue, schwarz glänzende Autobahn. Der Mann ohne Kind mit bekloptem Namen gab Gas. Moses ließ ihn davonziehen, setzte sich auf die mittlere Spur und atmete tief durch. Er stellte sich eine Herde Schafe vor, die bei dem Unfall freigesetzt worden waren und jetzt glücklich über die Wiesen von Sachsen-Anhalt spazierten. Oder sie waren in dem Tiertransporter verbrannt. Und dann stellte Moses sich sämtliche Tiere vor, an deren Schlachtung er im Lauf seines Lebens partizipiert hatte, eine endlos lange Reihe von Schweinen und Rindern und Hühnern, und dann stellte er sich eine noch unendlich viel längere Reihe von Tieren vor, die all seine Vorfahren im Lauf der Jahrhunderte getötet und aufgegessen hatten. Es ist erschreckend, dachte er, dieses Massaker an fühlenden Lebewesen, und dann dachte er: Tod und Vernichtung, Jagd und Beute, wir leben auf Kosten von anderem Leben, und dann malen wir ein Bild des getöteten Tieres in eine Höhle und bitten seinen Geist um Vergebung. Eine riesengroße Höhle, so groß, dass die gesamte Menschheit hineinpasst, und an ihren Wänden Milliarden Bilder von getöteten Tieren, deren Geister wir um Vergebung bitten. Er beschloss, mal wieder Vegetarier zu werden.

Es war viertel vor sieben. Er griff nach dem Handy, klemmte es wieder in den Halter an der Windschutzscheibe und öffnete die Navigation. Ankunft um 23:30, sagte Google.

Maya lag neben Jacob und schaute auf den Bildschirm des Kindle, aber die Sätze, die sie las, ergaben keinen Sinn, und ihre Gedanken wanderten in viele Richtungen. Als sie an der Bushaltestelle zu Jacob gesagt hatte, dass sein Vater ein Arsch sei, war von ihm keine Reaktion gekommen, und dann war der Bus gekommen. Sie war neben ihm im Bus gesessen und hatte sich gewünscht, dass Jacob sie in den Arm nehmen würde, ihr ins Gesicht schauen und sagen würde: Das war unmöglich, da lassen wir uns nie wieder blicken. Stattdessen hatte er in seinem Handy irgendwelche Testberichte gelesen. Jetzt lag er neben ihr und hatte die Augen geschlossen.

Maya piekte ihn mit dem Finger in den Oberarm.

»Aua«, sagte Jacob, ohne die Augen zu öffnen.

Maya legte den Kindle weg. »Ich geh mal ins Wasser.«

Sie erhob sich, ging zehn Schritte und hielt den Fuß ins Wasser. Jacob folgte ihr. Einige Meter neben ihr stand ein Mann um die 70, hielt eine ungeheure Wampe in die Gegend und ließ seine Knöchel von den Wellen umspülen. Im Wasser spielte ein muskelbepackter, sonnengeröteter 30jähriger mit einem zweijährigen Mädchen. Er hob es in die Höhe, ließ es hinab ins Wasser sausen, das Kind quietschte vor Vergnügen. Auf dem Oberarm des Mannes war ein Runen-Tattoo und auf seiner linken Brust ein Adler, der die Schwingen ausbreitete. Seine Blicke streiften Maya und Jacob, und Jacob fühlte, wie der Mann sie beide musterte.

»Komm«, sagte Maya, »wir rennen rein.«

Sie rannte ins Wasser. Es wurde nach einigen Metern knietief und blieb dann knietief. Jacob holte auf, und sie rannten nebeneinander durchs flache Wasser. Irgendwann nach hundert Metern wurde es etwas tiefer, dann wieder flacher, dann nochmal tiefer.

Maya ließ sich japsend ins Wasser fallen. Jacob tauchte unter und schwamm ein paar Züge unter Wasser. Er öffnete unter Wasser die Augen und sah Mayas Gestalt, verschwommen und unscharf, ihren blau-türkis gestreiften Bikini und ihre schmale, sportliche Silhouette. Jacob war nie ein großer Schwimmer gewesen. Er konnte im gemächlichen Rentnertempo Brustschwimmen, aber beim Kraulen war nach zwanzig Metern Schluss, Wasser in der Nase, Wasser in der Lunge, und beim Rückenschwimmen hatte man zumindest draußen in der Natur keine Ahnung, wohin die Reise ging.

»Guck mal«, rief Maya und richtete sich zu überraschender Größe auf. Jacob schwamm zu ihr und spürte die Sandbank unter seinen Füßen. Er richtete sich neben ihr auf und umarmte sie. Ihr Körper war kalt und nass.

»Der Nazi am Strand«, sagte Maya, »hat mich angeguckt.«

»Der war doch mit seiner Tochter beschäftigt.«

»Bist du deppert? Der wartet bestimmt nur, bis seine Tochter alt genug ist, dass er sie vergewaltigen kann, und bis dahin guckt er anderen Frauen auf die Titten.«

»Na ja.«

»Was *na ja*? Hast du seine Alte gesehen? Die sah aus wie ich in verfettet. Ich bin genau sein Typ.«

»Ich hab seine Alte nicht gesehen.«

»Die lagen die ganze Zeit acht Meter neben uns. Hast du mal rübergeguckt, was die für Sachen lesen?«

»Nein.«

»Dir ist echt alles egal.«

»Mir ist überhaupt nicht alles egal«, sagte Jacob und legte seine Hand um Mayas nasse Taille, doch Maya ließ sich wieder ins Wasser fallen und schwamm davon.

Irgendetwas war passiert. Oder es passierte jetzt gerade. Sie stellte sich vor, wie sie gleich zurück zum Strand kommen und den Nazi wegen seiner Nazitattoos zur Rede stellen würde. Der Nazi würde seine

Tochter zurück zu seiner dicken Frau schicken und sich dann mit Maya ein Wortgefecht liefern und spätestens beim dritten Satz gewalttätig werden und sie anschreien, dass er keine Frauen schlägt, und ihr dann trotzdem eine knallen. Die Vorstellung war schlimm, und Maya versuchte sie abzuschütteln. Dann stieg in ihrem Kopf ein neues Bild auf, in dem der Nazi gar keine Nazitattoos hatte, sondern ihr in einer Berliner Theaterkantine begegnete, weil er da als Beleuchter arbeitete, und wie sie auf einer Premierenfeier miteinander tanzten und dann knutschten, und als sie dann mit zu ihm nach Hause ging und er sein T-Shirt auszog, hatte er doch wieder Nazitattoos. Die Vorstellung war genauso abstoßend wie die davor.

Maya hatte mit 17 einen 23jährigen Elektrikergesellen bei einer Schulfreizeit in der Dorfdisco kennengelernt. Er hieß Markus, war nett und hatte keine Nazitattoos. Er war attraktiv und zugleich verboten, obgleich eigentlich nichts an ihm verboten war. Niemand redete offen über Klassenschranken, man tat so, als gäbe es sie nicht, doch in Wahrheit blieben die sozialen Schichten weitgehend unter sich. Es war aber verpönt, das so zu sagen. Maya stellte sich vor, wie sie sich jetzt auf der Stelle von Jacob trennen und stattdessen mit dem Nazi zusammenkommen würde. Sie würde ihn mit nach Berlin nehmen und ihren Freunden vorstellen. Die würden alle denken, sie wäre wahnsinnig geworden, oder das wäre eine Art Kunstprojekt.

Sie war wütend. Der Nazi samt Tochter und dicker Frau sollte aus ihrem Kopf verschwinden, und Jacob sollte wiederkommen. Wo war er nur hin? War er auf dem Land geblieben und saß da noch im Haus seines Vaters? War dieses Bad im Haff eine Art umgekehrte Taufe, bei der ihre Liebe zu Jacob aus ihr hinausfloss und sich im flachen Wasser auflöste, bis sie verschwunden war? Als Gedankenspiel mochte Maya solche Vorstellungen, aber als konkreten Vorgang im eigenen Kopf mochte sie sie nicht. Ihr wurde kalt. Sie wollte Jacob gegen alles beschützen, aber nicht gegen seinen eigenen Vater. Sie wollte sich von Jacob vor nichts beschützen lassen, außer vor seinem Vater. Und wenn das nicht stattfand, dann stimmten die Verhältnisse nicht, dann stand die Welt auf dem Kopf und alles fiel hinaus.

Jacob war noch ein paar Meter geschwommen, dann hatte er keine Lust mehr. Er hielt an und ließ die Füße zum Grund sinken. Er konnte immer noch stehen. Mayas Kopf war auf den Wellen schon weit voraus. Er drehte sich um und ging im brusttiefen Wasser langsam zurück in Richtung Strand. Ein Spaziergang im Wasser, dachte er, das ist viel lässiger als Schwimmen, das könnte man als Sportart einführen: Olympisches Gehen durch knietiefes Wasser. »Knietief« ist dann im Reglement der Sportart exakt definiert, zwischen 40 und 60 Zentimeter, und dann können die Kommentatoren im Fernsehen darüber fachsimpeln, welcher Athlet bei welcher Tiefe einen Vorteil hat.

Als er zurück zum Strand kam, hatte der alte Mann mit der Wampe sich nicht von der Stelle gerührt. Der Mann mit dem Runentattoo war zu seiner Frau zurückgekehrt und spielte dort mit der Tochter und einem etwas älteren Jungen. Die Frau hatte höchstens eine oberflächliche Ähnlichkeit mit Maya, dachte Jacob, also Größe und Haarfarbe und ungefähre Gesichtsform, aber mehr nicht, und außerdem war sie etwa doppelt so breit wie Maya. Während Jacob sich mit einem von Maiks Handtüchern abtrocknete, versuchte er einen Blick auf die Strandlektüre des Paares zu werfen. Da war ein Buch, dessen Umschlag nach Thriller aussah, und ein buntes Magazin. Vielleicht hatten sie davor »Mein Kampf« gelesen und es dann unter der Decke versteckt. Oder Maya hatte übertrieben. Maya übertrieb gern.

Es war gleichbleibend heiß, der Himmel war jetzt fast vollständig mit Schleierwolken bedeckt, dazwischen einzelne Quellwolken, die aussahen wie Blumenkohl. Jacob legte sich hin, nahm sein Buch zur Hand und versuchte darin zu lesen. Dann wanderten seine Gedanken wieder zu Maya, die es anscheinend gerade mit dem Schwimmen übertrieb. Er schaute aufs Haff hinaus. Ein paar Menschen waren weit geschwommen und als kleine Punkte auf dem Wasser zu sehen.

Jacob zog sich ein T-Shirt über, ging zur Strandpromenade und betrachtete die bunten Plastiksachen, die man an dem Kiosk kaufen konnte. Er holte sein Geld, kaufte eine gelbe Luftmatratze, trug sie zum Strand und blies sie auf. Auf der Luftmatratze waren große Warnhinweise aufgedruckt, was man damit alles nicht tun sollte, unter anderem Ertrinkende retten. Er legte sich auf die Warnhinweise und schaute in den Himmel. Um ihn herum herrschte paradiesische Faulheit, eine Feier des Nichtstuns, wie man sie nur an einem Sommernachmittag am Strand haben konnte. Sogar der mutmaßliche Nazi und seine Frau waren faul und harmlos. Jacob hätte sich gern in die kollektive Faulheit hineingelegt wie in eine Hängematte, aber er war unruhig. Es dauerte lang, vielleicht eine halbe Stunde oder länger, bis Maya anspaziert kam. Sie kam nicht aus dem Wasser, denn ihre Haut war trocken und warm.

»Wo warst du?«

»Ich bin da drüben an Land gegangen und dann hab ich mich da auf eine Mauer gesetzt und zugeschaut, wie du die Luftmatratze aufgepustet hast, und dann war ich noch ein bisschen spazieren.«

»Aha.«

»Das ist lustig, wenn man Leute beobachtet, die man kennt, aber die gerade denken, sie wären allein.«

»Habe ich noch nie gemacht.«

»Rutsch mal.«

Sie legte sich neben Jacob. Er machte Platz, die Luftmatratze war zu schmal für zwei Menschen, er glitt in den Sand.

»Schön«, sagte Maya.

Jacob stand auf und griff nach seinem Handy. Moses hatte geschrieben: *Räder rollen wieder. Ankunft 23h30. Sag mal Adresse.*

»Ich hab Hunger«, sagte Maya.

»In Salzburg ist der Strom ausgefallen und deswegen kann *Jedermann* nicht gespielt werden«, erwiderte Jacob.

Sie zogen sich an und setzten sich auf die Terrasse vor der alten Strandhalle. Die Sonne stand tief, der Himmel war ein Schlachtengemälde, Jacob bestellte ein Bier und sah aufs Haff hinaus. In der Ferne wetterleuchtete es.

»Das knallt heute noch«, sagte Jacob.

»Das hast du vorhin schon gesagt.«

Sie bestellten, das Essen kam, sie sprachen wenig. Jacob ließ seine Gedanken schweifen, aber sie schweiften nicht weit, sie blieben irgendwo im flachen Wasser hängen, wo er vorhin neben Maya geschwommen war.

»Was machen wir denn jetzt, bis Moses kommt?«, fragte Maya.

»Keine Ahnung.«

»Wollen wir heiraten?«

»Was?«

»Wir sitzen hier schon wie ein altes Ehepaar.«

Jacob wusste nicht, was er darauf sagen sollte. Ihm fiel nichts ein, das nicht verletzt oder schnippisch geklungen hätte. Sie bezahlten die Rechnung, schlenderten am Strand entlang, bogen in die Straße zu Maiks Apartment, gingen hinauf in die Wohnung, setzten sich auf den Balkon und schauten auf den Strand. In der Ferne wetterleuchtete es immer noch.

»Das ist also Urlaub«, sagte Maya, »rumsitzen und nichtstun.«

»Ist irgendwas?«

»Nö.«

»Hast du schlechte Laune?«

»Nö.«

»Wollen wir einen Wein aufmachen?«

»Wir haben keinen Wein.«

»Ja, aber die Läden haben noch auf.«

Maya atmete ein und aus und sagte nichts. Und dann tat Jacob etwas, das er sonst selten oder nie tat. Er rückte seinen Stuhl eng neben ihren, legte eine Hand auf ihren Bauch, die andere auf ihre Brust, die dritte in ihren Nacken, nein, es war die Hand, die vorher auf dem Bauch gewesen war, dann zog er mit der zweiten Hand den Ausschnitt ihres

125

T-Shirts nach unten und küsste sie auf die Brust. Als keine Gegenwehr kam, ließ er die Hand wieder aus ihrem Nacken nach unten und zwischen Mayas Beine wandern.

»Was soll das werden?«, fragte Maya.

»Ich ergreife die sexuelle Initiative«, sagte Jacob.

Sie küssten sich. Eine Welle kam und hob sie hoch. Irgendwie gelangten sie vom Balkon ins Schlafzimmer und ins Bett, irgendwie kamen sie aus den Kleidern, und dann lagen sie im Bett. Die Welle trug sie und schlug über ihnen zusammen. Jacob hielt eine Hand auf Mayas Scham und die andere auch, aber von hinten, sodass seine Finger sich zwischen ihren Beinen berührten.

»Ich habe die ganze Welt in der Hand«, sagte Jacob.

»Denkste« sagte Maya, stöhnte leise und packte ihn an einer Stelle, wo es ihm sehr gefiel.

»Doch, hier kommt die ganze Welt her.« Er sang leise in ihr Ohr: *He's got the whole world in his hand, he's got the whole world in his hand …*

»Hör mal auf, hier rumzusingen. Das ist peinlich.«

»Ich glaube, der Song ist eigentlich so gedacht. Das ist ein Sexlied.«

»Blödsinn«, sagte Maya und küßte ihn, und sie versanken ineinander, und die Welle trug sie weiter, und sie ritten auf der Welle.

Dann kam Jacob, und Maya kam nicht. Während die Lust nachließ, liebkoste Jacob weiter Mayas Klitoris, die zuvor im Rausch keinen Namen gehabt hatte, aber jetzt wieder diese klinische Bezeichnung trug, und es fühlte sich mehr und mehr wie Arbeit an. Als Maya dann doch noch kam, war Jacob schon nicht mehr richtig bei der Sache. Dann wurde er müde und schlief ein.

Maya ging ins Bad, um sich zu waschen. Sie warf einen Blick auf Jacob, der nackt auf dem Bett lag und schlief. In der Ecke stand die gelbe Luftmatratze an die Wand gelehnt und sah aus wie ein Grabmal oder ein Kunstobjekt. Maya zog sich etwas über, nahm ihr Notizbuch, setzte sich wieder auf den Balkon und schaute hinaus aufs Meer, über dem es dunkel wurde. In den Wolken war Wetterleuchten, und ein sanfter Wind wehte. Sie schlug im Notizbuch eine neue Seite auf und schrieb:

PLANNED OBSOLESCENCE
Wir gehen kaputt. Ihr geht kaputt. Die Welt geht kaputt. Eure Beziehungen gehen kaputt. Unsere Liebe geht kaputt. Das Stettiner Haff geht kaputt. Die Weltesche Yggdrasil geht kaputt. Das Ozonloch geht kaputt. Das Geld geht kaputt. Dein Handy geht kaputt. Dein Gehirn geht kaputt. Alles, was du kaufst, geht kaputt. Macht aber nix. Kann man nicht reparieren, aber neu kaufen. Besuchen Sie den kaputten Wegwerftheaterabend des Kollektivs IMPENETRANZA#62C, und wenn der Abend kaputtgeht, dann müssen Sie sich leider einen neuen kaufen, so sind die Regeln nun mal. Dieser Text geht jetzt leider auch kapt tutu tertgjknf969eut09ü=/]'

Ja, dachte Maya, das ist es. Das schicke ich sofort an die Gruppe. Nein, erstmal nur an Niloo. Sie machte ein Foto von dem Text und verschickte es. Dann stand sie mit so viel Schwung auf, dass der Balkonstuhl lautstark zurückrutschte. Sie wäre am liebsten auf der Stelle nach Berlin gefahren, um weiterzuarbeiten. Jacob lag immer noch auf dem Bett und schlief. Sie wollte ihn wachrütteln und rufen: Wach auf! Die Welt ist in grundlegender Unordnung! Wir dürfen nicht schlafen, bevor wir nicht alles in Ordnung gebracht haben! Und dann stellte sie sich vor, wie Jacob sie schlaftrunken anschauen und sagen würde: Fang doch schon mal an. Oder er würde sagen: Schlaf gehört auch zu den Sachen, die in Ordnung gebracht werden müssen. Jacob war nicht existentiell wachrüttelbar. Moses dagegen war sowieso immer schon existentiell wach. Wo blieb der überhaupt?

Über dem Haff wetterleuchtete es, und ein ferner Donner rollte heran. Der Wind war stärker geworden. Maya überlegte, ob sie noch einmal hinuntergehen sollte und allein spazierengehen. Oder nochmal baden. Oder lesen. Sie tat nichts davon, sondern zog sich wieder aus und legte sich neben Jacob ins Bett. Sie spürte, dass sich etwas ändern würde, und sie fürchtete sich davor. Jacob bewegte sich im Halbschlaf.

Mayas Gedanken wanderten und nahmen Abzweigungen, die sie dann gleich wieder vergaß.

Als sie aufwachte, war es dunkel im Zimmer. Die Balkontür stand noch offen, und der Wind hatte aufgefrischt. Vor dem Fenster war der Widerschein von Blitzen im Wolkenhimmel. Irgendwo vibrierte ein Handy. Maya stand auf und fand das vibrierende Handy in der Tasche von Jacobs Hose, die neben dem Bett am Boden lag. Es war 23:35 Uhr, es gab neun entgangene Anrufe, alle von Moses, und drei Kurznachrichten. Sie holte ihr eigenes Telefon, auf dem ebenfalls acht entgangene Anrufe und zwei Nachrichten angezeigt wurden. Eine der Nachrichten war von Niloofar, die schrieb:

sehr sehr sehr nice 👽😊💀✌

Die acht Anrufe und die andere Nachricht waren von Moses. Maya rief ihn an.

»Dass ich das noch erleben darf«, sagte Moses.

»Sorry. Wo bist du?«

»Ich sitze hier im Auto bei euch vorm Haus.«

»Scheiße. Wir haben die Handys nicht gehört.«

»Ihr habt gevögelt und seid dann weggepennt.«

»Jacob ist weggepennt. Ich hab gearbeitet.«

»Und ich hab mir schon mal ein Bier aufgemacht und würde jetzt mit euch die Zigarette danach rauchen, wenn ich darf.«

»Geh mal an die Tür. Ich glaube, wir sind Wohnung fünf.«

Jacob wusste nicht, wo er war, als Maya ihn an der Schulter packte und schüttelte.

»Aufwachen«, rief sie, »wir müssen uns mit Moses betrinken und die Zigarette danach rauchen!«

Jacob brauchte ein paar Sekunden, um sich zu sortieren. Halb schlafend stieg er in seine Kleider, und als er gerade die Hose angezogen hatte, kam Moses schon die Treppe hinauf und rief durchs Treppenhaus: »Ihr Pappnasen! Ihr Weihnachtsmänner! Ihr Schlafsäcke!«

Er ließ seinen Rucksack fallen, stellte vorsichtig eine Plastiktüte ab, die beim Abstellen nach Glasflaschen klang, und umarmte Maya und Jacob.

Sie gingen auf den Balkon. Moses gab ihnen jeweils ein Bier aus seiner Plastiktüte und öffnete es mit einem Feuerzeug.

»Alter«, sagte er dann.

»Prost«, sagte Maya.

»Alter«, sagte Moses, »Alter, das ist krass.«

»Was ist krass?«

»Alles. Dieser Tag, dieses Leben, dieses Internet. Ich muss mich auf Twitter anmelden.«

Ein Blitz zuckte durch den Himmel, und es donnerte über dem Haff.

»Die Welt«, rief Moses in das aufziehende Gewitter, »ist dem Untergang geweiht. Die Menschen reden wirr und denken in den Bahnen des Wahnsinns. Dass alles immer zum tiefsten Punkt gravitiert, das ist nichts neues, das ist ein Naturgesetz, aber das Internet hat den tiefsten Punkt neu definiert. Es gibt kein Normalnull mehr. Das Internet zieht uns hinab in die Tiefsee, in den Abgrund, in das schwarze Loch.«

Noch ein Blitz leuchtete auf, und noch ein Donner krachte.

»Möchtest du uns erläutern, was genau du damit meinst?«, rief Jacob in den verhallenden Donner.

»Ich muss mich auf Twitter anmelden.«

»Das hast du schon gesagt«, sagte Maya.

»Und warum genau?«, fragte Jacob.

»Weil da meine Schwester ist.«

»Was für eine Schwester?«

»Hannah.«

»Und was willst du von der?«

»Ich will gar nichts. Mein Vater will, dass ich sie finde und einen Vaterschaftstest mache, weil er im Sterben liegt. Und deswegen muss ich mich auf Twitter anmelden.«

»Das leuchtet total ein«, sagte Maya.

»Also werde ich hineinsteigen in den zwölften Kreis der Hölle, aus dem es keine Wiederkehr gibt.«

»Die Menschen waren auch ohne Internet schon schlimm«, sagte Jacob. Ein Windstoß ließ Mayas Haare fliegen. Über dem Haff leuchtete ein entfernterer Blitz, gefolgt von einem Donner.

»Kommt, wir gehen an den Strand«, sagte Maya, »da steht der älteste Baum der Welt, das ist ein guter Ort, um sich bei Gewitter auf Twitter anzumelden.«

»Ich will schwimmen gehen«, sagte Moses, »ich will eintauchen ins Meer und die Sünden der ganzen Welt von mir abwaschen.«

»Man soll nicht bei Gewitter baden«, sagte Jacob.

»Man soll so vieles nicht. Kannst du mir eine Badehose leihen?«

»Ja, aber dann habe ich selber keine.«

»Wir baden nackt!«, rief Maya, »los! Kommando Strand! Mir nach!«

Sie griff nach dem Wohnungsschlüssel und schob Moses und Jacob zur Tür hinaus. Sie liefen die dreihundert Meter zum Strand. Es blitzte und donnerte, doch noch fiel kein Regen. Während sie gingen, redete Moses ohne Unterlass. »Ich stand fünf Stunden im Stau und bin in dieser Zeit ein anderer geworden. Ich habe die Menschen gesehen, wie sie wirklich sind, oder wie sie sein werden, wenn der Kapitalismus oder der Konsum oder die neue Weltordnung oder was zum Geier gewonnen hat. Der Stau ist die utopische Gesellschaft. Jeder sitzt in seiner Zelle, und sogar wenn wir aussteigen und rumlaufen, entsteht keine Solidarität, keine Gemeinschaft, sondern nur schlechte Laune und gegenseitiges Ankacken. Alles, was das Leben lebenswert macht, also Freundschaft, Liebe, Kunst, Gemeinsamkeit, gibt es nur noch als Simulation im Netz. Liebe passiert auf Tinder, Freundschaft auf Facebook, private Kommunikation auf Whatsapp, politische Debatte auf Twitter, Waren des täglichen Bedarfs auf Amazon, Unterhaltung auf Netflix, Teilhabe an der Welt auf Instagram. Das einzige, was wir noch in der echten Welt tun, ist aufs Klo gehen. Wir scheißen analog, und alles andere hat sich in Scheiße verwandelt. Sämtliche Elemente des

Menschseins verwandeln sich auf diesen Plattformen in etwas monströs anderes. Es ist wie radioaktiv verstrahlt – sieht noch genauso aus, aber bringt dich um. Facebook vergiftet die Freundschaft, Twitter vergiftet die Debatte, Amazon vergiftet die Waren, Netflix vergiftet den Film, Spotify vergiftet die Musik, Tinder vergiftet die Liebe. Instagram vergiftet das Essen, das du fotografierst, und Instagram vergiftet dein Gesicht, wenn du es als Selfie fotografierst und da reinstellst. Hab ich was vergessen?«

»Uber«, sagte Maya.

»Airbnb«, ergänzte Jacob.

»Genau!«, rief Moses, »Airbnb vergiftet die Gastfreundschaft, Uber vergiftet das Taxifahren, und alle zusammen vergiften sie die Welt. Hinter all den schönen Oberflächen lauert das Grauen! Wir spüren es, wir wissen es eigentlich, und trotzdem können wir nicht aufhören, und das macht uns wiederum rasend. Dieses Entsetzen muss irgendwo hin! Also lassen wir es raus, und zwar wo? Natürlich im Internet. Und zwar, indem wir uns gegenseitig hassen und niedermachen und an die Gurgel gehen. Das ist die wahre Botschaft der neuen Internetwelt! Sie besteht aus Hass und Tod!«

»Sind das nicht eher die Menschen, die so sind?«, fragte Jacob.

»Nein! Die Menschen wären eigentlich okay! Also wenigstens nicht hoffnungslos scheiße! Aber sie kommunizieren im Netz nicht miteinander, sondern mit Facebook- und Twitter-Zombies! Man ist immer der einzige Mensch weit und breit. Alle anderen sind wahnsinnige Avatare eines wahnsinnigen Systems, und wenn man von Wahnsinnigen umgeben ist, dann wird man selber wahnsinnig.«

»Und deswegen willst du dich jetzt bei Twitter anmelden«, sagte Maya.

»Genau! Ich werde hinabsteigen in die Unterwelt, um meine Schwester zu finden, und mit einem Haar von ihr wieder in die Welt der Lebenden zurückkehren, damit mein Vater in Frieden sterben kann!«

»Wie bitte?«, fragte Jacob.

»Egal! Erzähl ich euch morgen!«

Die letzten Worte hatte er in den Gewitterhimmel gebrüllt. Sie waren am Strand angekommen. Der Wind war jetzt fast ein Sturm, das träge Wasser des Haffs war in Wallung geraten, und der Baum am Strand bog sich im Wind. Ein Blitz krachte direkt über ihnen von einer Wolke in die andere. Die Wucht des Donnerschlags ließ Maya und Jacob zusammenzucken und sich ducken, nur Moses war unbeeindruckt. Er zog sein Handy heraus und hielt es in den Himmel wie eine Fackel. »Ihr Götter!« schrie er, »wenn ihr unseren Untergang beschlossen habt, dann lasst euch eins gesagt sein: Wir werden nicht ohne Gegenwehr zur Hölle fahren! Wir werden euch eine Schlacht liefern, wie die Welt sie noch nicht gesehen hat!«

»Bis hierher war ich einigermaßen mitgekommen«, schrie Maya, »aber wie genau meinst du das jetzt?«

»Weiß ich auch nicht!«, schrie Moses, »aber ich melde mich jetzt bei Twitter an! Ich lade mir die App herunter und öffne sie!«

Sie standen fast unter dem Baum. Moses tippte mit beiden Händen auf seinem Smartphone und hielt es dabei weiter in den Himmel gereckt wie eine Opfergabe.

»Ich erstelle einen neuen Account!«, schrie Moses in den Gewitterhimmel. »Ich gebe meine Mailadresse ein und erstelle einen Benutzernamen! Scheiße, vertippt! Nochmal! Ich drücke auf *Bestätigen*!«

Ein Blitz erleuchtete den Himmel, sodass Moses' Gesicht für einen Moment wie eine bleiche Geistererscheinung aussah, und im selben Moment brachte ein ungeheurer Donnerschlag die Welt zum Erzittern. Das Gewitter war jetzt direkt über ihnen.

»Vielleicht sollten wir mal von dem Baum weggehen«, sagte Jacob.

»Eichen sollst du weichen!«, rief Moses, »und Buchen sollst du suchen. Ich öffne meine Mails, um die Bestätigungsmail zu suchen. Ich finde sie nicht. Vermutlich im Spam! Ich öffne den Spamordner! Ja, dort ist sie. Ich öffne sie und clicke auf den Bestätigungslink. Die Seite lädt …«

Er hielt das Handy wieder hinauf in den Himmel. Jacob packte ihn bei den Schultern. »Komm weg hier«, rief er gegen den Wind und zog Moses Schritt für Schritt zehn Meter vom Baum weg. »Und nimm mal die Hände runter«, schrie Maya, »sonst trifft dich der Blitz, und dann wird das heute nix mehr mit Twitter!« Sie schleppte Moses gemeinsam mit Jacob fort von dem Baum. Moses ließ sich ziehen, starrte dabei weiter auf sein Handy und rief: »Ich gebe meine Anmeldungsdaten in der App ein ... Ich bin angemeldet! Ich habe es getan! Ich – bin – auf – Twitter!!«

Sein letzter Schrei verschwand in einem ungeheuren Knall. Ein Blitz fuhr in den Baum und zerschlug die Welt für einen Moment in tausend Splitter. Grelles Licht blendete sie, und eine Welle aus Hitze fuhr über sie hinweg. Der Donner verhallte, Maya öffnete die Augen und sah, dass der Baum in zwei Hälften gespalten war und lichterloh brannte. Die Hitze des Feuers brannte auf ihrer Haut. Jacobs Ohren fiepten, und vor den Augen sah er ein violettes Geisterbild des Blitzeinschlags. Von Land her war eine Sirene zu hören.

Moses hielt für einen Moment inne. Dann streifte er sich in atemloser Hast das T-Shirt vom Leib.

»Wir müssen uns reinigen«, sagte er.

»Du hast nen Knall!«, schrie Maya, »du kannst doch jetzt nicht schwimmen gehen!«

»Doch«, keuchte Moses, »und du kannst es auch.«

Er ließ die Hose fallen, zog die Unterhose aus und war nackt. Dann rannte er laut schreiend ins Wasser. Jacob sah sich mit einem gewissen Erstaunen selber dabei zu, wie er ebenfalls die Hüllen fallenließ. Er lief über den Strand zum Wasser, Moses hinterher. »Ihr Blödmänner«, schrie Maya hinter ihm. Sie zog sich aus und rannte an Jacob vorbei ins Wasser, wo Moses schon herumsprang und unartikuliert kreischte. »Ich habe es getan«, schrie er, »wir müssen uns jetzt reinwaschen von den Sünden, die wir noch begehen werden, denn das werden grässliche Untaten sein!«

»Halt die Fresse!«, schrie Maya und warf ihm zwei Handvoll Wasser ins Gesicht.

»Du hast vollkommen recht«, prustete Moses, »man muss die Fresse halten!«

Er rannte durchs Wasser, das erst knöcheltief war und dann knietief wurde, also immer noch zu flach, um sich hineinzuwerfen. »Verdammt«, schrie er, »wie soll man denn da mit großer Geste ins Wasser rennen! Das Meer ist gegen uns!«

Maya und Jacob rannten hinter ihm her. Allmählich wurde es tiefer. Moses warf sich mit einem Bauchplatscher ins Wasser und begann zu schwimmen. Maya sprang ihm auf den Rücken und versuchte ihn unterzutauchen. Moses wehrte sich, bekam sie zu fassen und warf sie ab. Der Gewitterwind wurde kalt, das Feuer des brennenden Baums war in sich zusammengesunken, und Jacob spürte die ersten Regentropfen wie Nadelstiche auf der Haut. Das Wasser des Haffs war an seinen Beinen nur für einen ersten Moment kalt, dann wurde es warm, und er ließ sich ganz hineinfallen. Maya und Moses spritzten sich immer noch gegenseitig nass und schrien irgendwas. Jacob tauchte unter. Er öffnete unter Wasser die Augen, sah den unscharfen Widerschein eines Blitzes und hörte gedämpften Donner. Als er auftauchte, um Luft zu holen, regnete es in Strömen. Er spürte Maya und Moses an seiner Seite, beide nackt wie er selbst. Ein weiterer Blitz zuckte am Himmel, und Jacob meinte, einen leichten elektrischen Schlag zu verspüren. Maya spürte ihn auch. Vielleicht war der Blitz irgendwo ins Wasser geschlagen, doch sie hatte keine Angst. Sie wünschte sich, dass dieser Moment immer so weitergehen würde. Vielleicht fühlte sie sich an Jacobs Seite nur ganz wohl, wenn Moses dabei war? Sie erschrak vor dem Gedanken.

Moses schwamm neben den beiden und versuchte, nichts zu denken. Es gelang ihm nicht. Irgendwas war immer.

4
Kernspaltung

25 Jahre früher und 500 Kilometer entfernt lief ein Mädchen durch die Straßen eines Wohngebiets. Es war Sommer 1994, die Sonne schien in Vorgärten und Garageneinfahrten, es war Dienstagnachmittag. Das Mädchen war 12 Jahre alt und trug eine weiße Jeans, die oben weit war und unten enger wurde, man nannte das »Karottenform«, und ein sehr weites pinkfarbenes T-Shirt. Sie hatte sich diese Kleider selbst ausgesucht, aber sie wusste nicht, ob es die richtigen waren. Vielleicht wären diese Kleider auch an jemand anderem die richtigen, aber an ihr würden sie trotzdem zu höhnischen Bemerkungen führen. Zwischen dem Mädchen und dem Rest ihrer Schulklasse war schon immer eine gläserne Wand gewesen, ungefähr so wie im Zoo bei den Menschenaffen, wo man hinter dicken Glasscheiben riesengroße Gorillas betrachten konnte, die mit existentiellem Schwermut durch ihr Gehege schritten oder einfach herumsaßen und einen Maiskolben sorgfältig Korn für Korn zerlegten. Auf der anderen Seite der Scheibe tobte eine schreiende Horde von Kindern und Jugendlichen, die das machten, was man gemeinhin als Affentheater bezeichnete, während die Affen gar nicht viel machten. Das Mädchen hatte sich bei solchen Ausflügen immer im Hintergrund gehalten, weil sie sich schämte, Teil dieser Horde zu sein. Ihre Sympathie war bei den Gorillas, das war klar. Bedeutete das, dass sie unter ihren Gleichaltrigen selber auch eine Art Gorilla war? Eine Spezies, die zum Aussterben oder zum Dahinvegetieren in Zoos und Reservaten verdammt war? Wäre ein Gorilla mit seiner ungeheuren

Kraft nicht in der Lage gewesen, die Panzerglasscheibe mit ein paar Schlägen zu zertrümmern und einfach abzuhauen? Aber wie weit wäre er in der deutschen Großstadt dann gekommen? Die Lage des Gorillas war hoffnungslos, und das verbesserte die Laune des Mädchens in Bezug auf ihre eigene Position in der Schulklasse nicht. Bis vor einiger Zeit war das egal gewesen, sie hatte viele Bücher gelesen und man hatte sie in Ruhe gelassen, aber seit ungefähr einem Jahr hatte sich das geändert. In den Blicken und im Umgangston ihrer Mitschüler, vor allem aber ihrer Mitschülerinnen, war etwas erschienen, das neu und bedrohlich war. Es war, als hätten sie sich Masken aufgezogen, als wäre kein Lächeln mehr echt, als wäre hinter jeder freundschaftlichen Annäherung ein Messer verborgen, das man einander in den Rücken rammen konnte. Eines Tages hatte ihre Banknachbarin ihr mit unschuldigem Lächeln und liebreizendem Augenaufschlag mitgeteilt, eine andere Schülerin habe gesagt, sie sei eine *Schlampe* und würde es *mit jedem treiben*. Das Mädchen konnte mit diesen Wörtern nichts anfangen, sie zog den Kopf ein und versuchte wegzuhören, wenn ihr das im Flur zwischen den Stunden halblaut hinterhergerufen wurde oder eine Gruppe von Mitschülerinnen miteinander tuschelte und grinste. Es war, als wäre sie unter ein Rudel Hyänen geraten, die sich einen Spaß daraus machten, sie zu umkreisen und nach ihr zu schnappen, dabei immer näherkamen und ihr irgendwann tatsächlich an die Gurgel gehen würden. Und jetzt lief sie durch das Wohngebiet, weil sie einen Zettel zugesteckt bekommen hatte, auf dem in kringeliger Mädchenhandschrift stand:

Willst du meine Freundin sein? Dann komm morgen Nachmittag um drei bei mir vorbei. Lilienweg 24. Tatjana.

Das Mädchen war skeptisch. Sie hatte vor zwei Wochen schon einmal so einen Zettel bekommen. Damals war er von Steffi gewesen, die sie nachmittags auf dem Schulhof hatte treffen wollen. Das Mädchen hatte sich zur angegebenen Zeit auf dem Schulhof eingefunden und zwanzig Minuten gewartet. Dann war sie wieder nach Hause gegangen, und am nächsten Tag in der Schule hatte sie das Gefühl gehabt, dass noch mehr getuschelt wurde als sonst.

Zuhause konnte sie nicht davon erzählen. Es interessierte niemanden. Ihre kleine Schwester musste im Mittelpunkt stehen und schrie Zeter und Mordio, wenn das mal nicht der Fall war. Ihr großer Bruder war grob, schubste sie und versteckte ihre Sachen. Ihre Mutter sagte bei Streitereien: Vertragt euch. Ihr Vater seufzte und sagte gar nichts. Und jetzt ging sie also durch ein Wohngebiet, in dem sie noch nie gewesen war. Sie war drei Stationen mit dem Bus gefahren und hatte extra einen Stadtplan mitgenommen, um sich zu orientieren. Sie hatte kein gutes Gefühl. Sie ging trotzdem hin. Sie musste etwas tun. Ihre Mitschüler waren ihr egal, sie wollte einfach nur in Ruhe gelassen werden, aber dafür brauchte sie irgendeinen Halt, irgendeinen Verbündeten.

Das Haus im Lilienweg 24 war weiß und hatte ein rotes Ziegeldach. Das Mädchen klingelte. Eine untersetzte Frau mit kurzer Lockenfrisur öffnete die Tür.

»Ist die Tatjana da?«, fragte das Mädchen.

»Tatjana«, rief die Frau über die Schulter, »Besuch für dich.«

Die hölzerne Treppe, die neben der Eingangstür nach oben führte, polterte, als Tatjana heruntergelaufen kam. Sie war barfuß, trug eine weite Hose im Patchwork-Look und ein T-Shirt, auf dem *Bon Jovi* stand. Ihre Augen weiteten sich vor Erstaunen, als sie sah, wer vor der Tür stand.

»Hi«, sagte das Mädchen vor der Tür.

Die Frau mit den Locken wandte sich ab und ging wieder ins Wohnzimmer.

»Was willst denn du hier?«, fragte Tatjana.

»Ich, äh, ich dachte …«

Sollte sie den Zettel erwähnen? Ihr war klar, dass das eine Falle gewesen war, ein Streich, eine Verarschung. Es war besser, ihn nicht zu erwähnen. Und trotzdem geschah es, fast gegen ihren Willen, dass sie sagte: »Du hattest mir geschrieben …«

»Ich? Dir? Geschrieben?«

Aus der Küche kam ein lautstarkes Rülpsen. Dann erschien ein 15jähriger Junge mit einem Glas Cola in der Küchentür. Das war Tatjanas Bruder, das Mädchen wusste seinen Namen nicht, aber er ging mit ihrem eigenen Bruder in eine Klasse.

»Zeig mal«, sagte Tatjana.

Widerstrebend zog das Mädchen den Zettel aus der Tasche und zeigte ihn. Tatjana beugte sich vor. Der Junge lehnte in der Küchentür und grinste.

»Das ist nicht von mir«, sagte Tatjana.

»Okay. Dann …«

Sie sah zwischen Tatjana und dem grinsenden Jungen hin und her. Dann drehte sie sich um und ging. Sie wäre am liebsten gerannt. Sie fuhr die drei Stationen mit dem Bus zurück und spürte, wie ihr heiß und kalt wurde.

Am nächsten Tag in der Schule hatte es sich schon herumgesprochen. Tatjana war eigentlich harmlos, sie war eine Mitläuferin, keine gehässige Antreiberin, aber Tatjana gehörte zum Gefolge von Kerstin Schreiner, Königin der Klasse, spätestens seit sie die Regionalmeisterschaft im Kunstturnen geholt hatte, und wen Kerstin sich als Opfer ausgesucht hatte, der hatte nichts mehr zu lachen. Bereits in der ersten Stunde waren aus drei verschiedenen Richtungen Zettel auf dem Tisch gelandet, auf denen ihr Freundschaft angeboten und sie gebeten wurde, am Samstagvormittag in die Unterführung am Bahnhof zu kommen oder am Montag um 22 Uhr in einen Schweinezuchtbetrieb, der vermutlich nicht existierte. Die Mitschüler kicherten und waren so gut gelaunt, dass die Mathematiklehrerin sich veranlasst sah, die gesamte Klasse zu verwarnen. Und das war nur die erste Stunde. Auf den Gängen der Schule wurde ihr hinterhergerufen »willst du meine Freundin sein?«, im Sportunterricht wurde ihr ein Bein gestellt, und als sie nach der Pause, die sie im hintersten Winkel der Schulbücherei verbracht hatte, wieder ins Klassenzimmer kam, lag der Inhalt ihres Federmäppchens im ganzen Raum verteilt, und in ihre Schultasche hatte jemand Orangensaft gekippt. Das führte zu einer lautstarken Standpauke von Herrn Kresnik, dem Klassenlehrer, und zu einer Stunde kollektivem Nachsitzen, und die hatte dann noch ein Nachspiel, als einige Eltern sich beschwerten, ihre Kinder seien unschuldig und so eine Kollektivstrafe sei ja wohl nicht mehr zeitgemäß.

Dem Mädchen war in diesen Tagen klargeworden, dass alles völlig sinnlos war. Sie hätte die Schule wechseln können, in einer anderen Meute von angriffslustigen Monstern neu anfangen, sich aufs Neue begutachten lassen und den Hass der Gruppe auf sich ziehen, aber wozu? Sie konnte genauso gut hierbleiben, die Attacken der Klasse an sich ablaufen lassen, irgendwann würden sie ein anderes Opfer finden. Zwischen ihr und diesen Leuten war eine Glaswand. Sie konnten ihr nichts anhaben.

Im Religionsunterricht hatten sie die Geschichte von Sodom und Gomorrha durchgenommen. Gott wollte zwei Städte vernichten, Abraham sagte zu ihm: Das kannst du doch nicht machen, da leben viele gute Menschen. Gott erwiderte: Zeig mir einen, und Abraham fand keinen, nur seinen eigenen Neffen rettete er, das aber eher aus familiärer Verbundenheit. Das Mädchen fand die Geschichte einleuchtend, aber warum nur zwei Städte? Wenn sie an Abrahams Stelle gewesen wäre, dann wäre sie Gott nicht in den Arm gefallen, sondern hätte gesagt: Na klar, leg los, aber überleg nochmal, ob du wirklich nur Sodom und Gomorrha vernichten willst oder auch die Klasse 8b des Landgraf-Ludwig-Gymnasiums oder die ganze Schule oder die ganze Welt.

So zog das Mädchen sich zurück, ignorierte Mitschüler und Lehrer und richtete sich an dem Gedanken auf, dass man nichts miteinander zu tun hatte. Es war eine fremde Spezies. Sie legte auch den Hass ab, was nicht so einfach war, denn der Hass der anderen erzeugte in ihr auch Hass, doch das war falsch, das zog sie herunter zu den anderen. Es musste ihr egal sein. Aber wenn einer ihrer Mitschüler in Todesgefahr wäre, oder alle auf einmal, oder die ganze Menschheit, dann würde sie keinen Finger rühren, um sie zu retten, soviel war sicher. In der Summe wäre mehr gewonnen als verloren.

Am Tag nach dem Gewitter war der Sommer vorbei. Am Vormittag spazierten Jacob, Maya und Moses an den Strand und schauten zu, wie das Technische Hilfswerk den Zustand des vom Blitz gespaltenen und halb verbrannten Baums inspizierte. Während sie in der Strandhalle frühstückten, rückten Arbeiter in einem orangefarbenen Kleinlaster an und zersägten die Reste des Baums mit kreischenden Kettensägen. Maya konnte das Geräusch nicht ertragen und den Anblick erst recht nicht.

»Die Weltesche wird zersägt«, sagte sie, »lass uns nach Ueckermünde reinfahren und Kaffee trinken.« Also machten sie mit Moses' Auto einen Ausflug in die Altstadt von Ueckermünde, setzten sich in ein Café und tranken Cappuccino, der mit viel Schlagsahne serviert wurde.

Seit dem nächtlichen Bad im Gewitter hatten sie nicht viel geredet, und Moses war von seinem Handy absorbiert. Maya fragte sich, ob das jetzt schon ein Problem namens *Sprachlosigkeit* war oder einfach das stillschweigende Einverständnis, dass man nicht immer reden musste.

»Was war das eigentlich mit Vater und Schwester und Unterwelt?«, fragte Maya.

»Nix«, sagte Moses, »erzähl ich euch ein andermal.«

Daraufhin zog Maya ihr eigenes Handy heraus, machte ein Foto von ihm und sagte: »Dann instagramme ich dich jetzt.«

Maya hatte sich vor vier Jahren bei Instagram angemeldet und seitdem genau 27 Bilder hochgeladen. Sie hatte 387 *Follower* und folgte selbst 216 anderen *Accounts*. Sie war jung genug, um dieses Medium irgendwie toll zu finden, und alt genug, um ein ungutes Gefühl dabei zu haben. Sie legte einen Schwarzweißfilter auf das Foto von Moses mit seinem Handy, schrieb als Bildunterschrift *Mensch bei Twitter-Benut-*

zung / Pixel auf Datenträger / 2019 und drückte auf *Teilen*. Dann tippte sie auf das Zuhause-Symbol und schaute sich an, was die anderen Leute so machten. Einige waren am Strand, einige machten Städtereisen, wieder andere posteten ihre Hunde und Katzen oder machten Sommertheaterprojekte oder fotografierten Wolken.

Dann vibrierte das Handy, und Niloofar schrieb:

guck mal 👉🐒🐑🐾

Sie schickte einen Link zu einem Online-Magazin namens *Guten Abend* mit einem Artikel, der mit einem Foto von Niloo aufgemacht war. Dort stand:

Die andere Ecke des toten Winkels
Eine Begegnung mit Niloofar Bahrami
In unserer Reihe »perspektiv/wechsel« sprechen wir mit jungen, queeren, weiblichen*, nichtbinären und migrantischen Theatermacher*innen in Berlin, von denen wir glauben, dass sie die 20er Jahre prägen werden. Niloofar Bahrami, geboren 1993 in Braunschweig, ist Teil des Kollektivs IMPENETRANZA#62C, mit dem sie zur Zeit ihre erste Regiearbeit am Deutschen Theater vorbereitet.

Niloofar, wie geht es dir heute?
Danke, super! Und wie geht es euch?

Maya antwortete Niloo:

> Maya: Geil.
> Niloofar: Ja ich bin so geil. 😈😋😺 Steigt mir mega zu Kopf. hol mich wieder runter. 🔪🕯🍎
> Maya: Das ist ja eigentlich nicht deine Regiearbeit.
> Niloofar: JAA das hab ich denen auch gesagt, lies mal das ganze ding, ich sag das fünfmal, aber dann schreiben sie es trotzdem obendrüber. 🤦💁
> Maya: Ich hoffe nur, dass Julian nicht sauer wird, wenn du unter unserem Namen mit einem Soloauftritt durchs Netz gehst.

> Niloofar: Julian ist nicht sauer, Julian hat das
> eingefädelt, das sind irgendwie freund*innen von ihm.
> Julian ist jetzt meine PR-Tante. 😜 🖤

Und nach einer kurzen Pause:

> Niloofar: Bist du jetzt sauer? Eifersüchtig?
> Schimpfiert? 😰 😣
> Maya: Nein, ich lese das gerade.
> Niloofar: Ich hab denen auch gesagt, wir sollten das alle
> 5 machen, oder wenigstens wir 2 weil ich hab mir sagen
> lassen du bist auch eine Frau*😇 🌊💁🌀🌾 aber nee die
> waren nur scharf auf mich. 💇

Maya las den Text. Es war nichts dagegen einzuwenden. Niloo sagte tatsächlich fünf- oder zehnmal, dass sie ein Kollektiv waren. Maya beschloss, die Eifersucht, die in ihr aufstieg, nicht zuzulassen, und das tat sie, indem sie einen Screenshot von dem Artikel machte, ihn auf Instagram teilte und dazu schrieb:

Medienrummel geht schon los. Stay tuned.

Moses war währenddessen damit beschäftigt, Hannahs Netzwerk auf Twitter nachzuverfolgen. Ihr Profil war auf »privat« gestellt, wenn man ihr folgen wollte, musste sie einen zunächst freischalten, und sie hatte nur 85 *Follower*. Also folgte Moses all diesen Followern und versuchte herauszufinden, ob einer von denen Hannah mal irgendwo erwähnt hatte, aber das war hoffnungslos, und außerdem wurde er dauernd abgelenkt. Heute herrschte auf Twitter große Aufregung über die Gleichstellungsbeauftragte der Universität Mannheim, die in einer internen Besprechung gesagt hatte, nicht jede Widrigkeit, die einer Frau widerfahre, sei schon automatisch Sexismus, das Leben halte für jeden Menschen auch so schon genügend Schwierigkeiten bereit. Das Meeting, in dem sie das gesagt hatte, war mitgeschnitten worden, jemand hatte den Ausschnitt auf Twitter gepostet und dazu geschrieben, die Uni Mannheim habe hier ja offensichtlich den Bock zum Gärtner gemacht. Daraufhin war ein Sturm der Empörung über die Gleichstellungsbeauftragte hereingebrochen. Politiker zeigten sich betroffen, Journalisten waren süffisant und Fernsehkomiker höhnisch.

Die Bevölkerung von Twitter ließ sich grob in drei Teile einteilen, ungefähr so wie die Ständeordnung des Mittelalters. Es gab Leute, die auch im realen Leben Autorität und Reichweite hatten, das waren überwiegend Journalisten und Politiker, und sie trugen als Ausweis ihrer besonderen Vertrauenswürdigkeit einen blauen Haken hinter ihrem Namen. Das war der Adel. Dann gab es die Geistlichkeit, deren zivile Person hinter ihrer Rolle als Priester verschwand und die meist unter Pseudonym auftraten. Sie hatten sich durch originelle Gedanken oder unterhaltsame Anekdoten, vor allem aber durch beharrliches Dranbleiben eine vier- oder fünfstellige Zahl an *Followern* erarbeitet. Twitter belohnte permanente Präsenz. Einmal am Tag einen Geistesblitz *posten* und dann wieder verschwinden funktionierte nicht. Wer auf Twitter etwas werden wollte, musste nicht nur *posten*, sondern auch *liken* und *retweeten* und kommentieren und möglichst viel Zeit auf der *Plattform* verbringen, mit anderen Worten, er musste permanent am Smartphone kleben. Und dann gab es noch die dritte Gruppe, das war das Fußvolk, also irgendwer. Namen oder Pseudonyme mit ein paar hundert oder drei oder null *Followern*, die den großen *Accounts* folgten und meistens nur kommentierten oder *likten* oder *retweeteten*, was die Großen von sich gaben. Als kleiner *Account* konnte man jedoch im Strom der Millionen *Tweets* sichtbar werden, indem man *Hashtags* verwendete. Wenn ein *Hashtag* in kurzer Zeit oft verwendet wurde, erschien er bei Twitter in den *Trends*. Heute trendeten die Hashtags *#Gleichstellungsfail* und *#BockZumGärtner*, beide bezogen sich auf Melanie von Ostrowski, die Mannheimer Gleichstellungsbeauftragte, und wenn man einen dieser Hashtags anclickte, dann sah man *Tweets*, in denen er vorkam, zum Beispiel den Beitrag eines *Users*, der sich @ *mobmitglied89* nannte und schrieb:

Frau Baronin v. Ostrowski war mir bisher nicht bekannt aber da die @ UniMannheim ja offenbar gern den #BockZumGärtner macht empfehle ich #AdolfHitler als Professor für Geschichte des 20.Jh.

Mobmitglied89 hatte nur 156 *Follower*, aber sein Tweet hatte bereits 78 *Likes* und fünf *Retweets*. Moses las die anderen Beiträge mit dem Hashtag *#BockZumGärtner*. Die Twitter-User aller drei Stände waren sich einig, dass Melanie von Ostrowski eine gefährliche Fehlbesetzung sei, die umgehend von ihrem Posten entfernt werden müsse. Die Universität Mannheim sah sich zu einer Stellungnahme genötigt und schrieb, dass Einzelmeinungen in internen Besprechungen nicht die offizielle Linie der Universität wiedergäben, dass man die Meinungsfreiheit respektiere, aber der Sache nachgehen und eine Kommission zusammenstellen werde, die klären sollte, ob Frau v. Ostrowski als Gleichstellungsbeauftragte noch tragbar sei. Melanie von Ostrowski selbst war bis Samstagabend auch auf Twitter gewesen, dann hatte sie ihr Konto gelöscht, aber jemand hatte vorher einen *Screenshot* von ihrer Profilseite gemacht, auf der zu lesen war, dass sie Katzen und Kinder liebte und *hier privat* sei, außerdem war da ein Foto von ihr, auf dem sie einen jungen Tiger auf dem Arm hielt und ein T-Shirt trug, auf das ein roter Kussmund und die Aufschrift *FEMMINIST* mit zwei M gedruckt war. Dieser Screenshot kursierte jetzt wiederum in verschiedenen Varianten auf Twitter – Leute hatten dem Tiger die Köpfe von Donald Trump, Konrad Adenauer und Josef Goebbels aufgesetzt, aus *Katzen und Kinder* war *Küche und Kirche* geworden, und auf dem T-Shirt stand »Frauen an den Herd« oder »Mädels, jammert nicht so rum« oder »Ich kann nix dafür, mein Mann hat mir das diktiert«.

Melanie von Ostrowski bekam allerdings nicht nur Spott und Häme ab, sondern auch Zustimmung. Eine Journalistin der BILD gratulierte ihr und bot ihr eine Stelle an, falls sie in Mannheim rausfliegen sollte, eine konservative Publizistin twitterte *Die Revolution frisst ihre Kinder*, und eine Bundestagsabgeordnete der AfD schrieb, dass die *Cancel Culture* hier mal wieder zugeschlagen habe und dass Melanie von Ostrowski herzlich eingeladen sei, vor der Fraktion einen Vortrag zu halten. Daraufhin schrieb ein Journalist der ZEIT mit blauem Haken hinter dem Namen:

Auweia, Beifall von der AfD. Bin gegen Skandalisierung, aber das Problem ist doch, dass man an einer deutschen Uni anscheinend mühelos mit #noAfD-kompatiblen Positionen Gleichstellungsbeauftragte werden kann. #WirMüssenReden #sagNEINzumsexismus #nazisraus

Moses hatte sich als Profilnamen *@fakekanake* ausgesucht, und sein Profilbild war eine halbierte Kokosnuss. Seine Profilbeschreibung lautete: *Hans Dampf bzw. Wurst in allen Gassen. Kritisiere alles. Bin der personifizierte Nahostkonflikt.* Er war sich sicher, dass er es auf Twitter zu einer gewissen Größe bringen konnte, wenn er den Deutschen aus einem Leben erzählte, in dem man aussah wie ein Schwarzkopf, aber keiner war. Die Deutschen taten mit Begeisterung Buße für ihren Rassismus, also eigentlich nicht ihren, sondern den der anderen. Sie sagten immerzu »wir«, meinten aber »ihr«, denn man selber war ja nicht rassistisch, oder natürlich doch, niemand konnte nicht rassistisch sein, aber man konnte das reduzieren, indem man es täglich aufs Neue reflektierte. Die Parallele zur »Sünde« im Christentum, von der man sich auch nie reinwaschen konnte, lag auf der Hand, und Moses fragte sich, warum das niemandem auffiel, aber wahrscheinlich hatte keiner mehr die Art christlicher Erziehung durchlaufen, in der überhaupt von Sünde die Rede war. Im evangelischen Religionsunterricht an seiner Schule war es nie um Sünde, sondern immer nur um die Dritte Welt gegangen. Wo man im traditionellen Christentum aber seine Schuld bekennen musste, da war es beim Kampf gegen den Rassismus vor allem wichtig, mit dem Finger auf andere zu zeigen. Man führte damit zu Ende, was den Widerstandskämpfern gegen das NS-Regime nicht gelungen war, man vollendete das Werk von Sophie Scholl, das war der historischer Auftrag eines jeden Deutschen, sofern er sich überhaupt für höhere Dinge als Fußball, Autos und Bier interessierte. Und anders als seinerzeit Sophie Scholl bekam man heute dafür jede Menge Applaus. Wenn also in der deutschen Öffentlichkeit jemand etwas äußerte, das als *rechts* verstanden werden konnte, dann wurde er von einem Mob aus tausenden Möchtegern-Sophie-Scholls gesteinigt. Damit war sichergestellt, dass die Geschichte sich niemals wiederholen würde.

Moses schrieb als Antwort unter den *Tweet* des Fernsehjournalisten:

Ey Freaks, ich verrate euch mal was: Nicht nur Frauen, auch Schwarzköpfe erleben Widrigkeiten, die nicht immer mit Sexismus respektive Rassismus zu tun haben müssen. Bleibt aber trotzdem noch genug übrig, ihr Knallchargen. Und jetzt kommt mal wieder klar.

Dann setzte er gleich noch einen zweiten Tweet ab, der lautete:

#BockZumGärtner, sorry, aber wenn euch das mit der geschlechtergerechten Sprache wirklich am Herzen liegt, dann sagt doch bitte #ZiegeZurGärtnerin.

Er drückte auf den Knopf, der den Tweet absendete, dann ging er zurück zum vorigen Tweet, um nachzusehen, ob ihn schon jemand *gelikt* hatte.

Jacob saß zwischen Moses und Maya und sah zu, wie beide sich mit ihren Handys beschäftigten.

»Soll ich mich jetzt mit mir selber unterhalten?«, fragte er.

»Hol doch auch dein Handy raus und spiel ein bisschen Modelleisenbahn«, sagte Maya.

Jacob gefiel der Ton nicht. Er nahm sein Buch über die Verleugnung des Todes zur Hand und versuchte zu lesen, aber es gelang ihm nicht. Er sah durch die Schaufensterscheibe des Cafés nach draußen und traf auf den Blick zweier Augen. Eine Frau mit dunkelblonden Haaren unter einer Kapuze schaute ihm einen Moment lang ins Gesicht, dann wandte sie den Blick ab, und es schien, als würde sie Moses betrachten. Jacob versuchte ihrem Blick zu folgen, und als er wieder nach draußen sah, war die Frau weitergegangen.

Er stand auf und sagte:

»Ich geh mal spazieren.«

Moses und Maya blickten kaum von ihren Handys auf, als Jacob aufstand. Er trat auf den Marktplatz von Ueckermünde hinaus. Ein paar Regentropfen fielen. Die Stadt bestand hier aus denkmalgerecht renovierten Gebäuden aus irgendwelchen Jahrhunderten, in den Geschäften gab es Regenjacken, Souvenirs und Sanddornlikör aus der Region, und direkt neben dem Café war eine Buchhandlung, in deren Fenster Thriller und Krimis und Sachbücher lagen, die in verschiedenen Variationen von Deutschland handelten, das durch Nachlässigkeiten im Bereich von Bildung, Digitalisierung oder Infrastruktur seine Zukunft verspielte. Sehr gefragt waren auch Bücher über Gesundheitsthemen, Yoga und Ernährung. Bücher über Minimalismus schienen ein weiterer Trend zu sein. Im Schaufenster lagen gleich drei Bücher, in denen dem Leser nahegelegt wurde, sich von fast all seinen Besitztümern zu trennen.

Jacob stellte sich eine Wohnung vor, in der sich nichts befand außer einer Matratze, einem Laptop und drei Büchern über Minimalismus. Vielleicht noch eine Pflanze. Pflanzen zählten, genau wie Laptops und Matratzen, nicht zu den belastenden Besitztümern, die einem von der Konsumgesellschaft an den Hals gehängt wurden. *Konsumgesellschaft* war ein Wort aus den 70ern, das immer noch zutraf, aber nicht mehr oft verwendet wurde, vielleicht weil es zur Selbstverständlichkeit geworden war. Jede Gesellschaft war jetzt eine Konsumgesellschaft, das Wort war überflüssig, man sagte ja auch nicht *Beleuchtungslampe* oder *Musikpianist*. Jacob stellte also im Geiste noch zwei Pflanzen neben die Matratze und den Laptop, dazu eine Gießkanne für die Pflanzen und ein Regal für die Minimalismusbücher. Und, da er sich das Wort gerade ausgedacht hatte, mindestens eine Beleuchtungslampe, besser mehrere, in deren Schein er die Bücher lesen würde. Kleidung musste es auch geben. Kein Minimalismusbuch ging so weit, seinen Lesern Nacktheit nahezulegen. Also dreimal die gleiche schwarze Hose, fünf schwarze T-Shirts, sieben Unterhosen, sieben Paar Socken, zwei schwarze Pullover. Aber wohin damit? Ein Kleiderhaufen auf dem Boden wurde in Minimalismusbüchern bestimmt ebenso wenig empfohlen wie generelle Nacktheit. Man brauchte ein Möbel, und wenn der Boden so sauber sein sollte wie auf dem Buchumschlag, dann musste auch ein Staubsauger her. Und dazu Staubsaugerbeutel. Oder wenigstens ein Besen. Und ein Handfeger. Und ein Mülleimer. Und Mülltüten, die man dort verstaute, wo auch die Staubsaugerbeutel waren, also in irgendeinem Möbel. Und dann brauchte man einen Stuhl und einen Tisch, damit man den Laptop und sich selbst irgendwo hinstellen und -setzen konnte. Jacob saß ungern auf dem Boden. Bei anderen sah das lässig aus, ihm taten in jeder Position nach ein paar Minuten irgendwelche Gelenke weh. In Gedanken setzte Jacob sich also in seiner Minimalismuswohnung an den Tisch und stand dann wieder auf, um sich ans Klavier zu setzen, denn er war ja unter anderem Musikpianist. In seiner Minimalismuswelt hatte er alle Besitztümer verkauft, um sich einen Flügel zu leisten, 250 Kilo schwarzer Maximalismus, und damit war sowieso alles egal, denn wo ein Flügel war, konnte auch noch ein Haufen anderer Musikinstrumente herumliegen. Jacob besaß also jetzt eine imaginäre Minimalismuswohnung mit einem Zimmer voller Pflanzen, Kleiderkommode, Matratze, Staubsauger, Tisch, Stuhl, einem Regal mit Minimalismusbüchern sowie einem zweiten Zimmer mit Flügel und vielen Instrumenten. Er überlegte kurz, eins der Bücher zu kaufen, doch dann fielen ihm die ungelesenen Bücherstapel ein, die zuhause lagen, und er ließ es bleiben.

Neben der Buchhandlung war ein Spielzeugladen mit vielen knallbunten Plastikgegenständen im Fenster. Der Himmel war konturlos grau. Jacob ging über den Marktplatz und eine Straße entlang. Der Schlagsahnecappuccino lag ihm wie ein Klotz im Magen. Der Regen wurde stärker, und er stellte sich im Eingang eines Souvenirgeschäfts unter. Im Schaufenster gab es maritimen Nippes, also Leuchttürme aus Keramik, in die man eine Kerze stellen konnte, und kleine Schiffe und Strandkörbe. Es gab aber auch Souvenirs ohne lokale Identität – gläserne Figuren von Katzen und Pferden und tanzenden Paaren und

Plastikblumen mit Solarzelle, die bei Licht hin und her wackelten. Im Hintergrund das Ladens sah Jacob eine Wand mit Gegenständen, die die Form anderer Gegenstände hatten: Salz- und Pfefferstreuer, die aussahen wie Batterien; Flaschenöffner, die aussahen wie kleine Hämmer; Pfeffermühlen, die aussahen wie Glühbirnen; Kleiderhaken, die aussahen wie die Hinterteile von Katzen; Pfannenwender, die die Form von E-Gitarren hatten. All diese Gegenstände waren *Geschenke*, also Dinge, die dazu gedacht waren, sie anderen Leuten zu schenken, wonach sie sich sogleich in *Staubfänger* verwandelten, die jeden Minimalismus zunichtemachten. Manchmal stellte Jacob sich ein Universum vor, in dem die Erde durch irgendeine Katastrophe vernichtet worden war und nur noch ein einziger Gegenstand durchs Weltall schwebte und von der untergegangenen Menschheit Zeugnis ablegte, und dieser eine Gegenstand war ein Pizzaschneider, der die Form eines Motorrades hatte.

Hinter der Kasse gab es Bilder, wie sie in jeder Ferienwohnung über dem Sofa hingen: Ein Fußweg, der über eine Sanddüne zwischen Schilf und Strandhafer zum Meer führt. Der Fußweg war mit hölzernen Latten ausgelegt und links und rechts mit Seilen markiert, die an niedrigen Pflöcken befestigt waren. In Wirklichkeit standen an solchen Wegen immer Schilder, die sagten, dass man den Weg nicht verlassen und keine Hunde von der Leine lassen und nicht rauchen und keine gestrandeten Wale zerlegen und braten durfte.

Jacob spürte, wie eine merkwürdige Mutlosigkeit in ihm aufstieg. Er fühlte sich hineinversetzt in ein völlig anderes Leben, in dem er jetzt mit Mitte 30 schon zwei Kinder und einen Job bei irgendeiner Firma hatte und im Sommer drei Wochen an die Ostsee fuhr. Es fühlte sich an, als ob das Leben, das er tatsächlich führte, in dem er mit Mitte 30 keine Kinder hatte, in Berlin lebte und einen 20-Stunden-Job bei der Firma *Gigue* hatte, im Sonnenschein verblasste und weggeweht wurde wie ein Fetzen Papier. Vielleicht würde er mit Maya Kinder kriegen, und diese Kinder würden in einer Welt aufwachsen, die sie vom ersten Tag an mit Werbebotschaften für knallbunte Spielsachen bombardieren würde, sie würden ihr kleines Seelenheil an irgendwelche Comicfiguren hängen, jedes neue Stück Plastik würde eine halbe Stunde oder einen halben Tag Glückseligkeit bedeuten, dann würde es ins Kinderzimmer auf dem großen Stapel landen, der kaum mehr angeschaut wurde. Jacob sah es kommen, dass er sich als Vater völlig in seine Arbeit verkriechen würde, halb aus Hilflosigkeit dieser Welt gegenüber und halb unter dem Druck, eine Familie zu ernähren. Er würde seinen Kindern das jeweils gewünschte bunte Plastikobjekt kaufen und zuschauen, wie sie kurz glücklich waren und danach wieder unzufrieden zwischen ihren Spielzeughaufen säßen. Später würde er ihnen vielleicht ein Buch über Minimalismus schenken, aber das würde ungelesen liegenbleiben, weil die Kinder da schon nur noch an ihren Handys kleben würden. Er sah außerdem kommen, wie Mayas Theaterbegeisterung sich mit dem ersten Kind in verbissenen Ehrgeiz verwandeln würde, von ihrem Kollektiv hätte sie sich da schon im Krach getrennt und unter eigenem Namen eine Karriere begonnen, die anfangs gut laufen und dann durch Meinungsverschiedenheiten mit Schauspielern und Dramaturginnen immer mehr Schaden nehmen würde. Irgendwann würde ein Projekt wegen eines Streits abgebrochen, danach würde sich herumsprechen, dass Maya *schwierig* war, dann würde jemand aus ihrem alten Kollektiv plötzlich einen kometenhaften Aufstieg hinlegen, während Mayas Regieaufträge spärlicher wurden und die Theater kleiner. Maya würde ihre zunehmende Wut nach Hause tragen, die Kinder würden vor ihr erschrecken, und Jacob würde versuchen, ihnen emotionalen Halt zu geben. Einmal im Jahr würden sie drei Wochen an die Ostsee fahren und in einer Ferienwohnung absteigen, in der ein Stranddünenwegfoto überm Sofa hing, Maya würde *zum Runterkommen* genau die geistlosen Thriller lesen, über die sie sich jetzt noch lustig machte, wenn sie als Werbung auf ihrem Kindle auftauchten, dann würde sie auch über diese Bücher schimpfen und Jacob würde schweigend danebensitzen und in dem

Minimalismusbuch blättern, das er seiner Tochter geschenkt hatte. Seine Musik würde über die Jahre an Farbe verlieren, irgendwann würde er Musik für Vorabendserien schreiben und dabei Klischees reproduzieren, für die er sich selbst verachten würde. Die Mädchen – aus irgendeinem Grund dachte Jacob, dass es zwei Töchter wären – würden erwachsen werden, sie würden im Leben mehr schlecht als recht klarkommen, sie würden ungute Beziehungen mit bindungsgestörten Männern führen, in denen sie mit steigender Verzweiflung das suchen würden, was sie von Jacob und Maya nicht bekommen hatten. Sie würden das Verhältnis zu ihren Eltern in jahrelangen Therapien aufarbeiten, irgendeine Psychotherapeutin würde sich also in hundert Sitzungen alles über die karrierefixierte Theaterregisseurin Maya als Mutter und den hilflos distanzierten Musiker Jacob als Vater anhören müssen, dann würden die Töchter möglicherweise selber Kinder kriegen, und zwar mit Männern, die genauso geschädigt waren, und mit diesen Kindern würden sie dann wieder Urlaub in Ferienwohnungen mit Stranddünenfoto machen. Vielleicht hätte eine der beiden eine *Beziehung*, in der sie ihren psychisch instabilen Freund acht Jahre lang bei seiner Doktorarbeit und dann vier Jahre bei einer zum Scheitern verurteilten Start-up-Gründung unterstützen würde, um dann mit 39 von ihm verlassen zu werden. Nach drei Jahren Trauerarbeit und zwei Selbstmordversuchen würde sie dann einen Hund anschaffen, der ihr im Gesicht herumlecken durfte und neben ihr im Bett schlief. Mit diesem Hund würde sie allein an die Ostsee fahren und in einer Ferienwohnung mit Stranddünenwegbild über dem Sofa jeden Abend eine Flasche Wein leeren, denn mit einem Hund konnte man zwar allerhand machen, aber man konnte sich nicht mit ihm betrinken, und nach zwei Wochen würde sie zurück in die Stadt fahren und ihren zwei verbliebenen Freundinnen erzählen, der Urlaub habe ihr sehr gutgetan. Jacob und Maya wären da schon lange getrennt. Maya würde irgendwann einen neuen Partner finden, der ihr intellektuell unterlegen und treu ergeben war, und Jacob würde allein bleiben. Im Sommer würden sie alle an in Ferienwohnungen fahren, wo man abends das Stranddünenwegfoto anguckte und sich fragte, ob das schon alles war, was das Leben zu bieten hatte, und zugleich die Antwort wusste: Es war nicht nur alles, es war sogar schon viel, denn man konnte froh sein, wenn man in einer Ferienwohnung mit Stranddünenfoto saß, anstatt mit Darmkrebs im Hospiz zu liegen und auf den Tod zu warten oder auf den Besuch der Töchter, die nicht kamen, weil ihnen die Therapeutin gesagt hatte, sie sollten auf ihre eigenen Bedürfnisse hören, nicht auf die der Männer in ihrem Leben.

Jacob starrte durch das Schaufenster auf die fünfundzwanzig Stranddünenwegbilder, er sah undeutlich sein eigenes Spiegelbild in der Glasscheibe und spürte einen Kloß im Hals. Und dann wusste er, was los war. Er trauerte um Maya.

Er schaute weiter die dreißig Stranddünenwegbilder an, es schienen vor seinen Augen immer mehr zu werden, und in einer Welt aus sich vervielfachenden Stranddünenbildern wusste er, dass es diese beiden Möglichkeiten gab: Entweder sie trennten sich, das wäre traurig, oder sie blieben zusammen, und dann würde es so ähnlich kommen wie in seiner Vision. Jeder dieser Stranddünenwege führte in eine mögliche Zukunft, aber in keiner dieser möglichen Zukunftswelten gab es einen 54 Jahre alten Jacob und eine 47jährige Maya, die in einem Strandkorb saßen und auf den Horizont schauten, während die Kinder mit anderen Kindern zwischen Deich und Düne herumrannten und die Freiheit genossen, die es nur gab, wenn man zehn Jahre alt war und die Eltern keine Probleme machten, weil sie keine hatten. Diese Zukunft war für Maya und ihn nicht im Gang der Welt enthalten, das wusste Jacob, und es schnürte ihm die Kehle zusammen, denn er liebte Maya und wollte eigentlich nicht viel mehr vom Leben als mit ihr in einer Hängematte liegen.

Der Regen ließ nach. Die Stranddünenbilder verschwammen vor seinen Augen, und dann schob sich eine Gestalt davor. In dem Laden war eine Kundin. Sie hatte sich irgendeinen Gegenstand ausgesucht und stand jetzt an der Kasse. Sie war mittelgroß und trug einen Kapuzenpullover, dessen Kapuze sie über den Kopf gezogen hatte. Sie zahlte und ließ sich die Ware von der Verkäuferin in eine kleine Papiertüte verpacken. Ohne dass sie sich umgedreht hätte, spürte er den Blick zweier Augen. Neben den Strandbildern hing ein Spiegel, auf den eine fröhliche Robbe gedruckt war, die einen blau-weißen Schwimmring in den Flossen hielt, und in diesem Spiegel sah er das Gesicht der Frau. Es war die, die schon vor einer Viertelstunde in das Fenster des Cafés hineingeschaut hatte.

Die Frau verschwand aus dem Spiegel, nahm die Papiertüte in Empfang, ging zur Tür und verließ den Laden, und Jacob spürte, wie sie nur wenige Zentimeter hinter ihm vorbeiging, während er in das Schaufenster schaute und tanzende Glasfiguren und Handyhüllen mit Leuchttürmen betrachtete.

Auf einmal hatten die Stranddünenwegbilder ihm nichts mehr zu sagen. Jacob trat aus dem Eingang hinaus ins Freie. Die Frau mit dem Kapuzenpullover war schon einige Schritte die Straße hinuntergegangen. Sie war mittelgroß, und der Pullover war marineblau. Dann bog sie um die Ecke und war weg.

Jacob lief los. Als er an der Ecke angekommen war, sah er sie wieder. Die Frau verließ die Ueckermünder Altstadt, folgte der Straße über einen Wasserlauf und bog nach links, wo ein Fußweg zwischen Bäumen und Büschen ins Grüne führte. Jacob ging ihr hinterher und spürte, wie ihm kalt und heiß zugleich wurde. Irgendetwas in seinem Magen drehte sich und wollte heraus. Jacob spürte kalten Schweiß auf der Oberlippe und im Nacken. Eine Glocke läutete in der Entfernung. Vielleicht läutete auch keine Glocke. Er schluckte leer herunter, es schmeckte bitter, und dann verkrampfte sich sein Magen. Er trat ein paar Schritte zwischen die Brennnesseln, die am Wegrand wuchsen, beugte sich so weit vornüber, dass er sie gerade eben nicht ins Gesicht bekam, und versuchte an etwas anderes zu denken, während sein Körper den Schlagsahnecappuccino auskotzte.

Als sein Magen sich beruhigt hatte und er wieder auf den Weg trat, war die Frau schon hundert Meter weiter. Jacob atmete tief ein und aus und folgte ihr weiter. Die Glocke läutete immer noch. Vielleicht waren es auch mehrere Glocken. So viele Kirchen konnte es in Ueckermünde nicht geben. In den Klang der Glocken mischte sich ein anderer, dunklerer Ton, wie ein tibetanischer Mönchsgesang, und Jacob dachte: Das ist jetzt zuviel des Guten, ich will nicht meditieren, ich will dieser Frau hinterherlaufen. Die Frau war einmal rechts und dann links abgebogen, auf einer hölzernen Fußgängerbrücke über einen Kanal gegangen, und Jacob war ihr allmählich wieder nähergekommen. Jetzt gingen sie einen schnurgeraden, kilometerlangen Weg entlang, der durch Felder zum Strand führte. Der Himmel hatte eine merkwürdige Farbe, in das Grau der Regenwolken hatte sich ein violetter Ton gemischt, am Horizont über dem Meer schien es zu flackern, als ob ein Feuer brannte, und die Welt fühlte sich an, als gäbe es überhaupt nur noch diesen Weg, alles andere war verschwunden. War das so ein Nahtoderfahrungstunnel, an dessen Ende ein Licht leuchtete? War er beim Kotzen im Gebüsch gestorben und halluzinierte sich jetzt ins Jenseits? War er gemeinsam mit Maya und Moses gestorben, als der Blitz in den Baum eingeschlagen hatte? Hatte Sven gestern sein Auto gegen einen Baum gefahren und sie alle drei getötet? Hatte sein Vater ihn und Maya in seinem Wutanfall totgeschlagen? Oder war er vielleicht schon im Mutterleib gestorben, tot zur Welt gekommen, und sein ganzes Leben war eine einzige große Nahtoderfahrung? Oder hatte Moses ihm irgendwas in den Schlagsahnecappuccino getan, das Halluzinationen auslöste? Moses war manchmal zu Scherzen aufgelegt, aber so etwas tat er eigentlich nicht. Ein Schatten verdunkelte das Tageslicht, und Jacob sah nach oben. Ein Heißluftballon flog tief über ihn hinweg und wurde von einem starken Wind nach Norden aufs Meer getrieben. Im Korb des Ballons war niemand zu sehen, der Ballon flog herrenlos im Wind. Jacob schaute zurück, ob da noch weitere Ballone kamen, und als er wieder nach vorn sah, war der Ballon nicht mehr da, dafür flogen jetzt Vögel in den Sonnenuntergang, Störche und Möven, gefolgt von anderen Tieren, Kühen und Pferden und Hunden, die schwerelos über den Himmel schwebten. Dann kamen Autos und Fahrräder hinterher, Möbelstücke und Musikinstrumente, Bücher und Häuser und Boote und Schiffe. Jacob spürte, wie ihm die Haare zu Berge standen und alles Wissen, das in seinem Kopf war, nach oben hinausflog und mit dem Chaos der ganzen Welt, das am Himmel schwebte, zusammenfloss und eins wurde.

»Nein«, hörte er sich selber sagen, »das will ich jetzt nicht. Ich muss mich konzentrieren.«

Das Durcheinander am Himmel verschwand, als hätte man eine Seite in einem Buch umgeblättert, aber die Frau war noch da. Sie lief unbeirrt geradeaus, exakt in der Mitte des Weges, sie setzte die Füße immer genau auf der gedachten Mittellinie des Weges auf, ihr Gang bekam dadurch etwas wiegendes, wellenförmiges, und in ihrer Bewegung lag eine Melodie, die sich auf den Boden übertrug und damit auf die ganze Welt, sodass der ganze Erdball im Gang ihrer Schritte zu singen und zu klingen begann. Jacob konnte die Melodie hören, sie hatte keinen Anfang und kein Ende, sie mischte sich in das Geläut der Glocken und sang ein Lied, das ihm den Boden unter den Füßen wegzog, bis er alles und sich selbst vergaß.

»Wo bleibt er denn«, sagte Maya.

Sie hatte längere Zeit auf Instagram verbracht, dann war sie einem Link gefolgt, in dem ein Filmemacher über eine Dokuserie interviewt wurde, in der es um Transfrauen in Männerklöstern ging. In diesem Interview war ein weiterer Link gewesen und dann noch einer, und schließlich war sie wieder zu Instagram gegangen und hatte wahllos zahlreiche Like-Herzchen verteilt. Jacobs Musikerfreunde, die ihr allesamt folgten, weil sie alle insgeheim auf sie standen (Maya wusste das mit nüchterner Klarheit und fand es lustig), posteten Bilder, auf denen man sehen konnte, wo sie am Freitag- und Samstagabend mit ihren elektronischen Spielsachen gespielt hatten. Maya gönnte jedem von ihnen ein *Like*. Dann hatte sie das Handy weggelegt und sich umgeschaut. Am Tisch gegenüber, an dem vorhin noch eine junge Frau mit einem dicken Kind gesessen war, saß jetzt eine alte Frau ohne Kind.

»Irre, wie die Zeit vergeht«, sagte Maya.

»Wo ist eigentlich Jacob?«, fragte Moses und sah von seinem Handy auf.

»Das habe ich auch gerade gefragt.«

»Ich ruf ihn mal an.«

Moses wählte Jacobs Nummer. Einen Moment später hörte man das Surren eines Vibrationsalarms aus Jacobs Jacke, die über dem Stuhl hing. Maya zog das Handy heraus und nahm den Anruf an.

»Hallo. Ich bin nicht Jacob und ich gehe nicht ans Telefon.«

»Dann sagen Sie Jacob bitte keine schönen Grüße von niemandem«, erwiderte Moses.

»Ich höre dich mit Zeitverzögerung«, sagte Maya, »krass.«

Moses legte auf.

»Hey«, rief Maya ins Telefon, »was fällt dir ein, mich wegzudrücken?«

Sie beschlossen noch einen Espresso zu trinken und abzuwarten, ob Jacob wiederkehren würde.

»Was machst du eigentlich da auf Twitter und warum machst du es?«, fragte Maya.

»Das habe ich doch erzählt.«

»Nö, du hast nur erzählt, dass du es irgendwann erzählen würdest.«

»Ich stalke meine Schwester.«

»Und warum stalkst du deine Schwester?«

»Weil sie sich nicht meldet.«

»Ich kann dir gern alles einzeln aus der Nase ziehen.«

»Mein Vater liegt im Sterben und wüsste gern, ob Hannah wirklich von ihm ist. Aber sie meldet sich nicht. Und ich soll sie jetzt finden.«

»Aber wenn sie offensichtlich nichts von ihm wissen will, wieso will er dann von ihr wissen, ob sie seine Tochter ist?«

»So halt.«

»Verstehe«, sagte Maya und war sich nicht sicher, ob sie es wirklich verstand.

Als Jacob nach einer Viertelstunde nicht wieder aufgetaucht war, bestellte sie die Rechnung.

»Komm, wir fahren zurück zum Strand«, sagte Maya, als sie gezahlt hatten, »vielleicht sind die ja mit der Baumzersägerei fertig.«

»Nee, wir gucken wenigstens noch, ob Jacob hier irgendwo tot auf der Straße liegt.«

Sie gingen einmal kreuz und quer durch die Altstadt. Jacob war nirgends zu finden. Maya spürte, wie er ihr fehlte. Das Geplänkel zwischen Moses und ihr fühlte sich mühsam und falsch an, sobald Jacob nicht dabei war.

Die Musik war verklungen. Jacob wusste nicht genau, ob er sie gehört oder sich nur eingebildet hatte, und er wusste auch nicht, ob er tatsächlich in die Brennnesseln gekotzt oder sich auch das nur eingebildet hatte. Jetzt stand die Frau am Strand und betrachtete die Überreste des Baums. Die Arbeiter waren weg, auf dem Strand lagen Holzsplitter und Sägemehl, und von dem Baum war nur noch ein Stumpf übrig. Die Frau mit dem Kapuzenpullover blieb stehen. Jacob ging weiter ans Meer und drehte sich dann um. Zum ersten Mal sah er ihr Gesicht. Es waren dieselben dunklen Augen, die ihn durch den Spiegel angeschaut hatten. Sie hatte halblange, braune Haare, von denen ihr einige ins Gesicht fielen. Ihre Lippen waren voll, aber blass, ihre Wangenknochen waren auffällig hoch, und alles in ihrem Gesicht lenkte den Blick zu ihren Augen, die durch Jacob hindurch und ganz woanders hin zu blicken schienen. Dann traf ihr Blick den seinen.

»Entschuldigung«, sagte die Frau, »könnten Sie ein Foto von mir machen?«

»Klar«, sagte Jacob und ging zu ihr.

Sie reichte ihm ein Smartphone und stellte sich neben den Baumstumpf.

Durch die Handykamera sah der graue Himmel dramatischer aus als mit bloßem Auge. Jacob machte ein Foto, gab ihr das Handy zurück, und sie betrachtete das Bild.

»Danke.«

»Das ist Yggdrasil, die Weltesche«, sagte Jacob und deutete auf den Baumstumpf, »beziehungsweise das *war* Yggdrasil.«

»Was?«

»Der Baum aus der nordischen Mythologie, der sozusagen die Welt bedeutet.«

»Ah ja.«

Sie steckte ihr Handy ein und schaute aufs Meer.

»Könnten Sie vielleicht auch ein Foto von mir machen?«, fragte Jacob und fühlte sich seltsam dabei, eine Gleichaltrige zu siezen.

»Klar.«

»Ich hab allerdings mein Handy nicht dabei.«

»Dann nicht.«

»Könnten wir das mit Ihrem Handy machen und Sie schicken es mir dann?«

Als Jacob diesen Satz ausgesprochen hatte, fühlte er sich bereits peinlich an. Die Frau sah ihn einen Moment an und schien die Peinlichkeit auszukosten. Dann nickte sie. Jacob stellte sich neben den Baumstumpf, und sie machte ein Foto.

»Wollen Sie es sehen?«

»Nein danke. Sie können es mir ja schicken.«

Natürlich wollte Jacob kein Foto von sich. Er hatte keinerlei Interesse an Fotos von sich selbst. Er wollte ihre Telefonnummer. Er hatte so etwas noch nie getan. Eher wäre er im Boden versunken, als eine fremde Frau einfach so anzusprechen. Das war eine vollkommen andere Sorte von Männern, die das taten. Aber jetzt wollte er die Telefonnummer dieser Frau haben und kam sich dabei sehr seltsam vor.

»Sagen Sie mal Ihre Nummer«, sagte die Frau.

»Wollen Sie die nicht aufschreiben?«

»Merke ich mir so.«

Es fühlte sich merkwürdig an, eine Telefonnummer ins Leere zu diktieren, ohne dass der andere mitschrieb.

»Alles klar«, sagte die Frau, »dann bis bald.«

Sie drehte sich um und ging.

Als Jacob in die Straße zur Ferienwohnung einbog, war Moses' Auto am Straßenrand geparkt. Er ging zur Haustür und klingelte bei *Wohnung 5*.

»Hast du noch alle Tassen im Schrank?«. fragte Maya, die in der offenen Wohnungstür stand.

»Sorry«, sagte Jacob, »erst hab ich mich in der Altstadt verlaufen und dann war ich auf einmal schon halb auf dem Weg zum Strand, da dachte ich, ich geh weiter und wir finden uns schon.«

»Wir haben die ganze Stadt abgegrast. Wir sind in jedes Geschäft gegangen, und du warst in keinem. Ein einziges hätte schon gereicht.«

»Tut mir leid.«

»Du schuldest jedem von uns einen Kasten Bier«, rief Moses aus der Küche.

Jacob ging ins Wohnzimmer, wo über dem Sofa das Stranddünenwegfoto hing. Maya folgte ihm und blieb im Türrahmen stehen. Jacob schaute sie an, und auf einmal tat sie ihm leid. Sie erschien ihm so verletzlich, so schutzlos, und er sah wieder die ganze Zukunft vor sich, die ihm beim Anblick der vielen Strandbilder in dem Souvenirladen erschienen war, und die Erinnerung an den merkwürdigen Spaziergang und den Blick aus diesen Augen, von dem er Maya nicht erzählen konnte. Das stand jetzt zwischen ihnen, und sie stand fremd vor ihm, schaute ihn aus hellblauen Augen an mit diesem Blick, der stets mehr wollte, als er kriegen konnte, und der zugleich in der Lage war, Jacob alles zu verzeihen. Er umarmte sie, vergrub seine Nase in ihren Haaren und spürte, wie die Tränen flossen. Und zwar nicht irgendwelche, sondern seine eigenen. Er wollte die Zeit anhalten, weil die Zeit sie sonst trennen würde wie zwei Regentropfen, die nebeneinander auf einen Berggipfel fallen, und dann fließt der eine Tropfen nach links und der andere nach rechts, und so landet am Ende der eine im Atlantik und der andere im Pazifik.

»Was soll denn das jetzt?«, fragte Maya.

Moses kam aus der Küche. Er hatte in der einen Hand ein Messer und in der anderen eine halbe Salatgurke.

»Heul doch«, sagte er und ging wieder.

»Ist irgendwas?«, fragte Maya, »ist jemand gestorben, hast du Schmerzen, hast du unterwegs eine Krebsdiagnose bekommen oder was ist los?«

»Nichts«, sagte Jacob und löste die Umarmung, »ich bin einfach nur emotional.«

Maya hielt ihn fest und schaute ihm ins Gesicht. »Wirklich nichts?«

»Nein.«

»Keine plötzlich verstorbenen Elternteile?«

»Selbst wenn seine Eltern beide tot umgefallen wären, er hätte es nicht mitgekriegt«, rief Moses aus der Küche, »er hatte nämlich sein Handy nicht dabei, und Brief wird er ja unterwegs keinen bekommen haben.«

Gegen Abend hörte der Nieselregen auf, und der Himmel verfärbte sich von hellgrau zu blassblau. Moses hatte verkochte Nudeln und versalzenen Salat gemacht, also gingen sie in das Restaurant am Strand und aßen Backfisch mit Pommes und Remoulade. Es war eine dieser Mahlzeiten, die sich vorher wie eine gute Idee anfühlen und hinterher nicht mehr. Danach saßen sie in der Küche der Ferienwohnung und aßen Walnüsse, von denen Moses einen Sack gekauft hatte. Da sie keinen Nussknacker hatten, öffnete Moses die Nüsse mit dem Taschenmesser.

»Pfadfindertrick von meinem Opa«, sagte er, »intelligente Spaltung statt dumpfer Zertrümmerung. Das ist wie der Unterschied zwischen Kernreaktor und Atombombe.«

»Die sehen aus wie kleine Gehirne«, sagte Maya.

»Wichtelgehirne«, erwiderte Moses.

»Es sind dann aber Doppelgehirne«, sagte Jacob, »sie haben ja vier Hälften.«

»Wusstet ihr, dass Walnüsse eigentlich gar keine Nüsse sind, sondern eine Art Steinfrüchte, wie Pfirsiche?«, fragte Moses.

»Kann man Pfirsichkerne dann auch knacken?«, fragte Maya zurück.

»Und Erdbeeren«, fuhr Moses fort, »sind eigentlich auch gar keine Beeren.«

»Sondern?«

»Auch irgendwas anderes.«

»Gebrauchsgegenstände, die aussehen wie andere Gegenstände, sind als Geschenk sehr beliebt«, schaltete Jacob sich ein.

»Und Avocadokerne kann man angeblich zermahlen und essen«, sagte Moses.

»Wer behauptet denn sowas?«, fragte Jacob.

»Irgendwelche Wichtelgehirne im Internet.«

»Das ist eine Ente«, erwiderte Maya, »das habe ich mal ausprobiert. Avocadokern schmeckt wie Holz.«

»*Ente*«, wiederholte Moses.

»Altertümliches Wort für Falschmeldung.«

»Ja, weiß ich, aber mir geht das alles auf den Keks«, sagte Moses.

»Was?

»Alles. Überall Ähnlichkeiten und verborgene Verbindungen. Der Baum steht für die Welt, die Walnuss ist eigentlich gar keine Nuss, aber sieht aus wie ein Gehirn, Falschmeldungen heißen Ente oder vielleicht ist diese Information selbst eine Ente und Erdbeeren sind eigentlich auch was anderes. Das nervt. Ich möchte mich durch dieses Dickicht an dubiosen Querverweisen wühlen und dahinter den wahren Kern finden, und wenn ich ihn gefunden habe, will ich ihn knacken und spalten wie diese Walnuss, die wiederum aussieht wie ein Wichtelgehirn.«

»Und dann?«

»Esse ich ihn auf. Im Katholizismus verspeist man ja auch das Allerheiligste.«

Jacob aß schweigend eine Walnuss. Maya schaute an die Wand.

»Hat es euch die Sprache verschlagen?«

»Ja«, sagte Maya nach einer langen Pause, »nee. Wir müssten dann konsequenterweise schweigend herumsitzen und dumpf an die Wand glotzen. Weil, jedes Wort, das man sagen kann, steht ja schon für etwas anderes. Nur Wörter wie *aua* oder *wuff* stehen für nichts anderes als sich selbst.«

»Okay«, sagte Moses, »dann probiere ich das jetzt. Mal sehen, wie lang ich durchhalte.«

Er versuchte dumpf an die Wand zu glotzen und knackte Walnüsse. Bei der dritten Nuss musste er lachen. Dann waren sie müde und gingen schlafen.

Als sie am nächsten Morgen aufwachten, war in Bad und Küche der Strom ausgefallen. Moses fand den Sicherungskasten und drückte den entsprechenden Schalter wieder nach oben, aber er klappte wieder herunter. Also duschten sie in dem fensterlosen Bad im Schein einer Handyleuchte, verzichteten aufs Frühstück, räumten ihre Sachen ins Auto, holten bei einer Bäckerei Kaffee und Brötchen, informierten Maik über den Stromausfall und fuhren los. Moses saß am Steuer, Maya auf dem Beifahrersitz, Jacob hinten.

»Bewertet doch gleich mal die Wohnung«, sagte Moses, »das vergisst man sonst immer, und dann kriegt man glaube ich bei Airbnb ein schlechteres *Ranking*. Also: Steffi und Alex sind tolle Gastgeber, die Wohnung ist ein zauberhafter Ort, wir sind emotional bewegt von soviel Menschlichkeit und Herzenswärme.«

»Das war kein Airbnb«, erwiderte Maya, »wir haben an der Fischbude gefragt.«

»Echt? Sowas kenne ich nur aus den Erzählungen meines Opas als Pfadfinder in Schlesien in den 30er Jahren.«

»Geht es euch auch so«, fragte Maya, »dass man bei jeder menschlichen Begegnung den Argwohn hat: Wir sind eigentlich nur nett, damit wir hinterher eine gute Bewertung kriegen?«

»Na klar«, erwiderte Moses, »ich bin sogar nur mit euch befreundet, damit ihr mich am Ende gut bewertet.«

Die nächste halbe Stunde verging damit, dass Maya ihr Handy ans Radio stöpselte, elf verschiedene Podcasts ausprobierte und sie alle nach drei Minuten wieder abschaltete. »So stelle ich mir die Hölle vor«, sagte Moses nach dem fünften Versuch, »zwei Typen, die sich anpflaumen und der irrigen Meinung sind, das wäre unterhaltsam.«

»Wir könnten sowas zusammen machen«, sagte Maya, »du bist der Typ und ich bin der andere Typ.«

»Und dann finden wir uns noch geiler als die anderen, weil wir ein Mann und eine Frau sind.«

»Ich könnte auch mitmachen«, meldete sich Jacob von der Rückbank, »aber einfach nie was sagen. Ich sitze immer nur schweigend dabei. So wie jetzt.«

»Oder du sagst immer nur, dass du schweigend dabeisitzt. Alle zwei Minuten sagst du *ich sitze hier nur und sage nichts.*«

»Lass machen«, rief Maya, »Moses, Maya und der schweigende Jacob. Das wird der Hit.«

Moses bremste an einem Ortsschild. Sie fuhren eine knappe Stunde übers Land und durch Dörfer, die genauso aussahen wie auf der Hinfahrt mit Sven, weil es vermutlich dieselben Dörfer waren, dann waren sie wieder bei den Fahrrädern am Weidezaun.

»Wir brauchen ja übrigens auch Flickzeug«, sagte Maya.

»Das fällt dir aber früh ein«, erwiderte Moses, »in Ueckermünde waren fünf Fahrradläden.«

»Ich dachte, du hättest vielleicht Flickzeug. Hat man doch manchmal im Auto.«

»Nein. Aber ich habe zwei verschiedene Schraubenschlüssel.«

Sie machten die Räder los. Dann schraubte Moses von beiden Fahrrädern jeweils Vorder- und Hinterrad ab, entfernte auch die Sättel und stellte die Lenker quer, dann legte er die halbe Rückbank des Autos um und quetschte die zerlegten Fahrräder hinein. Sie ragten hinten heraus, also band Moses den Kofferraumdeckel mit einem Stück Schnur fest. Ab und zu raste ein Auto an ihnen vorbei und hupte, und einmal kam eine Kolonne von drei riesigen Traktoren vorbeigefahren. Es regnete nicht mehr, aber der Wind wehte dunkle Wolken unter einer Decke aus helleren Wolken vor sich her.

Die restliche Fahrt mit dem zugebundenen Kofferraum war so laut, dass man sich nur anschreien konnte. Am Horizont tauchte der Fernsehturm auf, der Golf rumpelte die letzten Kilometer über das letzte Stück unsanierte Ost-Autobahn, die in einer weiten Linkskurve auslief und zur Prenzlauer Allee wurde, auf der es dann noch einige Kilometer stadteinwärts ging. Vor dem Alexanderplatz bogen sie ab, und eine Viertelstunde später waren sie in Neukölln und hielten vor dem Haus, in dem Jacobs und Mayas Wohnung war. Vorderhaus, zweites Obergeschoß, zwei mittelgroße und ein kleineres Zimmer, dazu eine Küche mit Speisekammer, ein Bad und ein kleiner Balkon. Jacob und Maya brachten ihre Rucksäcke nach oben, dann suchte Jacob Werkzeug und Flickzeug und ging wieder nach unten, um die Fahrräder zusammenzubauen. Maya trat auf den Balkon und sah von oben zu, wie Jacob und Moses sich zum Abschied umarmten und wie Moses in den Golf stieg und davonfuhr.

Maya wohnte hier seit drei Jahren mit Jacob zusammen. Es war seine Wohnung gewesen, sie war bei ihm eingezogen, und wenn sie allein hier war, dann fühlte Maya sich immer noch etwas fremd. Dabei mochte sie die Art, wie Jacob sich einrichtete. Sie mochte seine Bücher und die Bilder an den Wänden. Es war der richtige Grad an Unordnung. Nicht so sauber, dass man Angst hatte, etwas anzufassen, aber auch nicht so grauenhaft unordentlich, dass man wünschte, man hätte es nie gesehen.

Maya war früher manchmal mit Typen nach Hause gegangen, mit denen sie gut tanzen konnte, die aufregend rochen und gut küssten, aber nach Betreten der jeweiligen Wohnung war sie auf dem Absatz umgekehrt und geflohen. Es gab einen Grad der Verwahrlosung, den sie nicht ertragen konnte. Klamotten überall verstreut, hundert leere Bierflaschen im Flur, Staubschichten und Staubflocken und Staubmäuse, die Fenster nie geputzt, das Badezimmer nie geschrubbt, im Waschbecken sechs Jahre alte Sedimente aus Zahnpasta und sonstwas, an den Wänden gar nichts oder ein Filmplakat oder, wenn es schlimmer kam, kiffende Aliens oder, wenn es ganz schlimm kam, ästhetische Aktbilder. Man stolperte über Tassen mit eingetrockneten Kaffeeresten, die Küche betrat man besser gar nicht, und wenn der Wohnungsinhaber die leeren Pizzakartons zugeklappt und in der Ecke aufgestapelt hatte, hielt er das schon für eine Meisterleistung an Ordnung und Organisation. Wenn man sich dann fragte, wo diese Typen beim Aufenthalt in der eigenen Wohnung eigentlich hinschauten, dass sie ihr eigenes Chaos nicht wahrnahmen, fand man die Antwort zwischen Socken und Unterhosen auf dem Fußboden, und sie lautete: Playstation. Manchmal auch Bong. Daneben vielleicht noch ein Buch von Foucault oder Baudrillard, und das war es, was Maya am meisten verwunderte. Diese Männer waren nicht völlig bekloppt. Sie konnten lesen und den einen oder anderen Gedanken formulieren. Deswegen war Maya ja überhaupt mit ihnen ins Gespräch gekommen und mitgegangen, aber was sie dann vorfand, entwertete alles, was ihr vorher attraktiv erschienen war, also machte sie auf dem Absatz kehrt und floh hinaus in die Nacht.

Was Maya aber noch mehr verwunderte, waren Frauen, die solche Männer zu ihrem Projekt machten. Maya hatte einige Bekannte, die sich solche Männer geangelt und ihr Leben durchorganisiert hatten. Auf einmal war Putzkram angeschafft, die Fenster waren wieder klar und das Badezimmer glänzte, Wäsche war gewaschen, Finanzen und Krankenversicherung waren organisiert, und zwei Jahre später saß man zusammen in einer Neubauwohnung und das erste Kind war unterwegs. Die Freundinnen und auch die Männer schienen in diesen Lebensentwürfen durchaus nicht unglücklich zu sein. Solange die Typen ihre Playstation mitnehmen durften, ließen sie alles andere mit sich machen, und die Frauen waren stolz darauf, aus einem Penner einen Menschen gemacht zu haben. Eine von Mayas Freundinnen hatte das tatsächlich so formuliert, weil ihr Mann es wiederum genauso gesagt hatte: *Meine Frau hat mich von einem Penner zu einem Menschen gemacht.*

Es gab noch eine andere Sorte Männer, die im anderen Extrem wohnten. Das waren Männer, die in gewisser Weise nur aus Adidas-Streifen bestanden. Ihre Wohnungen waren blitzsauber, der Staubsauger stand immer griffbereit, es war ein beutelloser Akkustaubsauger der Marke »Dirt Devil«, der in seiner Plastikhalterung an die Wand gedübelt war. Diese Männer besaßen nichts außer Sportkleidung und Sportgeräten und Sportlernahrung in Sportlernahrungsplastikbehältern in allen Größen von mittelklein bis eimergroß, und auch in diesen Wohnungen gab es fast immer eine Playstation, die mit akkurat zusammengerollten Kabeln in einem Stahlblechmöbel aufbewahrt wurde, und außerdem zwei Hantelsets, eins aus Kunststoff, 5 kg, und eins aus Metall mit verschiedenen Gewichtsscheiben. Die Bewohner dieser Wohnungen hatten kurze, gelfrisierte Haare und waren stets frisch geduscht. Bei solchen Männern war Maya nur selten gelandet, denn sie rochen meistens nach einer bestimmten Sorte von sportlichem Deodorant, das jeder Annäherung von vornherein einen Riegel vorschob.

Dann gab es noch eine dritte Sorte. Diese Sorte war gefährlich. Das waren die Männer mit Angeberwohnungen. Also nicht die offensichtlichen Protz-Männer, die sich durch dicke Armbanduhren und peinliches Gehabe von selber disqualifizierten, sondern Männer mit Geschmack, Erfolg und Sinn für das Besondere. Ihre Wohnungen waren Wunderländer, in denen man viel entdecken konnte und die doch nicht vollgestopft wirkten. In sicherer Balance hatten sie sich ein Reich voller Kunstwerke und schöner Ideen geschaffen, das aber am Ende doch nur einem Zweck diente: Mädchen beeindrucken. Und wenn man das erkannt hatte, konnte man es nicht mehr richtig ernst nehmen. Diese Männer waren im Grunde Kinder, die Spielsachen haben wollten und für die Frauen eigentlich auch nur Spielsachen waren. Über die Jahre hatte Maya gesehen, wie ihre Freundinnen reihenweise auf solche Männer hereinfielen. Die Frauen schauten diesen Männern tatsächlich auf den Grund ihrer Seele, das war das Tragische, und dort sahen sie einsame, verunsicherte kleine Jungen voller lustiger Ideen, die sich Spielkameraden wünschten und geliebt werden wollten. Die Frauen kümmerten sich fürsorglich um diese kleinen Jungen in ihren Wohnungen voller Spielzeug, weil hier im Herzen der Frauen ein Impuls ausgelöst wurde, der von Mutter Natur für etwas ganz anderes vorgesehen war, nämlich für Kinder, und weil dieser Impuls nun mal ausgelöst war, wünschten die Frauen sich Kinder von diesen Männern, und davor schreckten die Männer zurück, denn sie waren ja selber Kinder, die zu wenig Aufmerksamkeit bekommen hatten, und bevor dieser Mangel nicht ausgeglichen war, konnten sie unmöglich einem Kind ihre ganze Liebe geben, aber der Mangel würde niemals ausgeglichen sein, deswegen endeten diese Beziehungen, in denen die Partner sich meist trotzdem aufrichtig liebten, regelmäßig in Tränen und Katastrophen.

Mayas letzter Freund war so gewesen, sie hatte es gemerkt und war abgehauen, bevor er ihr das Herz brechen konnte, und das hatte ihn sehr irritiert. Moses war auch ein bisschen so. Jacob war nicht so. Jacobs Wohnung war von allem etwas – ein bisschen Chaos, ein bisschen sportlich reduzierte Aufgeräumtheit, ein bisschen Spielzeugland. Und auch ein bisschen egal. Jacob wohnte, ohne viel Ehrgeiz ins Wohnen zu legen. Auch Maya sah keinen Sinn darin, in eine Mietwohnung, aus der man ja doch wieder auszog, allzuviel Arbeit zu stecken. Zu oft war sie als Kind mit ihrer Mutter umgezogen, da hatte man irgendwann einfach alles zum Funktionieren gebracht. Die zeitraubenden Schöner-Wohnen-Aktivitäten vieler Freunde waren Maya fremd. In Jacobs Wohnung hatte sie einen Esstisch und einen Sessel mitgebracht, Jacob hatte ihr im Arbeitszimmer Platz freigeräumt, sie hatte ihren Schreibtisch aufgestellt, ein paar Bilder an die Wände gehängt, und schon wohnten sie zusammen.

Mayas Blick fiel auf drei Bilderrahmen, die im Schlafzimmer in der Lücke zwischen Kleiderschrank und Wand am Boden standen, also dort, wo man zusammengerollte Plakate und Yogamatten verstaute. Es waren drei alte Schwarzweißfotos, ein Hochzeits- und zwei Familienbilder, die Maya auf dem Flohmarkt gekauft und beschlossen hatte, dass das jetzt ihre Großeltern wären, denn in ihrer Familie gab es keine alten Fotos, was damit zusammenhing, dass Mayas Mutter sich im Jahr 1981 so heftig mit ihren Eltern gestritten hatte, dass der entstandene Riss bis zum Tod der Eltern nicht mehr zu reparieren war. Also hatte sie sich Vorfahren auf dem Flohmarkt gekauft. Jacob hatte ihr nach ihrem Einzug versprochen, diese Bilder gleich morgen früh an die Wand zu hängen, aber das war drei Jahre her, und seitdem verstaubten die Bilder neben dem Schrank. Maya war nie darauf zurückgekommen und Jacob auch nicht. Sie fühlte diffusen Zorn und wusste nicht, ob sie auf Jacob wütend sein sollte oder auf sich selbst.

An Jacobs Arbeitsplatz lagen verschiedene elektronische Geräte, zwischen deren Knöpfen sich Staub ansammelte. An der Wand hing eine verstaubte rote E-Gitarre, und der Klavierdeckel war ebenfalls verstaubt. Sie klappte ihn auf und spielte einen Ton. Es klang verstimmt. Sie dachte an ihren Theaterabend und den Text, den sie geschrieben hatte. Nachdem Niloo ihn gut gefunden hatte, hatte Maya ihn sofort an die anderen drei geschickt. Bis Sonntagmittag hatte sich niemand gemeldet, dann hatte Julian geschrieben: *Danke für den Entwurf, und cool aber ich glaube das ist es noch nicht ganz. Dieses Ding von wegen »geplante Obsolesenz« finde ich wenn ich ehrlich bin sowieso schwierig. lass uns am besten nochmal neu Nachdenken was wir verhandeln wollen und wie. Mittwoch sehen wir uns ja eh.*

Servet und Semjon hatten ihm kurz darauf beigepflichtet. Servet und Semjon warteten meistens ab, bis Julian sich äußerte, und stimmten ihm dann zu. Maya öffnete ihr Handy und las die Mail nochmal.

»Schreib wenigstens *Obsoleszenz* richtig«, sagte sie leise.

Sie hörte ein Geräusch und erschrak. Jacob stand hinter ihr im Zimmer.

»Gib mal deinen Schlüssel«, sagte er, »dann würde ich dein Rad im Hof anschließen.«

Moses' Wohnung lag an einem Hinterhof in einem Teil von Kreuzberg, der auch in den mythischen 80er-Jahre-Hausbesetzerzeiten nie richtig angesagt gewesen war. Es gab ein kleines Schlafzimmer, eine enge Küche, ein geräumiges Wohnzimmer sowie ein »Wannenbad«, das hatte der Makler damals sehr betont. Normale Menschen sagten »Badewanne«, Immobilienleute sagten »Wannenbad«. Moses badete nie. Eine Badewanne einlassen, irgendwas Wohlriechendes hinzufügen, vielleicht Kerzen anzünden und sich dann in der Wanne *entspannen* war eine Aktivität, deren Sinn sich ihm entzog. Frauen machten so etwas, aber Frauen machten ja viele Dinge, die keinen Sinn ergaben, und erzählten sich dazu Geschichten, von denen Moses sich fragte, ob sie die selber glaubten. Männer waren keineswegs besser, die taten nur andere Dinge und erzählten sich dazu andere Geschichten. Möglicherweise war das bei den jetzt Zwanzig- bis Dreißigjährigen anders, bei denen hatte Moses oft das Gefühl, dass allein schon die Verwendung von Begriffen wie »Männer« und »Frauen« zu Aggression führen konnte. Andererseits hatte er das Gefühl, dass auch diese Generation eigentlich dasselbe tat wie alle vorigen und sich nur andere Geschichten dazu erzählte. Über der Badewanne war ein mehrere Jahrzehnte alter Gasboiler, der bei Immobilienleuten »Therme« hieß, mit angerosteten Stahlwinkeln an der Wand befestigt, und unter diesem Klotz in der Badewanne liegen hätte ohnehin nicht zu *Entspannung* geführt.

Moses nahm mal wieder sein Handy in die Hand. Sein Vater hatte geschrieben:

BIST FU SCHOB WEITERGEKOMMEN?

Moses schrieb zurück: *Bin dran.*

Seltsam, dachte er, dass diese Mission ihm schon wieder auf die Nerven ging. Und dass überhaupt Eltern ihren erwachsenen Kindern immer auf die Nerven gingen. Eigentlich diente ja jede elterliche Kontaktaufnahme nur der Vergewisserung, dass die Energie und Selbstverleugnung, die man in den Nachwuchs gesteckt hat, nicht vergeblich gewesen war. Dem Nachwuchs ist das egal, der steckt dieselbe Energie in endlose Adoleszenzverlängerung. Solange es keine Enkel gab, waren Eltern sich nie sicher, ob Kinderkriegen die richtige Entscheidung gewesen war. Erst das Enkelkind war der Sieg des Vaters über den Sohn. Es war allerdings auch der Sieg der Tochter über die Mutter. Mit der Vaterschaft wurde man nicht zum Herren in irgendeinem Haus, sondern zum Knecht. Mutterschaft beziehungsweise *Mama sein,* wie man es heute nannte, war in Wahrheit nichts Dienendes oder Sinnstiftendes, wie die alten Nazis und die neuen Hipster einem erzählen wollen, sondern die größte Machtposition. Wenn eine Frau ein Kind hat, dann hat ihre Mutter schlagartig nichts mehr zu melden.

Moses dachte darüber nach, diesen Gedanken als *Tweet* abzusetzen, und ließ es dann bleiben. Er öffnete die Twitter-App. Sein *Feed* war ein seltsames Durcheinander, denn die 525 *Follower,* die Hannah hatte und denen er jetzt auch folgte, hatten nicht viel gemeinsam. Bestimmt ein Drittel waren Konten, die kein Profilbild und keine Follower hatten und nie etwas von sich gaben. Ein sehr aktiver Account postete Bilder von Galaxien in bunten Farben, ein anderer psychologische Studien. Viele waren Wissenschaftler und posteten Wissenschaftssachen. Der Shitstorm gegen die Mannheimer Frauenbeauftragte hatte nachgelassen. Einige Schriftsteller und Intellektuelle hatten sie in Schutz genommen, und das wurde Melanie von Ostrowski jetzt wiederum zur Last gelegt, weil die meisten davon ältere Herren waren und zwei von Ihnen schon mal in Medien aufgetreten waren, die bei anderer Gelegenheit schon mal mit AfD-Politikern geredet hatten.

Moses entschied sich gegen seine Entscheidung und tippte:

Mutterschaft ist nichts hingebungsvoll Dienendes oder Sinnstiftendes, sondern die größte Machtposition. Ein Kind ist die Zukunft, und das gehört der Mutter.

Plötzlich fiel ihm in der Ecke der App ein rotes Briefsymbol auf. Erik Ullmann, dem er geschrieben hatte, ob er ihm irgendetwas über Hannahs Verbleib verraten könnte, hatte geantwortet:

Hey Moses, happy to help but not entirely sure if there's much I can do. At the time of our collaboration (we met only once in person), Hannah worked for the Scheimpflug Institute in Potsdam, but I guess she must have quit in 2051. The work she contributed was brilliant, but I haven't heard of her since. If you get to find her, give her my regards.

Moses spürte, wie sein Herz einen kleinen Satz machte. Er las die Nachricht nochmal, und ihm fiel auf, dass Hannahs Abschied vom Scheimpflug-Institut drei Jahrzehnte in der Zukunft lag. Entweder war Erik Ullmann ein Zahlendreher unterlaufen, oder er war ein Zeitreisender.

Moses stand vom Sofa auf und wanderte durch die Wohnung. In der Küche hingen fünf Fotos von Frauen, die ihm mal etwas bedeutet hatten. Vor allem war da Jana Schneider, die in der elften Klasse gewesen war, als er in der zwölften war. Jana hatte kastanienbraune Haare und ein Lächeln, bei dem man weiche Knie bekam. Jana war klug, lustig, ernst, nachdenklich, lebenslustig, alles auf einmal. Jana hatte unglaublich viele Bücher nicht nur gelesen, sondern sich auch gemerkt, was drinstand. Jana spielte Tennis und Hockey auf Jugend-trainiert-für-Olympia-Niveau, tat aber, als sei das völlig unwichtig. Alle waren in Jana verknallt. Wenn sie den Oberstufenaufenthaltsraum betrat, wurden die anderen Mädchen schlagartig unsichtbar. Jana hatte einmal, auf der Premierenfeier eines Stücks der Theater-AG, mit Moses geknutscht. Es waren zwei Minuten unerwartete Seligkeit. Am nächsten Morgen konnte sie sich nicht mehr daran erinnern. Zur Oberstufe wechselte sie auf ein anderes Gymnasium, und Moses sah sie nur noch manchmal zufällig in der Stadt. Irgendwann hatte sie einen Freund, der schon 31 war und ein Auto besaß. Mit dem war sie drei Jahre zusammen, dann brach er ihr das Herz, und danach hatte Moses nichts mehr von ihr gehört. Jana war im Internet nicht auffindbar, den Namen »Jana Schneider« gab es unendlich oft, und vielleicht hieß sie auch gar nicht mehr Schneider, sondern Schröder oder Schmidt. An Jana Schneider hatte es gelegen, dass Moses seine erste Freundin erst mit 22 hatte, denn er stellte jede andere Frau im Geiste neben Jana, und da konnte keine mithalten.

Ich werde also morgen ins Scheimpflug-Institut nach Potsdam fahren, dachte Moses, oder anrufen? Nein, ich fahre hin. Er las die Nachricht noch einmal. Dann warf er noch einen Blick auf die fünf Fotos von Frauen, die ihm mal etwas bedeutet hatten. Mit zweien war er zusammengewesen, die anderen beiden hatte er im Studium kennengelernt und verehrt, aber keine hatte ihm annähernd so viel bedeutet wie Jana Schneider. Er hatte sie eigentlich nur dazu gehängt, damit Jana da nicht so allein hing. Als Fünfergruppe war es ihm immer noch peinlich gewesen, und er hatte ein anderes Bild darüber gehängt, doch dann war ihm die Peinlichkeit selber peinlich geworden, und er hatte das andere Bild wieder weggehängt. Moses beschloss, sich eine Zigarette zu drehen, und stellte fest, dass er keinen Tabak mehr hatte.

Er ging aus der Wohnung und zum Spätkauf gegenüber. Der Mann hinter dem Tresen begrüßte ihn mit »Hallo, Alman«. Für die Mitarbeiter dieses Spätis hieß Moses »Alman«, weil er ihnen mal erläutert hatte, dass er zwar aussah wie einer von ihnen, aber im Herzen kein Schwarzkopf war, sondern eine Kartoffel aus Gießen. Außerdem wollte er sich nicht mit »Moses« vorstellen und erklären müssen, dass er kein Jude war, oder vielleicht doch, aber nur zur Hälfte. Also hieß er Alman. Er kaufte Tabak und Filter und ging dann zurück über die Straße und in das Haus, in dem er wohnte.

Als er die Wohnungstür aufschloss, kam ihm ein Geräusch und ein seltsamer Geruch entgegen. Es zischte und plätscherte aus dem Badezimmer. Moses öffnete die Badezimmertür und wurde von einem Wasserstrahl getroffen. Der ganze Raum war nass und tropfte. Der Boiler, also die Gastherme, war von der Wand gefallen und lag jetzt in der Badewanne wie ein Wrackteil von einem Flugzeugabsturz. Den Duschvorhang hatte er mit sich hinuntergerissen, die Anschlussleitungen waren durchgebrochen, ein Wasserstrahl schoss aus der Leitung, und das, was seltsam roch, war Gas.

Es klopfte an der Wohnungstür. Gitta stand im Flur. Gitta war Moses' Nachbarin von unten, Anfang 30, eckiges Gesicht, eckiger Haarschnitt, eckige Brille.

»Alles klar bei dir?«, fragte Gitta.

»Mein Boiler ist in die Badewanne gefallen«, sagte Moses. Er führte Gitta ins Bad.

»Oh«, sagte Gitta. »Du warst aber hoffentlich nicht gerade in der Wanne?«

»Doch«, sagte Moses.

»Ruf die Feuerwehr.«

»Aber es brennt doch gar nicht.«

»Trotzdem. Und jetzt lass mal das Wasser irgendwie auffangen, sonst hab ich unten gleich Überschwemmung.«

Moses griff zum Handy und wählte die 112.

»Guten Tag«, sagte er, »bei mir ist die Gaseteagenheizung von der Wand gefallen, und jetzt müsste irgendwer Gas und Wasser abdrehen, sonst fliegt hier demnächst das Haus in die Luft.«

5
Schöpfung

Die »Schöpfung« von Joseph Haydn, dachte Jacob, sagt mir nichts. Er fühlte sich mit dieser Ansicht in mehrfacher Hinsicht allein. Erstens interessierte sich außer seiner Mutter kein Mensch in seinem Umfeld für klassische Musik, zweitens war »klassische Musik« ein seltsamer Sammelbegriff für Musik aus mindestens dreihundert Jahren, die sich voneinander unterschied wie Oslo von Kairo, und drittens waren solche Qualitätsurteile in Kennerkreisen tabu. Man äußerte sich nicht abschätzig über die Titanen der Musikgeschichte. Wenn man es doch tat, rümpften Klassische-Musik-Menschen ihre Nasen, und das war einer der Gründe, warum Jacob mit klassischen Musikmenschen nicht mehr viel zu tun hatte. Er fragte sich, ob seine eigene Musik dereinst über den Abgrund der Jahrhunderte irgendjemandem etwas sagen würde, aber dafür hätte er sie erstmal schreiben müssen, und das fand im Moment nicht statt, denn er *prokrastinierte*, wie man seit einigen Jahren sagte. Jacob hatte sich die Ausschreibungsmaterialien für die Netflix-Serie heruntergeladen. Die Beispielszenen aus »Hack the System«, die man vertonen sollte, zeigten einen Kampf mit einem serbischen Schlägertrupp, der in das Hauptquartier der fünf Hackerinnen in Belgrad eindrang, eine Liebesszene zwischen der isländischen Haupthackerin und ihrer chinesischen Geliebten, die mit heißen Küssen begann und dann in eine geistig-seelische Entgrenzungserfahrung mündete, sowie eine Montagesequenz, in der in einer Nacht in Amsterdam und Paris jeweils ein größerer Geldbetrag online entwendet wurde und zeitgleich jemand in den Louvre einbrach, aber nichts klaute, sondern ein Bild hineinschmuggelte. Der Auftrag an die Musik war klar: Erstens Action, zweitens Sex, drittens Spiritualität, viertens Spannung. Das waren vier der sieben Standardsituationen der Filmmusik. Die anderen drei waren Trauer, familiäre Geborgenheit und Drama. Es war sehr einfach. Das Problem war nur: Jacob fiel nichts ein. Er hätte die Standardsoftware öffnen und mit wenigen Handgriffen Standardmusik herstellen können, aber das wollte er nicht, er wollte etwas Besseres, und das wollte sich nicht einstellen. Also hatte er sämtliche herumstehenden Instrumente abgestaubt. Dann hatte er sich bei Youtube ein Video über Hans Zimmers Einfluss auf die Filmmusik angeschaut. Hans Zimmer war in den späten 80er Jahren der erste gewesen, der den Regisseuren sogenannte Layouts zeigte, also am Rechner produzierte Skizzen, die einen Eindruck gaben, wie die Musik am Ende klingen würde. Bis dahin hatten Filmkomponisten ihr Werk den Auftraggebern nur am Klavier vorspielen können, und von der fertigen Orchesteraufnahme mussten Regisseur und Produzent sich dann überraschen lassen. Hans Zimmers neuen Service fanden alle toll, aber das Problem dabei war, dass bestimmte Klänge an den damaligen Computern leicht herzustellen waren, andere nicht, also bestand die Filmmusik seit Hans Zimmer überwiegend aus denjenigen Motiven, die mit der Musikelektronik der 80er Jahre gut zu imitieren gewesen waren. Das waren kurze, zerhackte Staccato-Figuren, lange liegende Töne und viel Percussion. Komplexere Melodien waren verschwunden. Kaum ein Film hatte mehr ein »Thema«, das man vor sich hin pfeifen konnte.

Jacob hätte für *Hack the System* sehr gern ein Thema komponiert, aber ihm fiel keines ein, und ihm fiel auch keine Action-, Spannungs- oder Sexmusik ein. Also war er zu Spotify hinübergewandert, um in der Grauzone zwischen Inspiration und Plagiat spazierenzugehen, und bei Haydns *Schöpfung* gelandet, weil er dachte, hier müsste doch für schöpferische Tätigkeit etwas zu holen sein, aber das war nicht so. Zu allen möglichen Bibelszenen war über die Jahrhunderte gewaltige Musik geschrieben worden, nur zur Schöpfungsgeschichte war der Funke anscheinend nicht so recht aus der Bibel auf Joseph Haydn übergesprungen, jedenfalls aber nicht aus Joseph Haydns Musik zu ihm, Jacob.

Ich könnte auch ein Musikstück namens »Die Schöpfung« komponieren, dachte Jacob, ich könnte sowieso mal was für Orchester schreiben. Wenn ich mit diesem Wettbewerbsbeitrag fertig bin, dann schreibe ich meine eigene »Schöpfung«, aber vorher bringe ich jetzt hier was zustande, verdammt. Er öffnete das Programm *Logic*, das in den 90er Jahren von einer deutschen Firma namens *Emagic* entwickelt worden war, die dann um die Jahrtausendwende von *Apple* gekauft wurde, importierte den Filmausschnitt mit der Verfolgungsjagd und erzeugte drei Spuren, auf die er drei Software-Instrumente namens *Rise&Hit, Action Strings* und *Woodwind Ensemble* legte. Er ließ den Film laufen und spielte versuchsweise ein paar Töne dazu. Nein, dachte er dann, Töne sind schon falsch, es muss in den Bauch gehen und daher mit dem Rhythmus anfangen. Es muss *visceral* sein, heute muss alles *visceral* sein, auch wenn keiner genau weiß, was dieses Wort bedeutet. Klassische Musik musste seit einigen Jahren auch *visceral* sein, also in atemlosem Tempo runtergehackt, mit zusammengebissenen Zähnen und heraushängender Zunge, ja, beides gleichzeitig.

Jacob öffnete eine vierte Spur, aktivierte ein Instrument namens *Kinetic Metal*, probierte einige Klänge durch und spielte einen Rhythmus zur Verfolgungsjagd. Danach quantisierte er die Spur, ließ also den Computer die Töne, die er mit menschlicher Ungenauigkeit gespielt hatte, auf die exakte Zählzeit legen, und hörte sich das Ergebnis an. Es klang wie Filmmusik. Er löschte die Spur wieder und setzte sich ans Klavier. Vieleicht mit Gegensätzen arbeiten? Langsame Klaviermusik zur schnellen Verfolgungsjagd? Damit wäre er in der Nähe der sogenannten *Neoklassik*, eines Genres, das sich steigender Beliebtheit erfreute. Jacob hörte seinen inneren Moses, der bei dieser Gelegenheit gesagt hätte: »Neoklassik, Gedudel auf zwei Akkorden, das schlimmste aller Genres außer Schlager und Mittelalter, in Wahrheit aber schlimmer, denn Schlager und Mittelaltermusik tun wenigstens nicht so, als wären sie was Besseres.«

Jacob spielte ein paar Töne auf dem Klavier. Es klang seltsam. Je weiter er auf der Klaviatur nach rechts wanderte, desto verstimmer war es. Das Klavier war ein schwarzes Möbel aus den späten 30er Jahren, das ein Vorbesitzer hatte restaurieren lassen. Ein Klavierhändler in Los Angeles hatte Jacob mal erklärt, dass Vorkriegsinstrumente deutscher Hersteller von unerreichter Qualität waren. Die Amerikaner hatten im zweiten Weltkrieg sämtliche deutschen Klavierfabriken bombardiert, dabei waren die Holzlager abgebrannt, die über Jahrzehnte aufgebaut und nicht ohne weiteres zu ersetzen waren, nur die Hamburger Dependance der amerikanischen Firma *Steinway* war verschont geblieben, und nach dem Krieg war Steinway dann zur Weltherrschaft durchmarschiert. Der Klavierhändler, der in L.A. auf einsamer Mission die österreichische Marke *Bösendorfer* gegen die Weltherrschaft von *Steinway* vertrat, sah das als planvolle Aktion. Vielleicht hatte Steinway ja tatsächlich Einfluss auf das alliierte Bomberkommando genommen. Jedenfalls klang Jacobs Klavier jetzt, als wäre es auch bombardiert worden. Die letzte Stimmung war noch nicht lange her. Jacob griff zum Telefon und rief Vassili, den Klavierstimmer, an.

»Maybe it's broken«, sagte Vassili, als Jacob ihm das Problem schilderte. »Many pianos break right now. Sometimes even strings break and hit your eye. Job is getting dangerous. Maybe I should switch to tuning church organs.«

Jacob öffnete am Computer eine fünfte Spur und lud ein Klavierimitationsprogramm namens *Vienna Grand*. Das dauerte eine Weile, denn das Programm war unerhört groß. Solche Programme entstanden in enormer Fleißarbeit – jeder einzelne Ton eines Konzertflügels wurde in jeweils hundert verschiedenen Anschlagstärken aufgenommen, dazu Saiten- und Dämpfer- und Pedalgeräusche, diese neuntausend Einzeltonaufnahmen konnte man dann spielen wie ein echtes Klavier, und das Resultat klang stets unerfreulich. Es war ungefähr so, als würde man im Restaurant etwas bestellen und dann statt des bestellten Gerichts ein Foto davon bekommen. Freunde fragten Jacob manchmal, ob sie für ihre Kinder ein E-Piano anschaffen sollten, das wäre doch so ziemlich dasselbe wie ein echtes Klavier, aber eigentlich fragten sie nicht, sondern wollten hören, dass das okay sei, doch Jacob sagte stets: Nein, das ist nicht okay. Wenn du dein Kind auf so einem Ding lernen lässt, dann kannst du ihm auch Kochshows im Fernsehen zeigen und dabei Astronautennahrung zu essen geben, und eines Tages kann es dann seinen ersten Sex mit einer aufblasbaren Gummipuppe haben. Jacob war meistens moderat, aber hier war er entschieden.

Er ließ die Verfolgungsjagd wieder laufen und spielte dazu ein paar Töne auf *Vienna Grand*. Es klang nach Plastikdose. Er legte Hall darauf. Es klang nach Plastikdose mit Hall. Er klappte den Laptop zu, stand auf und ging ins Wohnzimmer.

Jacob hatte diese Momente nicht oft, aber wenn er sie hatte, erwischten sie ihn mit Wucht. Das Leben und die Welt erschienen ihm schlagartig sinnlos. Das Leben war ein Fluss, auf dem man sich treiben lassen konnte, ein Fest und eine Feier, aber nur theoretisch, oder vielleicht für andere Leute oder in Filmen. Er selber saß auf dem Trockenen, hatte nichts zu feiern, und ihm fiel nichts ein.

Die »Box« im Deutschen Theater war genau das: eine Box. Man hatte in den Verbindungsbau zwischen den beiden Teilen des Gebäudekomplexes drei Wände gestellt, drei Tribünenstufen hingezimmert, Scheinwerfer an die Decke, eine Kabine für Licht und Ton am hinteren Ende, fertig. Die Gelegenheit, hier zu spielen, hatte sich über Julians Job als Dramaturgieassistent ergeben, und heute war »Bauprobe«, wie das erste Zusammentreffen aller Beteiligten am Theater hieß. Semjon, Servet und Julian saßen auf den Stühlen der ersten Reihe, im Raum verteilt standen außerdem zwei Männer um die 40 und eine Frau Mitte 30. Maya umarmte ihre drei Kollektiv-Kollegen, dann gab sie den

Männern die Hand. Die Männer hießen Uwe und Nikolai. Uwe war fürs Licht zuständig und Nikolai für den Ton. Die Frau hieß Natalie und war Dramaturgin. Natalie war im Gesicht schmal und wurde nach unten hin immer breiter. Maya konnte es nicht verhindern, dass sie den Körperbau von Menschen mit einer gewissen Neugier in Augenschein nahm. Sie wusste, dass Männer Frauen betrachteten wie Geräte, Männer bezeichneten Frauen ja sogar als »Gerät«, aber Mayas eigener Blick war ein anderer. Sie konnte in den Zoo gehen und sich für die Körperform eines Nilpferdes oder eines Flamingos begeistern. Sie fand beides spektakulär. Ähnlich schaute sie auf Menschen. Natalie, die Dramaturgin, hatte eine pyramiden- oder auch birnenförmige Figur: Ein schmales Gesicht mit einer ebenfalls schmalen, aber dicken Brille, schmale Schultern, nicht viel Oberweite, darunter wurde es immer breiter, es folgte ein ausladendes Gesäß und säulenartige Beine, die in einer hautengen Jeans steckten. Wenn man nur ein Foto von ihrem Gesicht gesehen hätte, hätte man sich eine ganz andere Figur dazu vorgestellt. Maya hatte Lust, ihr eine Rolle anzubieten, aber das war hoffnungslos, das wusste sie. Dramaturgen würden eher aus dem Fenster springen, als sich auf eine Bühne zu stellen. Schauspieler bestanden nur aus Körper, Dramaturgen hätten sich ihres Körpers am liebsten gänzlich entledigt. Außerdem waren sie immer überarbeitet.

Maya setzte sich in die erste Reihe, an den Rand, mit einem Platz Abstand zu Semjon.

Fünf Minuten später war es vier Minuten nach zehn.

»Warten wir noch?«, fragte Natalie.

»Wir können auch schon mal anfangen«, sagte Julian.

»Was habt ihr euch denn ausgedacht?«

»Wir sind da noch mittendrin.«

»Es gibt ja bisher nur einen halben Arbeitstitel, also vielleicht erzählst du einfach mal.«

»Okay«, sagte Julian und zog ein kleines Buch aus seiner Tasche, »also wir sind, wie gesagt, noch in der Findungsphase, aber wir beziehen uns zentral auf Bourdieus *Rhapsodie für das Theater*. Den Text kennen wir ja vermutlich alle, und in Abschnitt XLIV steht da: *Die Struktur des Theatertextes ist, wie die des politischen Textes, das Nicht-Alles (pas-tout, auf französisch). Denn nur sein Ek-sistieren sowie das, was existiert, also die Vorstellung oder die Handlung, qualifizieren ihn als Text.«* Die andere Stelle ist in Abschnitt L: *Der Theatertext ist ein Text, der der Politik ausgesetzt ist, zwangsläufig. Außerdem macht er, von Die Orestie bis hin zu Die Wände, Äußerungen, die nur aus der Sicht der Politik wirklich klar werden. Denn der Theatertext ordnet seine Unvollständigkeit immer dem offenen Zustand des konflikts unter. Ein Theatertext beginnt damit, dass zwei Figuren sich nicht einig sind. Das Theater schreibt die Uneinigkeit ein.* Also wir dachten uns, dass wir das Nicht-Alles und die Uneinigkeit, die wir ja zurzeit überall sehen, also ich sag mal nur Trump und Brexit und Fake News und Rechtspopulismus, aus der politischen Sphäre in die theatrale Aktion übertragen, indem wir vorgefundene Texte collagieren und verfremden und auf die Art genau die Nicht-Existenz eines zugrundeliegenden Textes oder Meta-Textes, wenn man so will, thematisieren.«

»Was jetzt«, fragte Natalie, »Text oder Meta-Text?«

»Sowohl als auch«, erwiderte Julian, »wobei der Text im naiven Sinn ja schon vorhanden sein muss, aber er ist in seiner Nichtexistenz natürlich zugleich Thema, und so wird das Nichtvorhandensein des Textes selbst zum Meta-Text, also zum Text über den Text, beziehungsweise über sein Nichtvorhandensein.«

Die Tür ging auf, und eine kleine Person mit langen, zu einem Zopf geflochtenen schwarzen Haaren kam herein. Es war Niloofar. Sie trug zwei riesengroße silberne Ohrringe, einen pinkfarbenen Ganzkörperjogginganzug und zwei verschiedene Sneaker. So kannte Maya sie noch nicht. Niloo wechselte gern Frisur und Outfit. Maya fand es gut, nur die zwei verschiedenen Sneaker fand sie zu viel des Guten.

»Sorry«, rief sie, »ich wurde kontrolliert. Habt ihr schon angefangen?«

»Gerade dabei«, sagte Julian.

»Wir waren beim Meta-Text«, sagte Natalie, die Dramaturgin.

»Genau, und ich würde da nochmal auf Bourdieu zurückkommen..« Julian blätterte wieder in dem Buch, doch Natalie unterbrach ihn: »Ja, Bourdieu habe ich selber gelesen, und ich hätte dazu auch gleich eine Frage. Der Abschnitt, den du zitiert hast, der geht ja nämlich noch weiter, dürfte ich mal …?«

Julian reichte ihr das Buch, und Natalie las: »*Doch es gibt nur zwei große Konflikte: den der Politik und den der Geschlechter, dessen Bühne die Liebe ist. Also nur zwei Themen für den Theatertext: Liebe und Politik.* – Würdet ihr das auch so sagen?«

»Klar«, sagte Niloofar.

»Auf keinen Fall«, sagte Maya.

»Ich glaube«, sagte Julian, »ich glaube, das muss man aus der Zeit heraus verstehen. Wir können Liebe heutzutage nicht mehr unproblematisch als gegeben hinnehmen. Es gibt da noch eine interessante Stelle, darf ich nochmal?«

»Wir brauchen uns jetzt nicht gegenseitig Bourdieu vorzulesen«, erwiderte Natalia. »Ihr solltet euch schon etwas genauer überlegen, was ihr eigentlich machen wollt. Drei Monate sind schnell rum.«

»Ein Metatext, äh, über die Abwesenheit eines Textes und die Uneinigkeit als Basis der Politik wie des Theaters …«, sagte Julian, dann verlor er den Faden.

»In Zeiten von Brexit und Trump«, setzte Niloo hinzu.

»Genau.«

Natalie warf einen Seitenblick zu Niloofar, dann schüttelte sie den Kopf und sagte: »Das Programm muss Ende dieser Woche stehen. Noch können wir es absagen, vielleicht überlegt ihr in Ruhe, was ihr wollt, und wir gehen im Frühjahr nochmal ran.«

Sie ließ ihre Worte wirken.

»Ich hätte da noch was«, sagte Maya in die Stille.

Natalie schaute sie an. Und auf einmal kam Maya eine Erkenntnis. Eigentlich waren es zwei Erkenntnisse. Erstens wurde ihr klar, dass

Julian, vor dem sie Respekt hatte und von dem sie daher annahm, dass alle anderen Leute, sogar die weiter oben in der Hierarchie, auch vor ihm Respekt hatten und dass ihm dadurch ein glänzender Karriereweg bevorstand – dass dieser Julian auch von anderen kritisch beäugt wurde. Maya war sich auf einmal sehr sicher, dass Natalie Julian nicht leiden konnte. Vielleicht war Natalie mal ein paar Jahre lang in genau so jemanden verknallt gewesen, aber derjenige hatte sie ignoriert, und jetzt rächte sie sich stellvertretend an Julian. Oder sie mochte ihn einfach so nicht, ohne traumatische Vorgeschichte. Was immer es war, es entzauberte Julian, vor dessen Präsenz Maya bis zu diesem Moment instinktiv Angst gehabt hatte, und sie konnte frei atmen. Dadurch entstand Raum für Mayas zweite Erkenntnis, die noch grundlegender war. Es war Maya selbst nicht richtig klar, aber sie betrachtete Menschen mit Misstrauen. Wer ihr über den Weg lief, war ein potentieller Feind. Wenn man auf Maya traf, dann vermutete man das nicht gleich, denn man sah zuerst ihren ansteckenden Enthusiasmus, doch dieser diente auch dazu, diese vermutete Feindseligkeit des Gegenübers zu entschärfen, indem er sagte: Ich bin harmlos und eigentlich ein Kind. Jetzt aber, genau in diesem Moment, da Julian seinen Schrecken verloren hatte und Natalies schmales Gesicht sie durch die dicken Brillengläser erwartungsvoll anschaute, erkannte Maya: Natalie mochte sie. Einfach so. Hier drohte keine Gefahr, und dieser Vertrauensvorschuss war keine Ausnahme, denn Menschen waren oft so. Vielleicht hatte Maya das Misstrauen von ihrer alleinerziehenden Mutter geerbt, für die das Leben allzu oft ein Kampfplatz war, aber das war Küchenpsychologie, es konnte genausogut an den Genen von irgendeinem längst vergessenen Ururgroßvater liegen oder einfach Zufall sein.

»Also«, sagte Natalie, »wie sieht's aus?«

»Sekunde«, erwiderte Maya, »ich muss mir eben noch was aufschreiben.«

Sie zog ihr Notizbuch heraus, schlug es auf und schrieb:

DIE MEISTEN MENSCHEN SIND EIGENTLICH NETT.

Dann steckte sie es wieder weg, stand von ihrem Stuhl in der ersten Reihe auf und stellte sich in die Mitte der Spielfläche.

»Geplante Obsoleszenz«, begann sie, hatte dabei keinerlei Ahnung, was sie als nächstes sagen würde, und dann sagte sie: »Alles, was wir kaufen, geht kaputt. Oder wir müssen es wegwerfen, obwohl es noch funktioniert, weil es nicht mehr mit der neuen Software kompatibel ist. Unsere Möbel sind aus Pappe, unsere Geräte sind aus Plastik, die Kabel lösen sich nach anderthalb Jahren auf und die Sofas brechen in der Mitte durch.«

»Das haben wir so ähnlich schon mal versucht –«, unterbrach Natalie sie, doch Maya unterbrach sie wieder und rief: »Ich bin noch nicht fertig! Das ist nur die eine Hälfte. Die andere Hälfte ist die Frage, ob die geplante Obsoleszenz wirklich geplant ist oder ob das selber wieder nur eine Verschwörungstheorie ist und in Wahrheit niemand einen Plan hat. Unser Stück spielt in einer WG. Da wohnen vier Leute, die stellvertretend für die vier Himmelsrichtungen der Gesellschaft stehen – einer arbeitet in der Politik, einer in der Wirtschaft, einer in den Medien und einer in der Kultur. Eines Tages geht der Milchschäumer in der Küche kaputt. Es ist der siebte Milchschäumer in drei Jahren. Daraufhin beschließt einer unserer Mitbewohner, der Sache auf den Grund zu gehen, und entwickelt eine Verschwörungstheorie, in der die gesamte Weltwirtschaft auf geplanter Obsoleszenz beruht. Ein Auto könnte eigentlich hundert Jahre halten und ein Handy fünfzig, solange man nicht mit dem Auto drüberfährt. Er überzeugt eine seiner Mitbewohnerinnen davon. Die anderen halten die Idee für bescheuert. Aber der Typ ist nicht mehr zu stoppen. Und währenddessen geht dauernd alles kaputt. Die Beziehungen der Leute gehen kaputt, die Wohnung selber geht kaputt, der Theaterabend geht auch kaputt, das Licht geht aus und die Schauspieler vergessen ihren Text. Und am Ende steht die Frage: Ist nicht die Menschheit selber obsolet? Haben wir unser Verfalldatum erreicht und gehen jetzt kaputt? Und wenn, dann jetzt gleich zum

Schlussapplaus, oder geht erstmal jeder nach Hause und geht dann da für sich alleine kaputt?«

Einen Moment herrschte Schweigen. Maya war selbst sehr erstaunt über den Vortrag, den sie gerade gehalten hatte. Es war ihr einfach so eingefallen.

Die Techniker tauschten einen anerkennenden Blick. Julian schaut in die Runde, holte Luft und sagte:»Ich glaube, das sollten wir nochmal in der Gruppe besprechen, das kommt jetzt so von einer Einzelperson und ist nicht wirklich abgesprochen und das ist ja eigentlich genau nicht die Arbeitsweise, die wir mit dem Kollektiv–«, doch dann unterbrach ihn Niloofar und sagte:»Das ist nicht nur von Maya, das ist auch von mir«, und dann unterbrach Natalie wiederum Niloofar und sagte:»Ich find's gut. Es ist ein Thema, das immer irgendwie da ist und nie so richtig an die Oberfläche kommt. Könnt ihr mir bis Donnerstag eine halbe Seite schicken?«

»Klar«, sagte Julian.

Die S-Bahn fuhr durch den Grunewald. Moses versuchte in einem Buch zu lesen, aber seine Gedanken schweiften bei jeder dritten Zeile ab. Das war in den letzten Jahre immer öfter so, und er war sich nicht sicher, ob man das aufs Internet schieben konnte oder woran es lag.

Die Feuerwehr hatte Gas und Wasser abgedreht. Zwei Stunden später war ein Handwerker gekommen und hatte die zerbrochenen Rohre provisorisch verschlossen. Moses hatte gefragt, ob so etwas öfter vorkäme, daraufhin hatte der Handwerker erwidert, herunterfallende Gasthermen seien zwar selten, aber durchaus schon vorgekommen, und als Moses nach dem Grund fragte, hatte er nur die Schultern gezuckt und gesagt:»Materialermüdung«. Auf die Frage, ob er das Wrack der Therme irgendwie entsorgen könnte, hatte er »da müssen Sie zur BSR« gesagt, also hatte Moses, als der Handwerker wieder weg war, das Gerät aus der Badewanne gewuchtet, nach unten geschleppt und im Hof neben den Mülltonnen deponiert. Dann hatte er die Hausverwaltung angerufen, war aber in einer Warteschleife hängengeblieben. Das war drei Tage her, seitdem duschte er kalt, und heute hatte er überhaupt nicht geduscht.

Sein Handy vibrierte in der Hosentasche. Es war eine Nachricht von seinem Vater.

HAB WAS RAUSGEFUNDEN. HANNAH HAT 2012-15 BEIM SCHEIMPFLUG INSTITUT IN POTSDAM GEARBEITET. AUF EINER DKOTORANDENSTELLE IM BEREICH EXPERIMENTELLE TEILCHENPHYSIK

Bin gerade schon auf dem Weg dahin, schrieb Moses zurück.

GEWOHNT HAT SIE IN EINER WG IN DER REICHENBERGER STRASSE 34, DRITTER STOCK VORDERHAUS.

Woher weisst du das? schrieb Moses.

HAB MICH SCHLAU GEMACHT UND IN DER FAMILIENHISTORIE GEWÜHLT. SCHREIBE DIESE ZEILEN AM LAPTOP. HABE RAUSGEFUNDEN, WIE MAN DEN MIT WHATSAPP VERBINDET. WAR GANZ EINMFACH.

Was für ein Laptop?

NAGELNEUES NEUGERÄT. SCHNELL WIE DER BLITZ. HAB ICH MIR IM INTERNET BESTELLT. DIE KNETE MUSSTE WEG. DAS LETZTE HEMD HAT KEINE ATSCHEN. AUF KEINEM BEIN KANN MAN NICHT STHEN.

Bist du betrunken?

NICHT MEHR ALS SONST.

Aber Groß- und Kleinschreibung kannst du immer noch nicht?

NEIN. DIE ZEIT DES KLEINKRAMS IST VORBEI.

Die Bahn fuhr zwischen Wannsee und Griebnitzsee durch ein Funkloch, und danach kamen drei Nachrichten auf einmal:

– ICH HAB MIT DEINER MUTTER TACHELES GEREDET. SIE WEISS VON UNSERER MISSION.

– HAB SIE GEWZUNGEN SÄMTLICHE DOKUMENTE AUS DER FAMILIENHISTORIE AUF MEINEN NEUEN RECHN3ER

ZU LADEN UND JETZT SITZE ICH HIER MIT ALLEN TRÜMP-
GFEWN IN DER HAND UND DAS INTERNET LIEGT MIR ZU
FÜSSEN. GISELA WAR SEHR VERSCHNUPFT ABER MIR DOCH
EGAL

– DIE MITBEWOHNER IN DER REICHNEBERGHER HIESSEN
STOLLE, BREITENBACH, LACROIX UND SZCZESNIAK. GEH
MAL DA HIN, VIELLEICHT IST JA EINER DAVON LANGZEIT-
STUDENT U D WOHNT DA IMMER NOCH. SCHEIMPFLUGINS-
TITUT KANNSTE DIR GLAUBE ICH SPARENN.

Bin aber schin auf dem Weg dahin, schrieb Moses zurück und hörte
jetzt auch auf, Tippfehler zu korrigieren. Schon vor Jahren war ihm
aufgefallen, dass die Buchstaben i und o auf Smartphonebildschirm-
tastaturen besonders vertauschungsanfällig waren. Eine Weile lang
hatte er sich den Spaß erlaubt, Konversationen auf dem Smartphone
ausschließlich mit vertauschten i und o zu führen, und bei Tinder-
bekanntschaften, also Tonderbekanntschaften, war das ein guter Weg,
um herauszufinden, ob sie Ansätze von Humor besaßen.

Das Scheimpflug-Institut befand sich in einer Babelsberger Seitenstraße. Moses war hier vor fünfzehn Jahren mal gewesen, als er bei
einem Studentenfilm in einer leerstehenden Villa mitgeholfen hatte.
Damals war hier alles verschlafen und halbverfallen gewesen und das
Studentenfilmset der chaotischste Ort, an dem er außerhalb von Indien
je gewesen war. In Indien wusste zwar jeder, was er wollte, am Studentenfilmset wusste es niemand, aber das Ergebnis war vergleichbar. Jetzt
war hier alles voller neuer Gebäude, die aussahen, als hätte ein Computer sie ohne menschliche Mitwirkung entworfen. Dreidimensionale
verschachtelte Lochgitter, bronzefarbene Sechseck-Waben-Strukturen,
undurchdringliche weiße Oberflächen, die aus keinem bekannten Material zu bestehen schienen, und dazwischen Fenster, hinter denen nie
etwas zu sehen war. Halb erwartete er, im Erdgeschoss einen Empfangsbereich mit Empfangstresen vorzufinden, wo eine Empfangs-
dame ihn abwimmeln würde, aber das Institut war nicht auf Publi-

kumsverkehr ausgerichtet und hatte keinen Empfangsbereich, sondern nur eine Tür, und die war zu. Es gab ein Klingelschild, das aussah, als würde es nie benutzt. Die Klingeln waren beschriftet mit *Fachbereich 1* bis *Fachbereich 7, Labor, Haustechnik* und *Institutsleitung*. Moses klingelte bei *Institutsleitung*. Eine Frauenstimme meldete sich.

»Guten Tag«, sagte Moses, »mein Name ist Moses Goldberg und ich habe ein etwas ungewöhnliches Anliegen. Ich suche meine Schwester, die hat hier mal gearbeitet.«

»Haben Sie einen Termin?«, fragte die Stimme.

»Nein, ich dachte, ich fahr einfach mal hin.«

»Sie müssten sich einen Termin geben lassen. Professor Bornemann ist aber bis Ende nächster Woche in Urlaub.«

»Alles klar. Dankeschön.«

Moses überlegte, ob er auch Fachbereich eins bis sieben durchklingeln sollte. Dann näherten sich Schritte. Eine Frau kam den Weg entlang. Sie war Anfang 40, sehr schlank, trug eine grüne Outdoor-Funktionsjacke und darüber eine Umhängetasche aus LKW-Plane. Ihr Blick ging schnurgerade auf den Eingang zu und ihre Schritte auch.

»Entschuldigung«, sagte Moses und versuchte Blickkontakt aufzunehmen. Die Frau ignorierte ihn. Sie hielt einen Chip an ihrem Schlüsselbund vor einen Empfänger, der neben der Tür angebracht war. Die gläserne Automatikschiebetür öffnete sich und gab den Weg frei, die Frau ging hindurch und die Tür schloss sich wieder.

»War ja klar«, sagte Moses zu sich selbst, »du kannst hier nicht einfach rumstehen und aussehen, als kämst du aus einer Neuköllner Shisha-Bar, und deutsche Frauen vor einem Potsdamer Forschungsinstitut anlabern.«

Er beugte sich über das Klingelschild, als gäbe es da etwas Interessantes zu entdecken. Dann zischte die Schiebetür wieder, und zwei Leute kamen aus dem Institut. Ein Mann Mitte 50 und einer Anfang 40, der ältere war groß, graumeliert, durchtrainiert und sonnengebräunt, der jüngere war klein, dick, blass, fast kahl, trug eine dicke Brille, einen Schnurrbart und am Hinterkopf einen Haarkranz, der sich in langen Strähnen verlor. Sie unterhielten sich leise. Moses räusperte sich und sagte: »Entschuldigung.«

Der ältere blieb stehen und wandte sich Moses zu. »Ja bitte?«

»Ich suche das Institut für experimentelle Teilchenphysik«, sagte Moses.

»Für Lieferungen gibt es einen anderen Eingang, einmal ums Gebäude herum«, sagte der Mann.

»Ich will nichts liefern, ich suche meine Schwester, die hat hier mal gearbeitet«, erwiderte Moses.

Der Mann musterte Moses, und Moses konnte spüren, wie er dachte: *Vermutlich bei der Gebäudereinigung.*

»Meine Schwester sieht anders aus als ich«, sagte Moses.

»Das ist bei Schwestern oft so«, erwiderte der Mann.

»Sie heißt Hannah Goldberg.«

Der Mann dachte nach. Dann schüttelte er den Kopf. Doch dann schaltete sich der jüngere, dickere der beiden Männer ein. »Hannah Goldberg«, rief er, »ja. Ja. Die kannte ich. Die war mal hier. Die hab ich manchmal in der Kantine gesehen. Die hat immer nur Salat gegessen.«

»Du merkst dir ja Sachen«, sagte der ältere. Dann hob er bedauernd die Hände. »Tut uns leid.«

»Das ist ja schon mal was«, sagte Moses, »vielen Dank.«

Die Männer gingen weiter und nahmen ihr Gespräch wieder auf. Mist, dachte Moses, ich hätte sie natürlich auf Englisch anreden müssen. Und was Besseres anziehen. Die akademisch gebildeten Deutschen waren stolz auf ihre internationalen Kontakte. Man traf sich auf Kongressen und Konferenzen mit Brasilianer*innen, Chines*innen und Arabern (ohne *innen), manchmal besuchte man sich privat, lud einander in den Garten des Einfamilienhauses im Grünen ein, ließ die Kinder miteinander spielen und erfreute sich an Gemeinsamkeiten trotz kultureller Unterschiede. Die Schwarzköpfe im eigenen Land, die Gemüse verkauften, Taxis fuhren und den Laden am Laufen hielten, behandelte man trotzdem mit freundlicher Distanz wie Dienstboten, denn das waren sie ja auch, und das machten die Amerikaner zuhause mit den Latinos genauso. Man konnte dieser Schublade aber entkommen, man musste sich nur einen Anzug anziehen und Englisch sprechen, schon war man in einer anderen Schublade. Moses' Problem war allerdings, dass sein Englisch einen deutschen Akzent hatte, den er nicht loswurde. Weder der britische noch der amerikanische Klang wollte ihm annähernd gelingen. Was er gut imitieren konnte, war das kantige Englisch, das die Osteuropäer sprachen, aber damit war man schon wieder in gefährlicher Nähe zur Dienstbotenschublade. Seit einiger Zeit hatte Moses sich daher bemüht, möglichst skandinavisch zu klingen. Er hatte schon lustige Abende in Neuköllner Lokalen damit verbracht, ganzen Gruppen von angehenden Medizinern oder Pädagoginnen zu erzählen, er sei Norweger. Man musste vorher nur sichergehen, dass keine echten Skandinavier in der Nähe waren, denn auch etwaige Schweden hätten ihn mühelos als Nichtnorweger enttarnt. Einmal hatte er sich fast zwei Stunden lang auf Englisch mit einer blonden Studentin aus Paderborn unterhalten. Eigentlich hätte er das Spiel nach zehn Minuten beenden können, denn die Studentin war nett, und er wollte sie nicht hinters Licht führen, aber dann verselbständigte sich die Erzählung, er phantasierte sich eine verwickelte Familiengeschichte zusammen, die zwischen Oslo, Belgrad und Teheran spielte, ein halbes Jahrhundert umspannte und mit den großen Rädern der Weltgeschichte kollidierte, und das ließ sich schon nach zwei Minuten nicht mehr auflösen. Nach anderthalb Stunden war Maya zufällig vorbeigekommen, hatte ihm auf die Schulter gehauen und gerufen »Moses, musst du nicht längst pennen, du leidest doch seit Jahren an seniler Bettflucht«, und da war es schlagartig vorbei gewesen. Er war ins Deutsche gewechselt, hatte seine Phantasiegeschichte als solche enthüllt und der Studentin die

Lage erläutert. Sie hatte genickt und gesagt, die Deutschen seien ja wirklich alltagsrassistisch, da müsste jede*r sich selbst unter Beobachtung halten und sie mache da bei sich selbst auch keine Ausnahme. Dann hatte sie irgendwas auf ihrem Handy nachgeguckt und war aufs Klo gegangen und nicht wiedergekommen, während Moses am Tresen Maya erzählte, was er der Studentin alles erzählt hatte, und Maya vor Lachen fast umfiel. Schade war es trotzdem. Wenn ich damals früher den Absprung aus meiner Norwegen-Iran-Story gefunden hätte, dachte Moses, wäre ich jetzt vielleicht mit der Paderborner Studentin verheiratet und hätte Kinder. Vielleicht hätte sie mich aber auch gleich abblitzen lassen, wenn ich sie auf Deutsch angesprochen hätte.

Die beiden Männer gingen um das Gebäude herum zum Parkplatz, stiegen in ein Auto und fuhren weg.

An den Parkplatz grenzte ein eingezäunter Mülltonnenabstellplatz, daneben war ein Hintereingang, vor dem zwei Männer in blauer Arbeitskleidung standen und rauchten. Moses holte seinen Tabak hervor, drehte sich eine Zigarette, ging zu den Männern und bat um Feuer.

Dann sagte er: »Arbeitet ihr schon länger hier?«

»Wir montieren hier nur ne Lüftungsanlage«, erwiderte einer der Männer.

»Ah«, sagte Moses und warf einen Blick auf einen Lieferwagen, der vor dem Hintereingang parkte und mit LÜFTUNGSBAU SEIDLITZKI beschriftet war, »verstehe«.

Sie rauchten schweigend weiter. Es schmeckte unangenehm, und Moses fragte sich mal wieder, warum er eigentlich rauchte. Er drückte seine Zigarette aus, sagte »tschüs« zu den Männern und ging wieder in Richtung S-Bahn, um zurück in die Stadt zu fahren.

Jacob staubsaugte die Wohnung. Er räumte alles zur Seite und ließ keinen Fleck ungesaugt. Neben dem Schrank lagen zusammengerollte Yogamatten, zusammengerollte Plakate und drei eingerahmte Familienfotos, die Maya mitgebracht hatte, als sie damals bei ihm eingezogen war.

»Weisst du, was ich daran komisch finde«, hatte Moses damals gesagt, als sie abends nach Mayas Einzug zwischen Kartons in der Küche saßen, »es entwertet echte Familienfotos. Wenn Jacob seine Vorfahren danebenhängt, dann sehen die plötzlich so aus, als wären die auch ein Witz, den man auf dem Flohmarkt gekauft hat.«

»Meine Vorfahren *sind* ein Witz«, hatte Jacob gesagt.

»Und meine Flohmarktfamilie ist kein Witz«, hatte Maya erwidert.

Moses hatte eines der Bilder näher betrachtet. Es zeigte eine dicke Frau vor einem voluminösen 50er-Jahre-Kinderwagen, die einen Säugling auf dem Arm und ein Kleinkind an der Hand hatte. Das Kind guckte grimmig, die Frau grinste. »Ich ändere meine Meinung«, hatte Moses gesagt, »wir schweben als Seelen durch die geistige Welt und suchen uns die Familie, in die wir hineingeboren werden wollen, oder wir kaufen sie auf dem Flohmarkt. Kein großer Unterschied. Beides selbstgewählt. Häng sie auf.«

Jacob staubsaugte die Lücke neben dem Schrank. Danach erschien es ihm falsch, die Sachen wieder zurückzulegen. Er legte die Bilder auf Mayas Schreibtisch, saugte das Zimmer fertig, verstaute den Staubsauger und ging wieder an den Computer.

Er ließ den Filmausschnitt laufen und spielte ein paar Töne. Ihm fiel weiterhin nichts ein. Ihm musste auch gar nichts einfallen. Niemand verlangte von ihm, bei diesem Wettbewerb mitzumachen. Er selber verlangte es von sich, aber er wollte etwas aus dem Ärmel schütteln, das mit lässiger Eleganz seinen Zweck erfüllte, und ob er damit den Wettbewerb gewann, war egal. Was gab es überhaupt zu gewinnen? Jacob hatte die Ausschreibung nicht bis zum Ende durchgelesen. Er öffnete das Mailprogramm, und es lud unaufgefordert neue Nachrichten herunter. Die Personalchefin von Gigue schrieb eine Nachricht an sämtliche Mitarbeiter.

Subject: SORRY
Hello everybody,
my sincerest apologies for that last email I wrote. It was NOT
meant to be sent at this point. I do not have the slightest idea
how this could happen. Actually it was a draft that I already
had deleted. Regardless, I obviously own this error, and
maybe I am a terrible person. For those I inadvertedly offen-
ded or hurt: Please forgive me. I seize this as an opportunity
to learn, and grow, as a human being. This is serious.
Regards
Cynthia

Darunter war die Nachricht, die sie offenbar versehentlich abgeschickt
hatte.

Subject: Fresh MEat
Dear Gigglers,
we're happy to welcome three new colleagues at the Gigue
HQ. Give them a cheer.
JORDAN CHEVELL from Austin, TX, will be handling consumer
complaints. Jordan is a (need to figure out smth sounding
kool bt not too cheeky) and also (random quirky fact, no idea,
guy looks borderline boring, need to chk Insta).
LIZA PETKOV fat bitch from Prague has been freelancing for us
the last two years and

Hier brach die Nachricht ab.

Jacob kannte Cynthia nur flüchtig. Sie war eingestellt worden, als
er schon bei *Gigue* war. Die Firma war in den letzten drei Jahren ge-
wachsen und international geworden. Er suchte die Ausschreibung
und fand sie im Papierkorb. Der erste Preis war nicht etwa ein Kompo-
sitionsauftrag, wie man hätte denken können, der Preis war vielmehr
eine persönliche *Mentoring Session* mit der Komponistin, die die Serie
seit der ersten Staffel vertonte, sowie ein elf Terabyte schweres Softwarepaket, mit dem man jedes Instrument, das je gebaut worden war,
als Imitation am Computer spielen konnte.

Ach so, dachte Jacob. Es war ein weiterer Grund, hier keine Arbeit zu verschwenden. Er klappte den Laptop zu. Morgen hatte er mal wieder Bürotag. Vielleicht sollte er sich den Wettbewerb sparen und stattdessen etwas Eigenes machen. Vielleicht sollte er raus aus dieser Wohnung, die von ihm eine seltsame Tätigkeit namens *Wohnen* verlangte, von der er sich überfordert fühlte, zumindest wenn er allein war.

Sein Handy vibrierte und zeigte eine Nachricht, und zwar von einer Nummer, nicht von einem Namen. Die Nummer fing mit +41 an. Was war das? Schweiz? Die Nachricht war ein Foto von ihm selbst, wie er am Strand von Ueckermünde neben dem angekohlten Baumstumpf stand. Während er das Foto anschaute, kam eine zweite Nachricht: *Liebe Grüße, hier das Bild.*

Jacobs Herz blieb stehen.

Er schrieb zurück: *Danke.*

Dann stand er vom Schreibtisch auf. Sein Blick fiel wieder auf die drei Schwarzweißbilder, die auf Mayas Tisch lagen, und er dachte daran, wie Maya ihm damals in ihrer alten WG, als er sie zum ersten Mal besucht hatte, diese Bilder gezeigt hatte, und wie sehr ihm die Begeisterung gefallen hatte, mit der sie erläutert hatte, dass die Bilder erst durch ihre ausgedachte Geschichte zu etwas Besonderem würden. Wie er sich gewünscht hatte, dass Maya, die sich solche Sachen ausdachte, in seinem Leben einen Platz haben sollte, und wie beglückt er gewesen war, als das dann tatsächlich passierte. Er holte Werkzeug, schlug im Wohnzimmer drei Nägel in die Wand und hängte die Bilder auf. Es dauerte keine zwei Minuten. Das hätte man auch vor drei Jahren machen können, dachte er.

Das Handy lag im Arbeitszimmer auf dem Tisch und leuchtete. Eine neue Nachricht war gekommen. *Gern geschehen*, hatte die namenlose Nummer geschrieben.

Jacob schrieb, ohne nachzudenken: *Schickst du mir auch das Foto von dir?*

Dann schrieb er hinterher: *Wie heisst du eigentlich?*

Und da spürte er, wie er eine Grenze überschritten hatte. Er schrieb sich Nachrichten mit einer anderen. Die Begegnung am Strand war merkwürdig gewesen, aber im Grunde hatte sich seit dieser Begegnung oder vielleicht schon seit dem Streit mit seinem Vater etwas verändert. Es war diffus und unklar gewesen, doch jetzt war es platt und eindeutig. Er schrieb sich Nachrichten mit einer anderen.

Das Handy leuchtete auf. Die Frau schickte ein Foto, das er schon kannte, denn er hatte es selbst gemacht. Sie stand vor diesem Baumstumpf und sah ihn an, und der Blick dieser Augen ging ihm durch Mark und Bein.

Eine neue Nachricht kam:

Ich kann mich nicht erinnern, Ihnen das Du angeboten zu haben.

Verzeihung, schrieb Jacob zurück.

Steffi, antwortete die Nummer.

Jacob schüttelte den Kopf. Er wollte nicht, dass das wahr war.

Er ließ den Filmausschnitt wieder laufen, in dem die norwegische Hackerin Sex mit ihrer chinesischen Geliebten hatte. Er setzte sich ans Klavier und spielte nur auf den tiefen Tönen, wo die Stimmung noch einigermaßen im Lot war, ein Motiv aus sechs Takten, das immer wieder von vorn anfing. Er stellte das Mikrofon vors Klavier und nahm drei Durchgänge des Klaviermotivs auf. Dann spielte er auf einem der Instrumente, die im Laptop schon geöffnet waren, eine Melodie dazu.

Die Musik war gut, und mehr als das: Sie funktionierte.

Jacob nahm das Handy in die Hand, schaute das Foto an und legte es wieder weg.

Dann machte er weiter Musik.

»Hello«, sagte Moses, »sorry to bother – do you speak english? I'm looking for my sister who lived here for a while, a couple of years ago. Her name was Hannah Goldberg.«

Nach dem Ausflug nach Potsdam hatte er wieder die S-Bahn nach Berlin genommen, sich zuhause ein weißes Hemd angezogen und war dann am späten Nachmittag mit dem Rad in die Reichenberger Straße gefahren.

Die Frau in der Tür hatte blaugraue Augen und mittelblonde Haare, von denen die obere Hälfte zu einem Pferdeschwanz zusammengebunden war und der Rest auf ihre Schultern fiel. Sie trug ein ausgeblichenes schwarzes T-Shirt und eine violette Jogginghose. Ihre Füße waren nackt, und hinter ihr war ein halbdunkler Wohnungsflur, in dem sich Schuhe und Jacken von vier Mitbewohnern stapelten. Die Frau schaute Moses an, ihr Gesicht war weich, ihr Kinn war rund, und ihr Körper unter den Kleidern strahlte eine nachlässige Gemütlichkeit aus, die Moses anzog, bevor er sie bewusst wahrgenommen hatte.

»Okay …?«, sagte sie, und es konnte alles Mögliche ausdrücken.

»My name is Moses, by the way. My sister lived in this place until 2015, but she kind of disappeared, and we're trying to find people who knew her.«

»I only moved in eight months ago«, sagte sie mit deutschem Akzent, »so maybe you should talk to Pascal, but he's not here right now.«

»I could leave my email and you could ask him, maybe..?«

»Sure. Let me get a piece of paper.«

Sie ging für einen Moment weg, Moses sah ihr hinterher und beobachtete, wie ihr Körper sich durch den Flur bewegte. Dann kam sie wieder und reichte Moses einen Notizblock und einen Stift. Er schrieb seine Mailadresse auf und gab ihr den Block zurück.

»Well«, sagte er, »thanks. So, if you find some old telephone bills or something, let me know.«

»We have lots of old telephone bills«, sagte die Frau.

»Could I come in and we could take a look?«

Die Frau zögerte. »Maybe you have something, like, official …«

»Sure. I can show you my ID, or my *Führerschein*.«

Moses zog sein Portemonnaie aus der Tasche und präsentierte seinen Personalausweis.

»You're German?«, sagte die Frau.

»Well«, erwiderte Moses, »as a matter of fact … I was born in Heidelberg, my father was German, but he took off, and then my mom decided she was fed up with German everyday racism, so she took me and my sisters to Norway, and that's where I was raised. So, yeah, I have a German passport.«

Die Frau betrachtete den Pass und sah ihm ins Gesicht.

»You can take a picture«, sagte er. Sie schüttelte den Kopf und sagte »come in«.

Moses folgte ihr in die Küche. Es war eine WG-Küche, in der der Abwasch zur allseitigen Zufriedenheit geregelt war, aber niemand sich gestalterisch berufen fühlte. An den Wänden hingen zwei Ausstellungsplakate, und auf dem Fensterbrett stand eine Topfpflanze.

»Have a seat«, sagte die Frau, »you want something to drink?«

»I'd love a glass of water«, sagte Moses.

Die Frau stellte zwei Gläser Leitungswasser auf den Tisch. »My name is Betsie«, sagte sie.

»Moses«, sagte Moses und schüttelte ihre Hand. Irgendetwas geschah, als sie sich berührten. Sie sah Moses ins Gesicht, und Moses fragte sich, ob sie sehen konnte, was er sich auf einmal wünschte. Natürlich konnte sie das nicht. Aber vielleicht ahnte sie es. Und wenn sie es ahnte, dann fand sie es vielleicht schlimm, vielleicht aber auch gut.

Betsie ging vor einem überladenen Regal voller Geschirr und Kochbücher in die Knie und zog einen Ordner hervor. »This is our WG-history-folder«, sagte sie, Moses fand ihren deutschen Akzent merkwürdig einnehmend, sie legte den Ordner auf den Tisch, »let's take a look.«

Sie blätterten den Ordner durch. Es war ein Durcheinander aus vergilbten Telefonrechnungen, Stromrechnungen und Nebenkostenabrechnungen, dazwischen ein Kassenzettel von einem größeren Biereinkauf, ein ausgedruckter Zettel mit der Überschrift Ökostromanbieter Vergleich und einer mit *Wintersemesteranfangsparty 2016 – wer macht was*. Auf einem Zettel, der mit *Nebenkosten 2014* beschrieben war, tauchte tatsächlich Hannahs Name auf. Ihr Anteil betrug 65,12€. Mehr war nicht zu finden.

»Well«, sagte Betsie, »I guess that's it. You should really talk to Pascal.«

Sie nahm die beiden Gläser und spülte sie ab. Moses betrachtete ihre Rückfront, wie sie an der Spüle stand, und hatte den innigen Wunsch, sie in den Arm zu nehmen und sie zu küssen. Sein ganzer Körper wollte das mit Nachdruck, und er hatte das sichere Empfinden, dass ihr ganzer Körper es genauso wollte und dass diese Begegnung ein unverhofftes Geschenk war, bei dem man sich nicht allzu lang den Kopf zerbrechen sollte, ob es jetzt in Ordnung wäre, dieses Geschenk anzunehmen. Betsie drehte den Kopf zu ihm, ohne Anlass, einfach so, und sah ihm in die Augen und lächelte. Dann wandte sie sich wieder ab.

»Do you know, by any chance, in which room Hannah lived?« fragte Moses.

Betsie drehte sich wieder um und lehnte sich an die Spüle, und der Anblick, wie ihr Körper sich unter den weiten Klamotten abzeichnete und mit dem Raum und der Schwerkraft interagierte, schaltete Moses' Intellekt ab und reduzierte seine ganze momentane Existenz auf einen einzigen Wunsch.

»I think she had my room«, sagte sie, »it's the smallest. You want to see?«

»Sure.«

Er folgte ihr durch den Flur und zwang sich, zwei Schritte Abstand zu halten. Nein, dachte er, du fängst jetzt nichts mit der an, da hättest du auf Deutsch anfangen müssen, falsch abgebogen, der Personalausweis wäre die letzte Chance gewesen, Pech gehabt.

Der Flur war lang und führte dann um die Ecke. Betsie öffnete die letzte Tür. Dahinter lag ein kleines Zimmer, das aber zwei Fenster hatte, dazu Bett, Tisch, viele Bücher, ein paar Bilder an den Wänden.

»I brought the furniture, so this is probably not what it looked like when your sister lived here«, sagte sie.

Moses stand dicht neben ihr und spürte, wie seine Haare sich aufstellten. Jetzt, dachte er, wenn ich jetzt sage, dass ich in Wahrheit aus Gießen komme und genauso deutsch bin wie sie, dann ist schlagartig Schicht im Schacht.

Betsie stand neben ihm und dachte nichts dergleichen. Doch sie spürte dieselbe Anziehung, die Moses spürte. Dieser nicht besonders große Mann mit den schwarzen Haaren und den dunklen Augen, die sie so unverwandt anschauten und ein großes Verlangen signalisierten, gab ihr ein Gefühl von grenzenloser Sicherheit – und zugleich eine Unsicherheit, bei der sie sich fragte, was da eigentlich passierte. Irgendetwas stimmte ganz und gar nicht.

Und dann tat sie etwas, das sie selbst überraschte. Sie wusste, dass von Moses keine erste Berührung ausgehen würde. Er war nicht der Mann, der so etwas von selbst tat, und die Situation gab es ohnehin nicht her. Also tat sie es. Sie machte einen Schritt ins Zimmer, so dass sie frontal vor ihm stand, und sah ihm geradeaus in die Augen. Moses erwiderte ihren Blick. Dann schaute er zu ihrem Schreibtisch und sagte: »Oh shit, you're reading Judith Butler.«

»Yeah«, sagte Betsie, »I like it.«

Moses sah ihr wieder ins Gesicht. Sie erwiderte seinen Blick, fasste ihn am Hemd, zog ihn zu sich und küsste ihn. Und damit war in beiden ein Programm in Gang gesetzt, das seinem eigenen Ablauf folgte. Moses hatte vermutet, dass eine Frau, deren bloßer Anblick ihn schon so verwirrte, ihn endgültig umhauen würde, wenn er ihr nur nah genug käme, um ihren Duft wahrzunehmen, und das stellte sich als richtig heraus. Er hielt sie im Arm, ihre Lippen berührten sich, die ganze Welt bestand nur noch aus dieser Person, eine ungeheure Energie ging durch seinen Körper und manifestierte sich in Form einer ausgesprochen heftigen Erektion, für die er sich fast wieder schämte, weil die Begegnung dadurch ein Element von Bauerntheater oder Porno bekam, aber das schien Betsie nicht zu stören. Sie zog ihm das Hemd vom Leib, öffnete seinen Gürtel und entledigte sich in derselben Bewegung ihrer Kleider, schon standen sie nackt voreinander, küssten sich weiter, wanderten als vierbeinige Schlingpflanze zum Bett, sanken hinein und versanken ineinander.

Einige Minuten oder Stunden später setzte Betsie einen Fuß auf den Boden, bekam mit den Zehen ihre auf dem Fußboden liegende Hose zu fassen, zog sie heran und fischte ihr Handy aus der Hosentasche.

»You should give me your number«, sagte sie, und Moses fiel schlagartig wieder ein, dass er sie über seine Identität belogen hatte.

»Let me do that«, sagte er, nahm ihr Handy und tippte seine Nummer ein. »Send me a message so I got yours«, sagte er, dann stand er auf und sagte: »I think I should get rid of something«, und Betsie sagte »second door on the right«. Moses ging ins Bad und holte im Vorbeigehen ebenfalls das Handy aus seiner am Boden liegenden Hose, und als er im Badezimmer das Kondom entsorgt hatte, zeigte sein Handy eine Nachricht an. *You can take a towel from the stack on the top shelf*, schrieb eine unbekannte Nummer, und ihm wurde wieder heiß und kalt, doch dann legte er einen Schalter um und sagte sich: Ich bin Moses, der Norweger.

Er ging zurück in Betsies Zimmer, setzte sich aufs Bett und speicherte ihre Nummer ins Handy. Er fragte »Betsy with a y?«, sie erwiderte »i-e«, und er schrieb ihren Namen.

»Now I wrote *Bestie*«, sagte er, »like *best friend*, you want me to keep it that way?«

»*Bestie* is also German for *beast*«, erwiderte sie, setzte sich auf und legte einen Arm um seine Schulter.

»Like the *beast* in the apocalypse?«

»Maybe«, sagte Betsie und lachte. Sie sammelte ihre Kleider vom Boden und ging ebenfalls ins Bad, und als sie wiederkam, war Moses vollständig angezogen.

»Well«, sagte er, »it's been a pleasure.«

»Same here«.

Scheiße, dachte er, jetzt ist der Zug wirklich gleich abgefahren. Er dachte das auch, als sie ihn zur Tür begleitete und er sich selber sagen hörte, dass man ja gelegentlich mal miteinander eine Tasse Kaffee trinken könnte. »Sure«, erwiderte sie.

»About my sister«, sagte er, »what was the name of the guy I should talk to?«

»Pascal« sagte Betsie, »I think he was already here when your sister lived here.«

»So that's a good reason for me to visit you again.«

Sie nickte und lächelte in sich hinein. Das konnte irgendwas bedeuten. Moses war irritiert. Sollte man sich jetzt zum Abschied umarmen? Küssen? Umarmung war für alle unter 60 der Normalfall. Jeder umarmte jeden. Betsie machte keine Anstalten zu einer Umarmung und auch nicht zu einem Kuss. Sie lächelte nur.

Moses überlegte für eine Sekunde, ob er ihr die Hand geben sollte, aber das wäre völlig bescheuert gewesen, also deutete er eine Verbeugung an. Betsie lächelte weiter und sagte: »See you!«, Moses drehte sich um und ging die Treppe hinab und schaute nochmal über die Schulter zurück. Betsie stand in der Tür und sah ihm hinterher. Dann schloss sie die Tür.

Moses trat aus der Haustür in den frühen Abend. Ein kühler Wind wehte. Der Herbst rückte näher. Er stieg auf sein Fahrrad und fuhr los.

Die Welt erschien ihm größer, näher, dreidimensionaler, vierdimensionaler. Ihm war, als wäre er an einem Ort angekommen, den er bisher nur aus Reiseführern gekannt hatte. Alles war greifbar und handfest, das Leben hatte auf einmal eine Richtung und eine Richtigkeit, die er so nicht kannte. Du Depp, dachte er, einmal guten Sex gehabt und schon denkst du, du hättest den Sinn des Lebens gefunden.

Doch dann dachte er: Völlig egal, ich will mehr davon.

Natalie, die Dramaturgin, hatte sich nach der Bauprobe mit einem allgemeinen »Tschüs« verabschiedet, die Techniker waren durch Türen verschwunden, durch die nur sie gehen durften, und das Kollektiv Impenetranza#62C stand im Theaterfoyer. Niloo schaute sich um, ob Natalie auch wirklich weg war, dann hob sie die Hand, verzog das Gesicht zu einem lautlosen Triumphschrei, flüsterte so laut sie konnte »High Five!« und klatschte Maya ab. Dann machte sie dasselbe mit den drei anderen. Semjon ließ sich von der Begeisterung anstecken, fiel Maya um den Hals, hob sie hoch und drehte sich mit ihr im Kreis. »Hey«, schrie Maya, »mir wird schlecht!«

»Wollen wir in die Kantine gehen?«, fragte Servet.

»Wir stoßen drauf an!«, erwiderte Niloo.

Die Kantine war auf solche Fälle vorbereitet, also saßen sie kurz darauf an einem Tisch im Souterrain des Theaters und hatten jeder ein Sektglas in der Hand.

»Auf Maya«, sagte Niloo, »und auf uns. Prost.«

»Hast du dir überhaupt gemerkt, was du da erzählt hast?«, fragte Semjon.

»Gute Frage«, sagte Maya, »ich glaube, nur so halb.«

»Ich habs aufgenommen!«, rief Niloo »ich hab einen sechsten Sinn für bevorstehende Geistesblitze.«

Sie ließ die Aufnahme laufen. Mayas Stimme war zu hören, die sagte: *Geplante Obsoleszenz. Alles, was wir kaufen, geht kaputt. Oder wir müssen es wegwerfen, obwohl es noch funktioniert, weil es nicht mehr mit der neuen Software kompatibel ist.*

»Mach das aus«, rief Maya, »ich mag mich nicht hören. Mein Stimme klingt piepsig.«

»Steh dazu«, sagte Servet, »Frauenstimmen sind in den letzten Jahren immer tiefer geworden, weil Frauen meinen, sie müssten sich ans Patriarchat anpassen.«

»Ich glaube, das ist umgekehrt«, sagte Semjon, und in seiner Stimme war ein leichter russischer Einschlag, »früher wurde von Frauen erwartet, dass sie infantil sind, deswegen hatten sie hohe Stimmen, aber heute hat sich das normalisiert und neutralisiert.«

Eigentlich sprach Semjon akzentfrei Deutsch, aber manchmal gefiel er sich darin, einen osteuropäischen Akzent zu kultivieren, weil er dann das Gefühl hatte, er könne freier artikulieren, was ihm durch den Kopf ging.

»Stimmt beides«, sagte Niloofar.

»Das kann nicht beides stimmen«, erwiderte Maya.

»Stimmt«, sagte Semjon.

»Wir stehen also vor der Frage«, sagte Maya, »wird das Patriarchat immer schlimmer, oder ist es auf dem absteigenden Ast. Dementsprechend wäre die absinkende Tonhöhe der Frauenstimmen eine gute oder eine schlechte Nachricht.«

»Mich hat mal eine Regisseurin zusammengeschissen, weil sie der Meinung war, dass ich patriarchale Strukturen reproduziere«, sagte Semjon, »aber ihre Stimme war sehr hoch. Fast Ultraschall. Wie eine Fledermaus.«

»Das Patriarchat geht natürlich auch kaputt«, erwiderte Niloo, »wenn schon geplante Obsoleszenz, dann richtig.«

»Möchte jemand die Aufnahme abschreiben?«, fragte Maya, »ich könnte das nur unter Schmerzen.«

»Ich glaube, es ging um eine WG«, sagte Semjon.

Julian, der bisher geschwiegen hatte, sprach: »Wenn das in dieser Gruppe jetzt dahin geht, dass einzelne Mitglieder geniale Geistesblitze haben und die anderen das abtippen dürfen, dann hätte ich ein paar Einwände.«

»Ich tippe es ab«, sagte Niloo.

»Geistes-Blitze,« fragte Semjon, weiterhin mit dem Akzent eines russischen LKW-Fahrers, »gutes Wort, aber folgt auf den Geistesblitz ein Geistesdonner oder wie ist das im Deutschen?«

»Tu nicht so ausländisch«, sagte Servet.

»Nein«, sagte Maya, »in Deutschland gibt es Geistesblitze, aber keinen Geistesdonner.«

Julian verdrehte die Augen. »Wollen wir unseren Abend mal auf eine etwas tragfähigere Basis stellen? Ein Stegreifmonolog über geplante Obsoleszenz ist nett, aber richtig viel Substanz sehe ich da noch nicht.«

»Wenn wir noch etwas Geistesdonner hinzufügen, dann hat es Substanz«, sagte Semjon.

»Semjon.« Julian verdrehte wieder die Augen.

»Jawoll, mein Herr!«, sagte Semjon betont militärisch.

Julian legte die Hände nicht laut, aber geräuschvoll auf den Tisch und atmete tief durch. Ihm war irgendwann aufgefallen, dass man sich mit diesem Manöver Aufmerksamkeit und Redezeit verschaffen konnte. Es klappte so gut wie immer.

»Tut mir leid, wenn ich hier die Feierstimmung kaputtmache«, sagte er, »aber ich glaube nicht, dass wir heute einen Durchbruch erzielt haben. Sich auf ein Thema draufsetzen, das in den Medien seit Jahren eigentlich schon durch ist, gibt noch keinen Theaterabend her. Außerdem ist da ein Gut-Böse-Schema, hier die böse Industrie und da sind wir, die Guten, und das ist für mein Gefühl bequem und ziemlich billig. Ich werde jedenfalls meinen Namen nicht auf irgendein Kapitalismus-Bashing draufschreiben, das auch schon vor zehn oder zwanzig Jahren genauso hätte stattfinden können.«

»Wir könnten das Kapitalismus-Bashing mit Kommunismus-Bashing ausbalancieren«, sagte Semjon, »weil in der Sowjetunion ist auch alles schnell kaputtgegangen.«

Julian ignorierte ihn. »Rechtspopulismus, Rassismus, Sexismus, Homophobie und Transfeindlichkeit gewinnen überall an Boden, der Klimawandel ist nicht mehr aufzuhalten, die Idioten aller Länder vereinigen sich im Internet, und spätestens die sogenannte Flüchtlingskrise samt ihren Folgen hat uns gezeigt, was in unserem Land eigentlich los ist. Ich finde *geplante Obsoleszenz* als Ansatz nicht völlig falsch, aber es reicht halt nicht.«

»Aber jeder macht was mit Geflüchteten«, sagte Niloo, »zeig mir einen Theaterabend aus den letzten vier Jahren, der ohne Geflüchtete auskommt.«

»Stimmt doch gar nicht. Ich kann dir jede Menge zeigen.«

»Die Frage ist doch«, sagte Maya, »was haben wir denn zum Thema Flüchtlingkrise beizutragen? Welche Expertise oder Perspektive haben wir da? Nur weil das Thema voll im Zeitgeist ist, macht uns das ja nicht zu Fachleuten, sondern allenfalls zu irgendwelchen Leuten, die das machen, was gerade angesagt ist.«

»Wir haben hier an diesem Tisch dreimal Migrationshintergrund.«

»Dreimal deutsch sozialisiert mit Iran-, Türkei- und Weißrussland-Hintergrund«, sagte Niloo, »klar, das reicht für alles.«

»Vielleicht habt ihr recht«, sagte Julian, »und wir sollten uns jemanden dazu holen, der selbst betroffen oder zumindest näher dran ist. Ich kann mich mal umhören.«

»Wir sind schon fünf«, erwiderte Semjon.

Dann sagte Niloo: »Ich würde mal die Aufnahme transkribieren, dann schick ich das an alle und dann können wir gucken.«

Julian zuckte die Schultern. »Wie ihr meint. Ich mach jedenfalls nicht alles mit.«

Maya nahm ihren Mut zusammen. »Du musst nicht mitmachen. Wenn die Mehrheit der Gruppe eine Idee gut findet und die Dramaturgin auch, dann ist ja die Frage, ob wir wegen einer Gegenstimme …«

»Was …?«

Julian starrte sie durchdringend an.

»Es kann dich ja keiner zwingen, das gegen deinen Willen mitzumachen.«

Julian starrte sie weiter an und schüttelte langsam den Kopf. »Dir ist schon klar, dass wir nur wegen mir hier sitzen, ja? Und Natalie ist nicht die einzige, die am Haus was zu sagen hat. Die Intendanz findet es bestimmt nicht toll, wenn hier erstmal ein Gruppenmitglied rausgemobbt wird.

»Rausgemobbt …?«

»Das kann man schon so nennen. Du ziehst deinen Geistesblitz durch, und wem es nicht passt, der kann gehen.«

»Finde ich auch nicht so gut«, sagte Servet.

»Ich finde es super«, sagte Semjon.

Niloo hatte sich die Geste von Julian abgeschaut und machte sie jetzt nach. Sie atmete tief ein und legte geräuschvoll beide Hände auf den Tisch.

»Auf-den-Tisch-hauen macht deine Argumente nicht besser«, sagte Julian.

»Hast du vorhin auch gemacht. Freunde. Wir hören uns jetzt einmal zusammen den Mitschnitt an. Maya, da musst du durch. Dann wird in unserer Seele ein Geistesdonner passieren und dann wissen wir, was wir wollen.«

Niloo legte das Handy auf den Tisch. Mayas Stimme erklang aus dem Smartphone-Lautsprecher. Maya fand ihre eigene Stimme furchtbar, doch das, was sie sagte, fand sie weiterhin gut, und nach der Hälfte des Mitschnitts hatte sie sich auch an die Stimme gewöhnt. Kurz vor Ende der Aufzeichnung nahm Julian sein Handy, stand vom Tisch auf und ging aus dem Raum. Mayas mitgeschnittener Monolog endete, und die vier Verbliebenen tauschten einen Blick.

Dann kam Julian zurück. »Geil«, sagte er, »geil, geil, geil. Das war meine Literaturagentin. Mein Romanprojekt liegt bei vier Verlagen, und alle wollen es machen.«

»Ich wusste gar nicht, dass du einen Roman schreibst«, sagte Niloo.

Maya schloss die Wohnungstür auf und hörte Geräusche aus zwei Richtungen. In der Küche wurde gekocht und im Badezimmer wurde geduscht. Jacob stand in der Küchentür und trocknete ein Weinglas ab. Mayas Blick fiel auf die drei Familienbilder, die an der Wand hingen.

»Hast du die aufgehängt?«

»Ja.«

»Warum?«

»Einfach so.«

Maya war verwirrt. Sie hatte die Bilder halb vergessen gehabt. Jetzt hingen sie da.

»Du bist süß«, sagte sie, »danke.«

»Ich finde, du kommst auf deine Omas raus«, sagte Jacob.

»Küss mich mal.«

Jacob stellte das Weinglas weg, legte das Handtuch über seine Schulter und zog sie an sich. Maya rümpfte die Nase über das nasse Handtuch, das genau vor ihrem Gesicht landete. Dann küsste sie ihn und fühlte sich dabei zugleich unsicher, als würde ihre imaginierte Familie ihr über die Schulter schauen und fragen: Woher weißt du eigentlich, dass deine Beziehung zu Jacob nicht genauso ausgedacht ist wie deine Verwandtschaft zu uns?

»Wer duscht da?«, fragte sie.

»Moses. Bei ihm ist der Boiler abgestürzt, und jetzt hat er hier Dusch-Asyl.«

Moses betrachtete die Pflegeproduktpalette am Badewannenrand. Jacob kam mit einer einzigen Flasche No-Name-Duschgel aus, aber Maya besaß auch nur wenig, und das faszinierte ihn. Frauen pflegten viele Pflegeprodukte in ihre Bäder zu stellen. Das war auch bei Betsie so gewesen, wobei ja in einer Vierer-WG jeder Gebrauchsgegenstand vierfach herumlag. Die Begegnung mit Betsie war einen Tag her, und seitdem machte Moses sich Gedanken, was er ihr wann schreiben sollte und in welchem zeitlichen Abstand er antworten durfte, um weder zu kontaktfreudig noch zu reserviert zu erscheinen. Zu kontaktfreudig war die größere Gefahr. Wenn man sich aufführte, als sei man restlos verknallt und wolle am liebsten gleich eine Familie gründen, minimierte man seine Chancen. Moses war tatsächlich restlos verknallt, aber das musste er jetzt im eigenen Interesse herunterspielen. Er fühlte sich bei diesen Überlegungen kein bisschen anders als mit 18, als diese Dinge neu und erschreckend gewesen waren. Andere Männer bespielten dieses Feld mit der Souveränität von Skilehrern oder Schachgroßmeistern. Zumindest wirkten sie so. Moses hatte keine Ahnung, wie er selber wirkte, und das war schon der Unterschied zu den souveränen Männern, denn die wirkten so, als wüssten sie genau, wie sie wirkten, und sie hatten auch schon mit 18 so gewirkt. Vermutlich auch schon mit 10, mit 5 oder als Baby.

Eine Stunde später saßen sie am Esstisch und stießen auf Mayas imaginäre Verwandte an. Dann sagte Moses:»Beim Anblick dieser Leute denke ich mir, dass die bestimmt immer unter der Dusche gesungen haben. Und zu diesem Thema ist mir in den letzten Tagen eine Erkenntnis gekommen. Es ist nur eine kleine Erkenntnis, aber ich mag sie trotzdem. Wollt ihr sie hören? Ja. Also: Es war mir schon immer seltsam vorgekommen, dass die Leute in alten Filmen unter der Dusche singen. Warum sollte man ausgerechnet beim Duschen singen? Man kriegt Wasser in den Mund, und der Nachhall der Badezimmerkacheln, der ein möglicher Grund sein könnte, wird vom Plätschern des Wassers übertönt. Man könnte genausogut beim Radfahren oder beim Zähneputzen singen.«

»Maya redet immer beim Zähneputzen«, sagte Jacob,»und erzählt mir Sachen, die ich nicht verstehe, weil sie eine Zahnbürste im Mund hat.«

»Auch sehr schön, aber der wahre Grund für Duschgesang wurde mir erst klar, als ich die letzten Tage kalt duschen musste. Es ist ganz einfach: Man schnappt nach Luft. Lautstarkes Singen ist ein Weg, diesen Reflex zu kanalisieren. Die warme Dusche hat sich erst seit den 50ern durchgesetzt, davor war Duschen generell kalt. Und deswegen ist Singen unter der Dusche eine Standardsituation des Alltags unserer Großeltern, bekannt aus zahlreichen Filmen und Witzen.«

»Faszinierend«, sagte Jacob.

»Es geht sogar noch weiter. Singen macht gute Laune, und kalt duschen macht ebenfalls gute Laune. Auch das ist ein Schlüssel zum Verständnis alter Zeiten. Wenn man Tucholsky oder Kästner liest, denkt man: Die waren aber gut drauf. Selbst wenn sie über schlimme Dinge schreiben, ist der Modus lustig. Ich sage: Sie waren tatsächlich gut drauf, und zwar, weil sie jeden Morgen kalt geduscht haben.«

»Dann müssten ja früher alle Menschen gut drauf gewesen sein«, sagte Maya.

»Nur die, die eine Dusche besaßen. Auch das war ja schon ein Fortschritt. Davor wurde einmal die Woche gebadet und davor war nichts.«

»Hatten Hitler, Goebbels und Göring eine Dusche?«

»Musst du immer gleich mit den Nazis kommen?«

»Das ist unsere nationale Pflicht.«

»Das ist Berufskrankheit am Theater«, sagte Jacob.

»Theater!«, rief Maya, »à propos! Ich hatte heute ein Erfolgserlebnis! Direkt gefolgt von einem Misserfolgserlebnis!« Sie erzählte von ihrer spontanen Eingebung, von Natalies Zustimmung und Julians Bedenken. »Ich würde die Wahrscheinlichkeit, dass er sich das mit dem Roman einfach ausgedacht hat, ungefähr bei 43 Prozent ansetzen«, sagte sie, »und deswegen habe ich beschlossen, dass ich das auch kann, also mir ausdenken, dass ich einen Roman schreibe, also bin ich hinterher in eine Buchhandlung gegangen und habe mir für zwei Euro dieses Ding gekauft. Da steht alles drin.«

Sie legte einen kleines, hellgraues Taschenbuch auf den Tisch. Auf dem Einband stand *LONGLIST DEUTSCHER BUCHPREIS*. Moses nahm das Buch, schlug es irgendwo auf und begann zu lesen.

»Geil« sagte er.

Ein Moment der Stille trat ein. Maya schaute hin und her. Moses las im Buchpreis-Reader, und Jacob schien durch sie hindurchzugucken.

»Sorry«, sagte Moses, »ich weiß, es ist unhöflich, aber das ist faszinierende Lektüre.«

»Und du so?«, fragte Maya Jacob.

»Ich … hatte auch ein Erfolgserlebnis. Mir fiel nichts ein, ich habe gestaubsaugt und die Bilder aufgehängt, und dann fiel mir doch was ein. Ich schreibe jetzt unerhörte Musik für *HACK THE SYSTEM* und werde die Ausschreibung gewinnen. Oder auch nicht. Aber die Musik wird gut.«

»Krass« sagte Moses und blätterte um.

»Hat meine Verwandtschaft dich inspiriert?«, fragte Maya.

»Kann sein.«

»Ich fände das schön, wenn meine Verwandtschaft dich inspiriert.«

»Uff«, sagte Moses.

»Möchtest du uns an deinen Erlebnissen teilhaben lassen?« fragte Jacob.

»Klar« sagte Moses. »Aufgepasst: *Die Stimme des Greisen knirscht wie Sandpapier über altes Metall. Sein Bartgewucher, seine Wimpern und Brauen, grau und drahtig wie Stahlwolle. Eine Fliege, den Leib schwarz-weiß gestreift, setzt sich auf seine Schulter, die Schulter einer zerschabten, zerlederten Wollweste, und reibt ihre vorderen Beine aneinander wie im Triumph. Aleph ist, als sähe jedes ihrer Facettenaugen, jede einzelne Augenfacette ihm direkt in sein bewegliches, scheues, feuchtes Wirbeltierauge, tausend trockene Fliegenaugen, die sie nicht schließen können, die ihn anstarren, unverwandt, unbewimpert. Zerberste, knirscht die Altmännerstimme aus dem Stahlwollbart, und Aleph zuckt in einem raschen Schmerz, als habe sich ein dünner Draht zwischen die Wirbel des Genicks getrieben, durch die Bandscheibe bis ins Rückenmark, tief hinein. Zerbersten sollst du, zerspringen, zerknallen. Erst geborsten wirst du den Karst aufforsten.*«

»Was ist das?«, fragte Maya.

»Literatur.«

»Von wem?«

»Müsst ihr raten. Mann oder Frau, über oder unter 40, für jede falsche Antwort muss man einen Schnaps trinken, und wenn man korrekt geraten hat, muss der Vorleser einen Schnaps trinken.«

»*Erst geborsten wirst du den Karst aufforsten*«, sagte Jacob, »sorry, aber das steht da nicht.«

»Korrekt«, sagte Moses, »diesen Satz habe ich dazugedichtet. Aber der Rest ist original.«

»Zeig«, sagte Maya und nahm Moses das Buch weg. Sie blätterte zum Inhaltsverzeichnis, schlug eine andere Seite auf und runzelte die Stirn.

»Vorlesen«, sagte Moses.

»Nee.«

»Doch.«

Maya räusperte sich und schaute von Moses zu Jacob und zurück.

Im Viereck eines Fensters, ummoost von grünem Pelz, in der breiten Seitenwand des Hauses, im Birkenwäldchen auf den alten Bahnanlagen, klaffte eine Dunkelheit aus feuchtem, kalten Nichts, doch für Osman war dieses Nichts ein Himmelreich, bestehend aus einer fleckigen Matratze, die nie trocken wurde, und zwei alten Schlafsäcken, starr vor Schmutz, am Boden die Scherben der vor langer Zeit hinausgeschlagenen Fensterscheiben. Den Umschlag mit dem himmlischen Stoff trug er an den Leib gedrückt, verborgen unter den Falten des alten, zu großen Militärmantels, Feuerzeug und Löffel trug er in der Manteltasche, sein kostbarstes Hab und Gut, und gleich würde er die tausendmal getanen Griffe tun, die sich von selbst taten, bis der Stoff in seine Vene floss, die Welt auseinanderfiel wie eine verblühte Blume und das Himmelreich sich öffnete, wo Gott ihm ins Gesicht blickte. Die Welt musste verwehen, erst dann konnte das Himmelreich sich öffnen, und erst wenn die Fragmente der Welt unendlich weit voneinander entfernt waren, konnte Gott sich aus dem Nichts zusammenfügen und ihm ins Gesicht schauen.«

»Lass mich raten«, sagte Moses, »du wolltest nachgucken, ob Frauen besser schreiben als Männer, also hast du einen Text von einer Frau gesucht.«

»Stimmt.«

»Und, schreibt sie besser?«

»Finde ich schon.«

»Jetzt will ich auch mal«, sagte Jacob, nahm das Buch von Maya und schlug es woanders auf und las.

»Hinaus, hat der Holzinger gerufen, hinaus müssen sie, die Leute aus dem Tal. Aus dem Tal müssen sie hinaus, die Leute, hat der Holzinger gerufen. Die Leute! hat er gerufen, sie müssen aus dem Tal hinaus, und laut hat er es gerufen, so laut, dass alle es hören mussten herunten im Tal, so laut hat er gerufen, der Holzinger. Und die Hühner und die Kühe, hat er gerufen, ja! die Hühner und die Kühe, die müssen auch aus dem Stall hinaus und müssen hinauf auf den Berg. Auf den Berg müssen sie, die Hühner, hat der Holzinger gerufen, und die Kühe auch, hinaus aus dem Stall müssen sie und hinauf den Berg. Im Stall soll kein Huhn bleiben, hat er gerufen, keine Kuh und kein Kalb, und die Schaf und die Ziegen, hat er dann noch gerufen, der Holzinger, die müssen auch hinaus aus dem Stall und hinauf auf den Berg, die Ziegen, die Schafe. Und die Enten und Gänse, die auch, hat er gerufen, aus dem Stall müssen sie hinaus, die Gänse, und nichts soll in den Häusern bleiben, kein Vieh und kein Mensch, denn ein großer Blitzschlag wird kommen und alles zerreißen, so wahr ich der Holzinger bin. Das hat der Holzinger gerufen, ins Tal und auf den Berg, sodass man es weithin hören konnte.

»Auch von einer Frau?«, fragte Maya.

»Es ist ein Autor*innenduo.«

»Das kannst du auch«, sagte Moses, »leg los.«

»Ich mache jetzt erstmal Theater.«

»Dann mache ich es. Dieses Buch inspiriert mich. Ich werde einen Roman schreiben, der sich gewaschen hat. Ich habe sogar schon einen Titel: *Roman, der sich gewaschen hat, von einem, der sich geduscht hat.*«

»Man sagt aber nicht *sich duschen*, sondern einfach nur duschen.«

»Das ist egal, denn ich verwende eine *Kunstsprache*. Alle ernstzunehmenden Literaten schreiben in einer Kunstsprache. Ich platze vor Inspiration, und das liegt nicht nur an diesem kleinen grauen Buch, sondern, ich muss es endlich bekennen, an der unglaublichen Frau, die ich heute flachgelegt habe. Bitte nicht protestieren, Maya, *flachgelegt* ist Teil meiner Kunstsprache.«

»Und das lässt du so nebenbei fallen«, sagte Jacob.

211

»Ich platze schon seit einer Stunde, aber ich will andererseits nicht ankommen wie ein Fünfjähriger, der nach Hause kommt und schreit: *Mama, Mama, ich hab heute ein Tor geschossen!* Sie wohnt in der WG, ja sogar in dem Zimmer, in dem meine Schwester mal gewohnt hat, ich war da heute auf meiner Familienmission, wir haben uns in die Augen geschaut, es hat gefunkt und geknallt, über uns ist erstmal eine Glühbirne explodiert, dann ist die Waschmaschine durchgebrannt und der ganze Sicherungskasten in einem Funkenregen verglüht, wir haben zehn Minuten lang ein völlig sinnloses Gespräch simuliert und sind dann übereinander hergefallen wie zwei Liebende, die in prähistorischer Vorzeit beim Dinosaurierjagen voneinander getrennt wurden und sich drei Millionen Jahre nicht gesehen haben.«

»Und deswegen willst du jetzt einen Roman schreiben«, sagte Jacob.

»Korrekt.«

»Das ist so billig«, sagte Maya, »Entschuldigung, aber das ist so dämlich maskulin, das muss ich kurz kritisieren. Du hast Sex, und danach hältst du dich für einen großen Künstler. Der Mann trifft auf seine Muse. So seid ihr. So platt und durschaubar. Ich hingegen habe mich heute einfach dahingestellt und aus dem Nichts etwas erschaffen. Muss man nicht erklären, was besser ist.«

»Dazu gratuliere ich dir«, sagte Moses, »aber erstens stehe ich natürlich zu meinem defizitären Mann-Sein, ich brauche die Inspiration durch das seelenvolle Weib, ohne sie bin ich nur ein kalter, sarkastischer Klotz, eine Art schlechtgelaunte Wikipedia, doch mit dem Kuss der richtigen Frau erwacht mein Genie. Ist doch toll. Hauptsache irgendwas erwacht. Und zweitens – lass mich bitte ausreden! – ist diese pauschale Verallgemeinerung, die du da anstellst, falsch, und der Beleg dafür sitzt hier am Tisch. Unser junger Freund Jacob hat heute den Pfad zur himmlischen Inspiration ganz ohne die Beseelung durch ein Weib gefunden, sondern einfach durch Staubsaugen und Bilderaufhängen.«

»Also bitte«, rief Maya, »er hat Bilder von meinen Vorfahren an die Wand gehängt, also habe ich ihn über Bande inspiriert!«

»Das sind gar nicht deine Vorfahren.«

»Na klar sind das meine Vorfahren.«

»Dann geht Jacobs Inspiration auf deine Kappe, damit wäre deine männerhassende Feministinnen-Argumentation gerettet, Männer sind Reiz-Reaktions-Maschinen, alle sind happy.«

Jacob spürte eine kurze Vibration in seiner Hosentasche. Er stand auf, ging aufs Klo und las die Nachricht. Sie war von der unbekannten Frau, die *Steffi* zu nennen er sich sträubte. Sie schrieb: *Ich hoffe, Sie hatten einen produktiven Tag.*

Sein Herz klopfte. Er steckte das Handy in die Tasche und schaute in den Spiegel über dem Waschbecken. Das Gesicht, das ihm entgegensah, kam ihm fremd vor. Er zog das Handy wieder heraus, speicherte die Nummer und gab ihr den Namen *Stefan*. Er schaute wieder in den Spiegel und spürte, wie sein Herz schlug. Er nahm das Handy zum dritten Mal aus der Tasche und spürte den seltsamen Widerwillen gegen die immergleichen Wisch- und Tippbewegungen, mit denen er sein Smartphone entsperrte. Er löschte den Kontakt wieder, er löschte die Konversation, dann überlegte er einen kurzen Moment und löschte auch die beiden Fotos, die die Frau ihm geschickt hatte. Er drehte den Wasserhahn auf und warf sich zwei Handvoll Wasser ins Gesicht.

Bei Maya und Moses war das Gespräch vom Feminismus zur Literatur zurückgekehrt.

»Es ist bei beiden dasselbe Grundrezept«, sagte Maya, »der Autor teilt sich in zwei konträre Männerfiguren auf. In *Entdeckung des Himmels* ist es der joviale Menschenfreund und der geniale Wissenschaftler. In *Elementarteilchen* ist es der literarisch talentierte Sexbesessene und dann halt auch der geniale Wissenschaftler. Einer ist immer genial, denn wenn der Schriftsteller uns Einblick in sein zweigeteiltes Innenleben gibt, dann ist mindestens eine Hälfte genial. Und dann ist da die Frau. Sie hat keinen eigenen Willen, sie hat nur *Eigenschaften*. Bei Harry Mulisch spielt sie Cello, weil Musik für die Verbindung zur *Anima* steht und weil man beim Cellospielen halt die Beine breit macht. Bei Houellebecq sind die Frauen entweder eiskalte Hexen oder gutherzige Idealgestalten. Die werden für ihr Gutsein aber leider bestraft und sterben oder landen im Koma, weil ja das Reine und Gute in der bösen Welt nicht existieren kann. Dass die Welt böse ist, das steht eh von vornherein fest, denn eine Welt, in der ein Mann erst jung ist und keine abkriegt und dann alt wird und keinen mehr hochkriegt, die kann nur böse sein. Und in beiden Büchern geht es um das Ende der Menschheit, weil der alternde Schriftsteller nicht damit klarkommt, dass die Welt ohne ihn weiterbestehen wird. Also muss sie weg.«

»Michel Houellebecq war bei *Elementarteilchen* glaube ich unter 40«, sagte Moses, »das würde ich noch nicht als alternden Mann bezeichnen.«

»Bei dem Zigarettenkonsum hatte er bestimmt schon mit Ende 30 Erektionsprobleme, und der Begriff *alternder Mann* beschreibt genau das. Und weil der eigene Schwanz das Symbol für die ganze Welt ist, ergibt sich der Rest von allein. Er projiziert den Frust über die eigene nachlassende Potenz auf die ganze Menschheit und erledigt sie dann in einer literarischen Großtat.«

»*Die Entdeckung des Himmels* habe ich mal gelesen«, sagte Jacob, »aber an Frust und Ekel kann ich mich gar nicht erinnern.«

»Vielleicht hatte Harry Mulisch ja nicht so dolle Potenzprobleme.«

»À propos Potenzprobleme«, sagte Moses, »ich würde jetzt mal eine rauchen gehen. Kommt wer mit?«

Sie standen zu dritt auf dem Balkon. Moses hatte zwei Zigaretten gedreht, eine rauchte er selbst, die andere teilten sich Jacob und Maya, wobei Maya nach jedem Zug angeekelt das Gesicht verzog und dann doch wieder einen nahm. Im Zimmer lief ein krachend lautes Lied von einer amerikanischen Band, die Jacob gegen Ende der Nuller Jahre gern gemocht hatte. Er hatte damals in einer WG gewohnt, in der die Feierabendzigarette auf dem Balkon ein Ritual gewesen war, seine französische Mitbewohnerin Mathilde hatte aus *Feierabendzigarette* die Abkürzung *FAZ* gemacht, und in gewisser Weise vermisste Jacob diese Zeit und auch die Musik, die daran hing. Nach einem Tag voller Nieselregen hatte der Himmel aufgeklart, die Sonne war vor einer halben Stunde untergegangen, im Westen sah man einen orangefarbenen Streifen über den Dächern, dunkle Wolken zogen über einen Himmel, der sich allmählich tiefblau verfärbte. In den Wohnungen gegenüber waren die Lichter an, warm leuchtende Fenster in einer dunkler werdenden Stadt, und unten auf der Straße, vor der Kneipe an der Ecke, stand ein Grüppchen von Rauchern.

»Ich bin inspiriert«, sagte Moses und breitete die Arme aus, »die ganze Welt singt heute ein Lied für mich. Die Frau, die dort gegenüber in der Küche steht, inspiriert mich, und der Mann, der unten sein Auto aufschließt, inspiriert mich. Die vertrocknete Geranie in diesem Topf inspiriert mich, und die zerschlissene tibetanische Gebetsfahnenkette am Balkon im zweiten Stock inspiriert mich. Dieses Blatt an diesem Baum inspiriert mich, und dieses da ebenso. Die Zigarette inspiriert mich, meine rechte Hand, mit der ich gestikuliere, weil ich mit links rauche, inspiriert mich, und der Boden unter meinen Füßen inspiriert mich. Der Balkon, auf dem wir stehen, irgendwer hat ihn vor 100 oder 120 Jahren gebaut, irgendein Bauarbeiter, der vielleicht Otto oder Karl hieß, der lederne Handschuhe und ein leinenes Hemd trug, der damals 25 Jahre alt war und später 45 und dann irgendwann 65, der sich jeden Abend in sein Bett legte und jeden Morgen wieder aufstand, bis er sich eines Tages zum Sterben hinlegte und nicht wieder aufstand, doch davor hatte er an irgendeinem Tag im Jahr 1893 oder 1905 diesen Balkon gebaut, auf dem wir jetzt immer noch stehen, und er hat die Brüstung gemauert, damit wir heute hier nicht hinunterfallen. Karl oder Otto, dass dein Werk uns heute noch trägt, das inspiriert mich. Ich bewerte dich mit fünf von fünf Sternen, Karl oder Otto oder Franz.«

»Du solltest öfter Sex haben«, sagte Maya.

»Du auch«, erwiderte Moses, »aber auch ohne Sex inspirierst du mich, da kannst du nichts gegen machen, und du, Jacob, auch. Heute ist ein Abend, an dem der Geist seine Schwingen ausbreitet. Gesegnet seid ihr, die ihr mich inspiriert, möge euer Leben lang und kostbar sein, möget ihr teilhaben am Geist der Welt, der sich nicht in Käfige sperren und einzeln verkaufen lässt. Meine eigene Rede inspiriert mich, und der Pullover, den du, Maya dir soeben übergezogen hast, inspiriert mich. Alles ist verwandelt, die Welt singt und klingt, und so wünsche ich, dieser gesegnete Moment möge ewig währen. Aber was wünsche ich, er währt doch schon ewig. Der Moment ist immer da, wir sind diejenigen, die nicht immer da sind, aber solange wir da sind, lasst uns da sein, denn wir sind gesegnet und inspiriert, das ist ein und dasselbe, das lässt sich nicht trennen, denn heute ist die Nacht der Vereinigung. Mag sein, dass ich Blödsinn rede, aber auch dieser Blödsinn inspiriert mich, denn im Reich der Natur geht der Müll zurück in den Kreislauf und wird Grundstoff für etwas Neues, und warum sollte das im Reich des Geistes nicht genauso sein! Verzeiht mir also, wenn ich Müll rede, denn auch dieser Müll wird irgendwann irgendwen inspirieren, beispielsweise die Fledermaus, die dort durch den Abendhimmel flattert, wenn sie eines Tages wiedergeboren wird als deutscher Journalist mit 15 000 Twitter-Followern oder als Lama oder als Dalai Lama. Dieser Gedanke inspiriert mich, doch vor allem inspiriert ihr mich, und auch wenn euch das Ergebnis jetzt auf den Keks geht, ich kann es euch nicht ersparen, ihr müsst es erfahren. Amen.«

Maya zog an der Zigarette, und auf einmal schüttelte ein Hustenanfall sie. »Scheiße«, keuchte sie, »diese Zigarette inspiriert mich jedenfalls nicht.«

Sie lehnte sich hustend an Jacob. Jacob hielt sie im Arm, spürte ihren warmen Körper und wie die Zuckungen des Hustens durch ihn hindurchgingen, und er spürte, wie fragil alles war – Maya, er selbst, ihr schmaler Körper, ihr Leben, sein eigenes Leben, Moses' inspirierter Moment, Mayas Literaturkritik, die ganze Welt. Alles konnte in jedem Moment, ohne Vorwarnung, einfach so zerbrechen. Und irgendwann würde es zerbrechen, soviel war sicher. Er zog Maya näher an sich und beschloss sie festzuhalten, solange er konnte.

6
Bauchlandung

Einige Kilometer weiter westlich und zwanzig Jahre früher saß ein neunjähriges Mädchen auf einem zerschlissenen Teppich im Wohnzimmer einer Schöneberger Altbauwohnung. Der letzte Sommer der 90er Jahre ging zu Ende. Die Wohnung lag im vierten Stock, hatte fünf Zimmer und zwei Balkone und erst seit einigen Jahren eine Gasetagenheizung sowie eine eigene Toilette. Die Wohnung war mal eine WG gewesen, in der sich wiederum 14 Jahre früher, nämlich 1985, eine Gruppe von fünf Studenten der damaligen Hochschule der Künste eingemietet hatte. Drei von ihnen kannten sich aus ihrer Jugend im Ruhrgebiet, die anderen beiden kamen aus Hamburg und Stuttgart. Der Vermieter hieß Kontarsky, hatte das Haus von seinen Eltern geerbt, war 67 Jahre alt und kinderlos, und seine seit 50 Jahren von zwei Schachteln HB pro Tag in Mitleidenschaft gezogene Raucherlunge machte ihm das Treppensteigen so gut wie unmöglich. Die Besichtigung hatte daher in Abwesenheit des Vermieters stattgefunden, der im Erdgeschoss gewartet hatte und außerdem der irrigen Ansicht war, die zu vermietende Wohnung habe vier Zimmer und nicht fünf. Von den potentiellen Mitbewohnern waren nur zwei zur Besichtigung erschienen, hatten sich einen Anzug und ein Kleid angezogen und gaben sich als jungverheiratetes Paar aus, was von einem Zufall begünstigt wurde, denn beide hießen mit Nachnamen Müller. Falls der Vermieter fragen würde, wozu sie als kinderloses Paar eine Vier- oder Fünfzimmerwohnung brauchten, hatten sie sich eine Legende zurechtgelegt, in der sie einer entlegenen Religionsgemeinschaft angehörten, bei der Verhütung verboten war, weswegen in naher Zukunft zahlreiche Kinder zu erwarten wären, und beim Ausdenken dieser Geschichte hatten sie sich kaputtgelacht, aber Herr Kontarsky fragte nicht; er war froh, dass überhaupt jemand die Wohnung haben wollte, denn Ofenheizung und Außenklo waren schon damals nicht mehr besonders beliebt. Der Mauerfall lag noch vier Jahre in der Zukunft, was natürlich niemand ahnte, die Mauer würde nach allgemeiner Auffassung nie fallen.

Das Leben im von der DDR eingeschlossenen Westberlin fühlte sich für einige an wie ein großer Abenteuerspielplatz, und diese Sichtweise sollte später eine andere überlagern, die damals jedoch von mehr Leuten geteilt wurde, die nämlich dachten, in Berlin würde sich niemals etwas ändern, es würde immer weiter verrotten, verknöchern und verstauben, noch im Jahr 2084 würden deprimierte Rentner in grauen Mänteln sich an halbleeren Supermarktregalen vorbeischleppen, schwer auf die Griffe ihrer Einkaufswagen gestützt, auf denen »Bolle« oder »Kaisers« stand, zum Gedenktag der Luftbrücke würde ein vom Alkohol gezeichneter Regierender Bürgermeister vor dem Rathaus Schöneberg stehen, Reden über die freie Welt halten und sich dabei ans Rednerpult klammern, um das Zittern seiner Hände zu verstecken, und im Ostteil der Stadt würden endlose Militärparaden unter dem grauen Himmel zwischen Dom und Palast der Republik entlangziehen.

Die HdK-Studentin, die Ingrid Müller hieß und sich bei der Wohnungsbesichtigung als Ehefrau ihres Kommilitonen Manfred Müller ausgegeben hatte, war in der Nähe von Stuttgart aufgewachsen, allerdings hatte sie keine schwäbischen Vorfahren. Ihre Eltern waren 1945 als Jugendliche mit ihren Familien aus Schlesien geflohen, hatten sich auf der Fachhochschule in Trier kennengelernt und waren dann in der Nähe von Stuttgart gelandet, als der Mann eine Stelle als technischer Zeichner bei einem mittelständischen Autozulieferbetrieb bekam. Frau Müller begeisterte sich damals für die Filme Ingmar Bergmans, daher nannte sie ihre Tochter Ingrid, und als Ingrid 19 Jahre alt war, wurde sie von ihrem ersten Freund schwanger und trieb das Kind ab, worauf ein so ungeheurer Streit mit ihrem Vater folgte, dass die Beteiligten danach nie wieder ein Wort miteinander wechselten. Es war das Jahr 1981, Ingrid zog zunächst von Kornwestheim nach Stuttgart, nahm sich ein billiges Zimmer, arbeitete tagsüber an ihrer Mappe, kellnerte abends in verschiedenen Kneipen und bewarb sich an Kunsthochschulen, und als da nichts herauskam, bewarb sie sich nicht mehr für *freie Kunst*, sondern für Kunsterziehung, wurde an der HdK angenommen und zog nach Westberlin, wo sie Anschluss an einen Freundeskreis fand, aus dem sich wiederum die WG rekrutierte. Die Wohnungsbesichtigungs-Scheinehe mit dem Musikstudenten Manfred Müller fanden beide so lustig, dass sie es danach tatsächlich mit einer Liebesbeziehung versuchten, die aber nur vier Monate Bestand hatte, was wiederum Manfred so zusetzte, dass er danach aus der WG auszog. Im Lauf der nächsten vier Jahre wechselten einige Bewohner, aber sonst hatte sich im Leben der WG nicht viel geändert, als eines Tages die Mutter eines Mitbewohners aus Unna anrief, weil sie im Radio gehört hatte, die Mauer sei offen. Ingrid fuhr nach Ost-Berlin, sah die grauen Straßenzüge, die Leute mit ihren Frisuren und Kleidern, die aussahen wie aus den 70ern, und spürte, dass sich hier eine Welt öffnete, zu der ihr aus irgendeinem Grund der Zugang fehlte. Gleichzeitig bemerkte sie mit einiger Verwunderung, dass sie sich zum ersten Mal im Leben vorstellen konnte, ein Kind zu haben. In diesem Winter lernte sie auf einer Party in einem Kellerlokal an der Wilhelm-Pieck-Straße, die erst einige Jahre später in Torstraße umbenannt werden sollte, einen Ostberliner Mathematikdoktoranden namens Maik kennen, der einige Jahre jünger war als sie. Maiks Eltern waren bei einem Autounfall gestorben, als er 12 war, er war von Verwandten aufgezogen worden, die ihn schlugen, und war in der Schule gemobbt worden, was aber damals nicht *Mobbing* hieß, sondern *Hänseln*. Ingrid nahm sich seiner an, und er zog zwei Monate später in die WG ein, die zu diesem Zeitpunkt nur noch aus drei Mitbewohnern bestand, nämlich Ingrid, ihrem Kommilitonen Bernd und Ingrids bester Freundin Ruth. Als Maik einzog, wurde Bernd unleidlich, denn er war insgeheim scharf auf Ingrid, so wie auch Manfred scharf auf sie gewesen war, denn die wenigsten Freundschaften zwischen Männern und Frauen sind einfach nur Freundschaften, meistens verzehrt der Junge sich nach dem Mädchen und weiß zugleich, dass da nichts zu machen ist, denn das Mädchen will alles Mögliche, aber bestimmt keinen Jungen, der sich nach ihr verzehrt, aber jedenfalls war Bernd insgeheim scharf auf Ingrid und hing der Illusion nach, durch gemeinsames Wohnen in einer WG ließe sich da was machen. Als Ingrid Maik aus Ostberlin anschleppte, sah Bernd diese Illusion dahinschwinden, und als Ingrid im Sommer 1990 mitteilte, dass sie schwanger sei, brach Bernd einen Streit vom Zaun, bei dem er Ingrid und Maik und irgendwie auch Ruth vorwarf, dass sie das WG-Leben zugunsten eines Pärchenidylls vernachlässigen würden. Nach diesem Streit zog Bernd aus, und Ingrid brachte kurz vor Weihnachten 1990 eine Tochter zur Welt. Maik wollte das Kind nach der jugoslawischen Sängerin Maja Stipetiç benennen, von der sein Vater eine Schallplatte besessen hatte, Ingrid hingegen hatte in Ruths Bücherregal ein Buch über die Maya und die Azteken gefunden, die ihren Göttern Menschenopfer gebracht hatten, das fand sie faszinierend, also hieß die Tochter Maya. Für Maik war die Geburt des Kindes beglückend und erschütternd zugleich, und außerdem überforderte es ihn, dass Ingrids beste Freundin Ruth in derselben Wohnung wohnte. Was von dieser Überforderung nach außen drang, fand Ingrid beunruhigend, weil es ihr das Gefühl gab, dass Maik das Kind mit Bedeutung überfrachtete und dabei selbst keine sichere Bank war, sondern jederzeit vor lauter Emotionen einfach umfallen konnte. Maik hatte wiederum das Gefühl, einer undurchdringlichen Front aus Mutter, Kind und bester Freundin gegenüberzustehen, also konzentrierte er sich auf das Kind, das ihn liebte und verehrte. Solange er Maya zum Lachen bringen konnte und in ihrer Welt einer der beiden Fixsterne namens Mama und Papa war, ließ sich ein Gleichgewicht herstellen, und so vergingen drei Jahre, in denen Ingrid nach einem Jahr Babypause ihr Studium wieder aufnahm, Ruth mit dem Referendariat anfing und Maik an seiner Doktorarbeit weiterschrieb. Doch eines Tages kurz vor Weihnachten 1993, als Maya drei Jahre alt war und Maik ihr in einem Anflug von strenger Erziehung, wie sie ihm selbst im Osten widerfahren war, das fünfte Stück Schokolade verweigerte, bekam Maya einen Wutanfall, bei dem sie sich schreiend auf den Boden warf, nach ihrem Vater trat und ihn anschrie, dass sie ihn hasste und sowohl Mama als auch Ruth lieber mochte als ihn. Als sie den zweiten Teil dieser Aussage auch später, nach eingetretener Beruhigung, nochmals bekräftigte, löste das bei Maik eine Krise aus, in deren Verlauf er sich betrank, Ruth der Intrige und Ingrid der Untreue bezichtigte und schließlich nachts um halb zwei auch Maya aus dem Bett holte und ihr vorwarf, sie habe sich mit Ruth und Ingrid gegen ihn verschworen. Das fand Ruth wiederum so alarmierend, dass sie die Polizei rief, die nachts um zwei anrückte und Maik in die Psychiatrie brachte. Als er nach zehn Tagen aus der Klinik entlassen wurde, war er verändert, was nicht nur an den Medikamenten lag, die man ihm gegeben hatte. Er vermied Blickkontakt, packte seine Sachen in zwei Koffer, mietete sich ein Zimmer in Lichtenberg, fand eine Stelle als Nachtportier in einem Hotel in Mitte und versuchte in den langen Nachtstunden am Empfangstresen seine Doktorarbeit fertigzuschreiben. Die Freundschaft zwischen Ruth und Ingrid hatte ebenfalls einen Riss bekommen, denn Ingrid war der Meinung, Maik hätte sich auch von selber wieder beruhigt, man hätte nicht die Bullen rufen und ihn in die Klapse bringen müssen, wohingegen Ruth überzeugt war, dass sie ihrer Freundin samt Kind das Leben gerettet hatte. Ingrid und Ruth wohnten noch fünf Monate zusammen in der Schöneberger Wohnung, doch die Stimmung kam über eine gewisse Temperatur nicht mehr hinaus. Dann fand Ruth eine Lehramtsstelle in Recklinghausen und zog aus. Das war im Mai 1994, und ab diesem Moment war Ingrid mit Maya allein in der Wohnung. Im selben Frühjahr starb Herr Kontarsky, der Vermieter, und hinterließ das Haus einer unübersichtlichen Erbengemeinschaft von Neffen und Nichten zweiten Grades, die in Süddeutschland lebten und eine Hausverwaltung mit der Hausverwaltung beauftragen. Diese veranlasste eine Sanierung, bei der Gasetagenheizungen und Badezimmer eingebaut wurden und im Gegenzug die Miete moderat angehoben wurde. Während der Bauarbeiten, die sich von August bis Oktober 1994 hinzogen, lebte Ingrid mit der vierjährigen Maya auf Mallorca mit einer Gruppe von Bekannten in der Finca eines älteren Künstlers, der an der HdK eine Professur hatte. In derselben Zeit verlor Maik seine Nachtportiersstelle, nachdem sich Hotelgäste darüber beschwert hatten, dass er ihnen zugewunken, aber nicht geöffnet habe. Er war ein paar Monate arbeitslos, schob weiterhin seine Doktorarbeit vor sich her, fand dann eine Stelle im Außendienst bei einer Firma, die Großkücheneinrichtungen wartete, verlor nach einem halben Jahr wegen Alkohol seinen Führerschein, machte einen Entzug und redete immer noch von seiner Doktorarbeit. Dann wurde sein Doktorvater emeritiert und Maik exmatrikuliert. Er tauchte danach noch alle paar Monate in Schöneberg auf, brachte Schokolade mit und erzählte Maya, wie sehr er sie liebe, was er alles mit ihr unternehmen wollte und wie das Universum vom Atom bis zur Galaxie funktionierte. Schließlich fand er einen Job bei einem alten Schulkameraden, der in Chemnitz eine Gartenbaufirma betrieb, und schrieb Maya gelegentlich Postkarten, auf denen er sie einlud, ein Wochenende bei ihm zu verbringen, doch Maya antwortete nie, denn Maik war ihr längst fremd geworden, und ihre Mutter sagte, sie müsse ihm nicht antworten, wenn sie nicht wolle.

An dem Nachmittag im Jahr 1999, als Maya neun Jahre alt war und mit untergeschlagenen Beinen auf dem zerschlissenen Teppich im Wohnzimmer der Schöneberger Wohnung saß, war Maik schon lang aus ihrem Leben verschwunden. Ingrid hatte in den Jahren 1993 bis 1995 an einem Steglitzer Gymnasium das Referendariat gemacht,

Maya war erst im Kinderladen und dann in der Grundschule gewesen, eine ältere Nachbarin hatte manchmal auf sie aufgepasst, jetzt war sie neun und konnte auf sich selber aufpassen. Gegen Ende ihres Referendariats hatte Ingrid einen Mann namens Jacques kennengelernt, der für einen damals aufstrebenden Künstler arbeitete, und mit ihm eine Beziehung angefangen, in deren Verlauf viel gereist wurde, meistens im Mittelmeerraum, manchmal auch nach Südostasien. Der Mann ermutigte Ingrid, es mit der eigenen Kunst nochmal zu versuchen, und riet ihr, zunächst keine Stelle im Schuldienst anzutreten, dafür habe sie noch das ganze restliche Leben Zeit. Ingrids Freundinnen deponierten ihre Kinder, wenn sie auf Reisen gingen, oft bei den Großeltern, doch das war für Ingrid keine Option, denn ihre Mutter war 1992 an Krebs erkrankt und rasch gestorben, und zu ihrem Vater herrschte weiterhin Funkstille. Doch es gab die Freundschaft zu Ruth, die sich in der zeitlichen und räumlichen Distanz wieder erholt hatte. Ruth war mit einem gemütvollen Deutschlehrer zusammen, der sich Kinder wünschte, was aber nicht klappen wollte, also nahmen sie Maya gern mal für einige Zeit zu sich, und so verbrachte Maya längere Abschnitte ihrer Kindheit in Recklinghausen, wo Ruth und Dieter ein Haus und einen kleinen Garten hatten. Dieter, der Deutschlehrer, war theaterbegeistert, las Maya Shakespeare vor und erklärte ihr geduldig, was die Figuren einander erzählten, und bei jedem Besuch ging er mindestens einmal mit ihr ins Theater nach Dortmund oder Bochum, wo phantasievolle Kindertheaterstücke aufgeführt wurden, die bei Maya atemlose Faszination auslösten. Einmal, das erzählte Dieter oft, fiel sie sogar vor lauter Begeisterung in Ohnmacht. Dann wurde Maya eingeschult, die Besuche in Recklinghausen wurden seltener, und Maya bat ihre Mutter, mit ihr mal ins Grips-Theater zu gehen, davon hatte Dieter ihr erzählt, das sei ein ganz tolles Kindertheater in Berlin, doch Ingrid fand nie die Zeit, sondern immer einen Grund, warum es gerade ungünstig war.

Und dann lag eines Tages ein Paket von Dieter für Maya in der Post. In dem Paket war ein Bausatz für ein kleines Theater, das man aus bedrucktem Karton ausschneiden und selbst zusammenbauen konnte. Mit diesem Theater saß Maya am besagten Freitagnachmittag im September 1999 auf dem Teppich in der Schöneberger Wohnung und spielte sich selbst ein Theaterstück vor. Ingrid hatte am Vorabend Nudeln mit Tomatensoße gekocht, mit Maya gemeinsam gegessen und ihr mitgeteilt, dass sie heute noch mit Manoel ausgehen würde. Von Jacques hatte sie sich vor einem halben Jahr getrennt, weil sie Manoel kennengelernt hatte, einen argentinischen Künstler, der sich für Spiritualität interessierte und für die damalige Zeit ungewöhnlich viele Tattoos am Körper trug. Außerdem hatte er ein Piercing im Penis, auch das war unerhört. Ingrid hatte Maya erlaubt, noch ein Video anzuschauen, und ihr eine vom Fernsehen mitgeschnittene VHS-Kassette mit dem Film »Die unendliche Geschichte« von 1984 in den Recorder gelegt. Dann hatte sie Maya den Wecker für den nächsten Morgen gestellt, Maya zum Abschied geküsst und war aus dem Haus gegangen. Maya hatte den Film angeschaut, dabei Schokolade gegessen und sich gefragt, ob die beiden Jungen im Film auch Mütter hatten, die nachts weggingen. Die Mütter kamen nicht vor. Auch im Theater kamen Mütter nicht so oft vor wie Väter. Dann war sie schlafen gegangen, weil sie ein großes vernünftiges Mädchen war. Als am nächsten Morgen der Wecker klingelte, war Ingrids Bett immer noch leer gewesen. Maya hatte sich nicht gewundert, sondern sich angezogen, zum Frühstück die Reste der Nudeln von gestern aus dem Kühlschrank gegessen und war in die Schule gegangen. In der Schule waren Mia und Jessica, ihre besten Freundinnen. Mia war brav und herzensgut, Jessica war dagegen so gefährlich wie eine Giftschlange, und Maya war vor allem mit ihr befreundet, um nicht ihre Feindschaft auf sich zu ziehen. Maya hatte früh verstanden, dass die Schule auch nur ein großes Theaterstück war, oder eigentlich mehrere Theaterstücke, die ineinander verschachtelt waren. Die Lehrer standen vorn und führten ein Stück auf, das davon handelte, wie sie alles im Griff hatten und ihren *Stoff* vermittelten, während die Schüler untereinander ein völlig anderes Stück aufführten, das aus vier Akten bestand, nämlich 1. Akt: morgens vor dem ersten Gong, 2. Akt: große Pause, 3. Akt: kleine Pause, 4. Akt: mittags nach Schulende. Es gab in diesem Stück unglückliche Gestalten, denen ihre Rolle von außen zugewiesen wurde, das waren die Opfer, die Verarschten, die Unterdrückten, und wenn sie versuchten, aus ihrer Rolle auszubrechen, wurden sie resolut in ihre Schranken gewiesen. Doch wer schlau war, konnte seine Rolle selbst gestalten. Mayas Rolle war die der scharfzüngigen Piratentochter. Maya konnte ruppig sein wie der gröbste Junge und hinterhältig wie das fieseste Mädchen. Mayas Stück lief erfolgreich. Sie hatte Anhänger und Bewunderer. Zugleich war ihr klar, dass sie jederzeit auffliegen konnte. Wenn irgendwer erfahren hätte, dass sie mit einem Theater aus buntem Karton spielte, das aussah wie ein Puppenhaus, dann wäre das ihr Tod gewesen. Deswegen lud sie niemanden zu sich nach Hause ein. Mia mit ihren blonden, langen, glatten Haaren hätte Mayas Papiertheater schön gefunden, ohne auch nur im Ansatz zu verstehen, worum es da ging, und hätte sich in der Schule arglos verplappert. Jessica hingegen hätte es gezielt als Waffe verwendet, um Maya ans Messer der Lächerlichkeit zu liefern. Beides galt es zu vermeiden.

Als Maya an diesem Freitagmittag aus der Schule kam, war ihre Mutter immer noch nicht zuhause. Das war ungewöhnlich, doch Maya machte sich keine Gedanken. Für ihre Schulfreunde war der Gedanke, die Eltern könnten sich trennen oder gar sterben, der Fluchtpunkt allen Schreckens. Für Maya nicht. Oft genug war ihr klargemacht worden, dass sie sich vor allem auf sich selbst verlassen musste. Das hatte Vor- und Nachteile.

In ihrem Papptheater gab es einen König, einen Hofnarr, Edelmänner und Edelfrauen in unförmigen Kleidern mit sehr großen Hinterteilen. Maya hatte sich ein Stück ausgedacht, in dem der König und der Hofnarr heimlich die Rollen tauschten, damit der König die Königin belauschen konnte, um herauszufinden, ob sie insgeheim in ein Krokodil verliebt war. Maya wusste, dass es für die Erwachsenen eine ungeheure Rolle spielte, wer in wen verliebt war, und dass die Leute selten zufrieden waren, wenn sie jemanden gefunden hatten, sondern oft trotzdem jemand anderen wollten. Das Krokodil hatte nicht zum Lieferumfang des Theaters gehört, Maya hatte es selbst gemalt und ausgeschnitten und dem Ensemble hinzugefügt, weil in einem der Kinderstücke in Dortmund ein Krokodil eine Rolle gespielt hatte, das sie sehr beeindruckt hatte. Der als König verkleidete Hofnarr erließ lauter unsinnige Befehle, darunter die Anweisung, sämtliche Tiere der königlichen Menagerie freizulassen. Der als Hofnarr verkleidete König wiederum entlockte der Königin das Geständnis, dass sie dem Werben des Krokodils tatsächlich erlegen war, und gab sich dann als König zu erkennen, woraufhin die Königin in Tränen ausbrach. Doch dann betrat der als König verkleidete Hofnarr die Szene, er wurde von dem freigelassenen Löwen der königlichen Menagerie gejagt und aufgefressen, woraufhin das Krokodil auftrat, den Löwen verspeiste und dann König und Königin bedrohte. Der König rief nach den Palastwachen, die jedoch allesamt vor den verschiedenen Tieren geflohen waren, und so war guter Rat teuer. Doch dann ließ Maya eine weitere Figur erscheinen, die sie selbst ihrem Ensemble hinzugefügt hatte. Dieter hatte ihr in Recklinghausen vom »deus ex machina« erzählt – dem Gott, der in einer verfahrenen Situation eingreift und die Akteure rettet, wenn sie sich nicht selber retten können. Dieter sagte aber, man solle als gewissenhafter Theatermacher nicht zu diesem Mittel greifen, denn es war gutes Handwerk, dass die Figuren sich aus eigener Kraft aus ihrem Schlamassel befreien mussten. Maya schien das aber zu kurz gedacht. Für sie war klar, dass die Fähigkeit der Menschen, Unheil anzurichten, um ein Vielfaches größer war als ihre Fähigkeit, dieses Unheil wieder zu beseitigen, das konnte man ja schon im Kindergarten sehen, und daher war der hilfreich eingreifende Gott das einzige Mittel, mit dem man überhaupt zu einem sinnvollen Ende gelangen konnte. Maya hatte ihrem Theater also einen Gott hinzugefügt, indem sie einfach die Buchstaben GOTT auf ein Stück Papier geschrieben, eine Wolke darum herum gemalt und das Ganze ausgeschnitten hatte. Dieser Wolkengott griff jetzt ein und rettete den König und die Königin vor dem wütenden Krokodil, und so nahm das Theaterstück ein versöhnliches Ende, in dem die Königin gelobte, sich nie wieder in ein Krokodil zu verlieben, und der Hofnarr ein Heldenbegräbnis erhielt.

Der Schlüssel drehte sich in der Wohnungstür und brauchte dafür ungewöhnlich lang. Maya hörte, wie die Tür sich öffnete und schloss, wie jemand sich auf den knirschenden Stuhl im Flur setzte und wie zwei Schuhe auf den Boden fielen. Sie hörte die Badezimmertür, sie hörte einen Wasserhahn und dann eine Weile nichts. Sie hörte, wie die Badezimmertür sich wieder öffnete und Schritte in das Zimmer führten, in dem Ingrid schlief.

Maya lief ins Zimmer ihrer Mutter. Ingrid lag bäuchlings auf dem Bett, die Augen geschlossen, und atmete leise. Sie hatte eine Platzwunde über dem rechten Auge, ihre Nase war geschwollen, sie hatte getrocknetes Blut und Kratzer im Gesicht.

Ingrid erzählte nie, was in dieser Nacht und dem darauffolgenden Tag vorgefallen war, und Maya fragte nicht. Maya hatte seit jeher das Gefühl gehabt, dass ihre Mutter ein Geheimnis vor ihr hatte, und dem hatte dieser Vorfall nichts Neues hinzugefügt.

Einige Wochen später sagte Ingrid, dass sie eine Stelle an einem Gymnasium in Spandau annehmen würde, und ein Dreivierteljahr später sagte sie, dass ihr die tägliche Fahrerei von Schöneberg nach Spandau zu viel sei. Im November 2001 zog sie mit Maya in eine Dreizimmerwohnung in Spandau und beauftragte eine Entrümpelungsfirma, die Hinterlassenschaften von fünfzehn Jahren und insgesamt dreizehn Bewohnern aus der Schöneberger Wohnung zu befördern. Für Maya bedeutete das zur sechsten Klasse einen Schulwechsel, über den sie insgeheim erleichtert war, denn die Freundschaft zu Jessica hatte inzwischen einen so giftigen Unterton, dass es nur noch eine Frage der Zeit war, bis daraus offener Krieg werden würde. Sie gab ihrer Mutter jedoch zu verstehen, dass sie durch diesen Umzug all ihre

Freunde verlieren würde, darüber sehr traurig und irgendwie auch traumatisiert war und deutlich mehr Taschengeld verdient hatte. Am Abend vor dem letzten Tag an der alten Schule räumte sie all die Könige und Hofnarren und Hofdamen mit den ausladenden Hintern aus ihrem Papiertheater heraus und bastelte stattdessen einige Figuren, die sie selbst, Mia, Jessica, zwei Jungen aus der Klasse sowie ihre Klassenlehrerin darstellten. Dann spielte sie eine Szene, in der sie als Pappfigur vor die Klasse trat und allen Anwesenden gnadenlos die Meinung geigte. Der Zorn, der dadurch ausgelöst wurde, war erheblich. Angeführt von Jessica fiel die Meute über sie her und wollte ihr das Herz herausreißen, so wie das seinerzeit bei den Maya oder Azteken auch gebräuchlich gewesen war, doch dann griff im letzten Moment der Wolkengott ein und versetzte Maya in sein Himmelreich, von dem sie aus sicherer Entfernung Jessica und ihre Gefolgschaft verhöhnte. Dieser Einakter verschaffte Maya tiefe Befriedigung und gleichzeitig das Gefühl, sich ein bisschen unter Niveau amüsiert zu haben.

An der neuen Schule gab es keine Theatergruppe, wohl aber eine theaterbegeisterte Französischlehrerin, die Maya darauf hinwies, dass es in einem anderen Gymnasium drei Straßen weiter eine Theatergruppe gab, also setzte Maya all ihre Willenskraft daran, an dieser Theatergruppe teilzunehmen, und setzte sich gegen ein Geschwader von Bedenkenträgerinnen und Neinsagern in den Verwaltungen beider Gymnasien durch, was ihr sowohl an der eigenen Schule als auch an der anderen einigen Respekt verschaffte. Ihre Mutter jedoch kam im Kollegium nicht richtig klar, fühlte sich angefeindet und hatte das Gefühl, die Schüler lachten hinter ihrem Rücken über sie. Nach drei Jahren, als Maya sich etabliert und Freunde gefunden hatte, bewarb ihre Mutter sich auf eine andere Stelle, diesmal an einem Gymnasium in Pankow. Das mit Spandau sei von vornherein ein Fehler gewesen, sagte sie, hier seien überhaupt keine interessanten Leute, Pankow sei viel besser, das sei der Wohnort der DDR-Elite gewesen, lauter Professoren und Wissenschaftler, da würde Maya sich bestimmt wohlfühlen.

An Mayas neuer Schule in Pankow gab es eine Theatergruppe, gegründet und geleitet von einer Deutschlehrerin, die als junge Frau
noch bei Helene Weigel am Berliner Ensemble hospitiert hatte. Sie
redete viel von konkreten Vorgängen, und Maya verstand nie genau,
was damit eigentlich gemeint war. Sie fühlte sich unwohl, weil sie das
Gefühl hatte, das Theater, dieses schöne Spielzeug, werde hier vor
einen Karren gespannt, über dessen Inhalt man sich nicht genau ver-
ständigt hatte, der aber von A nach B bewegt werden sollte, und das
Theater war der Esel, der den Karren ziehen musste. Mayas Problem
bei den Schultheatergruppen war aber ein grundlegenderes: Sie hatte
gar nicht so große Lust, selber auf der Bühne zu stehen. Sie wollte im
Hintergrund sein und die anderen dirigieren. Doch die Regie war in
den Schultheatergruppen immer schon vergeben, Regie führten die jeweiligen Lehrer, die die Gruppe leiteten, denn diese Lehrer waren zumeist selber nur widerwillig im Schuldienst gelandet, lieber wären sie
ans Theater gegangen, und jetzt waren ihre Schultheatergruppen die
einzige Verbindung, die sie noch zu ihrem Traum hatten, da konnten
sie sich die Regie nicht von einer aufsässigen Vierzehnjährigen aus der
Hand nehmen lassen. Also spielte Maya kleine Rollen, ging den Leh-
rern mit Vorschlägen auf die Nerven und schrieb zuhause Stücke für
ihr von den Umzügen ramponiertes Pappfigurentheater, die sie nur für
sich selbst aufführte, denn ihre Mutter konnte damit nicht viel anfangen. Die Ahnungslosigkeit ihrer Mutter ging sogar so weit, dass sie das
Theater eines Tages zum Altpapier stellte, von wo es Maya nur durch
einen Zufall noch retten konnte. Das war dann Anlass für den einzigen
richtigen Streit, den Maya jemals mit ihrer Mutter hatte.

Für Ingrid brachte der Wechsel von Spandau nach Pankow keine
wirkliche Verbesserung, sie galt im Kollegium als *Wessi*, viele Kollegen
beargwöhnten sie, unterstellten ihr Oberflächlichkeit und Konsum-
geilheit oder warfen ihr alle Ungerechtigkeiten der Wiedervereinigung
persönlich vor. Als Maya in der elften Klasse war, sagte Ingrid, sie habe
genug von Berlin, und ein Jahr später zog sie in die Nähe von Olden-

burg, wo Ruth und Dieter mittlerweile lebten, die nach längeren Versuchen ein Kind in die Welt gesetzt hatten, das leicht lernbehindert war, wofür es in Oldenburg eine Gesamtschule mit spezialisiertem Zweig gab. Ingrid fand eine Stelle an dieser Schule und außerdem einen Kleingartenverein, in dem zwei nebeneinanderliegende Parzellen frei waren, die sie zusammenlegen und bewirtschaften durfte. Maya wohnte daher im letzten Schuljahr bei einer Klassenkameradin. Das Papiertheater war mittlerweile vielfach geknickt und mit Klebeband repariert, sie spielte kaum mehr damit, sondern ging längst in die richtigen Theater und hatte sich dem Jugendensemble der Volksbühne angeschlossen, aber es wäre nie in Frage gekommen, das Papiertheater einfach wegzuwerfen. Mitnehmen in die andere Familie konnte sie es jedoch auch nicht, denn es war ihr Geheimnis. Also packte Maya es in einen großen Umzugskarton, gab ihn ihrer Mutter mit und schärfte ihr ein, es gut aufzubewahren, nicht nochmal wegzuwerfen, sich nicht versehentlich daraufzusetzen, keine Wespennester darin entstehen zu lassen und so weiter. Ingrid stellte den Karton gehorsam auf den Speicher der Gartenlaube auf ihrer Kleingartenparzelle und vergaß ihn dort.

Maya hatte schon seit Jahren nicht mehr an ihr Papiertheater gedacht, aber in gewisser Weise war es die Grundlage von allem, was sie tat. Die ausgeschnittenen Figuren waren flach, sie hatten kein Innenleben, aber ihre gesamte Interaktion bestand darin, sich Geschichten zu erzählen, die von diesem nichtvorhandenen Innenleben handelten. Manchmal fragte sich Maya, ob die echten Menschen genauso zweidimensional waren wie die Kartonfiguren, ob also die ganzen Geschichten von Tiefe und Komplexität eben nur Geschichten waren, die zweidimensionale Figuren einander erzählten, was aber vielleicht nicht schlimm wäre, denn die Tiefe und Komplexität lag in den Geschichten, die sie über sich selbst erzählten, also waren die Menschen vielleicht doch nicht flach. Flach fand Maya vor allem die Leute, die über solche Theorien die Nase rümpften und sagten, sie mache es sich da *zu einfach*, das sei *komplex*, das dürfe man nicht *simplifizieren*. Dieses Gerede fand Maya wiederum flach, und das ergab sogar Sinn, denn gerade die flachsten Leute mussten sich besonders elaborierte Geschichten erzählen, um von der eigenen Flachheit abzulenken, aber weil sie eben flach waren, brachten sie es bei diesen Versuchen auch nur zu Phrasen wie *du machst es dir zu einfach.*

Über all das dachte Maya nach, während sie in der Küche saß und in ihrem Laptop Emails löschte. Dieter, der ihr das Kartontheater geschenkt hatte und jetzt in Oldenburg lebte, schickte ihr manchmal Bücher oder Zeitungsartikel. Jetzt war da eine Mail von ihm mit der Betreffzeile »Presse«. Im Anhang war eine abfotografierte Seite aus einer Oldenburger Lokalzeitung. Dieter leitete an seiner Schule eine Theatergruppe, mit der er *Unsere kleine Stadt* von Thornton Wilder einstudiert und aufgeführt hatte, und die Lokalzeitung berichtete wohlwollend darüber. Mayas Aufmerksamkeit fiel aber auf etwas anderes. Unter dem Bericht war eine Kolumne mit der Überschrift »Bernhard Bredecke berichtet«. Dort stand:

> *Die Straßenbahn, die letzte Woche in Bremen aus den Schienen sprang, wird einstweilen nicht repariert, weil das dazu benötigte Spezialwerkzeug beim Reparaturversuch seinerseits selbst zu Bruch gegangen ist, und damit nicht genug, auch die beschädigte Schiene bleibt unrepariert, weil der einzige Ingenieur, der bei den Bremer Straßenbahnbetrieben dazu in der Lage wäre, mit Bandscheibenvorfall drei Wochen krankgeschrieben ist. »Macht kaputt, was euch kaputtmacht«, hieß es früher, und daran musste ich denken, als ich mir vorgestern in unseren Redaktionsräumen eine Tasse Kaffee genehmigen wollte, von der jedoch, als ich das duftende Heißgetränk zum Munde führen wollte, ohne Vorwarnung der Henkel abbrach, woraufhin der Kaffee sich teils über mein Beinkleid, teils über unseren Redaktionsteppichboden ergoss. Doch hängt vielleicht beides zusammen (also nicht mein Beinkleid und unser Redaktionsteppichboden, sondern der abgebrochene Henkel und die einstweilen irreparable Straßenbahn), und steckt vielleicht*

ein größeres Phänomen dahinter? Hat Deutschland
endlich ein Einsehen und tut das, was Rio Reiser schon
vor Jahrzehnten anheimgestellt hat? Unsere Redakti-
ons-Kaffeemaschine ist zumindest dieser Ansicht (wenn
denn eine Kaffeemaschine eine Ansicht haben kann) –
sie verweigert seit jenem schicksalhaften

Der Rest des Textes war nicht mehr auf dem Foto. Maya antwortete auf die Mail mit einem einzigen Wort, nämlich »Schön!«, und öffnete den Browser. Bevor man sich für eine Website entschied, wurden einem verschiedene Nachrichtenartikel vorgeschlagen. Einer lautete:

Zerfallserscheinungen
Immer mehr Dinge zerbrechen ohne ersichtliche Ursache.
Forscher und Ingenieure rätseln über die Gründe.

Maya klickte den Link nicht an. Stattdessen schrieb sie »Bernhard Bredecke berichtet« in die Suchleiste, fand aber nur einen Hinweis auf der Website der Oldenburger Lokalzeitung, in dem berichtet wurde, dass Bernhard Bredecke seit 1992 diese Kolumne schrieb und ein analoger Typ war, der Wert darauf legte, dass seine Kolumne nicht online, sondern nur in der gedruckten Zeitung zu finden war.

Sie öffnete das Dokument mit ihrem Theatertext. Bisher bestand es nur aus ihrem improvisierten Vortrag von der Bauprobe, den Niloo um ein paar Kommentare ergänzt hatte. Maya dachte nach. Dann schrieb sie:

Die vier Mitbewohner treffen sich abends in der Küche und gucken Tages-
schau. Der Tagesschausprecher bekommt einen Zettel auf den Tisch gelegt,
wirft einen irritierten Blick ins Off und sagt: Wie Sie sehen, kriegen wir,
äh, soeben eine neueste Meldung herein. Anlässlich der zeitgleich mit dem
Weltklimagipfel stattfindenden Weltnachhaltigkeitskonferenz und des
Weltkongresses der Entsorgungs- und Recyclingunternehmen hat Gott der

Menschheit einen offenen Brief geschrieben und bittet darum, diesen in den 20-Uhr-Nachrichten sämtlicher Länder zu verlesen. Der Brief lautet:

Liebe Menschheit,

ihr baut Scheiße. Ich habe euch eine Welt zur Verfügung gestellt, in der alles sich immer wieder regeneriert, sofern es nicht sowieso für die Ewigkeit gemacht ist, zum Beispiel Steine und Wasser und der Mond. Da hättet ihr euch ja mal ein Beispiel nehmen können. Aber nö. Ihr baut lauter Sachen, die nach ein paar Jahren kaputtgehen und dann bis zum jüngsten Tag als Müll herumliegen, und dann muss man sich neue Sachen kaufen und so weiter. Wisst ihr was, ich mach das jetzt auch. Eure Welt geht jetzt kaputt, Reparieren geht nicht, ätsch, kauft euch doch einfach eine neue von eurem ganzen Geld. Ihr könnt mich mal. Tschüs.

»Oha«, sagte Julian, als Maya diesen Text am nächsten Tag vorlas. Das Kollektiv Impenetranza#62C saß ohne Semjon, der seiner Mutter bei irgendetwas helfen musste, aber mit der Dramaturgin Natalie in der Kantine des Deutschen Theaters.

»Ich finde das schwierig«, sagte Julian, »ich finde, das macht es sich zu einfach.«

»Was denn jetzt«, antwortete Maya, »schwierig oder einfach?«

Julian verdrehte die Augen. »Das zieht in so einen Beliebigkeitsraum, da taucht Gott auf und erzählt irgendwas, wir sind post-postmodern und können uns alles erlauben, als nächstes lassen wir Jesus auf dem Einrad über die Bühne fahren oder Mutter Teresa in SS-Uniform oder Allah oder Mohammed oder irgendwas.«

»Wenn du Ärger willst, mach was mit Allah und Mohammed«, sagte Niloo.

»Bitte nicht«, sagte Natalie.

»Der Text ist kein Witz«, sagte Maya, »sondern etwas sehr Grundlegendes.«

»Und zwar?«

»Steht doch drin. Hier.«

Julian nahm den Zettel, zog die Augenbrauen hoch, warf das Blatt auf den Tisch und sagte: »Ich glaube, da müssen ein paar grundlegende Fragen gestellt werden.«

Die Blicke wanderten zu Natalie.

Natalie sagte: »Ich fände gut, wenn ihr das erstmal untereinander klärt. Ich bin ja nicht eure Aufpasserin.«

Maya tauschte einen Blick mit Niloo. Niloo hob die Schultern. »Weiß auch nicht so genau.«

»Na gut«, sagte Maya, »dann schlage ich vor, Julian macht einen Entwurf ohne Gott und Jesus und Mohammed, und auf der Basis arbeiten wir weiter. Okay?«

»Das ist kein Grund, eingeschnappt zu sein«, erwiderte Julian, »ist doch normal, dass man Textentwürfe kritisiert.«

»Genau. Und jetzt tauschen wir die Rollen, du machst den Textentwurf und ich kritisiere.«

»Ey, was soll denn dieser Schulhoftonfall, das ist wie Gott in diesem Textentwurf, ätschbätsch – auf dem Niveau müssen wir im DT echt nicht antreten. Das kannste in Memmingen machen oder in Meiningen oder sonstwo.«

Julian suchte Zustimmung bei Natalie, aber die schaute nur in den Stapel Kopien, den sie auf dem Schoß hatte.

»Dann bring du unseren Text mal auf DT-Niveau«, sagte Maya und zog ihre Jacke an, »du bist hier der Einzige, der dazu in der Lage ist.«

»Nichts gegen Meiningen«, sagte Natalie, ohne von ihrer Lektüre aufzublicken.

Maya nahm ihren Rucksack und ging. »Ich hab eigentlich genug mit meinem Roman zu tun«, rief Julian ihr hinterher, aber Maya drehte sich nicht um, sondern ging zur Tür hinaus und die sieben Stufen hinauf ans Tageslicht. Es war Ende September, der Himmel war grau, die Welt war indifferent. Sie machte ihr Rad los und fuhr zurück nach Neukölln, also die Friedrichstraße hinunter, dann nach links in Richtung Kreuzberg und dann lange geradeaus, vorbei am taz-Haus und am Springer-Haus und dann durch eine Strecke aus 50er-Jahre-Bebauung, wo man nie anhielt, sondern immer nur durchfuhr. In der Oranienstraße ging sie in eine Buchhandlung und stellte sich vor, wie Julians Roman hier in einem Jahr liegen würde, ein aufgeblasenes Stück Schnöselliteratur voll eigenwillig geschraubter Sprachfehlkonstruktionen, außer ein paar Literaturkritikern würde kein Schwein sich dafür interessieren, und nach ein paar Monaten würde man es als *Mängelexemplar* im sogenannten *modernen Antiquariat* finden. Seit einiger Zeit wurden *Mängelexemplare* nicht nur zu solchen gestempelt, sondern auf der Rückseite regelrecht perforiert. Dafür musste es ein spezielles Instrument geben, eine metallene Kralle, nur zum Zweck der Mängelexemplarmarkierung erfunden, die sich in die Rückseite des Buches bohrte und ihm eine Reihe von regelmäßigen Löchern verpasste, die sich dann beim Lesen auf den letzten fünfzig Seiten bemerkbar machten, zunächst als leichte Ausbeulungen im Papier, die mit jedem Umblättern größer wurden, bis das Buch am Ende kaum mehr lesbar war, und das war dann tatsächlich ein *Mangel*. Jeder wusste, dass *Mängelexemplar* ein beschönigender Ausdruck für *Ladenhüter* war, aber durch dieses Zerhackung wurde das Wort zur Tatsache, und wenn man mal so angefangen hatte, dann gab es eigentlich keinen Grund, das Buch nur auf der Rückseite zu misshandeln, dann konnte man es genausogut auf der Vorderseite durchlöchern, den Umschlag abreißen oder es in zwei Hälften schneiden. Es gab keine Grenze, das war genau wie bei den Warnhinweisen auf Zigarettenschachteln, die im Lauf der Jahre immer größer geworden waren, womit sie sich im Grunde ähnlich verhielten wie der Krebs, vor dem sie warnten. Maya wünschte sich Julians noch ungeschriebenes Buch als Mängelexemplar, unten gestempelt und hinten durchlöchert, stapelweise in der Mängelexemplarbuchhandlung schräg gegenüber vom Deutschen Theater zum Preis von 3.99 Euro, aber sogar von diesem Stapel sollte es niemand kaufen, und Julian selber sollte währenddessen traurig und totenbleich auf der

Bettkante sitzen wie der Typ auf dem Zigarettenschockbild, der keinen mehr hochkriegte. Die schrecklichen Krankheiten von den anderen Schockbildern wünschte sie ihm nicht, aber Impotenz durchaus. Sie verließ den Buchladen, machte ihr Rad wieder los und schaute aufs Handy. Dort war eine Nachricht von Niloo:

Das war jetzt irgendwie nicht ganz so schlau.

Maya schrieb zurück: *Wieso?* dann stieg sie wieder aufs Rad und fuhr weiter, und als sie am Betonkreisel des Kottbusser Tores an der Ampel wartete, nahm sie das Handy wieder aus der Tasche, und da hatte Niloo geschrieben:

Kommt halt nicht so gut, wenn wir uns vor Natalie anzicken wie 🙄🤦..

Maya schrieb zurück:

Julian ist ein Idiot und du hättest ja auch mal was sagen können.

Dann war die Ampel grün, sie fuhr wieder los, den Kottbusser Damm hinunter bis zum Hermannplatz, den einige ihrer Freunde »Gazastreifen« nannten, dann vor dem Gazastreifen links in die Sonnenallee, wo sie nach ein paar hundert Metern vor einem arabischen Supermarkt ihr Rad festmachte. Niloo hatte geschrieben: *Ich fand diesen Brief von Gott halt auch nicht so komplett schlagend zwingend überzeugend umwerfend prickelnd.* Maya schrieb nichts, sondern ging in den Supermarkt, kaufte Tomaten und Zwiebeln und Knoblauch und ein Kilogramm Merguez-Würste, in kleineren Mengen gab es die nicht, und eine Packung mit 500 Gramm gerösteten und gesalzenen Maiskörnern und dann noch eine sperrige Plastikschachtel mit irgendeiner skandalösen Süßigkeit. Sie stopfte alles in ihren Rucksack, setzte sich wieder aufs Rad und bemerkte, dass der Hinterreifen platt war. Also schob sie die letzten Meter nach Hause.

Die isländische Hackerin und ihre chinesische Geliebte glitten wie zwei elegante Tiere nackt unter- und übereinander zwischen weißen Laken und goldbrokatdurchwirkten Vorhängen, durchs halb offene Fenster sah man den Bosporus und die Hagia Sophia, sie waren auf ihrer Mission in Istanbul gelandet und hatten sich im teuersten Luxushotel einquartiert, weil sie einen Koffer voll Bargeld hatten, der weg musste, und jetzt hatten sie Sex. Ihre Zungen umspielten einander, die Hand der Hackerin glitt über die nackten Brüste der Geliebten, die man aber nur als Silhouette im Gegenlicht sah, weil es bei Netflix strenge Regeln gab, was gezeigt werden durfte und was nicht, dann glitt die Hand der Geliebten über eine lange Narbe am Rücken der Hackerin, zu deren Herkunft es irgendwann eine Rückblende geben würde, in der erklärt wurde, inwiefern die Figur traumatisiert war – alle waren immer traumatisiert, und wenn man das Trauma offenlegte, gab es zur Belohnung *Emotionen* –, dann verschwand die Hand der chinesischen Geliebten nach unten aus dem Bild und dann wurde aus der Sexszene eine Montagesequenz, in der beide weiter in dem Luxushotel wohnten und auf Laptops herumtippten, die lange bunte Zeichenketten auf schwarzem Grund zeigten. Zwischendurch hatten sie wieder Sex, bei dem wieder nicht viel zu sehen war.

Jacob hatte sich dazu ein Musikstück ausgedacht, das eigentlich gar kein Musikstück war, sondern eine Collage aus einer Tonfolge, die er auf den obersten Tasten des verstimmten Klaviers gespielt hatte und von der er dann die Grundtöne so weggefiltert hatte, dass nur ein geisterhaftes Geräusch übrigblieb, und dazu eine wiederkehrende Folge von drei Akkorden, die nacheinander aus weiter Entfernung angeweht kamen und wieder verschwanden.

Jacobs Handy, das neben dem Laptop lag, vibrierte und zeigte eine Nachricht an. Die Frau, die weiterhin mit *Steffi* unterzeichnete, hatte ihm schon am Morgen nach dem Abend, an dem er sie gelöscht hatte, wieder geschrieben. Er hatte sie nicht neu eingespeichert, ihre Nachrichten erschienen jetzt unter ihrer Nummer. Als sie ihm wieder geschrieben hatte, war er nur bis zum späten Nachmittag desselben Tages standhaft geblieben, dann hatte er ihr geantwortet, seitdem schrieben sie sich hin und her, und jedesmal, wenn ihre Nummer auf dem Handy erschien, machte sein Herz einen Sprung.

Schön, schrieb sie. Das bezog sich auf Jacobs Sexszenen-Musikstück, das er herausgespielt und ihr als MP3 aufs Handy geschickt hatte.

Danke, schrieb er zurück.

Er hörte, wie die Wohnungstür sich öffnete und dann wieder ins Schloss geworfen wurde. Schritte stampften in die Küche, ein Brett wurde auf die Arbeitsplatte geknallt und eine Pfanne auf den Herd gedonnert.

Ich finde, irgendwas fehlt noch, schrieb Jacob an Steffi.

Die Antwort kam sofort: *Vielleicht eine Melodie.*

Melodien sind in der Filmmusik nicht mehr gefragt, schrieb Jacob zurück.

Dann nicht, antwortete sie.

Jacob ließ den Film mit seiner Musik laufen. Und dann ohne Musik. Die Sache war zumindest insofern eindeutig, als dass es ohne Musik überhaupt nicht funktionierte. Jacob griff zur Gitarre, ließ den Film mit seiner Musik laufen und versuchte eine Melodie zu erfinden. Die Hackerinnen berührten einander und stöhnten vor Lust, Maya hackte in der Küche Zwiebeln und Tomaten, Jacob ließ seine Finger über den Hals der Gitarre gleiten und stellte sich vor, er wäre ein guter Gitarrist, und stellte sich zugleich vor, wie er die Frau, die ihm Nachrichten schrieb, im Arm hielt und küsste, so wie die beiden Hackerinnen sich küssten. Er spürte, wie dabei keine Melodie entstand, aber eine Erektion, und schämte sich.

Moses schämte sich nicht für das, was im selben Moment zwei Kilometer entfernt stattfand. Er war glücklich, wie er sich nicht erinnern konnte, jemals glücklich gewesen zu sein. Betsies Körper war in ihm und er in ihrem, er sog ihren Geruch ein, atmete ihren Atem, verlor sich in ihrem Haar, so etwas war ihm noch nie passiert. Sie hatten sich am Nachmittag in einem Lokal am Kanal getroffen, die September-sonne hatte geschienen, sie hatten Kaffee getrunken und über irgend-was geredet, und zugleich hatte eine ganz andere Konversation stattgefunden, die aus Blicken und Berührungen bestand. Dann war Betsie kurz verschwunden, und während sie weg war, hatte Moses sich überlegt, dass das so nicht weitergehen konnte. Wenn sie wiederkam, würde er ihr die Wahrheit sagen, und sie würde ihm verzeihen, denn die Alltagsrassismusgeschichte, die am Anfang der Geschichte stand, die stimmte ja, und das war für Leute in Betsies Alter die Killerapplikation. Moses selber hatte sich immer eher darüber lustig gemacht, denn in seinen Kreisen herrschte die Übereinkunft, dass es egal war, wie jemand aussah, und dass jeder, der das anders sah, sich damit in ein Abseits stellte, das mit dem 20. Jahrhundert zu Staub zerfallen und vom Wind der Geschichte davongeweht werden würde. Aber seit einiger Zeit fiel ihm auf, dass jüngere Leute nachwuchsen, in deren Welt genau das der zentrale Skandal war. Die Luft, die sie atmeten, war ein zündfähiges Gemisch aus Rassismus und Sexismus und ein paar anderen Ismen, da reichte ein Funke, und sie explodierten. Er musste also, wenn er sein Sprachversteckspiel offenlegte, sofort auch die Alltagsrassismuskarte ziehen, dann gab es vielleicht eine Chance, die Situation zu retten. Dann hatte ihn jemand vom Nachbartisch auf Englisch angesprochen, um Feuer gebeten und ihn auf sein T-Shirt angesprochen, auf dem *Stornoway* stand. Der Mann war dem Akzent nach Südafrikaner oder Australier, außerdem war er Fan dieser nicht besonders bekannten Band, die zwei Alben gemacht und sich dann wieder aufgelöst hatte, aber Moses konnte nicht viel dazu beitragen, denn das T-Shirt hatte Jacob ihm überlassen, weil es ihm zu groß gewesen war, und als Moses dem Australier das gesagt hatte, war Betsie schon wiedergekommen, und jetzt konnte Moses nicht mehr ins Deutsche wechseln, vor Dritten ging das nicht, der Moment war vorbei. Sie hatten ihren Kaffee bezahlt und Scherze darüber gemacht, wer die Rechnung begleichen sollte, weil Betsie sich auf keinen Fall einladen lassen wollte, dann waren sie am Kanal entlangspaziert und hatten sich auf eine Bank gesetzt, wo bereits eine Mutter mit einem Baby saß. Das Baby hatte Moses angeschaut, Moses hatte Grimassen geschnitten, das Baby war begeistert, und Moses hatte gesagt »I love flirting with babies, they never let you down«, und da hatte er gemerkt, wie in Betsies Herz eine Tür aufging, und Betsie hatte das auch gemerkt, die Tür erstmal wieder zugemacht, weil ihr das zu schnell ging, und sich trotzdem darüber gefreut, wie in Moses' Gegenwart die ganze Welt sich in eine Art absurden Witz verwandelte. Später lagen sie in ihrem Bett, Moses wollte sagen »so etwas ist mir noch nie passiert«, dann dachte er, dass das untervögelt und verzweifelt wirken könnte, und dann sagte Betsie »I like your hands«, und da fiel ihm gerade noch rechtzeitig ein, dass er Englisch sprechen musste, und er verfluchte seine Idiotie und fragte sich, was passieren würde, wenn er jetzt auf Deutsch antworten würde, und zwar etwas besonders Dämliches, zum Beispiel »wie war ich?«, und über diese Vorstellung musste er lachen.

»What's funny?«, fragte Betsie.

»Nothing«, antwortete Moses, »I really like being with you, but I'm not sure how to tell you because you could think I'm some needy weirdo, and I thought that's crazy, being unable to tell someone you like them just because you're afraid you might look like an idiot, and that's kind of funny, isn't it?«

»You are kind of funny«, sagte Betsie und küsste ihn, wühlte ihm durchs Haar und schaute ihm in die Augen. »You are funny, and you are also strange. Tell me about your life.«

Ihr deutscher Akzent gab Moses das Gefühl, unzulässigerweise in ihre Privatsphäre einzudringen. »Birth, school, work, death«, sagte er.

»I get it. You are trying to be one of those mysterious guys«, sagte Betsie. »Mr. Mystery. Whoo-hoo.«

Verdammt, dachte Moses. Sie wurde zickig, aber *zickig* durfte man nicht sagen, zumindest nicht zu Frauen, die reagierten da pikiert beziehungsweise *zickig,* sie fühlte sich also an der Nase herumgeführt, auf den Arm genommen, einen Bären aufgebunden, zum Narren gehalten, verschaukelt, vergackeiert, verhohnepipelt – es gab viele schöne Ausdrücke, die kein Mensch mehr benutzte, denn heute sagte man nur noch »verarscht«. Betsie hatte Verarschtwerdungsverdacht, und das völlig zu Recht.

Moses sah ihr in die Augen und sagte: »When I had sex for the first time, I was 17, I came after 30 seconds, the girl's name was Annifrid, and the whole thing was totally horrifying and I had no sex for the next four years. That's basically the story of my life.«

»You made some progress in the meantime,« sagte Betsie.

Moses zog sich seine Hose über und ein T-Shirt an, um ins Badezimmer zu gehen, denn Betsie wohnte ja in einer WG, da konnte jederzeit jemand nach Hause kommen, da wollte er nicht nackt im Flur stehen. Als er im Badezimmer war, drehte sich tatsächlich der Schlüssel, und eine Männerstimme rief »hallo«. Es war viertel vor sechs, die würden jetzt bald alle nach Hause kommen und dann in der WG-Küche beieinandersitzen. Seine Unterhose lag noch in Betsies Zimmer, also tat er, was er im Bad zu tun hatte, und zog dann seine Jeans wieder an, um so den Rückweg in Betsies Zimmer zurückzulegen und sich dort aus- und in der richtigen Reihenfolge wieder anzuziehen. Betsie stand auf, küsste ihn im Vorübergehen, zog sich einen Bademantel an und ging ins Bad. Moses betrachtete die Buchrücken in ihrem Regal und versuchte sich über das weitere Vorgehen klar zu werden. Er wusste nicht, in welchem Verhältnis Betsie zu ihren Mitbewohnern stand. War es eine verschworene Gemeinschaft oder eine sogenannte Zweck-WG? Waren die Mitbewohner ihre innigsten Herzensmenschen, und war es dann schon an der Zeit, Moses diesen Herzensmenschen vorzustellen? Würde Betsie ihn fragen, ob er zum Abendessen bleiben wollte, oder war es seine Aufgabe, zu verkünden, dass er jetzt gehen musste? Moses wusste nur, was er auf keinen Fall wollte: Einen geselligen Abend mit Betsies WG, bei dem er die ganze Zeit Englisch reden und so tun musste, als wäre er in Norwegen aufgewachsen. Vielleicht war einer ihrer Mitbewohner sogar mal in Norwegen gewesen und hatte sich *in das Land verliebt* und würde Insiderwissen abfragen und Norwegisch mit ihm reden, dann wäre er aufgeflogen und alles im Eimer. Moses wurde heiß und kalt und übel. Er musste hier weg.

Betsie kam angezogen aus dem Bad zurück.

»Wanna go out and have a drink?«, fragte er.

»I'd love to«, sagte Betsie, »but I feel I should stay at home, because I gotta get up at seven and there's a long day with seminars and stuff.«

Okay, dachte Moses, das lässt sich retten, und er sagte: »Cool, but maybe we should go out and have a drink some other time? Because I really like you a lot and I'd be excited to see you again and maybe again and then, again and maybe even again.«

Betsie lächelte. Es hatte funktioniert. Aber was hatte funktioniert? Er hatte doch einfach nur die Wahrheit gesagt und fühlte sich trotzdem wie ein Hochstapler.

Sie küsste ihn auf die Nase. »See you soon«, sagte sie. Er liebte dieses Lächeln. Er liebte ihr Gesicht. Er musste sich mit aller Gewalt beherrschen, um ihr nicht genau das zu sagen. Er umarmte sie zum wiederholten Mal, küsste sie, die Tür schloss sich hinter ihm.

Moses stand auf dem Treppenabsatz und war schweißgebadet, als käme er aus der Sauna.

Er zog das Handy aus der Tasche. Sein Vater hatte geschrieben:

NA WIE LÖÄUTFS?

Dann öffnete sich die Wohnungstür wieder, und Betsie rief: »Moses! Wait!«

Moses blieb auf der obersten Stufe stehen.

»I think Pascal just came home. You want to talk to him?«

Bevor er antworten konnte, hatte Betsie schon den nächsten Schritt getan. »Come in«, rief sie, dann ging sie zur ersten Tür im Flur, klopfte und rief: »Pascal!«

»Ich bin nicht Pascal!«, rief eine Stimme aus dem Bad, und danach erklang die Klospülung. Die Badezimmertür öffnete sich, und heraus trat ein Mann von der Sorte, bei deren Anblick Moses sofort Komplexe bekam: einsfünfundachtzig, sonnengebräunt, gewinnendes Lächeln,

Typ Surflehrer oder Tauchlehrer, oben blonde Locken, darunter rasierter *Undercut*, zwei oder drei Festivalarmbändchen am Handgelenk, aber nicht *Rock am Ring* oder *Proletenparty im Park*, sondern *Fusion* oder *Garbicz*.

»Ist das Demenz«, sagte der Mann zu Betsie, »oder was geht bei dir, dass du mich mit Pascal verwechselst, du Spaßbombe?« Er trat auf Betsie zu, legte ihr den Arm um die Schultern und *knuddelte* sie. Betsie kicherte. Moses war restlos verunsichert. Solche Typen waren es, die immer die Frauen abkriegten, also zumindest die Frauen, auf die er stand. Der Typ *knuddelte* Betsie. Hatten die hier alle was miteinander, oder war das einfach freundschaftlich? Wie ungeheuer souverän musste man sein, um eine so atemberaubende Frau wie Betsie einfach in den Arm zu nehmen, ihr um Haaresbreite nicht an den Hintern zu fassen und sie zu *knuddeln* wie ein Stofftier? War der mit zwanzig Schwestern aufgewachsen? Moses mit seinen zwei Schwestern hätte sich nie getraut, eine Mitbewohnerin so anzufassen, wie dieser Typ Betsie anfasste, der ihm jetzt die Hand hinstreckte und sagte: »Tach. Torben.«

»Hi. Moses«, antwortete Moses, sprach seinen eigenen Namen englisch aus und kam sich wieder vor wie ein Verbrecher.

»Torben and I know each other for like twelve years«, sagte Betsie, »he's like my brother.« Anscheinend wollte sie die Situation einordnen, damit Moses nicht denken sollte, jeder beliebige Mann könne sie einfach so *knuddeln*, aber von Torbens Seite war dieses Geknuddel natürlich eine Alphamännchenmachtdemonstration. Betsie hatte einen Typen in die Wohnung geholt, der offensichtlich scharf auf sie war, da musste man kurz den Macker raushängen lassen und klarstellen, wer die älteren Rechte hatte, natürlich nur im Spaß, aber es war ein Spaß, der aus den Abgründen von Jahrmillionen kam.

Moses und Torben schüttelten Hände. »Nice to meet you«, sagte Moses, »hi and Bye. Short, but sweet.« Er schaute Torben in die Augen und hielt den Blick etwas länger als nötig. Er ließ Torbens Hand los, umarmte

Betsie, ließ seine Hand ungeniert auf ihr Gesäß wandern und küsste sie auf den Nacken. »What was that«, sagte er, während er Betsie im Arm hielt und auch anfing, sie zu *knuddeln*, »du Spass-Bombe? Is that, like, fun bomb?« Es machte ihm großes Vergnügen, das Wort englisch auszusprechen. »Is that how you say *I like you* in German? With a war analogy?« »Not really«, sagte Torben.

»*Du kleine Spaßbombe*«, sagte Moses mit aufgesetztem Akzent, »I like that word.« Dann ließ er Betsie los und sagte: »It's been a pleasure! Now this lady needs to get up early, so I'm leaving you two *Spass-Bombs* alone. Bye!«

Er deutete eine Verneigung vor Torben an und konnte es nicht lassen, auch noch einen imaginären Hut zu ziehen. Betsie schaute ihn an und konnte nicht ganz einordnen, was passierte. Moses sah ihr tief in die Augen. Drei oder vier Sekunden. Er kannte sich selbst nicht mehr. Es passierte alles ganz von allein. Er nickte leicht und lächelte. Dann drehte er sich um und ging. Als er unten im Hausflur bei den Briefkästen war, zog er das Handy wieder hervor und antwortete auf die Nachricht seines Vaters.

Läuft okay, schrieb er.

Die Merguez vom arabischen Metzger schrumpften in der Pfanne auf ein Drittel des Volumens. Maya hatte zehn Stück in die Pfanne gelegt und die anderen 30 eingefroren. Sie hatte Zwiebeln geschnitten und mit viel Knoblauch angebraten, die Tomaten zerkleinert und eine schöne rote Pampe hergestellt, jetzt streute sie großzügig Salz darüber und Rosmarin, den sie von einer kroatischen Insel mitgebracht hatte, wo sie im vorletzten Sommer mit Niloo und Servet und Julian gewesen war, nur Semjon war nicht dabei gewesen, weil der irgendwas für seine Mutter machen musste. Semjon musste immer was für seine Mutter machen, die hatte ihn aus dem weißrussischen Dreckloch herausgeholt und nach Deutschland gebracht und sich für ihn totgearbeitet, deswegen durfte sie jetzt jederzeit anrufen, wenn irgendwas war, und dann musste Semjon nach Augsburg fahren und das Fenster reparieren oder den Nagel in die Wand hauen. Maya war weiter wütend, aber die Würste waren fertig, die rote Pampe war essbar und die Küche voller Nebel. Sie schrie:»Essen ist fertig!« und verließ sich darauf, dass Jacob das schon hören würde. Die Musik, die aus Jacobs Zimmer drang, klang anders als das, was Jacob sonst machte. Es war ein regelmäßiges Motiv und darüber ein Gitarrensolo, das ihr merkwürdig gut gefiel. Darunter lag etwas, das klang wie stöhnende Frauenstimmen. Maya ging nach nebenan. Es waren stöhnende Frauenstimmen. Auf dem Monitor lief eine lesbische Sexszene in Dauerschleife, Jacob saß auf dem Sofa, hatte die Gitarre auf dem Schoß, die Augen geschlossen und spielte gedankenverloren eine Melodie.

Maya räusperte sich. Jacob erschrak, hörte auf zu spielen und stoppte den Film.

»Vertonst du jetzt Pornos?«, fragte sie.

»Jawohl« sagte Jacob.

»Es gibt geschrumpfte Merguez und Tomatenpampe.«

»Ich komme.«

Sie aßen am Küchentisch und hingen beide ihren Gedanken nach. Dann machte Jacob den Abwasch, danach ging er zurück ins Nebenzimmer, ließ den Film laufen und versuchte, die Melodie auf der Gitarre wiederzufinden, doch es gelang ihm nicht.

Er guckte aufs Handy. Keine Nachricht von der Schweizer Nummer, auf die er bereits konditioniert war wie Pavlovs Hund. Er schaltete das Handy aus, ging quer durchs Zimmer und legte das ausgeschaltete Handy ins Bücherregal. Dann öffnete er am Laptop ein neues Projekt und importierte den Filmausschnitt mit dem Einbruch im Louvre. In den würde er sich jetzt vertiefen, ohne ein einziges Mal an Steffi aus der Schweiz zu denken, und würde nicht aufhören, bevor er nicht etwas Sinnvolles zustande gebracht hatte.

Jacob baute ein Mikrofon auf, um die Gitarre aufzunehmen. Für die Stromversorgung des Mikrofons, die man als *Phantomspeisung* bezeichnete, gab es am Mischpult eine Kontrollleuchte, und diese Leuchte flackerte. Das tat sie sonst nicht. Er nahm die Gitarre, setze Kopfhörer auf, ließ die Musik laufen und spielte dazu. Dann hörte er die Aufnahme ab. Sie gefiel ihm.

Er ging ans Regal, nahm das Handy und schaltete es wieder ein. Nach fünf Sekunden vibrierte es und hatte eine Nachricht empfangen. *Ist Ihnen eine Melodie eingefallen?*

Er schrieb zurück: *Ja.*

Sie antwortete: *Schön.*

Und dann, nach einer Pause von zehn Sekunden:

Ich bin möglicherweise Ende nächster Woche für zwei Nächte in Berlin.

Maya hatte Niloo auf ihre letzte Nachricht nicht geantwortet, und Niloo hatte nichts mehr geschrieben. Maya stellte den Laptop auf den Küchentisch und fing an zu schreiben, ohne zu überlegen. Es war ganz klar. Wenn Niloo den Brief von Gott nicht verstand, dann nicht deswegen, weil es zu weit ging, sondern weil es nicht weit genug ging. Sie musste dem Anfang ein Ende hinzufügen, und der Rest war Schreibarbeit. Sie griff nochmal zum Handy und schrieb an Niloo:

War ja auch halbgar. Wird jetzt aber fertig gekocht und baldmöglichst gut durchgebraten serviert.

Dann fing sie an zu schreiben. Es war 20:32 Uhr.

Sechseinhalb Stunden später war sie fertig, die Küchenuhr zeigte drei Uhr, und Maya fiel fast vom Stuhl. Gegen viertel nach zehn hatte sie die Süßigkeit vom Araber aus der Plastikschachtel geholt und aufgegessen, eine halbe Stunde später hatte sie die Tüte mit den gesalzenen Maiskörnern aufgemacht, die aber so fettig waren, dass man sich andauernd die Finger waschen musste, also hatte sie sie wieder weggestellt und dann gegen halb eins eine Flasche Wein aufgemacht, nicht weil sie unbedingt Lust darauf gehabt hätte, sondern weil sie sich fühlen wollte wie ein Literat aus dem 20. Jahrhundert, der erst nach drei

Gläsern Wein in Fahrt kam und anfallsartig geniale Textmengen in die Schreibmaschine haute, und aus demselben Grund hätte sie gern geraucht, am liebsten gleich zwei Zigaretten gleichzeitig, eine im Mundwinkel und eine im Aschenbecher, aber dann war ihr aufgefallen, was sie sowieso wusste, dass nämlich der alkoholisierte Schaffensrausch bei ihr nicht funktionierte, sie wurde nur träge und ein bisschen albern, daraufhin hatte sie gegen halb zwei die Flasche wieder in den Kühlschrank gestellt, und jetzt war sie fertig.

Sollte sie das den anderen schicken? Und warten, bis eine Mail von Julian kam? Nein. Sie würde es den anderen vortragen, es sollte sie unvorbereitet erwischen. Maya klappte den Laptop zu und ging nach nebenan. Jacob saß mit erstaunlich krummem Rücken vor dem Computer und trug Kopfhörer.

»Ich geh mal schlafen«, sagte Maya und winkte ihm zu. Jacob setzte die Kopfhörer ab, sagte:»Ich komme auch« und setzte sie wieder auf. Maya ging ins Bad, dann ins Bett und versuchte in einem Buch zu lesen. Jacob erschien nicht, dann fiel sie in einen Schlaf, von dem sie nicht wusste, ob es Schlaf war, dann wurde es hell und Jacob lag neben ihr. Sie fühlte sich, als wäre jemand die ganze Nacht auf ihr herumgetrampelt, dann fiel ihr wieder ein, was sie in der Nacht geschrieben hatte, und im gleichen Moment freute sie sich und hatte zugleich Angst, dass ihre gute Idee von gestern sich bei erneuter Betrachtung als doch nicht so gut herausstellen könnte.

Im Laufe des Vormittages ereignete sich in der Whatsapp-Gruppe des Kollektivs Impenetranza#62C die folgende Konversation:

Julian: Sorry Leute, ich fand das gestern ein bisschen daneben und weiß nicht genau wie wir weitermachen sollen. 🫣

Servet: ☹ Magst du nicht echt mal nen Textvorschlag machen?

Semjon: Sry, was war daneben?

Niloo: Peace everybody 💜💜🤍💜🐧🕊️🪅

Julian: Ja, aber ist das der richtige Weg wenn einfach irgendwer irgendwas raushaut egal ob ich das bin oder Maja?

Maya: y

Julian: Ich hab unser Kollektiv so verstanden dass der geniale Alleingang genau das ist was wir nicht wollen

Maya: Ist dein Roman nicht auch ein genialer Alleingang?

Semjon: Kann mir mal einer verraten was gestern los war? 🥴

Julian: Das erzählt Maja dir bestimmt gern.

Maya: Maya mit y, sonst nenn ich dich Yulyan.

Niloo: Sei froh, dass er dich nicht Maier nennt 😉😊👺 🤭

Julian: ???

Niloo: Scherz 🃏😄 🐸🌷

Semjon: Maja Maier 😈

Servet: und was machen wir jetzt ?

Maya: Ich hab gestern nacht was geschrieben.

Niloo: 😎 🎻 genialer alleingang?

Semjon: geil schick rüber 😊👆

Maya: ich würde euch das lieber vortragen

Julian: in den anderthalb Stunden die wir morgen auf der Bühne haben oder was?

Maya: Können uns ja schon vorher treffen

Julian: Vorher kann ich nicht

Maya: Oder danach.

Servet: muss danach gleich weiter abenddienst Schaubühne

Niloo: schick rüber deinen genialen Alleingang 🐶👾 📲🔨

Maya: ungern

Semjon: sei kein 🐸

Maya: nee

Niloo: doch

Maya: ok

Also las Maya ihren Text nochmal durch und korrigierte ein bisschen daran herum, dann schickte sie ihn in die Gruppe. Es hatte zu regnen begonnen. Sie suchte Werkzeug und Flickzeug, schob ihr nasses Fahrrad aus dem Hinterhof in den Hausflur und versuchte zehn Minuten lang bei schlechter Beleuchtung, die sich alle drei Minuten abschaltete, den Reifen von der Felge zu hebeln. Dann gelang es ihr, sie flickte den Schlauch, fand im Reifen keine Scherbe, versuchte eine weitere Viertelstunde lang, den Reifen zurück in die Felge zu zwingen, und fluchte dabei immer lauter, bis ihr auch das gelang, pumpte dann den Reifen auf, war sehr befriedigt über sich selbst, brachte das Werkzeug nach oben und ging wieder nach unten, um mit dem Fahrrad irgendwohin zu fahren.

Jacob stand unter der Dusche, und in Erinnerung an Moses' Theorie vom Zusammenhang zwischen kaltem Wasser, Gesang und Lebensfreude schwenkte er den Wasserhebel nach rechts. Das kalte Wasser war ein Schock, er versuchte weiterzuatmen und dann zu singen, wie Moses es empfohlen hatte, aber er konnte sowieso nicht singen. Er stellte die Dusche ab und griff zum Handtuch. Es war kurz nach zwölf. Maya war nicht in der Wohnung. Jacob machte sich einen Kaffee und setzte sich mit der Tasse aufs Sofa. Dabei fiel ihm auf, dass er das nur höchst selten tat: Einfach irgendwo sitzen, Kaffee trinken, nichts tun. Diese Aktivität gab es vor allem in Filmen und Werbespots oder in Zeitschriften, in denen Leute *den Moment genossen*. Jacob versuchte den Moment zu genießen, was aber nicht so einfach war, weil seine Gedanken dauernd zu irgendeinem anderen Moment wanderten. Dann war die Tasse leer, und er bemerkte, dass er mit den Gedanken schon wieder woanders war. Vielleicht brauchte man zwei Tassen Kaffee, um einen Moment zu genießen. Er stand auf, ging in die Küche und nahm sich vor, wenigstens den Moment des Kaffeemachens bewusst zu genießen. Er schraubte bewusst die Kanne auf, entleerte bewusst den Kaffeesatz in den Müll, füllte bewusst Wasser und Kaffeepulver ein, schraubte das Oberteil der Kanne bewusst aufs Unterteil. Dabei fielen ihm die Hackerinnen aus der Netflixserie ein. Die hatten in ihrer Sexszene ausführlich den Moment genossen. So war das vermutlich gedacht. Wann hatte er zum letzten Mal beim Sex *den* Moment genossen? Wann hatte er überhaupt das letzte Mal Sex gehabt? Er konnte es nicht sagen. Vielleicht, weil er nicht bei der Sache gewesen war? Oder im Gegenteil, weil er da so *im Moment* gewesen war, dass er sich hinterher an nichts erinnern konnte?

Die Kaffeekanne fauchte, Jacob nahm sie vom Herd und stellte fest, dass er schon wieder nicht im Moment war. Dafür war er jetzt in einem anderen Moment. Er war zwölf Jahre alt, saß im elterlichen Wohnzimmer und ließ im CD-Player das Lied *Runaway Train* von der Band *Soul Asylum* laufen. Dann stoppte er den Song, um ihn am Klavier nachzuspielen. Dann wieder zum CD-Player, hin und her, obsessiv und stundenlang, und er würde nicht aufhören, bevor er der Musik nicht ihr Geheimnis entrissen hatte und verstand, welcher Akkord auf welchen folgte. Als er das Lied dann endlich entschlüsselt hatte, begann er sogleich, das Ergebnis in eine andere Tonart zu transponieren. Es gab zwölf Tonarten, er wollte *Runaway Train* und auch jeden anderen Song der Musikgeschichte in allen zwölf Tonarten spielen können.

Dann war in einem Augenblick alles explodiert. Die Tür des Arbeitszimmers im Untergeschoss hatte sich geöffnet, sein Vater war die Treppe hinaufgestampft, jeder Schritt ein Tritt gegen ein Brett aus Wut, dann hatte er Jacob angeherrscht, er solle endlich verdammt nochmal aufhören mit dem Geklimper, Jacob war vom Klavierhocker hochgefahren, sein Vater hatte den Deckel auf die Tasten geknallt, Jacob war zurückgewichen, und er sah die Verachtung in den Augen seines Vaters, bevor der sich abwendete und im Weggehen noch schnaubte: »Ich melde dich jetzt mal im Sportverein an, da kannst du deine überschüssige Energie abreagieren.« Jacob hatte alles, was er empfand, hinuntergeschluckt, und vom Gefühl der Wut und Ohnmacht blieb nur ein großer Klotz in seinem Magen. Er war im Wohnzimmer sitzengeblieben und hatte durch die Gardinen hinausgeschaut in den Aprilnachmittag. Dann hatte er Schuhe und Jacke angezogen, seinen Schlüssel genommen, sich aufs Rad gesetzt und war in die Stadtbücherei gefahren, wo es Kinderbücher gab, für die er sich zu alt fühlte, und Erwachsenenbücher, die er zu lesen versuchte und sich dabei vorkam, als hätte jemand eine Packung Mehl aufgerissen und gesagt: bitte schön, lass es dir schmecken. In der Bücherei gab es eine Wand mit Zeitschriften, dort landete er meistens bei einem gelben Blatt namens *P.M.Magazin*, das über Neuigkeiten aus Wissenschaft und Technik berichtete, und dort saß er dann, las Berichte über Nurflügelflugzeuge oder die aufregenden Perspektiven, die das heraufdämmernde Internet für das ebenfalls heraufdämmernde 21. Jahrhundert zu bieten hatte. Zum Abendessen war er wieder zuhause, saß schweigend zwischen den Eltern und aß Graubrot mit Salami. Manchmal richtete sein Vater das Wort an ihn, oft bemerkte Jacob das erst bei wiederholter Ansprache, und dann sagte sein Vater: »Du träumst.« Seine Eltern sprachen oft über Leute, die Jacob nicht kannte und die meist paarweise erschienen, sie hießen Walter und Irene, Helmut und Theresa, Irmtraud und Peter. Jacobs Onkel Günther, der jüngere Bruder seiner Mutter, wurde irgendwann von seiner Frau betrogen und ließ sich scheiden. Für Jacobs Vater war Günther ein Würstchen und Günthers Frau Gudrun eine Megäre. Jacobs Mutter teilte die Abneigung gegen Gudrun, aber nicht das harte Urteil über Günther. Manchmal schwiegen seine Eltern, manchmal fand seine Mutter alles, was sein Vater tat und sagte, verkehrt, manchmal stritten sie sich und manchmal hielt sein Vater Monologe über irgendetwas, das in der Weltpolitik nicht in Ordnung war. Nach dem Wutanfall anlässlich von *Runaway Train* hatte er Jacob tatsächlich im Sportverein angemeldet, Jacob ging gehorsam ins Training, erst Volleyball, dann Leichtathletik, er versagte in beiden Disziplinen, der Trainer schüttelte den Kopf und wusste nicht, was er mit dem Jungen anfangen sollte. Als Jacobs Mutter das mitbekam und Jacob fragte, ob er wirklich so leichtathletikbegeistert sei und er ebenfalls den Kopf schüttelte, griff sie zum

Telefon und meldete ihn wieder vom Sportverein ab. Jacobs zentrales Interesse war weiterhin das Klavier, doch eines Tages sagte der Klavierstimmer, es tue ihm leid, er könne das Instrument jetzt zwar stimmen, aber dann könne er es morgen gleich nochmal stimmen und übermorgen wieder. In dieser Zeit kamen die ersten E-Pianos auf den Markt, die beinahe wie richtige Klaviere klangen, und die Frage, ob man für Jacob eines anschaffen sollte, führte zu einem hässlichen Streit zwischen den Eltern, in dem es vor allem um den vierstelligen Anschaffungspreis des Geräts ging und bei dem Jacobs Mutter sich schließlich durchsetzte. Den überwiegenden Rest seiner Jugend verbrachte Jacob dann unter Kopfhörern am E-Piano, gelegentlich von einem Blick seines Vaters gestreift, der keine Handhabe mehr hatte, ihm das zu verbieten, also verbot er ihm andere Sachen. Ob es die Abschiedsparty der französischen Austauschschüler war oder die Teilnahme am Projekt »Segelfliegen« in der Projektwoche am Schuljahresende, alles konnte unversehens zum Gegenstand eines Verbots und einer Moralpredigt werden, bei der Jacob den Kopf einzog und auf Durchzug schaltete. Keiner der Väter seiner Freunde war so. Zumindest erzählten seine Freunde nichts Derartiges, aber er selbst erzählte ja auch nichts.

Jacob fiel auf, dass er schon wieder den Moment nicht genossen hatte. Der Moment war anscheinend nicht genießbar.

Er ging an den Schreibtisch und ließ die Szene laufen, an der er die halbe Nacht gearbeitet hatte. Die Narbe auf dem Rücken der isländischen Hackerin kündete von ihrem Trauma. Waren der Wutanfall und das Verbotsgehabe seines Vaters ein Trauma, das er *aufarbeiten* musste? Oder war das nur das Grundrauschen einer durchschnittlichen Mittelstandsjugend, nicht weiter erwähnenswert?

In der Nacht hatte er die Musik nur auf Kopfhörern gehört. Jetzt klang sie neu und aufregend. Die Hackerinnen waren *im Moment*, Jacob war bei ihnen und ebenfalls im Moment. Er holte das Handy aus dem Bücherregal und schaltete es ein. Die Schweizer Nummer hatte geschrieben: *Na, waren Sie produktiv?*

Jacob war, als öffnete sich eine Tür zu einem Raum, in dem er noch nie gewesen war. Manchmal träumte er davon, in seiner Wohnung ein völlig neues Zimmer zu entdecken. Er fühlte sich, als säße er immer noch im Wohnzimmer seiner Eltern hinter der Gardine, als habe sein ganzes Leben in diesem Zustand stattgefunden, Flucht in die Musik und Flucht in die Stadtbücherei. Dass es ihm noch nicht mal beim Besuch im Sommer gelungen war, sich und seine Freundin gegen den Vater zu verteidigen, das zeigte, dass es so war, und dass er dieses Leben hinter sich lassen musste, wenn er überhaupt irgendwann *im Moment* sein wollte und nicht immer nur in einem anderen, längst vergangenen Moment. Und auch Maya war Teil dieses verkehrten Lebens, das er hinter sich lassen musste.

Bei diesem Gedanken wurde ihm kalt, und er hatte das Gefühl, einen fatalen Fehler zu machen, der sich nicht mehr korrigieren ließ.

Er antwortete der Schweizer Nummer: *Ja.*

Semjon, Servet und Natalie saßen in der ersten Reihe, Niloo auf dem Boden und Julian breitbeinig verkehrt herum auf einem Stuhl.

»Wir haben deinen Text gelesen«, sagte Natalie.

»Ich leider nicht«, sagte Semjon

»Dafür habe ich ihn zweimal gelesen«, sagte Julian.

»Magst du es nochmal zusammenfassen?«, fragte Natalie.

»Gern. Also, es gibt drei Akte. Im ersten Akt wird das Problem etabliert: Wir produzieren lauter Müll. Dann schreibt Gott einen Brief an die Menschheit und sagt, dass er die Welt jetzt kaputtmacht. Daraufhin bricht Panik aus, alle gehen sich gegenseitig an die Gurgel, nur unsere WG ist erst noch eine Insel der Einigkeit, die die Leute zu Kooperation und Vernunft bringen will, was ihnen auch fast gelingt, aber dann zerstreiten sie sich auch, und die ganze Welt zerfällt in Chaos und Anarchie. Aber dann kommt Gott von oben herabgeschwebt und sorgt für Ordnung, weil die Menschheit es allein nicht hinkriegt.«

»Deus ex machina«, sagte Natalie, nickte und machte sich eine Notiz.

»Ja«, sagte Julian, »das habe ich mir auch angestrichen.«

»So schlimm?«, fragte Maya.

»Ihr müsst euch halt überlegen, ob ihr das wirklich wollt«, sagte Natalie.

»Wir sollten in der Tat überlegen, ob wir uns diese Peinlichkeit antun wollen«, sagte Julian.

»Wieso Peinlichkeit?«, fragte Semjon.

»*Deus ex machina* ist ungefähr so, wie wenn du dich in die Philharmonie setzt und *Alle meine Entchen* spielst. Kannst du machen, könnte aber Kritik auf sich ziehen.«

»Ich hatte beim Lesen auf einmal die Idee, dass Gott eine Frau sein könnte«, sagte Servet.

Maya räusperte sich. »Ein Gott, der vorher nie in Erscheinung getreten ist und am Ende die Helden rettet, weil dem Autor nichts anderes einfällt, ist ja was anderes als ein Gott, der von Anfang an in der Geschichte mitspielt.«

»Ich verstehe, ehrlich gesagt, den Unterschied nicht«, sagte Julian.

»Was wir hier machen –«

»Sprich bitte von dir«, unterbrach Julian sie, »ich bin mir nicht so sicher, dass *wir* das machen.«

»Meine Güte. Die herkömmliche Dramaturgie verlangt, dass die Akteure ihre Probleme selber lösen, oder halt nicht, dann ist es eine Tragödie, und wenn ich Gott eingreifen lasse, dann habe ich das nicht hingekriegt und bin als Autor gescheitert. Was *dieser Text* macht: Er verwendet den Rückgriff auf Gott als bewusste Attacke auf die herkömmliche Dramaturgie, indem er sagt: Nö, die Menschen sind nicht in der Lage, ihre Probleme zu lösen, und indem ich Gott eingreifen lasse, halte ich ihnen diese Tatsache direkt vor die Nase. Also gehen wir am Ende raus und denken: Stimmt, Gott wird uns *nicht* retten, wir müssen selber was machen.«

Julian seufzte abgrundtief. »Ich weiß ja nicht, wie es euch geht, aber mir ist das etwas zu pädagogisch.«

Die Blicke wanderten zu Natalie, aber Natalie war in ihre Aufzeichnungen vertieft, schaute nur kurz auf und sagte: »Ich finde den Ansatz nicht unspannend, aber ich verstehe auch die Bedenken.«

Es war Niloo, die dann ihre Stimme erhob. »Vielleicht sollten wir mal zurück zu dem, was wir eigentlich wollten. Wir wollten ja mal was machen über geplante Obsoleszenz. Das ist ein konkretes Thema. Da geht's um Kapitalismus, um Umweltzerstörung, um Konzernhierarchien, wo jeder irgendwas optimiert, und am Ende ist das optimale Produkt eins, das nach drei Jahren kaputtgeht, und schon ist die Welt voller Müll. Das ist spannend. Aber jetzt sitzen wir da mit einem Text, wo zweimal Gott auftritt und die ganze Welt zerfällt, das ist auch spannend, aber vielleicht ist das ja ein anderes Thema, weil wir wollten was über geplante Obsoleszenz machen, und ich frage mich, ob wir dafür Gott brauchen.«

Julian zeigte mit beiden Zeigefingern auf Niloo, hob die Daumen, blickte in die Runde und nickte demonstrativ langsam.

»Ich glaube«, sagte Natalie, »da ist was dran.«

Alle schauten zu Maya. Jetzt nichts anmerken lassen, dachte Maya, ganz normaler Vorgang, passiert andauernd. Sie sagte: »Okay, war ja auch nur ein Vorschlag.«

»Dann halten wir fest, dass wir beim Titel des Abends bleiben, und der Ankündigungstext wird auch so übernommen?«, fragte Natalie. Alle nickten. »Gut. Ich könnte das spätestens Montag noch stoppen, aber dann ist das Programm im Druck, und es dann abzusagen, wäre peinlich und auch für euch nicht so günstig, wenn ich das so sagen darf. Kann ich mich auf euch verlassen?«

»Klar«, sagte Julian.

»Ich würde trotzdem gern einmal mit euch zur Intendanz gehen, damit ihr das Projekt vorstellen könnt. Einfach als Kennenlerngespräch. Übermorgen 17 Uhr. Wär das okay?«

»Klar, oder?« fragte Julian und sah dabei zu Niloo.

»Klar«, sagte Niloo.

Jacob war jetzt *im Moment*. Die Musik für den Einbruch im Louvre entstand von allein. Er hatte nichts damit zu tun. Sie fiel ihm von oben in den Kopf hinein, genau das war ja mit dem Wort *Einfall* gemeint, und er musste sie nur durchlassen zu seinen Händen und hinaus in die Welt. *Dienstagnachmittag hätte ich ein paar Stunden Zeit*, hatte die Schweizer Nummer geschrieben. Die Musik war fertig. Er machte eine MP3 daraus und schickte sie an die Schweizer Nummer. *Sie beeindrucken mich stets aufs Neue*, schrieb die Nummer zurück. Jacob öffnete die dritte Szene. Schlägerei mit Auftragskillern im Belgrader Hauptquartier der Hackerinnen. Das musste wieder *visceral* werden, der herkömmliche Filmkomponist würde die großen Trommeln rausholen, vielleicht auch verzerrte Gitarren oder eine elektronische Basslinie, aber Jacob war jetzt alles egal. Er hatte eine Aufnahme einer Dixie-Band von einer verrauschten alten Schellackplatte auf der Festplatte liegen, die öffnete er und schnitt ein zweitaktiges Schlagzeugsolo heraus, das war zwar eine Urheberrechtsverletzung, aber das würde nie jemand herausfinden, dann beschleunigte er diesen Schnipsel, stimmte ihn zugleich etwas tiefer und nahm das Resultat als rhythmische Basis für ein Stück Tanzmusik, zu dem die Schlägerei erstaunliche Freude machte und das nebenbei eine gewisse Lächerlichkeit in den Bildern zum Vorschein brachte. Auch hier machte die Arbeit sich von selbst, und die Zeit verstrich nebenbei. Vor den Fenstern wurde es dunkel, Jacob arbeitete weiter, fragte sich zwischendurch, wo Maya eigentlich war, und vergaß es dann wieder. Irgendwann kam Maya nach Hause, irgendwann legte er sich neben sie ins Bett, irgendwann saßen sie beide in der Küche und tranken Kaffee, dann ging Maya aus dem Haus und er wieder an den Rechner. Er war im Moment. Und ab und zu schrieb ihm die Frau, die sich Steffi nannte.

Er ließ die Schlägerei mit seiner Musik laufen. Bild und Ton reichten sich die Hände zum Tanz. Dann ließ er die Musik ohne Bild laufen. Auch das war gut. Sein Beitrag für den *HACK THE SYSTEM Scoring Contest* war fertig.

Er schrieb der Schweizer Nummer: *Feierabend. Freue mich auf weitere Begegnungen.*

Dann schaltete er das Handy aus, ließ es auf dem Tisch liegen, zog eine Jacke an und ging hinaus. Er wollte den *Kopf freikriegen.* Ohne Smartphone aus dem Haus gehen fühlte sich fast schon so an wie ohne Hose.

Er ging durch die Straßen, in seinem Kopf klang die Musik, die er in den letzten Tagen und Nächten gemacht hatte, und es war, als hätte es sie schon immer gegeben. Wenn ein Lied geschrieben war, dann war es unmöglich, sich eine Welt vorzustellen, in der dieses Lied nicht existierte. Man hatte es entdeckt, aber eigentlich war es schon immer dagewesen.

Frank Bretschneider, der Intendant des Deutschen Theaters, saß an seinem Schreibtisch und war dem Kollektiv Impenetranza#62C, das sich auf ein Sofa und zwei Sessel verteilt hatte, freundlich zugetan. Auf seinem Tisch stapelten sich Manuskripte, im Bücherregal hinter ihm stapelten sich auf den Büchern ebenfalls Manuskripte, und vor ihm lag ein Text, dessen Überschrift Maya lesen konnte, obwohl er aus ihrem Blickwinkel auf dem Kopf stand. Die Überschrift lautete PLANNED OBSOLESCENCE, doch dann ging es anders weiter als bisher. Sie kannte den Text nicht.

»Das ist ja ein kühner Entwurf«, sagte der Intendant, und der süddeutsche Einschlag verlieh allem, was er sagte, eine gewisse Gemütlichkeit. »Es erinnert mich ein bisschen an Sarah Kane oder Werner Schwab, aber verstehen Sie mich nicht falsch, ich meine das als Kompliment.«

»Es gab eine längere Findungsphase«, sagte Natalie, »aber ich glaube, wir haben eine Grundlage, mit der wir arbeiten können.«

»Ist das denn im Kollektiv entstanden«, fragte der Intendant, »unter dem Text stehen ja nur zwei Namen, und man findet vor allem eine Beteiligte prominent im Netz.«

Er drehte seinen Monitor zu den Gästen. Dort war das Interview mit Niloo auf *Guten Abend* geöffnet. Sie schaute auf dem Foto selbstbewusst in die Kamera und wirkte größer, als sie war.

Julian ergriff das Wort. »Wir möchten gern an dem Kollektivgedanken festhalten, aber es hat sich gezeigt, dass es angesichts der Kürze der Zeit und im Sinne einer größeren Effektivität Sinn macht, die Aufgaben nicht völlig gleich zu verteilen, zumal ja in der Gruppe auch zwei Leute in erster Linie einen Performance-Hintergrund haben« – hier nickte er zu Servet und Semjon – »und drei andere, bei denen die eigene performative Arbeit nicht so im Fokus steht. Insofern ist dieser Text eben auch nicht ausschließlich im Kollektiv entstanden, also die gedankliche Grundlage schon, aber ausformuliert wurde es von den Leuten, die auch mit Namen darunter stehen. Es wird also vermutlich eine Zweiteilung geben, einerseits die primär Darstellenden, auf der anderen Seite die konzeptionelle Seite, wobei das natürlich kein kategorisches Entweder-Oder bedeutet.«

Maya spürte, wie ihr heiß und kalt wurde. Sie wollte dazwischenfahren und Julian vorwerfen, dass sie diesen Text nie zu Gesicht bekommen hatte, aber Julian warf ihr einen Blick zu, und mit dem, was dieser Blick andeutete, hatte er recht: Es war keine gute Idee, sich im Büro des Intendanten zu streiten.

»Es ist immer so eine Sache mit den Kollektivarbeiten«, erwiderte der Intendant, »wir sind da natürlich für alles offen, aber die Erfahrung hat gezeigt, dass doch oft ein Ungleichgewicht drin ist, was dann manchmal zu Streitereien führt, und dann müssen wir am Ende ohne Not einen schönen Abend vom Spielplan nehmen. Also, ich will nicht den Teufel an die Wand malen, aber wenn es am Ende doch eher auf eine traditionelle Autoren- und Regiefunktion hinauslaufen sollte, dann wäre es gut, sich darüber früh klarzuwerden.«

»Hätte ich kein Problem mit«, sagte Julian, »ich glaube, wir wissen eigentlich alle, wer in der Gruppe den meisten Drive hat.«

Alle Augen richteten sich auf Niloo. Sie schluckte. »Ich weiß nicht so genau. Also, ich kann schon, aber äh.«

»Vielleicht müssen wir das nicht jetzt gleich klären«, sagte Natalie, und Maya meinte in ihrem Gesicht eine gewisse Missbilligung für diese Entwicklung zu erkennen.

»Natürlich«, sagte der Intendant, »ich wollte auch nur sagen, dass wir uns am Hause bewusst sind, dass auch bei uns männliche weiße Stimmen viel zu lang das alleinige Rederecht hatten und dass wir uns freuen, jüngeren, weiblichen und migrantischen Perspektiven eine Plattform zu geben«, und dabei nickte er seinem Computer zu.

»Ich habe aber keinen Bock, mich auf solche Themen festnageln zu lassen«, sagte Niloo.

»Natürlich« erwiderte der Intendant.

Natalie nickte. »Wir klären das nochmal in der Gruppe.«

»Wir?«, fragte Julian und sah Natalie mit hochgezogenen Augenbrauen an.

»Ihr«, entgegnete Natalie und machte eine beschwichtigende Geste.

Als das Kollektiv Impenetranza#62C nach der Audienz beim Intendanten die Treppe ins Theaterfoyer hinunterging und Natalie sich verabschiedet hatte, war es mit Mayas Beherrschung vorbei.

»Was soll das«, fauchte sie, »mir werft ihr geniale Alleingänge vor, und dann zieht ihr selber so eine Nummer ab? Schreibt was auf eigene Faust, schickt es an Natalie und den Intendanten, aber nicht an mich?«

»Hä«, machte Niloo und schaute zu Julian, »du wolltest ihn doch rumschicken.«

»Habe ich auch. Guck halt mal im Spam.«

»Und auf einmal sind wir kein Kollektiv mehr, sondern Niloo ist die alleinige Regisseurin, oder was?«

»Das hat doch keiner gesagt«, rief Julian, »jetzt komm mal wieder runter.«

»Nein!«, rief Maya, »ich komme nicht runter! Ich find das scheiße!«

»Dann findest du es halt scheiße«, sagte Julian und zog sein Handy heraus, um nachzusehen, was auf Instagram los war.

Maya starrte von einem zum anderen. Semjon schaute verlegen an ihr vorbei, Servet blickte abwechselnd zu Julian und zu Maya, nur Niloo sah Maya an und wollte etwas sagen, aber brachte es nicht heraus. Maya drehte sich um und ging.

Als sie draußen mit zitternden Händen ihr Rad losmachte, hörte sie, wie Schritte sich näherten.

»Du«, sagte Niloo, »ich hab das überhaupt nicht geplant, Julian hat mir einen Text geschickt und gesagt, schau mal drauf, dann hab ich was dazu geschrieben und dann er wieder, dann hat er gesagt, er schickt es rum und …«

»Aber die alleinige Regie lässt du dir gern vom Intendanten anbieten.«

»Das heißt doch gar nichts.«

»Du wirst als aufstrebendes Talent herumgereicht, drumherum ein Kollektiv von vier anderen, aber die sind irgendwie egal, weil in so Gruppen ist es ja meistens doch nur einer, der die Ideen hat und Karriere macht.«

Niloo zuckte die Achseln. »Du willst doch auch Regisseurin werden. Ist ja jetzt nicht so, dass dieses Kollektiv dir wahnsinnig viel bedeuten würde.«

»Du bedeutest mir was.«

»Du mir auch.«

»Dann mach nicht so einen Scheiß.«

»Ich hab keinen Scheiß gemacht. Ich fand nur die Geschichte mit Gott nicht so toll. Das muss man doch mal aushalten.«

»Ja, das hast du schon gesagt. Tschüs.«

Maya stieg auf ihr Rad und fuhr weg. Niloo blieb bei den Fahrradständern stehen und sah so klein aus, wie sie tatsächlich war. Maya spürte, dass etwas zu Ende ging, und war traurig. Zugleich war sie traurig, dass in diesem Moment die Wut größer war als die Trauer.

Maya fuhr nicht nach Hause, sondern setzte sich in ein Café in der Tucholskystraße, holte ihren Laptop heraus und schrieb eine Mail an die anderen vier Kollektivmitglieder und an Natalie und auch an die Intendanz des Theaters:

Betreff: Kollektivarbeit
Hallo zusammen,
ich würde gern nochmal betonen, dass wir hier als Kollektiv
angetreten sind und dass der Text, der heute auf dem Tisch
lag, nicht mit der Gruppe abgesprochen war. Medienberichte
über einzelne Mitglieder der Gruppe bedeuten außerdem
nicht, dass diese Mitglieder einen Führungsanspruch hätten
oder irgendwie mehr wert wären als die anderen. Wir machen
das entweder zusammen oder gar nicht. Ich freue mich auf
eine konstruktive Zusammenarbeit.
Liebe Grüße
Maya

Dann dachte sie nach. Das jetzt abzuschicken, wäre für einen kurzen Moment sehr befriedigend, aber insgesamt eine schlechte Idee. Die bessere Idee war wohl, es zu löschen und so zu tun, als wäre nichts gewesen. Sie löschte die Mail, bezahlte ihren Kaffee und fuhr nach Hause.

In der Straße beim Springer-Hochhaus, von der sie nie genau wusste, ob sie in diesem Abschnitt Oranienstraße hieß oder Rudi-Dutschke- oder Uschi-Obermaier- oder Ulrike-Meinhof-Straße, war ein Doppeldeckerbus liegengeblieben. Er stand schief, weil offenbar ein Vorderreifen platt war. Um den Bus herum war eine Gruppe von Schaulustigen versammelt und sah zu, wie ein bulliges Abschleppfahrzeug sich ans vordere Ende des Busses heranmanövrierte. Maya fuhr weiter, und nach einigen hundert Metern stauten sich die Autos. Sie fuhr am Stau vorbei, bis es auch für sie nicht weiterging. Rot-weiße Absperrungen riegelten die Fahrbahn und den Gehweg ab, zwei Bagger hatten ein großes Loch gegraben, offenbar war ein Wasserrohr gebrochen. Maya kehrte um, fuhr zurück, bog in die nächste Seitenstraße und fuhr bis fast zur *König Galerie*, die ihr Quartier in einer ehemaligen Kirche aus Beton hatte. Dort gab es Kunst, die so viel kostete wie Mayas ganzes bisheriges Leben, was möglicherweise gar nicht so viel Geld war, sie hatte sich nie ausgerechnet, wie teuer sie bisher gewesen war. Dann bog sie zweimal links ab und kam an der ehemaligen Armaturenfabrik

Butzke vorbei, wo in den Nuller Jahren eine Zeit lang Leerstand und Partys gewesen waren, dann bezahlbare Atelierräume und dann unbezahlbare. Daneben war eine Tankstelle mit *Coffee To Go* und Fotos von schmackhaften Croissants, es war eine der wenigen Tankstellen, die es im Stadtgebiet überhaupt noch gab, die meisten waren weg, offenbar tankte niemand mehr, warum auch, bei den Preisen, allerdings gab es eine Ecke weiter noch eine Tankstelle, das war sehr ungewöhnlich, zwei Tankstellen so nah beieinander, vielleicht hing das mit der Autovermietung Robben und Wientjes zusammen, die bis vor einiger Zeit hier um die Ecke gewesen war und bei der jeder, der umziehen wollte, sich einen Transporter mietete. Wo die Robben-und-Wientjes-Baracke gewesen war, stand jetzt ein neues Gebäude, das aussah wie eine Computeranimation, und man zog sowieso nicht mehr um. Wohnen in Berlin war wie das Kinderspiel »Reise nach Jerusalem«, aber die Musik war schon seit Jahren aus, jeder klammerte sich an seinem Stuhl fest und gab ihn nicht mehr her. Neben der Tankstelle war der Musikladen, in dem Jacob seine gesamte Freizeit verbrachte, und an der Ecke war der große Bastelmaterialladen, in dem man auf zwei Etagen für ein Schweinegeld die herrlichsten Materialien kaufen konnte, wenn man Kunstwerke plante, die man dann doch nicht machte, weil man vor lauter Haupt- und Nebenjob zu nichts anderem kam. Da ging man besser gleich in den Einrichtungsladen im Obergeschoß, der in einem Anfall von lapidarer Ironie *Minimum* hieß, obwohl *Maximum* der deutlich bessere Name gewesen wäre. Hier gab es Sofas für 15 000€, Küchen für 50 000€ und Blumenvasen für 160€, was wiederum neben den Sofas und den Küchen wie ein Schnäppchen wirkte. Maya wäre nie auf die Idee gekommen, hier etwas zu kaufen, aber sie fand den Laden trotzdem toll, weil sie sich gern vorstellte, was für Leute das waren, die 50 000 Euro für eine Küche hinlegten, und wie es sich wohl anfühlte, sich in einer solchen Küche mit dem Partner zu streiten, dass die Fetzen flogen. Vielleicht warf man dann eine 160€ teure Vase an die Wand, fegte die Scherben mit einer Kehrgarnitur für 85€ zusammen, vertrug sich dann wieder und hatte Versöhnungssex auf einem 15 000 Euro teuren Sofa, aber da musste man aufpassen, dass es keine Flecken bekam, das wäre eine Katastrophe, oder vielleicht auch nicht, vielleicht sagte man dann bei der nächsten Abendgesellschaft zu seinen Gästen: Herr Professor Habermas, Frau Doktor Lübbe-Wolf, nehmen Sie Platz auf diesem Sofa und stören Sie sich nicht an dem Fleck, der stammt vom Versöhnungssex nach einer Meinungsverschiedenheit, aber das Sofa ist auch mit diesem Fleck weiterhin wertvoll und Ihres Hinterns würdig. Solche Dinge stellte Maya sich in dem Einrichtungsladen vor, danach war sie immun gegen die Verlockungen der Materialhandlung und konnte erhobenen Hauptes an allen Versuchungen vorbeischreiten, während Jacob zwei Häuser weiter mit Kopfhörern im Musikladen stand und einen 9 690 € teuren Synthesizer anbetete, den es aber auch als Software für 65 Euro gab, die er aber ohnehin als illegale Kopie im Laptop hatte.

Geld war vor allem dann ein Thema, wenn keines da war, also achtete Maya darauf, dass welches da war. Das war ganz einfach, wie bei einer Badewanne, es gab einen Zu- und einen Abfluss. Viele ihrer Freunde machten sich über den Abfluss keinerlei Gedanken, das Konzept des Badewannenstöpsels war ihnen unbekannt, wenn Geld da war, dann wurde es verjubelt, als könne man jederzeit den Hahn aufdrehen und neues Geld einlassen. Vielleicht konnten ihre Freunde ja tatsächlich den Geldhahn aufdrehen. Man sprach kaum darüber, wieviel Geld die Eltern hatten. Mayas Mutter verdiente als Kunstlehrerin hinreichend und hatte das Talent, sich mit wenig Geld ein schönes Leben zu machen, und an Maya hatte sie kein Geld, aber dieses Talent vererbt. Mayas Freundin Lisje, bei deren Familie sie im letzten Schuljahr gewohnt hatte, war in einer grünen Jugendgruppe aktiv gewesen, also war Maya auch zu dieser Gruppe gegangen. Dann hatte sie trotz überschaubaren Lernaufwandes zu ihrem eigenen Erstaunen ein ziemlich gutes Abitur gemacht, daraufhin hatte der Lehrer, der die Gruppe leitete, sie für die Heinrich-Böll-Stiftung vorgeschlagen, die ihr dann tatsächlich das Studium bezahlt hatten, was für Maya den erfreulichen Effekt hatte, dass sie jetzt keine Bafög-Schulden hatte. Parteinachwuchs für die Grünen war dadurch aber nicht aus ihr geworden, Maya fand das alles etwas humorlos und hatte sich nach dem Abi schnell mit Lisje auseinandergelebt, die für ein Jahr nach Uganda ging, um da irgendwas in einem Kinderheim zu machen, und nach ihrer Rückkehr noch sendungsbewusster auftrat als zuvor.

Mayas Finanzmaxime war sehr simpel: Den Abfluss beschränken. Sie beteiligte sich nicht an Grill-Royal-Gelagen, bei denen am Ende eine Rechnung von 950 Euro durch sechs Personen geteilt wurde, und sie zog auch nicht danach durch die Bars von Mitte und konsumierte elf Cocktails zum Stückpreis von 13.80€. Sie kaufte Bücher als Mängelexemplar und freute sich, wenn sie auf der Rückseite nicht zerhackt waren. Sie hatte in den letzten Jahren viele Regieassistenzen gemacht, so hatte sie Geld auf die Seite gelegt, von dem sie eine Zeit leben konnte, denn die eigenen Aktivitäten und das Projekt am DT brachten wenig oder gar kein Geld. Das war in Ordnung, dafür sammelte man kulturelles Kapital und legte es auf sein ideelles Bankkonto. Ein Interview auf der Website *GUTEN ABEND,* das seinen Weg bis zum Intendanten des DT fand, war wie eine dicke Überweisung aufs ideelle Bankkonto, steuerfrei und unerwartet – allerdings nicht aufs Konto des Kollektivs Impenetranza#62C, sondern auf das Privatkonto von Niloofar Bahrami, geboren 1993 in Braunschweig, die man nicht fragen durfte, woher sie *eigentlich* kam, was Maya auch nie eingefallen wäre. Wenn es aber um die Karriere ging, galten andere Regeln, da wurde dauernd gefragt, wo jemand *eigentlich* herkam. Wo man finanziell herkam, also ob man reiche oder arme Eltern hatte, wurde dagegen nie thematisiert.

Maya bog von der Sonnenallee ab, schloss die Haustür auf, machte ihr Rad im Hof fest und ging hinauf in den vierten Stock. Jacob war nicht zuhause. In einem Automatismus, der ihr selber nicht gefiel, zog sie das Handy aus der Tasche und rief ihre Mails ab.

Ganz oben war eine Nachricht von der Intendanz des Deutschen Theaters.

Re: Kollektivarbeit
Beste Grüße von Frank, er sagt, klärt das bitte untereinander
Gruß
Annalisa Perschke
Assistenz der Intendanz

Maya wurde heiß und kalt und schwindlig. Sie hatte noch elf weitere neue Mails. Eine von Julian, eine von Niloo, eine von Natalie, zwei von Semjon, noch eine von Julian, zwei Newsletter und einmal Spam. Julian schrieb, das sei jetzt strategisch echt ungut, beim Intendanten zu meckern. Natalie schrieb dasselbe, nur freundlicher. Semjon schrieb irgendwas und dann irgendwas anderes. Niloos Mail las Maya nicht, weil sie Angst davor hatte. Dann war da noch eine Textnachricht von Niloo, ausnahmsweise ohne Emojis: *Das war jetzt etwas doof.* Und dann noch eine Mail von Natalie, diesmal nicht an den ganzen Verteiler, sondern nur an Maya, die schrieb, dass die anderen sich entschieden hätten, erstmal ohne Maya weiterzumachen, das müsse sie respektieren und es tue ihr leid, und sie könnte das alles total verstehen, aber ihr seien da die Hände gebunden, und bei anderer Gelegenheit gern, vorausgesetzt, es ergäbe sich eine Gelegenheit, diese Kollektivarbeiten seien sowieso immer störanfällig, das sei ja seit geraumer Zeit in Mode, aber ganz ehrlich, sie halte das nicht für das Maß aller Dinge.

Maya sank aufs Sofa. Das Zimmer drehte sich um sie. Mit zitternden Fingern zog sie den Laptop aus dem Rucksack und klappte ihn auf. Das Mailprogramm war noch offen und fing von selber an, die ganzen Mails herunterzuladen. Es waren dieselben wie auf dem Handy. Sie ging in den Ordner mit den gesendeten Nachrichten. Da war die Nachricht von ihr selbst an den Intendanten und die anderen, die sie in dem Café in der Tucholskystraße geschrieben und dann wieder ge-

löscht hatte. Ihr war speiübel. Sie wollte kotzen, sterben, den Laptop
an die Wand werfen.

Sie ging ins Bad und schlug die Stirn gegen die Kacheln. Es tat weh.

Sie rief Jacob an. Es klingelte. Dann meldete sich die Mailbox.

Moses spürte im ganzen Körper die Wärme von Betsies Berührung.
Sie hatten sich bei ihr zuhause getroffen und miteinander geschlafen,
es war genauso grenzüberschreitend großartig gewesen wie beim ersten und beim zweiten Mal, es wurde immer unbeschreiblicher, und in
diesem Gefühl der Unbeschreiblichkeit waren sie hinausgegangen in
den Nachmittag, durch die Straßen von Kreuzberg bis zur Spree, Arm
in Arm und engumschlungen, und Betsies Körper strahlte eine Gemütlichkeit aus, in der Moses sich so zuhause fühlte, wie er noch nie
irgendwo zuhause gewesen war. Dann saßen sie vor einem Café, es war
eigentlich schon zu kalt, um draußen zu sitzen, aber miteinander war
ihnen warm, und dann sagte Betsie: »I'd like to learn your language.«

»I'd like to learn yours« erwiderte Moses, bevor er auch nur eine
halbe Sekunde überlegt hatte, und im selben Moment dachte er: Vielleicht wäre das ein Ausweg. Er könnte so tun, als würde er Deutsch lernen, und dabei irrsinnig schnelle Fortschritte machen. Die ersten zwei
Monate würde er noch einen Akzent simulieren, der wäre dann auch
irgendwann weg, und dann wäre die peinliche Situation aus der Welt.
Und nein, das ging natürlich nicht. Er wollte mit Betsie alt werden und
Kinder in die Welt setzen, vielleicht eher andersrum, erst Kinder und
dann alt werden, jedenfalls wusste er mit einer irritierenden Sicherheit,
dass er das wollte, und da konnte er ihr nicht die nächsten 50 Jahre vor-
lügen, er sei Norweger. Zugleich schaute er hilflos zu, wie die Lüge sich
in seinem Leben breitmachte. Er hatte sein Smartphone von Deutsch
auf Englisch umgestellt und sämtliche Messenger stummgeschaltet,
damit nicht plötzlich Nachrichten in der falschen Sprache auf seinem
Bildschirm auftauchten. Er achtete sogar darauf, keine deutschen Bücher dabeizuhaben, wenn er Betsie traf, denn dann hätte er allenfalls

erzählen können, dass er gerade Deutsch zu lernen versuchte, dann wäre sie drauf eingestiegen und hätte ihm Deutsch beibringen wollen und das wäre endgültig eine Umdrehung zu viel gewesen. All das war hoffnungslos behämmert. Er musste es beenden.

Jetzt jedoch beendete Betsie dieses Treffen, denn sie musste um 18 Uhr in dem Café sein, in dem sie zweimal die Woche arbeitete. Sie standen auf, sie umarmte ihn, er umarmte sie, sie küssten sich.

In seiner Hosentasche vibrierte sein Handy.

»Your phone is ringing«, sagte Betsie.

»I don't care«, sagte Moses und küsste sie weiter, »first things first.« Das Handy hörte auf zu vibrieren und fing dann wieder an.

»Looks like someone really wants to talk to you«, sagte Betsie.

»Looks like someone really wants to kiss you«, erwiderte Moses, griff in die Tasche und drückte den Anruf weg. Dann vibrierte das Handy ein drittes Mal.

»Maybe it's an emergency«, sagte Betsie.

Sie ließ ihn los und nahm ihre Tasche über die Schulter. Moses zog das Handy heraus. Betsie warf aus dem Augenwinkel einen Blick darauf.

»Who is Maya?«, fragte sie.

»My best friend's girlfriend«, sagte Moses, »she's good with drama.« Er spürte, wie die Tatsache, dass irgendeine Frau ihn dreimal hintereinander anrief, bei Betsie einen kleinen Hauch von Irritation auslöste.

»I'll call her back«, sagte er und steckte das Handy wieder weg, »but I need to kiss you first.«

Sie küssten sich also nochmal, dann sagte Betsie »see you soon«, dann ging sie weg. Moses schaute ihr hinterher, und ihre Bewegungen waren eine Melodie, wie er noch nie eine gesehen hatte, er hatte sowieso noch nie eine Melodie gesehen, weil das gar nicht möglich war, außer bei Betsie. Das Handy vibrierte weiter in seiner Tasche. Betsie schaute nochmal über die Schulter zurück. Dann bog sie um die Ecke und war weg.

Moses zog das Telefon heraus, auf dem Maya zum mittlerweile achten Mal anrief, und nahm den Anruf an. Mayas Stimme klang erstickt und verheult.

»Endlich gehst du ran«, sagte sie.

»Was ist denn los?«

Maya atmete einen Moment lang nur. »Es ist was schreckliches passiert«, sagte sie dann, »ich brauch jetzt deinen Beistand.«

»Oh Gott. Was ist passiert?«

»Wo bist du?«

»In Neukölln, am Ufer.«

»Können wir uns treffen?«

»Ja klar, aber willst du mir nicht ganz kurz sagen, was passiert ist?«

»Es ist so schrecklich.«

»Ist jemand gestorben?«

»Nein.«

»Geht es dir gut? Bist du am Leben?«

Maya schluchzte. »Ja.«

»Bist du zuhause? Soll ich zu euch kommen? Ich bin nur ohne Fahrrad unterwegs.«

Maya antwortete, aber ihre Stimme wurde überlagert von einer anderen Stimme, die hinter Moses sagte: »Nee, oder?«

Es war Betsie. Sie war zurückgekommen und sah ihn schweigend an.

Moses sagte ins Telefon: »Wait a second, I'll call you back.«

»Lass dich nicht stören«, sagte Betsie, »ich hab nur meinen Schal liegenlassen. Tschüs.«

Sie nahm den Schal, der noch auf der Lehne des Stuhls hing, drehte sich ohne ein weiteres Wort um und ging.

»Hey«, rief Moses, »warte mal. Ich kann das erklären.«

»Musst du nicht«, sagte Betsie.

Moses folgte ihr und berührte sie an der Schulter. Die Reaktion, mit der sie ihn abschüttelte, war wortlos, aber so explosiv, dass er es kein zweites Mal versuchte. Hilflos blieb er stehen und sah ihrer Gestalt zu, wie sie die Straße hinunterging, Zorn in jeder Faser ihres Körpers, und dann um die Ecke bog und ein zweites Mal weg war, diesmal endgültig.

Moses setzte sich wieder auf den Stuhl des Cafés.

Er fühlte überhaupt nichts. Alles, was er gerade noch gefühlt hatte, war soeben in ein großes Loch hineingefallen, und in dieses Loch würde er jetzt selbst hineinfallen, dann wäre er weg, und nichts würde übrigbleiben. Nur ein Loch in einem Loch, und am Grund des Lochs war ein weiteres Loch und dann noch eins, immer weiter, man fiel, bis man irgendwann verhungerte, weil es im freien Fall außerdem nichts zu essen gab.

7
Phantomspeisung

Die Firma *Gigue* saß in einer Fabriketage in einem Hinterhaus am Engelbecken in Kreuzberg. Man fuhr mit einem Lastenaufzug in den fünften Stock, kam aus dem Aufzug direkt in einen Vorraum mit Empfangstresen, an dem nie jemand saß, und dann in eine Etage, die mit Glaswänden in einzelne Räume unterteilt war. Vor längerer Zeit war hier mal eine Musikvideoproduktionsfirma gewesen. Das war in der großen Zeit des Musikvideos, um die Jahrtausendwende, als MTV die Welt beherrschte und alle, die sich irgendwie für Kultur interessierten, fasziniert auf dieses Phänomen schauten und allgemeine Einigkeit herrschte, dass die Zukunft so aussehen würde. Um das Jahr 2003 herum war MTV dann aber irgendwie uncool geworden, und in derselben Zeit war die Musikvideofirma pleite gegangen. Auch ohne diese Firma wurden zunächst jedoch weiter Musikvideos gedreht, manchmal für unerhörte Summen, 40 000 Euro Budget waren normal, und wenn es um eine der zwei deutschen Bands mit Weltruhm ging, dann konnte es auch das Vierfache sein, aber MTV arbeitete weiterhin entschlossen an der Zertrümmerung des eigenen Rufs, indem es immer weniger Musikvideos zeigte, sondern Sendungen, in denen Normalos sich ihr Auto aufbrezeln ließen, oder sonst irgendwas Uninteressantes. Zwischen den Sendungen liefen Werbespots, in denen ein Cartoon-Frosch mit Heliumstimme die Zuschauer aufforderte, sich diese Heliumstimme als Klingelton aufs Handy zu laden, und wenn man das tat, hatte man unversehens ein Abonnement abgeschlossen. Zahlreiche

Eltern deutscher Teenager rauften sich damals die Haare, weil ihr Nachwuchs in impulsiver Crazy-Frog-Euphorie ein Klingeltonmonatsabo abgeschlossen hatte, woraufhin der lauteste Klingelton jeweils das Klingeln der Kasse beim Anbieter dieses Abos war. Letzterer war eine Firma, deren Betreiber einige Jahre später mit dem angehäuften Geld ein gefräßiges Online-Modeimperium gründen und mit dem dort verdienten Geld wiederum den halben Berliner Immobilienmarkt aufkaufen und zielsicher alles, was dort noch an selbstgemachter Subkultur vorhanden war, an die Luft setzen würden. Jacob war 18, als die Dating- und Furzkissenshows sich allmählich ausbreiteten, und als er 23 war, war MTV gegessen, vom Tisch und nicht mehr relevant. Eine Zeitlang machte die Musikindustrie noch in suizidaler Bekenntnisfreude die eigenen Untaten zu Geld, indem man das Casting, dem die meisten *Künstler* ihre Existenz verdankten und das bislang stets im Verborgenen stattgefunden hatte, zum Thema von Fernsehshows machte. *Künstler* war der Ausdruck, den man in der Branche für Bands und Musiker verwendete, das Wort wurde einfach immer weiter benutzt, obwohl es immer weniger zutraf. Eine Band, in der Jacob spielte, hatte mal beinahe einen Vertrag bei einer großen Plattenfirma abgeschlossen, und der *Produktmanager*, mit dem sie sich getroffen hatten, hatte in jedem zweiten Satz von *Künstlern* geredet, und aus dieser Erfahrung hatte Jacob ein Misstrauen zurückbehalten. Wenn jemand ihn *Künstler* nannte, wollte er nichts wie weg und unsichtbar werden. Dieses Unsichtbarwerdenwollen hatte aber in den Marketingstrategien der Industrie auch schon seinen Platz, es gab Bands, die das zur zentralen künstlerischen Aussage gemacht hatten. Diese Bands galten als *erwachsen* und richteten sich an ein Publikum, das die quietschbunte Zappelei der Teenie-Ausbeutungs-Castingbands als kulturindustrielle Illusion durchschaut hatte, was ja nicht weiter schwierig war. Die Band *Radiohead* war zentraler Vertreter dieses Marktsegments, in dem sich ansonsten eine ungeheure Zahl an Epigonen tummelte, denn jeder, der eine Gitarre halten konnte, fühlte sich erwachsen und damit erhaben über den Kommerzpop. Die Band *Portishead*, die ebenfalls um die Jahrtausendwende ihre große Zeit gehabt hatte, war ebenfalls erwachsen. Vielleicht war das Wort *Head* im Bandnamen ein Hinweis auf Musik für Erwachsene.

Jacob ging an seinen Arbeitsplatz, fuhr den Rechner hoch und ging dann in die Küche, um sich einen Kaffee zu machen. Ronny stand in der Küche und guckte in sein Smartphone.

»Hi«, sagte Jacob, und Ronny erwiderte »Tachchen!«

Ronny war einer der beiden Gründer der Firma. Er stammte aus Ostberlin, war in den 80ern Punk gewesen und hatte eine Zeit lang in einem legendären besetzten Haus an der Schönhauser Allee gelebt, in dem damals auch die Mitglieder der Band *Feeling B* gewohnt hatten, aus der später die Band *Rammstein* werden sollte. Jeder, der aus dem Osten kam und irgendwas mit Musik machte, hatte mal in diesem Haus gewohnt und besaß einen reichen Schatz an Anekdoten, die davon handelten, wie jemand ein Loch zum Nachbarhaus gebohrt und dort die Stromleitung angezapft oder ein verstopftes Toilettenrohr mit einer Sprengladung freigemacht oder wie der Keyboarder von *Feeling B* etwas Lustiges gesagt hatte. Wenn man auf Musikbranchenveranstaltungen ging, landete man irgendwann immer bei einem Anekdotenveteranen, von dem man nicht mehr loskam. Dann musste man eine Gesprächs- oder vielmehr Monologpause nutzen, um zu verkünden, dass man jetzt Bier holen würde, aber Bierholen war unglaubwürdig, wenn man noch ein volles Glas in der Hand hatte, da galt es aufzupassen, denn wenn man zu oft sein Bier in zwei Zügen hinunterkippte, um einem Anekdotenmonolog zu entfliehen, konnte man den Abend deutlich betrunkener beenden, als man es eigentlich vorgehabt hatte. Anekdotenerzählen war aber natürlich kein Alleinstellungsmerkmal der Ossis. Die West-Kollegen hatten ihre eigenen Anekdoten. Die älteren waren schon aktiv gewesen, als David Bowie in den 70ern mal zwei Jahre in Berlin gewohnt hatte, und waren ihm spät nachts sensationell zugedröhnt im Taxi oder sonstwo über den Weg gelaufen, die etwas jüngeren kannten die Ärzte aus ihren Anfangstagen oder hatten im *SO36* die Kotze von Campino weggewischt, und die noch jüngeren waren auf den ersten drei Loveparades dabeigewesen oder hatten 1999 beim zweiten Berlin-Konzert der Band *Muse* vorher Tickets und hinterher den Backstage abgerissen. Ronny, der Gründer von *Gigue*, hatte auch irgendwas mit der Loveparade zu tun gehabt, aber was genau, entzog sich Jacobs Kenntnis, denn Ronny erzählte keine Anekdoten und redete auch sonst nicht viel. Stefan, der andere Gründer, redete mehr. Stefan redete von der *Mission* und der *Community* und seit einiger Zeit auch von *Leadership, Sustainability, Exzellenz* und *strategischen Visionen*. Beim Sommerfest im vorigen Jahr hatte Stefan eine Ansprache gehalten, in der er von *transformativen Zeiten* redete, in denen *Change Management* eine Schlüsselrolle für die *Stakeholder* spielen würde. Daraufhin hatte Ronny, der neben Stefan auf der Bühne stand und sich direkt davor ein Steak vom Grill geholt hatte, sich zu Stefan hinübergelehnt und in sein Mikrofon gesagt: »Da ick jerade n Steak in meina Hand halte, wür'ck sagen, ick bin damit quasi ooch Steakholder, aba nich mehr lang, weil ick dit zeitnah uffzuessen jedenke, wat ick aba hiermit jern als mein persönlichn Beitrag zum *change management* in die Debatte einbring würde.«

Vor lauter Schreck hatte zunächst niemand reagiert, dann hatte irgendjemand einen Country-und-Western-Juchzer von sich gegeben, und dann hatten alle gelacht. Stefan hatte sich notgedrungen in die Lacher eingereiht, die Party war dann bis in die Nacht gegangen, und weil *Gigue* eine großzügige Company war, durften Freund*innen der Mitarbeiter*innen nach 21 Uhr dazukommen. Jacob hatte Moses eingeladen, und Moses hatte bei den zahlreich erschienenen Musikbranchenveteranen Verwirrung gestiftet, indem er Anekdoten zum Besten gab, die von seligen Wiener Saufgelagen mit Peter Alexander und Franz Schubert handelten. Beim *Gigue*-Sommerfest im darauffolgenden, also in diesem Jahr, das Ende Juli stattgefunden hatte, gab es dann kein Steak mehr, sondern veganes Catering, aber das war in der Musikszene mittlerweile sowieso der Normalfall. Zu groß war die Angst vor amerikanischen Bands, die Konzerte und ganze Touren abbrachen, wenn irgendwo ein Stück Wurst zu sehen war. Zumindest gab es Anekdoten, die davon berichteten.

Jacob stellte eine Tasse auf das Tassenabstellgitter unter die Ausgabedüse des Kaffeevollautomaten und drückte die Taste, auf der »Cappuccino« stand. Das Display sagte *Zubereitung*, die Maschine erwachte zum Leben, dann kam sie wieder zum Stillstand und meldete *Satzbehälter leeren*.

»Wat«, sagte Ronny und schaute von seinem Handy auf, »dit kann ni sein, ha'ck jestern erst leerjemacht.« Ronny war derjenige, der sich mit der Maschine auskannte. Sein Partner Stefan war ein Botschafter des Edel-Espressos und hatte in seinem Büro eine chromblitzende Siebträgermaschine, bei der man die Temperatur aufs Zehntelgrad genau einstellen konnte, aber beim Versuch, eine solche Maschine auch für alle anderen Mitarbeiter in der Firmenküche zu installieren, war er an der Schnarchnasigkeit seiner Angestellten gescheitert, die zwar gern Kaffee tranken, aber die Feinheiten des Umgangs mit dieser Maschine stumpf ignorierten, immer zu viel Kaffeepulver in den Siebträger häuften, letzteren verkantet ansetzten, allgemeinen Saustall hinterließen und sich dann *Coffee To Go* in Pappbechern von draußen mitbrachten. Also gab es jetzt einen Vollautomaten, um den Ronny sich kümmerte wie ein Schulhausmeister um den Fahrradkeller – stoisch, schweigend und mit einer gewissen spröden Zuneigung.

»Wie isset«, fragte Ronny, während er den Satzbehälter aus der Maschine entnahm und in den Müll entleerte.

»Och ja«, sagte Jacob, »ganz gut.«

»Haste jehört? Cynthia hat dit Handtuch jeworfen, und die neue will ooch wieder uffhören.«

Cynthia war die Personalchefin, die in einer versehentlich abgesendeten Mail eine neue Mitarbeiterin als *fat bitch* bezeichnet hatte.

»Die hören beide auf?«

Ronny nickte und schüttelte gleichzeitig den Kopf. »Zeiten sind dit, Alter.« Er sah zum Fenster hinaus. »Hast du ooch diese Netflix-Je-schichte jemacht?«

»Ja.«

»Ham hier alle. Ick war tagelang quasi alleen hier. Mir persönlich rätselhaft, wat daran so verlockend sein soll.«

Ronny setzte den Satzbehälter wieder in die Maschine und ließ ihn einrasten. *Selbsttest*, meldete die Maschine, ein Fortschrittsbalken fuhr von links nach rechts, dann war sie laut Display: *Bereit*.

»Cappu?«, fragte Ronny. Jacob nickte, Ronny drückte einen Knopf.

»Und wat machste, wennde dit jewinnst?«

»Nix. Das sind ja nur irgendwelche Softwarepakete.«

»Verstehe.« Die Maschine kam zum Stillstand, und Ronny reichte Jacob die Kaffeetasse. »Danke«, sagte Jacob.

»Is irgnwat?«, fragte Ronny.

»Nö«, sagte Jacob, »alles gut.«

»Ärger mit der Kleenen?«

Jacob sah Ronny an und hatte das merkwürdige Gefühl, das er im Umgang mit Leuten aus der DDR manchmal hatte: Die sahen einen an und wussten mit einem Blick genau, was los war. Dabei schaute Ronny ihn gar nicht an, sondern suchte sich selber eine Tasse aus dem Regal, stellte sie auf die Maschine und drückte auf *CAFE CREME*.

»Dit is ne simple Sache«, sagte er dabei, »wenn eener seinen Kaffee jekriegt hat und denn nich an sein Arbeitsplatz jeht, sondern nach-denklich rumsteht, denn hat er ne Problemlage im häuslichen Be-reich.«

»Meine Freundin wirft mir vor, ich wäre nicht für sie dagewesen, als es ihr schlecht ging«, sagte Jacob.

»Warum jing et ihr denn schlecht?«

»Sie ist aus ihrem Theaterkollektiv rausgeflogen.«

»Und jehtit ihr immer noch schlecht?«

»Ich glaube schon.«

»Und warum warste nich für sie da?«

Jacob zuckte die Schultern. »Ich war gerade mit der Netflixsache fertig und war ohne Handy spazieren.«

»Haste ne andere?«

Jacob sah Ronny erschrocken an.

»Du hast ne andere«, konstatierte Ronny. Dann nahm er wieder sein Handy, betrachtete die Wettervorhersage und sagte: »Dit wird heut nüscht mehr«. Jacob folgte seinem Blick zum Fenster hinaus in den Regen. Ronny steckte sein Handy wieder weg, sagte »du machst dit schon«, klopfte Jacob auf die Schulter und verließ die Küche.

Jacob fühlte sich merkwürdig erleichtert und verstanden, obwohl Ronny eigentlich nur ein paar allgemeine Fragen gestellt und am Ende »du machst dit schon« gesagt hatte. Er nahm seinen Kaffee und ging wieder an seinen Platz in einem Glasabteil mit zwei Tischen, das er sich mit einem Produktmanager namens Hannes teilte, den er aber nur selten zu Gesicht bekam.

Der Bildschirm zeigte weißen Zeichensalat auf schwarzem Hintergrund. Anscheinend hatte der Rechner sich beim Hochfahren aufgehängt. Jacob drückte die Einschalttaste so lang, bis der Computer sich selbst ausschaltete und wieder hochfuhr.

Jacobs Job bei *Gigue* bestand im Wesentlichen darin, Mails weiterzuleiten. Die DJs und Clubmusiker, die von der Firma *endorsed* wurden, brauchten eigentlich keine Betreuung. Für Probleme mit der Software gab es den technischen Support. Ab und zu gab es eine neue Version, dann war es Jacobs Aufgabe, sie vorab zu informieren und ihnen den ersten Zugriff auf die neuen *Features* anzubieten. Einige von ihnen waren auch *Beta-Tester*, aber die waren nicht mit Jacob in Kontakt, sondern mit den Softwareentwicklern, und das war eine ganz eigene Welt. Auf Jacobs Tisch landeten vor allem Anfragen von Leuten, die *endorsed* werden wollten. Das waren einige, aber nicht ungeheuer viele. Jacobs entschied nicht selber darüber, das machten die Chefs, er filterte nur die chancenlosen Fälle heraus, schickte freundliche Standardabsagen und leitete den Rest weiter. Dafür musste er nur einigermaßen auf dem Laufenden sein, wer in welchem Subgenre die kommenden Stars waren. Einmal hatte er einen Musiker abgelehnt, der kurz danach seinen internationalen Durchbruch feiern sollte, und als dieser dann in einem Interview fallenließ, dass *Gigue* ihn mit einem schnöden Formbrief abgespeist hatte, wohingegen die Konkurrenzfirma *Ableton* aus *amazing folks* bestand, war Stefan äußerst verstimmt gewesen. Ansonsten war Jacobs Job gechillt. Einmal im Monat schrieb er einen Newsletter an alle *Gigue*-Künstler, in dem vermeldet wurde, wer was veröffentlichte und wer wo auftrat, und damit er dort überhaupt etwas schreiben konnte, musste er sich die Informationen zusammensuchen, was eigentlich die meiste Arbeit war. Er bat alle seine Klienten, ihn auf ihre Newsletter aufzunehmen, aber je erfolgreicher ein*e Künstler*in war, desto nachlässiger war er*sie meistens darin, die Welt über seine*ihre Aktivitäten zu informieren. Jacob bekam also hunderte Newsletter von Leuten, deren Auftritte kaum jemanden interessierten, aber den Platzhirsch*innen musste er hinterherlaufen.

Der Rechner war hochgefahren. Jacob trank Kaffee und lud seine Mails herunter. Das Mailprogramm zeigte 1 569 neue Nachrichten. Das war ungewöhnlich viel.

Maya war so am Boden zerstört gewesen, wie er sie noch nie erlebt hatte, und er hatte keinen Zugang zu ihr gefunden. Als er abends nach Hause gekommen war, hatte er sie im Wohnzimmer auf dem Boden neben dem Sofa vorgefunden, wo sie mit angezogenen Knien hockte und auf Fragen nicht reagierte. Allmählich hatte Jacob ihr aus der Nase gezogen, was passiert war, und sie in den Arm genommen und zu trösten versucht, aber das war schwierig, denn erstens war ihre Gemütslage keinem Trost zugänglich, und zweitens stand der Vorwurf im Raum, dass Jacob nicht erreichbar gewesen war, als sie ihn gebraucht hatte. Diesen Vorwurf fand er einerseits unfair, hatte aber andererseits ein schlechtes Gewissen, denn wenn er nicht so viele Nachrichten mit der selbsternannten Steffi ausgetauscht hätte, dann hätte er sein Handy beim Spazierengehen vielleicht mitgenommen, und dann hätte Maya ihn erreicht. Moses war ebenfalls unerreichbar und rief auch nicht zurück. Vielleicht lag er in den Armen der Frau, die ihn so umgehauen hatte. So hatten Maya und Jacob ein paar Tage schweigend nebeneinander her gelebt, bis Maya eines Morgens sagte: »Ich fahr zu meiner Mutter« und dann aber, als Jacob abends nach Hause kam, doch nicht zu ihrer Mutter gefahren war, sondern weiter auf dem Sofa saß, ein Buch in der Hand hielt und ins Leere guckte. Jacobs Vorschlag, nochmal das Gespräch mit den anderen Mitgliedern des Kollektivs zu suchen, hatte sie rundheraus abgelehnt, und auf Nachrichten von Niloo, die ab und zu kamen, hatte sie nicht geantwortet. Auf Jacobs Vorschlag, Natalies Angebot anzunehmen und mit ihr etwas Eigenes anzuschieben, hatte Maya nur stumm den Kopf geschüttelt, auf den Vorschlag, sich dann wenigstens einfach so mit Natalie zu treffen, ohne etwas anzuschieben, hatte sie auch nichts gesagt. Auf Jacobs Vorschlag, eine der Anfragen für Regieassistenz, die sie immer noch bekam, einfach anzunehmen, hatte Maya schließlich erwidert, eher würde sie sich vor die U-Bahn werfen als nochmal Regieassistenz an einem Berliner Theater zu machen.

Das Mailprogramm hatte die 1 569 Nachrichten heruntergeladen. Die ersten zehn waren Spam mit Betreffzeilen wie *Searching for a loving dude*. Die nächsten zehn auch. Dann kam fünfmal Penisverlängerung. Jacob drückte reflexhaft erneut auf Senden/Empfangen. Das Programm verkündete: Lade Nachricht 1 von 337.

Das war nun wirklich ungewöhnlich. Soeben hatte er fünfzehnhundert Mails heruntergeladen, da konnten eine Minute später nicht schon wieder dreihundert neue sein. Er griff zum Telefon und wählte die Nummer von Alex, dem Systemadministrator, der wie all seine Berufskollegen die Eigenbezeichnung *Admin* verwendete, doch dann sah er ihn durch die Glaswand im Flur. Alex war Mitte vierzig, hatte vorne wenige Haare, hinten einen Pferdeschwanz und klang beim Reden so, als hätte er bereits als Jugendlicher beschlossen, nur ein Drittel seiner

Lungenkapazität zu nutzen. Gestern hatte er eine Rundmail geschrieben und mitgeteilt, das Problem mit den halbfertigen Mails, die sich von selbst absendeten, wenn man sie löschen wollte, bestehe weiterhin, die Ursache sei noch nicht gefunden, er sei aber im Austausch mit den Admins von anderen Firmen, die auch von diesem Phänomen berichteten. Und jetzt hatte er anscheinend noch ein neues, größeres Problem.

Jacob ging zur Tür seines Abteils und versuchte ihn anzuhalten. »Ich weiß Bescheid«, rief Alex, bevor Jacob etwas sagen konnte, »wir kriegen seit heute früh den Spam der gesamten Welt. Ich reiße mir alle Beine aus. Bitte um Geduld.«

Jacob setzte sich wieder hin und begann die Mails zu löschen, eine nach der anderen, denn vielleicht war ja eine wichtige dabei, vielleicht gab es da einen *Künstler* in einem der entlegeneren Teilgebiete der elektronischen Tanzmusik, der in zwei Monaten ein Superstar sein würde, und wenn er dessen Bitte um *Endorsement* unter zweitausend Kontaktangeboten williger osteuropäischer Frauen übersah, konnte das Ärger geben. Es war aber nichts dabei. Jede einzelne von den knapp zweitausend Mails war Spam. Nach fünfunddreißig Minuten hatte Jacob sie alle einzeln betrachtet und gelöscht. Der Posteingang war leer.

Mechanisch clickte er wieder auf *Senden/Empfangen*. Das Programm verband sich mit dem Server und meldete: *Lade Nachricht 1 von 11 962.*

Jacob nahm das mit einer Ungerührtheit zur Kenntnis, die ihn selbst überraschte. Er stand auf und ging mit seiner Tasse in die Küche, um sich noch einen Kaffee zu holen. Die Maschine mahlte, und Jacob beschloss, die nächsten zwölftausend Spammails auf einen Schlag zu löschen, denn die Wahrscheinlichkeit, dass sich darunter ein*e aufstrebende*r *Künstler*in* verbarg, war äußerst gering. Dann hörte er ein Geräusch, das er nicht einordnen konnte.

Es gibt Veränderungen, die man bemerkt, bevor man mit den Sinnen etwas wahrnimmt. Wer je den Fuß in eine Kirche, eine Synagoge oder eine Moschee gesetzt hat, der weiß, dass in diesen Räumen ein Geist ist, der sagt: Hier herrscht Andacht, hier spielt es keine Rolle, wieviel Spam dein Rechner gerade herunterlädt. Diese Andacht enthält Ehrfurcht vor der Endlichkeit des Daseins, und sie entsteht auch, wenn Menschen etwas zustößt. Der Kaffee war fertig, Jacob trat hinaus auf den Flur und hörte, wie hin- und hergelaufen wurde, jemand halblaut rief und jemand telefonierte. Alex, der Admin, stand im Flur und sah starr in eine Richtung, und als Jacob seinem Blick folgte, sah er durch die halboffene Tür des Konferenzraums, an dessen Wänden goldene Schallplatten hingen, wie jemand am Boden lag und andere um ihn herumstanden und knieten.

»Ronny«, sagte Alex.

»Platz! Platz!«, rief jemand von hinten. Jacob und Alex gaben den Weg für Stefan frei, den zweiten Gründer von *Gigue*, der mit einem Glas Wasser durch den Flur angelaufen kam. Er kniete neben Ronny nieder und gab es ihm zu trinken. Dann wedelte er ungehalten in Richtung der Tür, und jemand schloss sie, was aber nichts änderte, weil die Tür aus Glas war. Die Mitarbeiter standen in den Eingängen ihrer Kabinen und schauten fragend aneinander vorbei. Es wäre pietätlos gewesen, einfach weiterzuarbeiten, denn mit dem medizinischen Notfall war aus den Büroräumen der Firma *Gigue* eine Art temporäre Kirche geworden, in der man sich nicht einfach an den Schreibtisch setzen und zwölftausend Penisverlängerungsangebote löschen konnte. Man konnte aber auch nichts anderes tun. Also blieb Jacob neben Alex auf dem Flur stehen und ließ den Kaffee in der Tasse kalt werden. Draußen erklang eine Rettungswagensirene. Sie kam näher, dann verstummte sie. Jacob ging in sein Büro, weil er sonst gleich im Weg stehen würde, und zog Alex mit sich, der schwer atmete. Die Tür des Aufzugs öffnete sich, zwei Rettungssanitäter in voluminösen signalroten Jacken kamen heraus, schoben eine Trage mit einem faltbaren Untergestell auf Rollen durch den Flur, einer von ihnen trug einen enorm großen roten Rucksack. Sie knieten im Konferenzraum neben Ronny nieder, und Jacob setzte sich an seinen Schreibtisch, weil er nicht herumstehen und irgendwo hingucken wollte. Nach einiger Zeit hatten die Sanitäter Ronny auf ihre Trage gelegt und bugsierten ihn durch die Flure der Firma zum Fahrstuhl, und Jacob sah auch hier nicht hin, denn er wollte kein Schaulustiger sein und er wollte Ronny, der vor einer knappen Stunde noch kerngesund den Satzbehälter ausgeleert und ihn zu seinen Problemen befragt hatte, nicht so sehen.

Stattdessen markierte er sämtliche Mails im Posteingang und drückte auf *Löschen*. Es passierte in einem Sekundenbruchteil. Dann clickte er auf *Papierkorb leeren*. Das dauerte länger.

Als auch der Papierkorb leer war, ging er wieder ins Hauptfenster und drückte erneut auf die Senden-Empfangen-Schaltfläche. Das Programm meldete:

Lade Nachricht 1 von 43 789.

Nachdem Betsie fortgegangen war, hatte Moses sie angerufen, aber erst hatte sie ihn weggedrückt und dann hatte die automatische Frauenstimme gesagt, der Teilnehmer sei nicht erreichbar. Er hatte ihr geschrieben. Sie hatte nicht geantwortet. Er hatte sie auf Instagram gesucht, dafür extra ein Konto erstellt und fand auch ihr Profil, das aber auf »privat« geschaltet war. Dann hatte er sie auf Facebook gesucht, wo er noch ein Konto besaß, in das er sich seit Jahren nicht eingeloggt hatte. Dort war sie nicht aufzufinden. Er öffnete mit einer anderen Mailadresse ein neues Konto, suchte Betsies Namen und fand sie. Sie hatte ihn also auf Facebook gesucht, seine Karteileiche gefunden und diese blockiert. Auf Twitter war sie nicht oder hatte ihn dort auch blockiert. Einen Moment lang überlegte Moses, ob er ihren Mitbewohner Torben suchen sollte, aber dann verwarf er den Gedanken. Dann hatte er sich ins Bett gelegt, nicht geschlafen, dann doch geschlafen, dann war er mitten in der Nacht aufgewacht. Stundenlang war er wach im Bett gelegen, irgendwann aufgestanden, hatte sich einen Kaffee gemacht, sich aufs Sofa gelegt und an die Decke geschaut. Den ganzen folgenden Nachmittag lang hatte er damit zugebracht, Nachrichten an Betsie zu verfassen, die er einige hundert Mal umformuliert und am Ende doch nicht abgeschickt hatte. Diese Stunden waren nur unterbrochen von zahllosen Zigarettenpausen, und irgendwann hatte er sich ein Bier aufgemacht. Als es vor dem Fenster dunkel wurde, hatte er dann doch eine Nachricht abgeschickt. Sie lautete: *Es tut mir leid.*

Er rechnete mit keiner Antwort, und es kam keine. Dann war er ins Bett gegangen und nach anderthalb Stunden wieder aufgestanden, um sich noch eine Zigarette zu drehen und ein weiteres Bier aufzumachen. Dann schickte er Betsie, die in seinem Handy immer noch als *Bestie* eingespeichert war, eine weitere Nachricht, die lautete:

Er rechnete mit keiner Antwort, und es kam keine.

Maya hatte zwischendurch noch ein paarmal angerufen. Moses schrieb, dass er sich später melden würde, und machte dann das Handy aus. Gegen 22 Uhr zog er sich Schuhe und Jacke an, um rauszugehen und sich irgendwo zu betrinken. Dann hatte er eine Vision, in der er in irgendeiner Neuköllner Kneipe die Kontrolle verlor, besoffen herumschimpfte und mit Gläsern warf, und auf dem Höhepunkt dieser Randale kam Betsie zur Tür herein. Daraufhin blieb er zuhause.

So vergingen drei Tage. Dann war der Tabak alle. Er drehte aus den trockenen Krümeln eine letzte Zigarette. Sein Herz hämmerte, sein Schädel tat weh, in der Küche standen leere Flaschen. In einem lichten Moment während dieser drei sinn- und hoffnungslosen Tage hatte Moses *Alkohol erst ab 17h* auf einen Zettel geschrieben und den Zettel an die Wand gehängt. Zu trinken war aber nichts mehr im Haus, damit war der Zettel obsolet. Moses riss ihn ab, faltete einen Papierflieger daraus und warf ihn in den Hof. Der Flieger flog drei Meter geradeaus und dann senkrecht nach unten. Moses rauchte die letzte Zigarette, die widerwärtig schmeckte, und ging hinunter in Richtung Späti. Auf dem Hof kam ihm eine Nachbarin entgegen, deren Namen er nicht wusste, obwohl er hier seit neun Jahren wohnte. Sie war bei seinem Einzug mittelalt gewesen und war jetzt alt. »Nehmen Sie das da weg«, sagte sie und deutete auf den Papierflieger, der neben den Mülltonnen lag. »Immer machen Sie Dreck. Alles voll mit Ihrer Asche. Sie hängen doch an der Flasche!«

Moses schaute an ihr vorbei. »Sie haben mich schon gehört«, keifte die Frau, »Sie sind doch gestört! Keinerlei Benehmen! Sie sollten sich was schämen!«

Moses sah weiter starr geradeaus. Sprach die Frau in Reimen? Oder war er wirklich geistesgestört und hatte Halluzinationen?

»Das könnte Ihnen so passen«, sagte er, »ich wurde gerade verlassen. Ich bin daher betrunken und ziemlich tief gesunken. Doch noch ist Polen nicht verloren. Man muss auch dicke Bretter bohren.«

Die Frau starrte ihn fassungslos an. Moses ließ sie stehen, ging aus dem Hof, über die Straße und in den Späti.

»Hallo Alman«, sagte Ahmad, »wie gehts?«

»Hallo Ahmad«, sagte Moses, »beschissen.«

»Das ist ja scheiße, Bruder«, sagte Ahmad, »mal ehrlich, du siehst auch scheiße aus.«

»Du sollst nicht unsere Kunden beleidigen«, sagte Ahmads Bruder Manaf, der durch den Perlenvorhang aus dem hinteren Bereich des Ladens nach vorne kam.

»Aber er sieht scheiße aus«, sagte Ahmad.

Manaf sah Moses ins Gesicht und sagte: »Stimmt. Du siehst scheiße aus.«

»Jawohl«, erwiderte Moses, »und deswegen brauche ich jetzt drei Päckchen Tabak und Filter und ne große Packung OCB und zwei Feuerzeuge.«

»Drei Päckchen?«, fragte Ahmad, »machst du ne Expedition?«

»Nein«, sagte Moses, »aber ich habe vor, sehr viel zu rauchen.«

»Dann nimm fünf«, sagte Manaf.

»Warum?«

»Gibt Rabatt.«

»Echt?«, fragt Ahmad, »wieviel?«

»Ein Euro. Für Stammkunden.«

»Seit wann?«

Sie wechselten ins Arabische, und Moses konnte ihrer Unterhaltung nicht mehr folgen. Dann ging Manaf wieder nach hinten, klopfte Moses noch auf die Schulter und sagte: »Bleib sauber.« Ahmad öffnete eine Schublade und holte fünf Päckchen Tabak heraus.

»Warum willst du so viel rauchen?«, fragte er.

»Weil es mir scheiße geht.«

»Macht Sinn.«

»Zu Tode saufen kann sich jeder«, sagte Moses, »ich werde mich jetzt zu Tode *rauchen*.«

»Saufen ist scheiße«, sagte Ahmad.

»Genau«, erwiderte Moses, »ich wollte eigentlich auch Bier mitnehmen, aber das lasse ich jetzt.«

Moses zahlte, drehte sich die erste Zigarette noch vor dem Laden und rauchte sie auf dem Weg nach Hause. In der Wohnung drehte er eine zweite Zigarette, machte sich einen Kaffee und ging dann zum Rauchen auf den winzigen Balkon. Es fühlte sich ungesund an. Ihm war schlecht. Er beschloss, zu duschen. Die Gastherme war weiterhin nicht vorhanden. Er duschte also kalt, schnappte nach Luft und versuchte zu singen, so wie er es in einem anderen Leben propagiert hatte, und hielt zwanzig Sekunden durch.

Er musste etwas tun. Er musste raus aus dieser Wohnung. Vielleicht einen trinken. Vielleicht würde er Betsie über den Weg laufen. Also zog er frische Kleider an, setzte sich aufs Rad und fuhr nach Neukölln ins *Natanja und Heinrich*, ein großes Lokal, das stets voll mit gutaussehenden, jungen, weißen Leuten war, die Englisch sprachen. Da könnte er irgendwen aufreißen und sich zur Abwechslung als Schwede ausgeben. Oder als Deutscher. Die globalen Hipster fanden das gut, wenn jemand aussah wie er, aber Deutscher war.

Im *Natanja* bestellte er sich ein Bier, und sonst passierte nichts. Außer ihm schien niemand allein hier zu sein. Man ging nicht allein ins

Natanja. Man war sowieso nie allein. Man hatte immer Freunde um sich. Alle hier waren schon als Baby gesund ernährt und musikalisch früherzogen worden, hatten reine Haut, ebenmäßige Zähne, volles Haar und vielleicht ein Tattoo von einem angesagten Tattoo-Künstler mit 120 000 Instagram-Followern. Sie waren selbstbewusst, was nicht weiter schwierig war, wenn man jung, schön und gutsituiert war, und sie hatten bestimmt so viel Geschlechtsverkehr, wie sie wollten. Für sie war es selbstverständlich, dass es jederzeit Sexualpartner gab, die man attraktiv fand und die einen auch wollten. Es war genauso selbstverständlich, dass auf dem Konto immer Geld und im Kühlschrank immer was zu essen war und dass das Haus auf Teneriffa immer zur Verfügung stand, wenn Mama und Papa nicht gerade dort waren, aber die fuhren in letzter Zeit eher nach Sizilien. Moses hatte genau zweimal eine Frau im Arm gehalten, die er wollte wie nichts anderes. Das erste Mal war Jana Schneider gewesen, das zweite Mal Betsie. Dazwischen gähnende Leere, gefüllt mit Boxenludern, wie Maya es zu nennen beliebte.

Am Ende des Raums stand in einer Gruppe ein blonder Lockenkopf mit Undercut. Moses erschrak. Diese Frisur war eindeutig. Das war Torben, Betsies knuddelnder Mitbewohner. Der würde ihn gleich auch sehen, dann würde er quer durch den Raum zu ihm kommen und seine Körpersprache würde sagen: Wir müssen reden. Hier ist eine schlimme Tat geschehen. Das ist der Täter. Wir werden über ihn Gericht halten, das Urteil ist schon gesprochen: Schuldig bei Anklage, nur das Strafmaß gilt es noch festzulegen, das kannst du vielleicht beeinflussen, wenn du dich zerknirscht in den Staub wirfst, aber gib dir keine Mühe, jede Entschuldigung wird dir wieder nur zur Last gelegt.

Oder er würde ihn ignorieren. Einmal kurz einen vorwurfsvollen Blick senden und sich dann wegdrehen mit einer Bewegung, die alles sagte. Vielleicht war Betsie ja auch hier, gerade nur kurz ausgetreten, dann würde Torben mit heiligem Ernst dafür sorgen, dass Betsie Moses auf keinen Fall zu sehen bekam, damit sie nicht retraumatisiert wurde, und dann würden all ihre Freunde sich gemeinsam darum kümmern, dass Betsie nicht noch mehr Leid geschah, und sie würden es mit inniger Hingabe tun, weil es Teil des größeren Kampfes für das Gute war. Die Welt war unübersichtlich und sinnlos, gerade das Dasein als Neuköllner Rich-Kid-Hipster enthielt ein solches Sinnvakuum, dass die Leute jede Gelegenheit ergriffen, sich hineinzuwerfen in den Kampf gegen das Schlechte in der Welt, bei dem es keine Rolle spielte, wie reich und privilegiert man selber war.

Der Lockenkopf mit Undercut kam näher und drehte sich um. Es war nicht Torben. Moses leerte sein Bier, bestellte noch eins und versuchte die ungute Gedankenkette abzuschütteln, die sich seiner bemächtigt hatte.

Er vermisste Jacob und Maya. Er zog sein Handy aus der Tasche, das seit zwei Tagen ausgeschaltet war, und schaltete es ein. Es zeigte 17 neue SMS sowie 6 neue Whatsapp-Nachrichten. Moses war enttäuscht, er hatte mit mehr gerechnet. Die meisten Nachrichten waren von Jacob oder Maya, die sich fragten, was los war, und von seinem Vater, der wissen wollte, wie es mit der Suche nach Hannah voranging. Und dann war da eine Nachricht von einer Nummer, die Moses nicht im Speicher hatte. Sie lautete:

Hallo Moses (ich hoffe das ist dein richtiger Name) hier ist Torben. Betriebs Mitbewohner. Wir haben uns mal kurz kennengelernt. Versüßt geht es nicht gut und wir sind alle fassungslos über das was vorgefallen ist. Ich möchte dich auch in ihrem Namen bitten keine weiteren Kontaktversuche zu machen. Wir behalten uns weitere Schritte vor. LG

Danach war eine zweite Nachricht gekommen:

Sorry Autokorrektur. Sollte Betsie heißen.

Moses antwortete nicht. Aber er schrieb an seinen Vater:

Bin die letzten Tage nicht wirklich weitergekommen. Werde mich aber ab sofort wieder reinhängen.

Und dann schrieb er an Jacob:

Ich müsste mal wieder warm duschen.

Dear Gigue Family,

you heard the news: Ronny, our co-founder, had a medical emergency this Tuesday. He's fine so far, doctors say he will survive. Our hopes and prayers are with him and his family. Luckily, our work as a company won't be afflicted, as Ronny always made a point about gathering a strong band of dedicated and passionate individuals (that's you guys and girls) who could run Gigue all alone at any given point. However, we understand that some of you might be in shock and grief, so we decided to offer all our employees three days paid leave, if they wish, to cope with their feelings. Also, some of us felt they would like to discuss their feelings in a supportive environment, so there will be a group counselling session, starting this Friday at 3 p.m. in our meeting room. We're glad that we were able to gain the support of renowned trauma therapist and group mediator Jeremiah Mihaly from Brighton, UK, who will guide us through the session. Or, if you prefer to talk to somebody one-on-one, we're happy to announce that Jeremiah will also be available for in-person counselling for the next two weeks, and for online sessions after that. Feel free to reach out to him under jeremiah@ blocktheshock.co.uk from your official work account.

Thanks a lot for your support, and see you at the HQ, or at the next Gigue.

Yours

Erik, Stefan and Shalouela

GIGUE Executive Board

Jacob las die Mail und dachte nach. Hatte er Gefühle zu Ronnys Erkrankung? Es war ein massiver Schlaganfall gewesen, das wusste nach einer halben Stunde jeder, aber das schrieb man nicht in Rundmails an die Belegschaft. Hatte er Gefühle? Ja. Wollte er darüber reden? Nein. Schon gar nicht mit jemandem, den er nicht kannte. Er fragte sich, ob das den Kollegen auch so ging und ob überhaupt irgendjemand zu dieser Gesprächsrunde erscheinen würde. Er stellte sich vor, wie am Freitag um 15h die drei verbliebenen Chefs und der besagte Jeremiah im Konferenzraum vor einer Kanne Kaffee und einem Tablett mit Keksen säßen und kein einziger Angestellter auftauchte. Dann würden die Chefs sich ihrer-

seits in der Pflicht fühlen, den Therapeuten zu trösten, der bestimmt geknickt wäre. Vielleicht würde dann eine zweite Gruppensitzung anbe-
raumt, diesmal mit Anmeldungsliste, aber da würden die Chefs dann
auch nicht mehr erscheinen, dafür würden ein paar Mitarbeiter kommen,
aber eher aus Mitleid, damit der extra aus England angereiste Jeremiah
sich nicht so allein fühlte, und dann wäre es eher eine Therapiestunde für
den Therapeuten, bei der alle versuchten, diesen Umstand zu überspielen,
indem sie Gefühle offenlegten, die sie gar nicht hatten. Andererseits – was
sollte man schon machen, wenn man eine junge hippe Firma war, die sich
als *Community* oder gar als *Family* verstand, und dann kippte einer der
Chefs am Arbeitsplatz um und wurde vom Notarzt abgeholt? Man konnte
nicht einfach zur Tagesordnung übergehen. Man brauchte ein Ritual.
Man hätte auch einen Schamanen einladen, Drogen austeilen und alle
einladen können, sich ihre Gefühle eine Nacht lang aus der Seele zu tanzen. Das hätte vermutlich denselben Effekt gehabt. Und Ronny, um den
es ja irgendwie ging, hätte es vielleicht auch besser gefallen.

Jacob schaltete sein Handy an. Es kamen zwei Nachrichten von der
Schweizer Nummer und eine von Moses, der mal wieder warm duschen wollte. Jacob schrieb zurück:

Jederzeit, wir sind meistens zuhause. Heute Abend?

Moses schickte einen erhobenen Daumen. Jacob löschte die Mail
von *Gigue* und las die Nachrichten von der Schweizer Nummer. *Ich
freue mich auf heute Nachmittag*, sagte sie, und *Ich wäre dann um 16h
an der Weltzeituhr.* Jacob schrieb zurück: *Bitte nicht an der Weltzeituhr,
lass lieber am Dom treffen oder sonstwo.*

Jacob hätte auch zu diesem Thema gern jemanden gehabt, mit dem
er über seine Gefühle sprechen konnte. Aber das ging noch nicht mal
mit Moses. Und das war vielleicht wiederum ein Zeichen, dass er da im
Begriff war, etwas zutiefst Falsches zu tun. Wieso tat er es dann? Und
wenn er es schon tat, wieso war er dann nicht in der Lage, einen klaren
Schnitt zu machen und sich von Maya zu trennen, bevor er sich mit
irgendeiner Frau namens Steffi traf?

Allein bei dem Gedanken, sich von Maya zu trennen, erschrak er zutiefst.

Die Newsletter in seinem Posteingang sprachen davon, dass überall auf der Welt eine Zunahme von alltäglichen Defekten und Unfällen zu verzeichnen war. Es kursierten bereits Verschwörungstheorien, die ein System dahinter vermuteten, und die Newsletter von *Spiegel* und *Zeit* gaben ihren Lesern Handreichungen, wie man diesen Verschwörungstheorien begegnen konnte. Jacob löschte auch diese Mails. Dann war sein Posteingang leer, und er drückte mechanisch nochmal auf Senden/Empfangen. Das Programm lud eine Mail herunter. Der Absender lautete *HACK THE SYSTEM Scoring Contest*, der Betreff war *HTS Contest Results*, und in der Mail stand:

Dear contestant,
thanks for taking your time and taking part in our contest. We were humbled by the sheer amount of entries we received from more than 47 countries, and overwhelmed by the amazing music that was created by musicians over the world. However, at some point we had to make a decision, and we regret to inform you that your entry was not among those selected for further consideration. Please don't take this as a judgement of your talent or the quality of your work – many aspects go into a decision about what music to choose for a film score. We'd like to extend our heartfelt thanks for the time and energy you put into this contest, and we'd also like to point out that the rights for the music you created in the contest remain entirely yours – this should really go without saying, but we were repeatedly asked, so rest assured your music is yours and remains so. As a way of saying thanks, we have a little gift for you: Every contestant is entitled to a free license of MENUETTE Lite edition, the groundbreaking digital audio workstation-meets-electronic live performance software suite from Berlin. Redeem your copy at www.menuette.com, voucher code HTSCONTEST.
Kind regards from Los Angeles
Melina Pota (she/her)
LEYMAN Pictures

Jacob hatte sich zwar etwas anderes ausgemalt, aber mit nichts anderem gerechnet. Es wäre albern gewesen, jetzt enttäuscht zu sein. Er kannte die Software *Menuette*, sie stammte von zwei ehemaligen Entwicklern von *Gigue*, die der Meinung waren, das Programm sei über neun Jahre und sechs Versionen immer schwerfälliger geworden, werde von Version zu Version geflickschustert und die Chefs scheuten sich, eine Grundsanierung in Angriff zu nehmen. Also hatten sie ihren eigenen Laden aufgemacht. Jacob hatte *Menuette* mal ausprobiert, denn die *Lite-Version*, die hier verschenkt wurde, gab es immer wieder als Dreingabe, wenn man für vierzig Euro eine Zwei-Oktaven-Plastiktastatur kaufte, aber es hatte ihn nicht überzeugt.

Jacob öffnete die Istanbul-Sexszene und ließ sie mit seiner Musik laufen. Er hatte, seit er sie vor drei Wochen abgeschickt hatte, nicht mehr reingehört. Die Musik war tatsächlich gut. Sie war mehr als das. Sie war unerhört. Er selber hatte so etwas noch nie gemacht. Jacob hatte ein schlechtes Gewissen, wenn er seine eigene Musik hörte. Er wollte sich dabei nicht erwischen lassen. Andererseits mochte er seine Musik, denn sonst hätte er sie ja anders gemacht. Er lehnte sich im Stuhl zurück und schloss die Augen.

»Was geht ab?«, fragte Maya. Jacob öffnete die Augen wieder. Maya stand in der Zimmertür.

»Wenn du dir Filme mit nackten Frauen anguckst, musst du die Augen aufmachen, sonst siehst du nichts«, sagte Maya und verschwand wieder.

»Mir geht's nur um die Musik«, sagte Jacob.

»Das sagen sie alle«, rief Maya aus der Küche.

Jacob stoppte den Film, stand auf und ging zu Maya in die Küche.

»Wie geht's dir?«, fragte er.

»Schön, dass du mal fragst«, sagte sie.

»Ich frag dich doch oft.«

»Du fragst mich nie.«

»Moses würde heute Abend vorbeikommen und duschen.«

»Will er nur duschen oder auch was essen?«

»Weiß ich nicht.«

»Du weißt ja nicht viel.«

»Ist irgendwas?«

»Nö. Ich versuche nur zu entscheiden, was besser ist: Ein Freund, der Pornos guckt, oder ein Freund, der Pornos mit geschlossenen Augen guckt, weil er seine eigene Musik so geil findet.«

»Ich würde sagen, letzteres.«

»Dann lass dich nicht stören. Geh rüber und hör deine eigene Musik.«

Jacob wandte sich wortlos ab und ging wieder ins Arbeitszimmer. Auf seinem Handy leuchtete eine Nachricht auf. Moses hatte geschrieben:

Alter, guck mal, was hier abgeht. Du hast gegen eine KI den Kürzeren gezogen.

Angehängt war ein Link zu einer amerikanischen Website, auf der von einer Sensation berichtet wurde: Forscher in Stanford hatten einen Algorithmus entwickelt, der Filmmusik komponieren konnte. Kompositionssoftware gab es zwar schon länger, aber das waren Programme, die mit tausend Musikstücken gefüttert wurden und dann etwas im ähnlichen Stil herstellten, und die Resultate waren fragwürdig. Yuval Noah Harari hatte das in einem dicken Buch ausführlich gefeiert, daraufhin hatte Jacob sich die dort gefeierte Musik angehört und fand sie niederschmetternd. Es war wie eine Konversation mit jemandem, der keine Ahnung hat, wovon er redet, sondern wahllos Wörter aus dem Lexikon abschreibt und sie zu grammatikalisch korrekten Sätzen zusammenfügt. Der neue Algorithmus war nun aber anders. Er imitierte nicht nur Musikstile, er klassifizierte Musik nach emotionalem Gehalt, er konnte außerdem Filmbilder analysieren, Gesichter erkennen, hatte die gesamte Filmgeschichte einmal gescannt und komponierte jetzt Filmmusik. Das hatte er auch für die Ausschreibung von *Hack the System* getan und damit den Wettbewerb gewonnen. Die Sensation war gigantisch. Nur die Veranstalter des Wettbewerbs hatten sich entschieden, den Hinweis auf den Gewinner in ihrer Rundmail an die Verlierer wegzulassen.

Seltsam, dachte Jacob, alle überschlagen sich vor Begeisterung, dass ein Algorithmus mal wieder etwas besser kann als der Mensch, dabei hat noch niemand die Musik gehört, die dabei rausgekommen ist. Die gab es nämlich nirgends zu hören. Was würde der Algorithmus jetzt eigentlich mit dem Softwarepaket und der persönlichen *Mentoring Session* bei der Komponistin von *Hack the System* anstellen, die er gewonnen hatte? Und wie ging es der Komponistin damit? Hatte sie Angst um ihren Job? Jacob clickte sich durchs Netz. Jede Zeitung, die etwas auf sich hielt, hatte ihren Kolumnisten für Digitalthemen auf die Sache losgelassen, also war das Internet voll mit Kommentaren, die in der englischsprachigen Welt vom *watershed moment* redeten und im deutschsprachigen Raum vom *Quantensprung*. Ansonsten schrieben sie alle mehr oder weniger dasselbe: Wenn Maschinen jetzt auch Emotionen verstehen konnten, war das Selbstbild des Menschen als Zentrum der fühlenden Welt nicht mehr gültig, und alle anderen Vorrechte hatte man ja ohnehin längst abgetreten. Galilei, Darwin, Freud, Marx und Einstein hatten die Vorarbeit geleistet, jetzt wurde der Sack zugemacht. Aber das war gar nicht so schlimm, es war im Gegenteil das Beste, was der Menschheit passieren konnte, sie ging einer glücklichen Zukunft entgegen, in der es kein Leid mehr gab, weil Algorithmen einem jede Entscheidung abnehmen und jede emotionale Klippe schon im Vorfeld erkennen und vermeiden würden.

Eine zweite Nachricht von Moses kam.

> Moses: Super, wie alle sich jetzt aufplustern und genau das performen, was sie für beendet erklären, nämlich die Selbstüberhöhung des Menschen.
> Jacob: Ja verdammt. Und ich bin arbeitslos.
> Moses: Der Mensch steht nicht mehr im Mittelpunkt, nur der ZEIT-Kolumnist steht mehr denn je im Mittelpunkt, denn dort muss man ja stehen, um der Menschheit die Nachricht zu überbringen, dass sie

nicht mehr im Mittelpunkt steht. Journalisten, arrogantes Pack. Ich warte darauf, dass die endlich mal von Algorithmen abgelöst werden. Kann nur besser werden.

Jacob: Bist du sauer auf irgendwas?

Moses: Die Priesterkaste sagt dem Volk, dass es nichts zu melden hat, weil nur sie Zugang zu den Göttern haben. War schon immer so.

Jacob: Wie läuft's mit der Damenbekanntschaft?

Moses: Frag nicht.

Jacob: Bist du deswegen sauer?

Moses: Reduzier mich bitte nicht auf meinen Sexualtrieb.

Jacob: Ich würde die Gewinnermusik echt gern mal hören.

Moses: Ich glaube erst an den Sieg der Algorithmen, wenn ein Algorithmus pompöse Kommentare auf SpOn schreibt, in denen das Ende der Menschheit verkündet wird.

Jacob: Müsste ein Algorithmus nicht eigentlich das Ende der Algorithmen verkünden? Und die anderen Algorithmen müssten beipflichten?

Moses: STIMMT!!! Die ganze Nummer ist vollkommen ironisch. Dieses aufgeregte Geflatter und Gegacker über den Sieg der Algorithmen: DAS ist zutiefst menschlich. Künstliche Intelligenzen würden sowas nie machen. Du hast total recht.

Jacob: Das hab ich doch gar nicht gesagt.

Moses: Egal. Wir können den angeblichen Siegeszug der KI nur begreifen, wenn wir kapieren, dass auch das wieder nur eine Geschichte von Menschen für Menschen ist.

Jacob: Und dann?

Moses: Dann wäre es ein Fehler, sich in Demaskierungspose hinzustellen und zu sagen: Ihr seid alle doof. Nee, man muss es ausnutzen.
Riesenmarktlücke.

Jacob: Erzähl.

Moses: Man muss jetzt irgendwas herstellen und kackfrech als das erste Produkt einer künstlichen Intelligenz verkaufen. Der erste Roman, der von einem

Algorithmus geschrieben wurde. Garantierter Hit. Muss
noch nicht mal gut sein. Ich fange sofort an.
Jacob: Dann beeil dich, damit dir nicht ein echter
Algorithmus zuvorkommt.
Moses: Ich BIN ein Algorithmus. Ich bin der erste
Algorithmus, mit dem man sich besaufen und
schlechte Witze erzählen kann. Lass mir ne nette
Bewertung da. Bis später.

Jacob öffnete wieder seine Mails. Da war noch eine Nachricht von seinem Vater. Der schrieb ihm manchmal, aber meistens waren es nur Hinweise auf Artikel im *Sokrates-Report*. Diesmal klang die Mail anders. Sie lautete:

Lieber Sohn,
ich habe seit eurer vehementen Abreise nichts von Dir gehört.
Ich war wohl etwas aufbrausend, aber das liegt in unserer Familie, und man muss ja auch mal seinem Herzen Luft machen.
Wenn ihr mal wieder einen Besuch auf dem Land machen wollt
ich wohne auf dem Land. Im Herbst müssen die Bäume zurückgeschnitten werden. Da könntet ihr mir helfen. Heute,
scheint die Sonne. Es ist unklar.
Grüße
Dein Vater

Etwas an diesem Schreiben irritierte Jacob. Ließen die geistigen Fähigkeiten nach? Für einen Moment stellte er sich vor, wie sein Vater mit fortschreitender Demenz in seinem Haus saß. Monatelang würde das niemand bemerken, dann würde er als einziges Kind sich irgendwann um ihn kümmern und Entscheidungen treffen müssen. Er schob den Gedanken weg. Solange das nicht passierte, war es nicht vorstellbar.

Maya saß in der Küche und versuchte zu lesen. Sie versuchte dieses Buch seit vier Wochen zu lesen. Erst hatte es nicht funktioniert, weil sie mit der Aufmerksamkeit immer zu ihrem Text und den Spannungen in der Gruppe abgeschweift war, und danach hatte es nicht funktioniert, weil sie nach dem Rauswurf aus dem Kollektiv unter Schock stand und keine zwei Sätze lesen konnte, ohne mit den Gedanken zu Julian und Niloo zu wandern. Das war jetzt zehn Tage her und ließ nur langsam nach. Sie hatte mit niemandem darüber geredet. Moses hatte nicht zurückgerufen und Jacob hatte nicht zugehört. Er hatte zwar so getan, als würde er zuhören, aber mit den Gedanken war er woanders gewesen. Die ersten Tage hatte sie vermieden, in die Ankündigungen des Theaters zu schauen, dann hatte sie es doch getan. Der Abend hieß jetzt PLANNED OBSCENITY, und darunter stand: *Eine Produktion des Kollektivs IMPENETRANZA#62C unter der Regie von Niloofar Bahrami.* Neben Semjon, Servet und Julian war da ein fünfter Name, den Maya nicht kannte.

Sie hatte mit ihrer Mutter telefoniert, und ihre Mutter hatte sich das Problem angehört, aber Maya hatte gespürt, dass sie die Tragweite nicht richtig verstand. Dann mach halt was anderes, hatte sie gesagt, du bist doch so voller Ideen. Das war vielleicht richtig, half aber trotzdem nicht weiter. Die Frage war: Was könnte ihr weiterhelfen?

Vielleicht sollte sie ihr Problem zu Papier bringen und als Geschichte weiterschreiben.

Jacob stand schon wieder im Türrahmen und sah sie an wie ein Kleinkind, dem man erzählt hat, dass der Osterhase nicht existiert. Maya wollte diesen vorwurfsvollen Hundeblick nicht haben. Ich bin nicht dein Osterhase, dachte sie, und dann dachte sie: Wenn Männer sich verlieben, sind sie wie Kinder, die an den Osterhasen glauben, und wenn sie dann mit dem Objekt der Begierde zusammenkommen und der Alltag sich einstellt, kommt früher oder später die Erkenntnis, dass der Osterhase nicht existiert, und dann wird der Partnerin vorgeworfen, dass sie nicht der Osterhase ist. Man sollte einen Ratgeber schreiben: *Raus aus der Osterhasenfalle – Verlieben für Erwachsene.* Vielleicht wäre das auch ein Theaterabend, aber eher im Boulevard, nicht an den seriösen Häusern.

»Meine Pornovertonung war nicht gut genug«, sagte Jacob, »ich geh mal ein bisschen spazieren.«

»Gut genug für was?«

»Für den Wettbewerb.«

»Was für einen Wettbewerb?«

»Der, für den ich mich Ende September so reingehängt habe. Musik für sone Serie.«

»Das war ein Wettbewerb?«

»Hab ich doch erzählt.«

»Hast du nicht.«

»Jedenfalls hab ich nicht gewonnen.«

»Und, wer hat gewonnen? Hoffentlich mal eine Frau?«

»Nein, ein Computerprogramm.«

»Aha.«

»Ich geh mal spazieren.«

»Mach doch.«

Einen Moment lang spürte Maya das Verlangen, mitzukommen. Sie wollte mit Jacob durch die Straßen spazieren und dann in den Park abbiegen, wo die Blätter sich gelb färbten, und alles sollte sein wie früher. Jacob sollte den Arm um sie legen, dann sollten sie aufs Tempelhofer Feld gehen und den Sonnenuntergang über Schöneberg angucken und den Blick über die Ebene, die aussah wie ein Wintergemälde aus einem vergangenen Jahrhundert, und dann sollten sie in ein Café gehen und heiße Schokolade trinken. So sollte das sein. Sie wollte Jacob fragen, ob sie mitkommen sollte.

»Ist irgendwas?«, fragte Jacob.

Maya schüttelte den Kopf. Jacob zog seine Jacke an und ging.

Maya klappte das Buch zu und den Laptop auf. Wenn man zu derangiert zum Lesen war, konnte man immer noch schreiben. Sie machte ein neues Textdokument auf und schrieb:

MEIN PROBLEM

Ich ziehe mich am eigenen Schopf aus dem Sumpf, indem ich mich als erfundene Gestalt selbst erfinde und mir eine Lösung ausdenke, welche ich dann in der Realität zur Anwendung bringe.

Sie lehnte sich zurück. Steile Ansage. Dann lehnte sie sich wieder nach vorn und begann zu schreiben.

Jacob setzte sich aufs Rad und fuhr los, die Sonnenallee stadteinwärts. Es war mühsam. Sein Fahrrad war ein elf Jahre altes Normalo-Rad mit fünf Gängen, von denen der langsamste nicht mehr funktionierte.

Viele von Jacobs Kollegen fuhren edle Fahrräder, die sie in Läden kauften, die *Bikepunk* oder *Schweinehund* hießen und die sie ins Büro mitnahmen und dort an ihre Schreibtische lehnten.

An einer Ampel hielt ein anderer Radfahrer neben ihm und sagte: »Tschuldigung, ich wollte dich die letzten fünfhundert Meter überholen, aber du fährst Schlangenlinien und hast Tomaten auf den Ohren.«

»Oh«, sagte Jacob, »tut mir leid.«

»Echt, ey.«

Der Typ war blass, durchtrainiert, hatte oben blonde Locken und darunter rasierte Haare. Trotz des kühlen Wetters trug er ein T-Shirt und kurze Hosen.

Die Ampel schaltete auf grün.

»Deine Reifen sind platt, deine Kette muss geölt werden und dein Sattel ist zu niedrig«, sagte der Radfahrer. Er stieg in die Pedale und zog davon. Jacob fuhr ebenfalls los. Sein Hinterreifen war tatsächlich schlapp, und die Kette quietschte in einer Tonlage, bei der Jacob sich fragte, wie er dafür hatte taub sein können. Einige Meter weiter war ein Fahrradladen, vor dem eine öffentliche Pumpe stand. Er pumpte beide Reifen knallhart auf, kaufte Öl und einen Schraubenschlüssel, ölte die Kette, stellte den Sattel höher und stellte fest, dass das tatsächlich ein enormer Unterschied war. Er schwebte wie von selbst die Sonnenallee bis zum Hermannplatz, dann rechts zum Kottbusser Tor und wieder links zum Moritzplatz. Hier nahm er sein Handy, um den kürzesten Weg herauszufinden. Maya machte sich darüber gern lustig, aber Jacob fand Berlin zu groß, um sich immer überall auszukennen. Auf dem Handy war eine Nachricht: *Dann an der großen Schale vorm Neuen Museum. Verspäte mich ein wenig.*

Jacob stellte fest, dass er sich auf einem Umweg befand, und bog ab. Hier wusste er nicht mehr, wie die Straßen hießen. Er hatte einen Ohrwurm im Kopf, und zwar von seiner eigenen Musik. Das Motiv erklang in seinem Kopf und hörte nicht auf, während er durch Straßen fuhr, die er nicht kannte. Ein großer Goldfisch schwebte die Straße entlang, seine Flossen berührten die Hauswände, dann verschwand er über den Dächern das Stadt. Am Himmel schwebten weitere Fische und ein Schwarm von Meeresschildkröten. Die waren natürlich nicht wirklich da, aber sie waren trotzdem genauso wahr wie die Musik, die in seinem Kopf erklang. Dann war er in Mitte, auf dem Platz vor dem Dom. Er setzte sich auf die Freitreppe des Museums und schaute in den Himmel, und als er wieder nach unten schaute, stand dort neben der großen Granitschale eine Gestalt in einem dunkelroten Wollmantel. Er erkannte sie sofort. Sie blickte zu ihm hinauf, und ihr Blick traf ihn über die Entfernung von fünfzehn Metern, ihre Augen durchbohrten ihn und öffneten in ihm ein Loch, durch das die Musik der ganzen Welt hindurchklingen konnte.

Jacob ging die Treppe hinab.

»Hallo,« sagte die Frau, und Jacob sagte: »Hallo.«

Sie streckte ihm die Hand hin. Er schüttelte sie.

»Freut mich sehr, dass Sie es einrichten konnten«, sagte sie.

»Ich war mir ehrlich gesagt nicht sicher, ob ich unsere erste Begegnung nicht nur geträumt hatte«, sagte Jacob.

»Sind Sie sicher, dass Sie diese Begegnung nicht auch nur träumen?«, erwiderte die Frau.

Jacob schüttelte den Kopf.

»Heißen Sie wirklich Steffi?« fragte er.

»Ich heiße natürlich nicht Steffi«, sagte die Frau.

»Soll ich Sie dann so nennen …?«

»Meinetwegen können Sie mich gerne Nichtsteffi nennen«, sagte die Frau. »Wollen wir einen Spaziergang machen?«

Jacob nickte.

Er machte sein Rad an den Fahrradständern neben dem Museum fest, dann spazierten sie los, über die Museumsinsel, über irgendwelche Brücken, flussabwärts an der Spree entlang, durch Mitte, durch Tiergarten, Jacob hatte keine Ahnung, wo sie waren, und an das, was sie sprachen, wenn sie überhaupt sprachen, fehlte ihm hinterher jede Erinnerung. Ihre Schritte waren so lang wie seine und bewegten sich im selben Rhythmus, und aus dem Takt seiner und ihrer Bewegungen entstand eine neue Musik. Irgendwann berührte seine Hand beim Gehen zufällig ihre, irgendwann geschah die Berührung absichtlich, irgendwann legte sie den Arm um ihn, irgendwann blieben sie stehen und küssten sich. Und in diesem Moment blieb die Zeit stehen.

Zur selben Zeit, aber einige tausend Kilometer weiter westlich, oder am selben Ort, aber eine Million Jahre später – eins bleibt immer gleich: Niemand kann sagen, was Zeit ist. Wenn man das Wesen der Zeit in Worte fassen könnte, wären sämtliche Fragen beantwortet, aber das kann nie geschehen, denn Fragen und Antworten finden in der Zeit statt, und in der Zeit kann man Zeit nicht beschreiben. Sie ist wie ein Wagen, in dem wir unser Leben lang fahren und von dem wir nie die Außenseite zu Gesicht bekommen. Um sie zu beschreiben, müsste man aus ihr heraustreten. Das ist entgegen der allgemeinen Auffassung durchaus möglich, beispielsweise in der Kunst, denn die Kunst steht außerhalb der Zeit. Wohl kann ein Gemälde altern, eine Statue kann Arme und Nase einbüßen, aber der dargestellte Moment bleibt derselbe, genau wie ein Text sich in tausend Jahren nicht ändert. Es gibt nun aber eine Kunst, die selbst aus Zeit besteht. Diese Kunst ist die

Musik. Die meisten Musiker machen sich keine Gedanken darüber, aber das Material, mit dem sie hantieren, so wie ein Schreiner mit Holz hantiert, ist nichts anderes als Zeit. Der Ton A ist eine Bewegung, die 220mal pro Sekunde stattfindet, und wenn irgendetwas, egal ob eine Gitarrensaite oder der Flügel einer Mücke, in dieser Geschwindigkeit schwingt, dann erklingt der Ton A. Wenn wir dazu eine zweite Schwingung 349,2-mal pro Sekunde erklingen lassen, dann ist das der Ton F, dessen Abstand zum A wir als »Terz« bezeichnen, und wenn wir den Ton C mit 523,2 Schwingungen pro Sekunde dazunehmen, erklingt ein Akkord namens F-Dur. Das ist der Akkord, mit dem beispielsweise der Song *No Surrender* von Bruce Springsteen beginnt, bevor nach zwei Sekunden der Wechsel zu C-Dur passiert. Und all das ist geformte Zeit. In der Musik machen wir die Zeit greifbar, und wir können aus ihr Gebäude errichten, in denen wir etwas erfahren, das wir mit Worten nicht mitteilen können. Deswegen kann die Musik uns in Glückseligkeit versetzen und gleich darauf in abgrundtiefe Trauer. All das passiert, weil wir in der Musik so nah an die Lösung des Rätsels namens Zeit kommen, wie es überhaupt möglich ist.

Was hier nun aber noch gar nicht erwähnt wurde, das ist die schlechte Musik. Die Theorie der Kunst geht meist stillschweigend vom Idealfall aus, also vom Meisterwerk, dabei ist dieses eine große Ausnahme. Die meiste Musik lässt uns keine Glückseligkeit und keinen existentiellen Schauer spüren, sondern dudelt einfach so vor sich hin. Immer wieder gräbt jemand einen Zeitgenossen von Schumann oder Schüler von Schubert aus und preist diese Ausgrabung als Sensation, aber stets ist es eine Enttäuschung. Fast alles, was fast alle Musiker der Jahrhunderte im Schweiße ihres Angesichts erschufen, ist nett, aber nicht zwingend notwendig. Das wäre nicht weiter schlimm, aber da man in einem Feld arbeitet, in dem das Meisterwerk immer zumindest als Möglichkeit im Raum steht, anders als beispielsweise im holzverarbeitenden Gewerbe, wo die potentielle Wirkung eines Stuhls oder Schranks nie so groß ist wie die einer Bach-Passion, ist es insgeheim doch deprimierend, wenn man nur Durchschnittskram produziert. Das ahnen die Musiker dieser Welt, aber lassen es sich nicht anmerken. Manchmal kriegen sie einen Zipfel von der Unendlichkeit der Musik zu fassen, und zwar oft dann, wenn sie gar nichts komponieren wollen, sondern einfach spielen. Außerdem sind Musiker meist sanfte Menschen, die es nicht mögen, wenn so harte Urteile gefällt werden. Sie finden das eine besser, aber das andere deswegen nicht schlechter. In logischer Hinsicht ist das nicht ganz sauber, aber das stört die Musiker nicht, denn die Erfahrung sagt ihnen, dass man mit Logik über einen gewissen Punkt nicht hinauskommt, aber erst hinter diesem Punkt die Dinge interessant werden. Manchmal kommt man von allein hinter diesen Punkt und schreibt eine unendliche Melodie, einen Hit, und verbringt dann die nächsten 50 Jahre mit dem Versuch, das zu wiederholen. Und manchmal trifft man auf Menschen, die einen aus der Zeit heraustragen an genau diesen Punkt, an dem die Musik alle Fragen beantwortet. Auch das ist selten, und wem es widerfährt, der ist glücklich.

8
Wortfindungsstörung

Um kurz vor sieben klingelte es an der Tür. Maya saß immer noch in der Küche am Laptop und überlegte. Sie war mit ihrem Text nicht sehr weit gekommen.

Sie nahm den Hörer von der Sprechanlage und brüllte »Hallo?«, denn die Gegensprechanlage war schwerhörig, man musste hineinschreien, damit unten etwas ankam. Moses antwortete, dass er es sei, und Maya drückte auf den Türöffner.

»Wie siehst du denn aus«, rief Maya, als Moses die Treppe hinaufkam.

»Ich sehe wie immer blendend aus.«

Er umarmte sie.

»Du stinkst«, sagte Maya.

»Das ist der Grund meines Hierseins«, erwiderte Moses, zog die Schuhe aus und eine Flasche Wein aus dem Rucksack. Dann sagte er »erst die Arbeit, dann das Vergnügen« und ging ins Bad.

»Hast du Hunger?«, rief sie ihm hinterher, und Moses rief: »Ja!«

Während Moses duschte, schnitt Maya Zwiebeln und Knoblauch und kochte die bewährte Tomatenpampe. Sie ging davon aus, dass Jacob bald auftauchen würde, und machte genug für drei. Dann kam Moses aus dem Bad, trug frische Klamotten und duftete anders als sonst.

»Ich war im Kadewe«, verkündete er, als Maya die Nase rümpfte, »in der Parfümabteilung. Wer das Thema nur aus Duty-Free-Shops kennt, hat keine Ahnung. Alles unter 150 Euro ist minderwertiger Fusel.«

Dann saßen sie am Tisch und aßen. Maya hatte drei Teller hingestellt, doch von Jacob war keine Spur. »Was denkt der sich eigentlich«, sagte Moses, »ich ruf den jetzt mal an.«

»Hab ich schon.«

»Trotzdem.«

Moses griff zum Telefon, rief Jacob an und erreichte die Mailbox.

»Ich sitze in deiner Küche, esse Tomatenpampe und stoße mit deiner Freundin auf dich an«, sagte Moses ins Telefon. »Prost.«

Sie aßen und redeten nicht viel. Dann sagte Moses irgendwann: »Übrigens sorry, dass ich dich letzte Woche nicht zurückgerufen habe.«

»Hat sich erledigt«, sagte Maya.

»Um was ging's denn?«

»Intrigen, Mobbing, Verlust der beruflichen Existenz.«

»Und wie hat sich das erledigt?

»Ich hab mich selbst fiktionalisiert.«

»Und was ist da rausgekommen?«

»Nichts. Ich würde gern einen Gott eingreifen lassen, der mich aus dieser Situation hinaushebt und an einen anderen Ort entrückt.«

Maya erzählte, was geschehen war, während Moses eine Zigarette drehte und zum Rauchen auf den Balkon ging. Die letzte Entwicklung war, dass das Kollektiv jetzt ein neues Mitglied namens Afshan Hazrat hatte. Als sie fertig war, sagte Moses: »Na gut. Du hast einen Antagonisten, nämlich Julian, der dich aus irgendeinem Grund nicht mag, und eine Verbündete, die zur Gegnerin geworden ist. Ich sehe drei Möglichkeiten: Sich geschlagen geben, verhandeln oder zurückschlagen. Möglichkeit eins muss ich nicht erläutern. Möglichkeit zwei ist langweilig: Geh zu Niloo und Julian, such das Gespräch, versuch die Sache zu erklären. Möglichkeit drei ist zumindest vom Unterhaltungswert die spannendste: Mach sie fertig, wirf alles an die Front, vernichte deine Gegner.«

»Wie stellst du dir das vor?«

»Keine Ahnung.«

»Na toll. Sonst bist du inspirierter.«

»Tut mir leid, das könnte daran liegen, dass auch mir das spirituelle Genick gebrochen wurde.«

»Warum? Hat deine Ische Schluss gemacht?«

»Ich verbitte mir dieses Vokabular. Betsie war die Frau meines Lebens.«

»Die wievielte?«

»Die einzige.«

»Heul doch.«

»Ja, so seid ihr Frauen. Euer Leiden ist existentiell, das der anderen hat kein Gewicht. Wer nicht an den offiziell zertifizierten Unterdrückungsverhältnissen leidet, sondern an was anderem, dem kann es gar nicht schlecht gehen. Dann erzähl ich dir halt nix mehr.«

»Du armes Opfer«, sagte Maya, »mir ist kalt, ich geh wieder rein.«

Sie schlossen die Balkontür hinter sich.

»Ich geh dann mal«, sagte Moses und machte seine Jacke zu.

»Wieso, bist du jetzt sauer?«

»Nö, ich wollte duschen, habe geduscht und sogar ein warmes Essen bekommen, wofür ich dir sehr danke, und werde jetzt in meine Einsamkeit zurückkehren und heulen, so wie es mir empfohlen wurde. Ich bewerte diesen Abend mit drei von fünf Sternen.«

»Ach komm. Du kannst ruhig noch bleiben.«

»Wozu?«

»Weiß ich auch nicht. Setz dich in die Küche und mach einen Wein auf.«

Maya ging ins Badezimmer, und als sie wieder in die Küche kam, hatte Moses zwei Gläser eingeschenkt und schaute in sein Smartphone.

»Guck mal«, sagte er, »deine ehemalige Freundin Niloo ist auf Twitter. Hier ein zufälliges Fundstück aus dem Jahr 2011: *Frauke Petry deine Möse ist böse*. Damals gab es nur 140 Zeichen, sonst hätte sie sich bestimmt differenzierter ausgedrückt.«

Moses reichte ihr das Handy, und Maya las: »*Wenn ich 100 Kilo wiege sitze ich nur noch vor der Glotze aber bis es mal so weit ist beweg ich meine Fotze.*«

»Ich bin beeindruckt«, sagte Moses.

»Das war ihre Hiphop-Zeit.«

Moses nahm das Handy wieder und las: »*Dein Gehirn ist nicht mehr ganz Uschi und ich scheiß auf deine Trans Muschi. Ei, ei, ei,* das wird nicht gut ankommen. Das Deutsche Theater sollte sich fragen, ob es Leuten, die solchen Hass verbreiten, eine Plattform geben will.«

»Da war sie 19.«

»Mit 19 ist man alt genug, um zu wählen, Auto zu fahren und sich fürs Vaterland erschießen zu lassen.«

»Du klingst wie mein Opa.«

»Junge Dame, ich darf daran erinnern, dass du dir deine Opas nur ausgedacht hast.«

»Mann!«, rief Maya und schlug mit beiden Fäusten auf den Tisch, »was ist denn los mit dir!«

»Ich versuche dir zu helfen. Aus diesen Tweets ließe sich ein schöner Skandal bauen. Jede Wette, dass es auch irgendwo antisemitisch wird. Vielleicht schreibt sie sogar mal *Neger*. Das wäre der Jackpot. Soll ich suchen?«

»Nein!«

»Na gut. Andersrum gefragt: Möchtest du Niloo darauf hinweisen, dass sie ihre Tweets von 2010 bis vorgestern besser mal löschen sollte?«

Maya schwieg.

»Siehste, jetzt wird es interessant. Selber willst du dieses gefundene Fressen nicht servieren, aber wenn andere das tun, würdest du sie nicht hindern.«

»Männo.«

»Ich versuche doch nur, das Ausmaß deiner Verletzung auszuloten.«

»Niloo ist nicht das Problem. Julian ist der Arsch.«

»Aha. Sollen wir den auf Twitter suchen?«

»Der postet bestimmt nur einmal am Tag, wie sehr er sein Privileg checkt.«

»Das muss noch nichts heißen. Gerade bei diesen Turnübungen der Tugend kann man im Fettnäpfchen landen. Einmal eine dicke rassistische Vorstadtmutti gegen einen edlen Geflüchteten antreten lassen und dabei gedacht: Super, gibt bestimmt viele Likes, aber dann schreit irgendwer *frauenfeindlich* und *Fatshaming*, der Mob wütet, Karriere im Eimer.«

»Ich wüsste gern mal, was er eigentlich will.«

»Ich kenne diesen Julian nicht, aber er will wahrscheinlich das, was alle wollen: Karriere, Erfolg, Status.«

»Und was hat er davon, wenn er mich rausmobbt und Niloo promotet?«

»Das können wir leicht herausfinden. Wir brauchen nur etwas Religionswissenschaft.«

»Hä?«

»Ganz einfach. Julian hat die Situation analysiert und richtigerweise erkannt, dass er allein kaum Karrierechancen hat, weil auf absehbare Zeit Frauen und Mihigru die Nase vorn haben werden. Gern auch Trans, aber da gibt's nicht so viele. Er kann also noch so sehr den progressiven Streber raushängen lassen, das wird am Ende nicht den entscheidenden Vorsprung bringen. Mittelmäßige Stelle als Dramaturg an einem mittleren Theater wär drin, aber er will mehr, er will Regisseur sein. Was braucht er also? Genau: Ein Kollektiv mit Minoritäten-Mehrheit, unter dessen Flagge er segeln kann. Zweitens: Er hat mit Adlerblick erkannt, dass Niloo und du die Talentierten sind. Zusammen seid ihr spektakulär, keine Sau interessiert sich für den Rest, also muss dieses Duo gesprengt werden. Dich kann er leichter loswerden. Weiße Cis-Hetero-Frau, weg damit. Niloo war ja schon in den Medien–«

»Dafür hat er selber gesorgt«, sagte Maya.

»Siehste, also lässt er sie die Arbeit machen und ihren Namen draufschreiben, und wenn das Stück ein Erfolg wird, dann kriegt sie als Einzelperson weitere Angebote, die sie annehmen wird, weil, wie er richtig erkannt hat, ihr Herz auch nicht so extrem für dieses Kollektivding brennt. Er macht dann mit dem geschrumpften Kollektiv noch zwei oder drei Produktionen, holt ein paar neue Leute dazu, und dann ist bei sämtlichen Aktivitäten er derjenige, der das ganze soziale Kapital einsackt, weil er mit dem Intendanten abhängt und sich mit dem Chefdramaturgen über Schlingensief unterhält, während die anderen saufen gehen oder Atemübungen machen. Dann ist er irgendwann bestens vernetzt, macht erste Produktionen unter eigener Flagge und lässt das Kollektiv auslaufen, ohne dass man sich je offiziell getrennt hätte.«

»Puh«, sagte Maya und schaute in die Zimmerecke, als wäre ihr schlecht.

»Dann ist er angekommen, wo er hinwollte, und ab da reicht es, sich in die vier vorgeschriebenen Himmelsrichtungen zu verneigen und zu sagen, dass man auch anderen Stimmen Raum geben wolle und blablabla. Solange man diese Gebete aufsagt, ist egal, ob man auch tut, was man da predigt.«

Maya atmete hörbar aus. »Du bist so zynisch.«

»Wieso denn ich? Wenn hier irgendwer zynisch ist, dann dein Freund Julian, wie heißt er eigentlich mit Nachnamen.«

»Berndt.«

»Siehste. Nimm dich in acht vor Leuten mit einsilbigen Nachnamen.«

»Warum?«

»Einfach so. Ich wollte was Absurdes sagen, um meiner Analyse die Spitze zu brechen.«

Maya sagte nichts. Stattdessen schenkte sie sich ein großes Glas Wein ein und nahm einen großen Zug.

»Das ist alles so schlimm«, sagte sie.

Moses nickte und sagte: »Es kommt sogar noch schlimmer.«

»Wie denn?«

»Diese Situation hier ist auch schlimm.«

»Hä?«

»Was hat hier soeben stattgefunden?«

»Du hast Julians Karriereplanung analysiert.«

»Und was war das für ein Vorgang?«

»Weiß nicht. Bin betrunken.«

»Dann sage ich es dir: *Mansplaining.*«

»Ah. Richtig, aber ich verzeihe dir.«

»Und dass ich dir das mitteilen muss, ist schon wieder *Mansplaining.*«

»Auch richtig, aber ich würde lieber weiter über Julian reden«, gähnte Maya.

»Zu Julian fällt mir nichts mehr ein. Fall geklärt. Ich finde *Mansplaining* spannender. Nehmen wir an, ein Mann sagt zu einer Frau *Eia Popeia* oder *ich liebe dich.* Ist das *Mansplaining*?«

»*Eia popeia* ist sexuelle Belästigung«, murmelte Maya, ließ den Kopf auf den Tisch sinken und begann laut zu schnarchen. »Nein«, fuhr Moses fort, »es ist kein *Mansplaining*, weil er im ersten Fall nichts und im zweiten nur etwas über sich selbst sagt. Das Problem fängt an, sobald ein Mann einer Frau etwas mitteilt, das über *eia popeia* hinausgeht und nicht nur von ihm selbst handelt. Ich habe daher beschlossen, mich in drei Richtungen abzusichern. Einerseits, indem ich im Gespräch mit Frauen offensichtlich blödsinnige Dinge einflechte wie zum Beispiel *Nimm dich in acht vor einsilbigen Nachnamen*, zweitens, indem ich nur von mir selbst rede, und drittens Flucht nach vorn, indem ich ihnen erkläre, was Mansplaining ist. Ich nenne das Meta-Mansplaining. Prost.«

Maya hob den Kopf vom Tisch. »Bist du fertig?«

»Nein. Mansplaining zielt, wie jeder Monolog, auf die Unendlichkeit.«

»Dann red weiter.«

»Ich hab den Faden verloren. Die Julian-Analyse hat meine ganze Kraft gekostet.«

Maya gähnte: »Ich habe nur halb zugehört, aber ich hätte eine andere Idee, wie du aus der Sache rauskommst.«

»Und zwar?«

»Kein Mann sein. Dann kannst du *plainen*, soviel du willst.«

»Das«, sagte Moses und hob sein Glas, »ist brillant. Wenn ich einer Frau die Welt erklären will, definiere ich mich vorher als nicht männlich.«

»Nö, so einfach geht das nicht.«

»Wie denn dann?«

»Mit einem Ritual. Pass auf.«

Maya stand auf, öffnete den Kühlschrank und holte eine erstaunlich große Zucchini aus dem Gemüsefach. Sie hob ihr Glas, reckte mit der anderen Hand die Zucchini in die Luft und rief: »Moses Goldberg! Hiermit wirst du symbolisch entmannt. Zackabumm.«

Sie hob die Zucchini wie ein Hackmesser und ließ sie zwischen Moses Beine niederfahren. Moses zuckte zusammen und rief: »Aua!«

»Stell dich nicht so an«, sagte Maya und setzte sich, »jetzt darfst du weiter mansplainen. Prost.«

»Jetzt fällt mir nichts mehr ein«, sagte Moses, »vielleicht kann man nur als Mann mansplainen.«

»Schade«, sagte Maya und nahm die Zucchini in den Arm wie ein Baby.

»Intersektionell« sagte Moses und hatte Mühe, das Wort auszusprechen, »in-ter-sek-zi-o-nell wird es richtig haarig. Wenn ein schwarzer schwuler Trans-Mann –«

»Du mansplainst ja doch«, unterbrach Maya ihn.

»Als Nicht-Mann darf ich das ja jetzt. Also, wieso kann man eigentlich im falschen Körper geboren sein, was das Geschlecht angeht, aber nicht in Bezug auf die Hautfarbe? Wenn ich mich als Transfrau oute, kriege ich Applaus, wenn ich aber sage: Ich bin trans-schwarz, also mein weißer Körper entspricht nicht meiner wahren Identität, dann werde ich gesteinigt.«

»Nicht von mir. Bei mir darfst du alles sein.«

»Und was ist, wenn man beides auf einmal macht? Wenn eine weiße Frau sich zum schwarzen Mann erklärt?«

»Dann hat sie nen Knall«, gähnte Maya.

»Richtig. Und damit ist es eine Religion. Der Glaube an einen dogmatischen Blödsinn voller Widersprüche schweißt die Gläubigen zusammen, und schon haben wir eine Religion. Das Christentum ist zwar tot, aber danach kommt halt eine neue Religion mit neuen Sündenbocksteinigungsritualen und füllt die Lücke.«

»Sündenbocksteinigungsrituale«, sagte Maya, »gehen auch Steinbocksündigungsrituale?«

»Weiß ich nicht. Ich bin am Ende meines Wissens und möchte wieder ein Mann werden. Können wir diese symbolische Handlung von vorhin rückgängig machen?«

»Nö. Das bleibt jetzt so.«

»Verdammt.«

»Oder doch. Ich weiß wie. Du musst Sex haben, dabei muss die Frau einen symbolischen Satz sagen, dann bist du wieder ein Mann.«

»Na toll.«

»Du darfst mansplainen und kriegst hinterher Geschlechtsverkehr. Beschwer dich nicht.«

»Und wo soll ich die Frau hernehmen?«

»Das sollte nicht so schwierig sein«, sagte Maya, »was ist denn mit deiner Tussi?«

Moses schwieg und bemerkte, wie sein Herz kurz aussetzte. In der letzten Stunde hatte er Betsie vergessen. Jetzt fiel sie ihm wieder ein.

»Erzähl mal«, sagte Maya.

»Wär das nicht wieder Mansplaining?«

Maya schüttelte den Kopf. »Das ist Herzausschüttung. Leg los.«

Also erzählte Moses, wie er Betsie kennengelernt hatte, was dann passiert war und wie es ihm ein ums andere Mal nicht gelungen war, die Lüge aufzulösen, weil er ahnte, dass das Kind längst in den Brunnen gefallen war.

»So weit, so doof«, endete er. »Und jetzt womansplain mir bitte, was da los ist und was man machen kann.«

»Ganz einfach«, sagte Maya, »sie hat es nicht gern, wenn man sie anlügt und dann vögelt. Das war schon im Altertum so, wenn Jupiter sich in Gestalt eines Schäfers oder eines Schäferhundes an irgendeine Nymphe herangemacht hat. Die fanden das auch nicht toll.«

»Und was machen wir jetzt?«

»Jupiter hat die Nymphen dann in Bäume verwandelt oder in Kühe. Oder es war Jupiters Frau, die sauer war, weil er fremdgegangen ist.«

»Ich müsste sie also in eine Kuh verwandeln.«

»Vielleicht musst du warten, bis sie sich von selber in eine Kuh verwandelt. Mit der Zeit ändert sich dein Blickwinkel, und irgendwann denkst du nur noch: Blöde Kuh.«

»Und wie kriege ich es hin, dass die blöde Kuh mir glaubt, dass das ein Betriebsunfall war?«

»Gar nicht. Wenn ich mit einem Mann ins Bett gehe, möchte ich wissen, wer er ist. Wenn er mich anlügt, hat er verkackt.«

»Aber ist das nicht auch schon diskriminierend, wenn ich sage: Ich stehe auf *irgendwas?* Damit meine ich ja eine Eigenschaft, die du dir nicht ausgesucht hast. Alles, was ich über andere sagen kann, ist potentiell übergriffig. Jeder darf nur über sich selber reden. Und damit haben wir die Liebe aus der Welt geschafft, denn in der Liebe muss man über andere sprechen.«

»Grau ist alle Theorie«, erwiderte Maya, »der Drops ist gelutscht, und ich will jetzt Drogen nehmen. Wir können nicht immer nur saufen, sonst sind wir am Ende besoffen.«

Sie stand auf und hielt sich am Tisch fest, öffnete die Schublade des Buffets und dann die andere, sagte »warte mal«, ging ins Nebenzimmer und kam mit einem Plastiktütchen wieder, in dem ein weißes Pulver war.

»Was ist das?«, fragte Moses.

»Keine Ahnung. Ich glaube, das muss man intravenös spritzen. Hast du Fixerbesteck?«

»Nein«, sagte Moses und räusperte sich, »und ich möchte darauf hinweisen, dass, äh, dein Handy leuchtet.«

Mayas Handy hatte eine Nachricht von Jacob empfangen. Sie lautete:

Sorry, verspäte mich ein bisschen.

»Boah«, sagte Maya, »du Penner, du Vollpfosten, es ist Viertel vor elf, und jetzt fällt ihm ein, dass er sich mal melden könnte. Ein Grund mehr, Drogen zu nehmen. Ich glaube, man schnupft das. Yo, digga. Wie geht das? Man muss das irgendwie mit einem Spiegel oder Tablett oder was weiß ich.« Sie betrachtete den Küchentisch und sagte »der ist sauber genug«, dann streute sie das Pulver direkt auf den Tisch.

»Wo hast du das her?« fragte Moses.

»Von dem Theaterfestival, wo wir damals *Schillers Räuber in szenischer Lesung* gespielt haben. Da lief son Typ rum, der war scharf auf mich, ich hab es genau deswegen nicht genommen, aber seitdem liegt das rum und wir hatten eigentlich beschlossen, dass wir das auf der Premierenparty von unserem nächsten Stück nehmen. Ich finde, jetzt ist ein guter Moment. Männo!«

Sie versuchte vergeblich, mit einer Gabel aus dem Pulver zwei Linien zu formen. Moses zog sein Portemonnaie hervor und gab ihr seine EC-Karte.

»Ist die gewaschen?«, fragte Maya.

»Nein.«

»Egal.«

Sie hackte mit der Karte in dem Pulver herum, betrachtete das Ergebnis und sagte:

»Mach du mal.«

»Maya, ich bin mir wirklich nicht sicher, ob wir jetzt, blau wie wir beide sind –«

»Oberschwester Moses. Ich bin erwachsen und im Vollbesitz meiner geistigen Dingenskirchen.«

Moses blickte sie an und wiederholte: »Dingenskirchen.«

»Mach mach mach«, sagte Maya, »zwei Linien, eine für mich und eine für dich. Los jetzt. Zack zack.«

Moses hatte auf diesem Gebiet keine große Erfahrung, da ihm fast nie Koks angeboten worden war, weil seine Bekannten vermutlich dachten, er sei schon auf Koks, und Fremde ihn ohnehin für einen Dealer hielten. Außerdem hatte er über die Jahre zu viele egozentrisch monologisierende Knallchargen erlebt, bei denen ihm erst später die Erkenntnis gekommen war, dass das mit Kokainkonsum zusammenhing, und hatte sich gefragt, wie naiv er zuvor gewesen war, dass ihm das nicht aufgefallen war, und generell fand er es ungut, sich an einer Sache zu beteiligen, an der so viel Blut klebte. In diesem Punkt war er ausnahmsweise moralisch, aber dieses weiße Pulver war vielleicht gar kein Kokain, und wenn doch, war es nach drei Jahren Herumliegen vielleicht abgelaufen, aber Maya wedelte mit der Plastikkarte vor seiner Nase und sagte »mach hinne!«, also nahm er die Karte, und es gelang ihm, zwei Linien herzustellen, die ungefähr aussahen wie in den Filmen, aus denen er das kannte.

»So«, sagte Maya, »und jetzt ein zusammengerollter Geldschein.«

»Man kann auch ein Stück von einem Strohhalm nehmen oder einen dieser röhrenförmigen Kekse.«

»Du bist auch so ein röhrenförmiger Keks. Geld her.«

Moses gab ihr einen 20-Euro-Schein. Maya rollte ihn zusammen, holte ein paarmal Luft, als wollte sie sich für einen Hundertmeterlauf warmmachen, und zog sich eine der beiden Linien in die Nase. Danach verzog sie das Gesicht, als hätte sie in eine Zwiebel gebissen, und sagte: »Bäh. Du bist dran.«

Moses nahm den Geldschein, rollte ihn auseinander und steckte ihn weg.

»Nä nä nä«, sagte Maya und klopfte auf seine Hose, wo das Portemonnaie war, »du musst jetzt auch.«

»Ich will nicht«, sagte Moses.

»Du brauchst ein Reinigungsritual. Du hast deine große Liebe gefunden und verloren. Du musst die bösen Geister wegtanzen. Ach, übrigens.«

Sie ging ins Wohnzimmer und hielt sich dabei an den Wänden fest, um nicht umzufallen. Gleich darauf dröhnte Musik durch die Wohnung. Moses fühlte sich fast nüchtern und hatte blendende Laune, was in Kombination bedeutete, dass er ganz schön betrunken war. Er konnte jetzt gehen, aber er wollte Maya so nicht alleinlassen. Er konnte einfach hier sitzenbleiben und die Wand angucken. Oder er konnte den Geldschein wieder herausholen, sich dieses weiße Zeug einverleiben, zu Maya ins Wohnzimmer gehen, die dort mit sich selber tanzte, irgendwann auf dem Sofa einpennen, morgen mit einem kapitalen Kater aufwachen und dann mit Jacob und Maya frühstücken. Das klang insgesamt vernünftig. Außerdem wollte er Betsie vergessen.

Kurzentschlossen holte er den Geldschein wieder hervor, erinnerte sich gerade noch rechtzeitig daran, dass man einatmen und nicht ausatmen musste, und zog die zweite Linie vom Tisch. Das Gefühl war merkwürdig. Die Nase wurde taub, das Gehirn schräg und die Welt weich wie Watte.

Als Moses ins Wohnzimmer kam, lief etwas Elektronisches. Maya stand in Strümpfen auf dem Sofa und bewegte sich nicht im Rhythmus der Musik, sondern einfach irgendwie.

»Moses!«, rief sie, »willkommen im Club!«

Moses merkte, wie die Welt ein Stück von ihm wegrückte. Es war, als hätte jede seiner Bewegungen ein Echo, das drei Sekunden aus der Vergangenheit oder der Zukunft kam. Es war irritierend. Er stellte sich in die Mitte des Zimmers, versuchte zu tanzen und war sich nicht sicher, wie man das machte.

»Ich revidiere meine Bewertung«, rief Moses, »der Abend kriegt fünf von fünf Sternen.«

»Sexy«, sagte Maya, stellte sich vor ihn und legte die Hände auf seine Schultern. Gemeinsam ließen sie die Hüften kreisen. Es fühlte sich an wie abstrakte Kunst.

»Die Tweets von deiner Freundin Niloofar haben mich an etwas erinnert, das ich lang verdrängt hatte«, sagte Moses.

»Geil! Erzähl!«

»Es ist eine persönliche und peinliche Geschichte.«

»Nichts ist peinlich!«, schrie Maya.

»Okay. Also. Ich wurde in der Mittelstufe gemobbt. Ich war uncool, hatte die falschen Klamotten und war spät dran mit der Pubertät.«

»Laaangweilig!«

»Als wir im Biologieunterricht bei Sexualkunde angekommen waren«, fuhr Moses fort, und bei *Sexualkunde* machte Maya einen kleinen Freudenschrei, »hat der Lehrer mich rangenommen und gefragt, wie die Teile der weiblichen Anatomie heißen. Ich hab rumgestottert und bin knallrot geworden, und dann hat irgendwer gerufen: Möses! Seitdem war das mein Spitzname. Von der Achten bis zur Elften konnte ich mich nirgendwo blicken lassen, ohne dass irgendwer geschrien hätte: Möses!«

»Möses!«, schrie Maya und lachte sich tot.

»Ja, jetzt weißt du es.«

»Komm, Möses, wir tanzen. Ich bin der Herr und du bist die Dame.«

Sie drehte ihn im Kreis. Das Drei-Sekunden-Echo aus der Zukunft oder der Vergangenheit überlagerte sich mit ihren Bewegungen zu einer interessanten Wellenbewegung. Moses fasste Maya um die Schultern und ließ seine Hände an ihr hinabgleiten. Das fühlte sich seltsam sexuell an, war aber in Ordnung, weil er ja keinerlei derartige Absichten hatte. Maya schmiegte sich an ihn, und er roch aufregend. »Verrat mir mal eins«, sagte Maya, »wie genau hat deine Angebetete dich eigentlich beim Deutschreden ertappt?«

»Das war ein dummer Zufall«, sagte Moses.

»Und zwar?«

»Eine unglückliche Verkettung von Umständen.«

»Sag schon!«

»Na gut. Wir haben uns verabschiedet, dabei hat mein Handy zehnmal hintereinander geklingelt, dann bin ich rangegangen, dann kam sie wieder.«

»Und wer ruft dich zehnmal hintereinander an?«

Moses zog eine Grimasse und konnte zusehen, wie bei Maya der Groschen fiel.

»Nicht dein Ernst«, sagte Maya, »ich hab das ausgelöst? Nicht – dein – Ernst!«

»Doch mein Ernst.«

»Aber das ist ja schrecklich, beziehungsweise toll, weil dann sind wir jetzt existentiell verbunden! Wie schön!«

Sie warf die Arme in die Höhe, tanzte ihn an und drückte sich in voller Länge an ihn. Dann legte sie beide Arme um seinen Nacken und küsste ihn auf die Wange. »Das schulde ich dir«, sagte sie, »das ist ja wohl das Mindeste an Wiedergutmachung.«

Moses spürte, wie sein Herz für einen Moment stehenblieb. Dafür drehte die Welt sich weiterhin mit leicht erhöhter Geschwindigkeit, wie sie das tat, seit er sich vor zwei Minuten oder zwei Stunden in der Küche dieses Zeug in die Nase gezogen hatte. Hatte Maya ihn gerade tatsächlich geküsst? Was war hier los?

Sie küsste ihn nochmal, diesmal auf die Lippen.

»Ist okay«, sagte Maya, »kann man schon mal machen.«

Moses spürte, wie etwas passierte, über das er keine Kontrolle hatte. Er spürte, wie ihre Hände ihn berührten und sie sagte »dieses schweineteure Parfum ist wirklich jeden Cent wert, ich will auch sowas«, dann spürte er, wie sie ihn nochmal küsste, dann küsste er sie auch, und kurz darauf lagen sie auf dem Sofa, sie über ihm und er halb auf ihr, sie fuhr durch seine Haare, er berührte ihre Brüste, und gleichzeitig kam er sich selber vor wie ein Zuschauer im Kino, oder eher im Autokino, zwischen ihm und dem Film war eine Glasscheibe, er konnte jederzeit wegfahren, und das Auto war eigentlich auch gar nicht dazu gedacht, im Kino zu stehen, es war dazu da, in der Gegend herumzufahren und ihn von A nach B zu befördern.

Jacob hatte mit der Frau im dunkelroten Mantel einen Schritt zur Seite gemacht, aus dem Fortschreiten der Zeit hinaus, und befand sich jetzt mit ihr in einer Parallelzeit, in der die Gesetze von Ursache und Wirkung andere waren. Er küsste sie und hörte dazu Musik, die es nicht geben konnte. Die Sonne ging unter, prallte am Horizont ab wie ein Gummiball und stieg wieder in die Höhe. Der Mond stand am Himmel, ein zweiter Mond stand an einem anderen Himmel, und am einem dritten Himmel schwebte er selbst, engumschlungen mit der Frau, die er nicht mehr loslassen wollte. Dass er dabei gleichzeitig weiterhin am Ufer der Spree irgendwo in Charlottenburg stand, war ihm durchaus klar, aber das war in den Hintergrund gerückt, und seine ganze Wahrnehmung war ausgefüllt von einem Klang, in dem sämtliche Töne und alle Zeit der Welt enthalten waren.

Für Maya hatte die Welt sich in dem Moment, da sie durch den blauen Geldschein das weiße Pulver eingeatmet hatte, ein ordentliches Stück von ihr entfernt, und aus diesem Abstand konnte man endlich die Überschrift lesen, die über allem stand. Sie lautete: *Egal*. Und das war eine große Befreiung. Es ging immer um so viel. Jederzeit konnte man einen fatalen Fehler machen, und dann war man raus, erledigt, tot. Doch all das war jetzt dreihunderttausend Meter weit weg. Sie wollte tanzen, sie wollte Moses anfassen, und wenn sie ihn küssen wollte, dann wollte sie ihn küssen, obwohl es sie selbst überraschte, dass sie das wollte. Dann lag sie auf ihm und dachte an gar nichts mehr, weil ihr Kopf viel zu groß war, um einen Gedanken an Ort und Stelle festzuhalten, in so einem großen Kopf konnten die Gedanken nur lose durcheinanderfliegen, doch dann flog ein Gedanke vorbei, und sie hielt ihn fest.

»Möses«, sagte sie, »du bist jetzt wieder ein Mann.«

»Was?«

»Das ist die rituelle Aufhebung der rituellen Kastration von vorhin.«

Als sie das gesagt hatte, bewegte die Welt sich für einen Moment besonders schnell, etwas in Moses' Gesicht veränderte sich, er machte sich von ihr los und schaute sie mit einem Ausdruck an, in dem sie das reine Entsetzen zu sehen meinte.

»Was machen wir hier?«, fragte er.

»Nichts«, erwiderte Maya, und dann sagte sie: »Ich glaube, da klopft jemand.« Tatsächlich war da ein Geräusch, das jetzt erst an ihr Bewusstsein drang, obwohl es schon länger dagewesen sein musste. Jemand hämmerte an die Wohnungstür.

Moses sammelte seine Kleider vom Fußboden, schlüpfte in die Hose, zog sich das T-Shirt über und ging zur Tür. Draußen standen vier Polizisten in militärischen schwarzen Kampfanzügen mit lauter martialischen Sachen an ihren Kampfwesten.

»Schönen guten Morgen«, sagte ein Polizist, »wären Sie so freundlich und würden die Musik ausmachen? Ihre Nachbarn haben uns angerufen.«

»Klar«, sagte Moses, ging ins Zimmer und drehte die Musik ab. Dann ging er zurück zur Tür.

»Herzlichen Dank«, sagte der Polizist, »dann wollen wir mal hoffen, dass wir uns heute nicht nochmal wiedersehen.«

»Wiedersehen«, sagte Moses, »und wo wir uns gerade zum letzten Mal sehen, eine Frage, Sie und Ihre Kollegen sahen früher freundlicher aus. Was ist aus diesen senffarbenen Schlaghosen geworden?«

»Wir gehen mit der Zeit«, sagte der Polizist.

»Gute Antwort.«

Der Polizist sah ihm scharf ins Gesicht. »Wohnen Sie hier?«

Moses schüttelte den Kopf. »Bin zu Gast.«

»Fahren Sie heute noch nach Hause?«

»Ist noch nicht klar.«

»Mit welchem Transportmittel würden Sie Ihren Heimweg zurücklegen?«

»Taxi«, sagte Moses.

»Machen Sie das«, sagte der Polizist, »auf Wiedersehen.«

Maya hatte sich angezogen und saß auf dem Sofa. Moses schaltete das Licht an.

»Mach das bitte aus«, sagte Maya kaum hörbar. Moses schaltete das Licht wieder aus. Maya stand auf und schlich an ihm vorbei ins Badezimmer.

»Ich glaube, ich geh mal«, rief Moses.

»Okay« kam Mayas Stimme aus dem Bad.

Moses zog sich seine Hose wieder aus, um zunächst die Unterhose anzuziehen, dieser Vorgang erinnerte ihn an einen Besuch bei Betsie, und die Erinnerung machte ihm körperliche Schmerzen. Das Anziehen zog sich in die Länge, weil ihm die Anordnung der verschiedenen Öffnungen eines T-Shirts nicht mehr plausibel erschien, und dann suchte er einige Zeit seinen dritten Schuh, bis ihm einfiel, dass es nur zwei gab. Währenddessen lief im Badezimmer das Wasser. Irgendwann hatte er alle Kleider an und stand im Flur.

Er rief »tschüs« und zog die Tür hinter sich zu. Das Licht im Treppenhaus machte ihm Kopfschmerzen. Er hielt sich am Geländer fest und ging die Treppe hinunter. Unten warf er einen vorsichtigen Blick auf die Straße. Waren die Polizisten noch da und lauerten ihm auf? Er sah sie nirgends. Er hatte nicht vor, sich ein Taxi zu nehmen, aber er würde jetzt auch nicht Fahrrad fahren, denn da lief er nicht nur Gefahr, von den Bullen erwischt zu werden, sondern auch einfach auf die Fresse zu fliegen. Bullen, dachte Moses, Fresse, was sind denn das für Ausdrücke. Er machte sein Rad los und schob es auf die Straße. Er würde es jetzt nach Hause schieben. Unter dem Einfluss von Substanzen war Gehen mit Fahrrad sogar sicherer als ohne. Ein Rad war wie ein Rollator. Wenn er den Weg fand, wäre er in einer halben Stunde zuhause. Wenn er den Weg nicht fand, egal. Er hatte morgen nichts vor und übermorgen auch nicht. Er hatte in seinem ganzen Leben nichts mehr vor.

Maya stand unter der Dusche, weil sie den dringenden Wunsch hatte, sich zu reinigen, aber sie fühlte sich weiterhin schmutzig. Für einen Moment überlegte sie, zu schärferen Mitteln zu greifen, also den Essigreiniger aus der Küche zu holen, aber dann dachte sie, dass man nur auf Drogen auf solche Ideen kommen konnte, wie zum Beispiel auch auf die Idee, überhaupt Drogen zu nehmen, schon dafür musste man ja auf Drogen sein, oder die Idee, die ihr danach gekommen war und die ihr Gehirn sich weigerte, zur Kenntnis zu nehmen, das hatte rein körperlich ohne Gehirnbeteiligung stattgefunden, das konnte man auch rein körperlich loswerden, indem man lang und gründlich duschte, also duschte sie, bis das Badezimmer voller Dampf war, und duschte dann weiter, bis ihr sogar unter der heißesten Temperatur, die der Wasserhahn hergab, kalt wurde, und dann duschte sie weiter und noch weiter und immer weiter.

Jacob wusste nicht, wieviel Zeit vergangen war, seit die Zeit stehengeblieben war. Sie waren gen Westen gewandert, am Ufer der Spree entlang, bis sie aus den Mauern der Stadt hinaus waren und es dunkelte. Der Strom zog sich träge durch eine Landschaft aus Wiesen und Feldern, an den Feldrainen sah Jacob Hecken und kleine Bäume, und vor dem Horizont konnte man den Kirchturm eines Dorfs erblicken, hinter dem die Sonne sich anschickte unterzugehen. Ein Bauer pflügte das Feld, und eine Schar Kinder in leinenen Kitteln sprang über eine Wiese und ließ mit großem Hallo einen Drachen steigen. Am Himmel sang die Lerche, und an den Hängen des Tals stand der Wald. Ein Kahn zog den Fluss entlang, darauf ein Fischer, der seine Netze einholte, und am Ufer standen zwei Liebende in inniger Seligkeit, der Welt entfallen und der Zeit entrückt, das waren er selbst und die Frau, die wollte, dass er sie Nichtsteffi nannte.

»Ich muss dann langsam mal«, sagte sie.

»Sehen wir uns mal wieder?«, fragte er.

»Nein«, sagte sie.

Ein letzter Kuss berührte seine Lippen, dann wandte sie sich ab und stieg in einen gelben Bus, der just in dieser Sekunde an der Haltestelle vorfuhr, an der sie standen. Die Tür schloss sich zischend hinter ihr, und der Bus fuhr weg.

Jacob wusste nicht, wo er war. Es war dunkel, ihm war kalt, und er fühlte sich, als hätte ihm soeben jemand das Herz aus der Brust gerissen, und das hatte zur Folge, dass er keinen Blutkreislauf mehr hatte und ihm schwarz vor Augen wurde. Er ließ sich auf die Haltestellenbank sinken. Er zog das Handy aus der Tasche und schrieb der Frau eine Nachricht: *Das war schön.* Er kam langsam wieder zu sich, also dorthin, wo er nicht sein wollte. Er schaute auf den Fahrplan, der am Haltestellenmast hing. Dort standen Zahlen, die keinen Sinn ergaben. Die Haltestelle war vor einer Kleingartenkolonie, die still in der Dunkelheit lag. Dahinter floss die Spree unter Autobahnbrücken und durch Gewerbegebiete mit Baumärkten und Müllverbrennungsanlagen. Die Ufer waren betoniert, die Böschungen mit halbfertigen Graffiti besprüht, deren Urheber mittendrin das Interesse verloren hatten. Jacob konnte sich erinnern, dass sie zu Fuß bis hierhergekommen waren. Er ging los, zurück in die Stadt. Im Gehen fiel ihm ein, dass er Moses gesagt hatte, er könne zum Duschen vorbeikommen. Er schrieb Moses, dass er sich verspäten würde. Dann schrieb er dieselbe Nachricht an Maya. Es begann zu regnen, erst leicht und dann stärker. Beim ersten Schauer stellte er sich unter eine Brücke, über die alle paar Minuten ein LKW donnerte. Dann ließ der Regen nach, und er ging weiter. Irgendwann war er im Westen, dann in Tiergarten, dann in Mitte. Sein Rad stand noch am Museum. Als er nach Hause fuhr, verfärbte der Himmel vor ihm sich von schwarz nach grau. Er stieg die drei Etagen hoch und trat in die Wohnung, ohne Licht anzumachen. Er war durchnässt und zitterte vor Kälte. In der Küche standen Teller und Gläser und zwei Weinflaschen. Im Badezimmer war Überschwemmung. Jacob zog sich aus und legte sich zu Maya ins Bett. Ihr Körper war warm, und sie atmete regelmäßig. Er schmiegte sich an sie. Ihm war eiskalt.

Maya hatte sich ins Bett gelegt. Das Geräusch des stundenlangen Duschens ging in ihren Ohren weiter und vermischte sich mit dem Geräusch des Regens, der irgendwann eingesetzt hatte. Sie träumte einen lückenhaften Traum, in dem Moses und Niloo und Julian und der DT-Intendant vorkamen, dann lag irgendwann Jacob neben ihr und fühlte sich so kalt an, als wäre er tot. Sie wollte ihn wärmen, sie wurde halbwach, ihr fiel ein, was in der Nacht passiert war, und sie wollte, dass das nur ein böser Traum gewesen war. Sie berührte Jacob und küsste ihn. Er erwiderte ihren Kuss und schaute durch sie hindurch, als ob er selbst am Träumen wäre. Der Kuss wurde inniger, und Maya und Jacob schliefen miteinander, ohne richtig aufzuwachen. Dann fielen sie beide in einen tiefen Schlaf, der lang dauerte und in dem es keine Träume gab, nur eine Ruhe, in der alles enthalten war, was man sich jetzt noch wünschen konnte.

9
Resteverwertung

Moses erwachte, als sein vibrierendes Handy von einer Kommode auf den Boden fiel. Die Wohnung war kalt. Es war Ende Oktober, man hätte heizen müssen, aber mit der abgestürzten Therme war auch die Heizung außer Betrieb. Man konnte für sowas die Miete mindern. Er hob das Handy auf. Das Display hatte einen Sprung, den hatte es aber schon länger. Der Anruf war von seinem Vater gewesen. Gleich darauf kam eine Nachricht.

HAB DICH ANEGRUFEN OBWOHL ICH GAR NICHT REDEN KANN. KLEINER SCHERZ.

Dann kam noch eine Nachricht.

MEINE ZEIT LFÄUT AB.

Moses tippte: *Ich bin dran*, dann löschte er das wieder, weil es ihm wie ein Lüge vorkam.

Eine neue Nachricht kam:

MEIN SOHN, VIELLEICH HABE ICH ZUVIEL VON DIR VER-LANGT.

Moses ging in die Küche, um Kaffee zu machen. Die Küchenuhr zeigte Viertel nach eins. Schlagartig fiel ihm ein, was gestern Nacht passiert war. Er machte trotzdem Kaffee. Dann schrieb er an seinen Vater:

Ich habe auf der Suche nach Hannah die Frau meines Lebens kennengelernt.

Sein Vater antwortete:

TOLL! WANN STELLST DU SIE MIR VOR?

Gar nicht.

SCHADE. ICH HABE DAS NIE SO EXPILZIT GESAGT, ABER ICH ERWARTE SLEBSTVETSRÄNDLICH IRGENDWANN EKEL-KINDER VON DIR, MEIN SOHN.

Dann muss ich mich ja ranhalten.

ALLERDINGS, SPRACH DIE SPHINX.

Sie will jetzt leider nichts mehr von mir wissen. Aber dadurch kann ich mich ganz der Suche nach Hannah widmen.

JA UND ENKELKINDER MACHEN

Eins nach dem anderen. Wie man die Klöße isst.

Moses erinnerte sich daran, wie sein Vater diesen Satz zu ihm gesagt hatte, wenn er als kleiner Junge alles gleichzeitig wollte.

MIR GEHT DIE ZEIT AUS

Ich weiß

IN ANBETRACHT DEER UMSGTÄNDE WÜRDE ICH MICH SCHON MIT EINEM ULTRAHUCSHLLBILD DES KOMMENDEN NACHWUCHSES ZFRIEDENGEBEN

Ginge auch ein Ultraschallbild von Hannah?

NEIN.

Na gut.

RÖNTGENBILD

Ist das jetzt ein Witz oder ernstgemeint?

WEISS NICHT

Darf ich dich was fragen?

ISCHIESS LOS

Ist diese Vaterschaftsgeschichte wirklich so entscheidend?

Es dauerte einen Moment, bis sein Vater antwortete:

GUTE DFAGE. ICH HABE VORGESTERN MIT EDINRE MUT-TER EINEN MAMERIKANCSIHEN FILM GEWHEHEN, DA GING ES AUDH UM FID FRAGE WAS EINE FAMILIE ZUR FAMILIE MACHT UND AM ENDE GROSSE EKRNENNTINS: ES GHT GA-

RAR NICHT UM BLUTSVERWANDTSCHAFFT. ES GHET DA-
RUM DASS MAN FÜERINERNANDER DA IST!!! DASS ICH DA
NICHT FRÜHER DRUFA GEKOMMEN BIN.

Und siehst du das auch so?

HABLANGNACHGEDACHT. ERST WAR ICH DEER MEINUNG,
DAS STIMMT ABER JETZT DENKE ICH NÖ DOCH ES GHET UM
BLUTSVERWANDTSCHAFT. ABER VILELLEICHT DEKE ICH
HEUTE ABEND WIEDER WAS ANDERS. 😳

Aha.

SO STEHT AM ENDE UNTERM STRICH: NICHTS GENAUES
WEISS MAN NICH.

Ich hab Hannah geschrieben, was los ist, das wird sie ja wohl bekommen haben, zumindest kam keine Fehlermeldung, und wenn sie ums Verrecken keinen Kontakt will, dann weiß ich auch nicht.

Als er diese Nachricht abgeschickt hatte, fiel ihm ein, dass *ums Verrecken* vielleicht kein guter Ausdruck gewesen war, und dann schrieb sein Vater:

UMS VERRECKEN 😜😝😆

Sorry.

DIE GELBEN MONDGESICHTER GEFALLEN MIR GUT. DIE
HABE ICH EBEN ERST GEFUNDEN. WIESO HAST DU MIR
NICHT VORHER GESAGT DASS ES FIE GIBT?

Verzeih mir.

SOHN, ICH SAGE DIR MIT DER WEISHEIT MEINER AJRHE.
ENTSHEIDE SELBST. ICH WÜRDE MICH FREUEN, ABER WE-
DER ICH NOCH DU KKÖNNEN ES NICHT ERZWIHNNGEN.

Okay.

DAS WAR EINMAL NICHT ZUVIEL

Stimmt

WOLLEN WIR KURZ BILDTELEFONIEREN?

Warum?

SAUFEN

Bevor Moses enträtseln konnte, was damit gemeint war, kam ein Videoanruf. Er nahm ihn an. Sein Vater sah noch kränker aus, als er ihn vom letzten Besuch in Erinnerung hatte, und das bleiche Bild der Handyfrontkamera trug seinen Teil dazu bei. Er hatte ein Schnapsglas in der Hand und wedelte auffordernd mit dem Finger. Moses ging zum Schrank, nahm die erstbeste Flasche, schenkte ein Glas ein und prostete seinem Vater zu. Er konnte in seinem Gesicht sehen, wie ein kurzer Schatten über seine Züge ging, so als hätte dieses Glas Schnaps ihn dem Ende wieder ein Stück nähergebracht. Im Hintergrund lief jemand herum und schien Staub zu wischen. Für einen Moment dachte Moses, sei Vater würde das Glas jetzt hinter sich werfen, aber der prostete ihm mit dem leeren Glas nur noch einmal zu und legte auf.

Die Kaffeekanne fauchte. Moses nahm sie vom Herd und öffnete seinen Laptop. Er würde jetzt nochmal sämtlichen Spuren von Hannah nachgehen, ohne sich dabei vom Ozean der Ablenkungen verschlucken zu lassen.

Er öffnete Twitter. Melanie von Ostrowski, die Frauenbeauftragte der Uni Mannheim, war von ihrem Posten entfernt worden und prozessierte jetzt vor dem Arbeitsgericht.

Dieser Tag würde eine Herausforderung werden. Ihm war weiterhin kalt.

Jacob war aufgewacht, Maya hatte noch geschlafen, er hatte sich aus dem Zimmer geschlichen und in der Küche das Geschirr weggeräumt. Es war still, als sei außer ihm kein Mensch mehr auf der Erde. Dafür war alles voller Musik. Sie ging durch die ganze Welt und durch seinen Kopf, was irgendwie dasselbe war. Man musste sie nur aufschreiben. Und wenn sich alles in Musik verwandelt hatte, dann war das Ende der Zeit gekommen, und etwas Neues konnte beginnen.

Die Schöpfung, dachte Jacob, hat kein Gegenstück. Wenn es um das Ende der Welt geht, dann fällt den Religionen nur Untergang und Katastrophe ein. Es gibt zu jedem biblischen Ereignis einen Feiertag, nur zur Apokalypse nicht. Wieso hat Bach ein Weihnachtsoratorium, zwei Passionen und hundert Kantaten geschrieben, aber kein Weltuntergangsoratorium? Da war eine Lücke, und seine Aufgabe war es, diese Lücke zu füllen. Er spürte noch die Umarmung und den Kuss der Frau, die er gestern getroffen hatte. Er tat etwas, das er schon lang nicht mehr getan hatte. Er nahm einen Block Notenpapier und begann zu schreiben, ohne die Klänge zugleich am Klavier auszuprobieren. Es ging wie von allein. Die Welle der Inspiration aus der vorigen Nacht trug ihn vor sich her. Dann lief die Welle aus und zog sich ins Meer zurück. Jacob saß allein auf einem steinigen Strand. Er hatte zwei Blätter vollgeschrieben. War das gut? War es überhaupt von ihm? Was hatte er sich da vorgenommen?

Maya kam ins Zimmer. Sie spürte, dass etwas mit Jacob anders war als sonst. Und sie spürte in sich selbst ein großes Loch.

»Wo warst du gestern?«, fragte sie.

»Ich hab mich verlaufen und dann mein Rad nicht mehr gefunden«, sagte er.

Das Restaurant war brechend voll. Moses kannte Leute, die Leute kannten, die vor drei Monaten ein veganes sudanesisches Restaurant aufgemacht hatten, das immer brechend voll war, und durch diese Beziehungen hatten sie einen Tisch ergattert, der zwischen den beiden Klotüren lag, auf denen *SIT* beziehungsweise *STAND&SIT* geschrieben stand. Die Geräuschkulisse war, als würden 150 Leute alles daransetzen, sich gegenseitig niederzubrüllen. Das lag vermutlich an den Amerikanern. Amerikaner waren laut.

»Schwierige Sache«, sagte Moses, »was würdet ihr machen?«

»Weiß nicht«, sagte Maya, »was würdest du machen?«

Mit einigen Sekunden Verzögerung bemerkte Jacob, dass er gemeint war.

»Sorry«, sagte er, »ich war gerade woanders.«

»Das hat man überhaupt nicht gemerkt.«

»Worum ging es?«

»Meine verschollene Schwester. Mein Vater sagt, ich soll machen, was ich will.«

»Ich würde einen Vaterschaftstest fälschen«, sagte Maya. »Nimm ein Haar von dir selber, nee Quatsch, nimm ein Haar von …«

Sie verstummte und dachte nach.

»Das mache ich auf keinen Fall«, sagte Moses.

»Aber dann hat er, was er will. Dein Vater wünscht sich, dass Hannah seine biologische Tochter ist. Du erfüllst ihm den Wunsch.«

»Das wäre moralisch das Hinterletzte.«

»Was ist moralisch falsch daran, wenn dein Vater in Frieden sterben kann?«

»Dass ich ihn anlügen würde und dann noch 40 Jahre damit leben müsste, dass ich meinen Vater angelogen habe.«

»Das ist nicht moralisch, sondern egoistisch.«

»Ich hätte außerdem keinerlei Ahnung, wie man einen Vaterschaftstest fälscht.«

»Das ist wiederum keine moralische Frage, sondern eine praktische.«

»Moralisch wäre es trotzdem falsch, weil man mit einer Lüge sich selbst über den anderen stellt. Man kündigt die gemeinsame Realität auf.«

»Trotzdem würde es ihn freuen. Er ist halt ein Mann.«

»Er ist aber auch ein Mensch, und deswegen kann man ihm die Wahrheit zumuten. Oder die Unsicherheit.«

»Hast du sie eigentlich mal gegoogelt?«, fragte Jacob.

Moses starrte ihn an.

»Ich frag ja nur.«

Moses fragte sich, auf welchem Planeten Jacob manchmal lebte, und widmete sich der Speisekarte. Der Kellner kam, sie bestellten, und Moses dachte, dass es ihm und Maya außerordentlich gut gelang, zu verdrängen, was vorgefallen war. Ihre Konversation war ein wenig schärfer als sonst, aber noch im grünen Bereich, und Jacob merkte sowieso nichts. Jacobs gelegentliche Geistesabwesenheit hatte Moses nie gestört, aber jetzt ging sie ihm auf die Nerven, und dafür hatte er wiederum ein schlechtes Gewissen, denn er selber hatte mit Jacobs Freundin etwas angestellt, dass er am liebsten aus seinem Gedächtnis und aus der Geschichte löschen wollte.

In der Küche ertönte ein Schrei, dann fiel ein Haufen Geschirr zu Boden. Kurz danach kam der Kellner und sagte, das Gericht, das Maya bestellt hatte, sei leider aus. Maya bestellte etwas anderes. Dann trat ein hagerer Mann mittleren Alters mit zerfurchtem Gesicht an ihren Tisch und legte einen zusammengefalteten Zettel ab. War das einer dieser Leute, die dann eine zweite Runde drehen würden, um Geld einzusammeln? Ein Kellner wurde aufmerksam und versuchte ihn hinauszukomplimentieren. Ein zweiter Kellner kam dazu. Der Mann widersetzte sich. Gäste drehten die Köpfe.

»Es geht sowieso alles den Bach runter!« rief der Mann. »Ihr seid am Arsch! Freßt und sauft, solange ihr könnt! Geht alles kaputt! Nichts mehr zu machen!«

Die Kellner hatten ihn zum Ausgang gedrängt. Seine Stimme verklang, als die Tür sich hinter ihm schloß. Moses nahm den Zettel und faltete ihn auseinander. Dort stand:

DAS **E.N.D.E.** der **WELT** IST **NAH!**
Ex-perimente am **CERN** z e r – s t ö r e n **die STRUKTUR unserer Materie!!!**

»Das klingt wie aus dem Blatt von Jacobs Vater«, sagte Maya.

»Nein«, erwiderte Jacob, »mein Vater ist seriöser.«

»Lies vor«, sagte Maya.

»Da steht, dass Experimente am Teilchenbeschleuniger dazu führen könnten, dass Moleküle ihren Zusammenhalt verlieren und dass sich das ausbreitet wie eine Krankheit. Jedes zerfallene Molekül infiziert zwei neue … und der Zerfall passiert dann erst langsam und dann immer schneller. Irgendwann erreicht er auch den menschlichen Körper. Klingt … wahnsinnig.«

»Es gehen doch tatsächlich dauernd Sachen kaputt«, sagte Maya.

»Das war schon immer so. Zur Zeit fällt es uns nur mehr auf.«

»Und warum fällt es uns mehr auf? Vielleicht, weil es häufiger passiert?«

»Willst du sagen, dass der Typ recht hat?«

»Nein, aber meine Sympathie ist immer zunächst bei den wahnsinnigen Weltuntergangspredigern, die sich aus veganen Restaurants rauswerfen lassen.«

»Das Internet ist voll von Verschwörungstheoretikern, die jedesmal ein System sehen, wenn in China ein Sack Reis umfällt. Haben die alle deine Sympathie?«

»Im Internet nicht. Hier schon.«

»Guck mal«, sagte Jacob, »deine Schwester ist in zwei Wochen auf einer Konferenz in Aachen.«

»Wie bitte?«

Jacob zeigte ihm sein Handy und sagte: »3. *Fachtagung der internationalen Gesellschaft von theoretischen Physikern für Integrität und freie Forschung.* So lang scheint es die noch nicht zu geben, wenn das ihre dritte Fachtagung ist.«

»Geil«, rief Maya, »fahr hin!«

»Wieso hab ich das nicht gefunden?«, erwiderte Moses. »Ich hab mich dumm und dämlich gegoogelt.«

»Hast du mal ne andere Suchmaschine ausprobiert? Google hat Vorlieben und Abneigungen.«

»Nee, hab ich nicht«, sagte Moses und überflog die Seite. Es ging um eine Konferenz, die tatsächlich Anfang November in Aachen stattfinden sollte, und auf der Teilnehmerliste stand eine Hannah Goldberg.

Der Kellner servierte das Essen. Es waren diverse Pasten, eingelegtes und gebratenes Gemüse sowie ein schwammiges Gebilde, das Brot sein konnte. Maya hatte beim zweiten Versuch einen veganen

Burger bestellt, das war zwar nicht sudanesisch, stand aber auch auf der Karte und stellte sich als turmhohes Gebilde aus fünfzehn Schichten heraus, die von einem hölzernen Spieß zusammengehalten wurden.

»Wow«, rief Maya, »ist Gastronomie nicht eine der schönsten Erfindungen, die die Menschheit hervorgebracht hat? Prost!« Sie stießen an, und Moses bewunderte den Enthusiasmus, den Maya für alles Mögliche an den Tag legen konnte. Zugleich registrierte er mit einer gewissen Fassungslosigkeit, dass sie offenbar keinerlei Gewissensbisse hatte oder sehr gut verdrängen konnte. Er konnte nicht gut verdrängen, und sein Essen schmeckte nach Pappe und Staub. Er nahm das als Strafe für seine Sünden, und sie aßen schweigend. Dann drehte Moses sich eine Zigarette und ging vor die Tür. Jacob und Maya blieben zurück, und Jacob beschäftigte sich wieder mit seinem Handy. Maya ergriff Jacobs Hand und ließ die Finger über seinen Handrücken gleiten.

»Der raucht aber lange«, sagte sie irgendwann.

»Wenn man andere Suchmaschinen benutzt, findet man wirklich so einiges«, erwiderte Jacob. »Wollen wir Nachtisch bestellen?«

»Mein Burger war riesig und ich bin pappsatt.«

Moses kam wieder an den Tisch, seine Jacke war nass, draußen war Nieselregen.

»Freunde«, sagte er, »mir ist was klargeworden. Ich kann hier nicht so einfach sitzen und darüber reden, dass es moralisch falsch wäre, meinen Vater anzulügen, und gleichzeitig – also, verdammt, wie sag ich das jetzt.«

Maya starrte ihn an. Es hatte drei Sekunden gedauert, bis sie wusste, was kommen würde. Moses räusperte sich, zog eine Grimasse, ballte die Fäuste, nahm sein leeres Bierglas und stellte es wieder ab.

»Moses«, sagte Maya, »bitte …«

»Nein«, sagte Moses, »also, Jacob, hör zu: Maya und ich haben miteinander geschlafen. Da waren Drogen im Spiel und ich nehme alle Schuld auf mich. Maya war fix und fertig von ihrem Theaterding, ich war völlig im Eimer wegen Betsie, wir waren bei euch, haben auf dich gewartet und uns vor lauter Frust besoffen, und ich hatte dieses Zeug dabei, das hatte ich noch irgendwo rumliegen, das haben wir uns reingezogen und dann haben wir Musik angemacht, und dann ist das irgendwie passiert.«

Maya starrte Moses an. Jacob schaute ihn an, dann Maya, dann ins Leere.

»Es gibt keine Entschuldigung und ich möchte mir selber den Kopf abreißen. Du bist mein bester Freund. Ich würde mein Leben für dich geben. Ich setz mich heute noch ins Auto und fahre nach Aachen. Wenn du mich nie wiedersehen willst, dann ist das so. Die Rechnung hab ich bezahlt. Machts gut.«

Jacob sah ihn an, und es war nicht zu erkennen, was er dachte oder fühlte.

»Moment mal«, sagte Maya, »wie wär's, wenn du solche Aktionen vorher mit den anderen Beteiligten absprechen würdest?«

Moses sah sie an und sagte nichts.

»Du setzt dir den Heiligenschein auf, spielst den Büßer und Bekenner, und ich sitze daneben wie ein Vollidiot.«

»Ach ja«, sagte Moses, »sorry. Ich wusste nicht, dass ich dir jetzt mehr Loyalität schulde als Jacob.«

»Du schuldest mir gar keine Loyalität, aber du könntest vor so einem heroischen Alleingang kurz mal nachdenken. Außerdem: Du willst ehrlich sein und baust gleich eine neue Lüge ein? Wenn du schon auspackst, dann pack auch die ganze Wahrheit aus. Das waren meine Drogen, nicht deine.«

»Stimmt«, sagte Moses.

»Dann sind wir uns da ja wenigstens einig.«

Jacob schaute von einem zum anderen. Allmählich schien ihn zu erreichen, was hier gerade verhandelt wurde.

»Und die Konferenz in Aachen ist übrigens erst in zwei Wochen«, sagte Maya, »da musst du jetzt noch nicht hinfahren.«

Moses stand auf. »Dann fahre ich halt woanders hin. Tut mir leid. Ich werde mir den Rest meines Lebens Vorwürfe machen.«

Dann ging er, ohne sich umzudrehen. Der Weg zur Tür fühlte sich an, als wäre der Fußboden mit Matratzen ausgelegt. Draußen ging er einige Schritte, dann blieb er unter einem Vordach stehen, um sich eine Zigarette zu drehen.

Irgendeine Spannung war zwischen Maya und ihm immer gewesen. Aber da war auch die stillschweigende Übereinkunft, dass man die nur in Wortgefechten ausagieren durfte. Schlechter Sex unter Drogeneinfluss war nicht im Plan enthalten. Moses wusste nicht genau, was danach hätte kommen müssen. Schweigen, bis die Dinge Jahre später doch mit einem Knall ans Tageslicht kommen? Ein ewiges Geheimnis zwischen ihm und Maya, eingeschlossen wie eine Perle in einer Auster? Oder eher wie ein Splitter, den man sich immer tiefer in den Fuß tritt? Wie auch immer, er hatte diesen Plan soeben durchkreuzt, und den vagen Plan, den er mit seinem Geständnis verfolgt hatte, hatte Maya gleich wieder durchkreuzt. Moses rauchte seine Zigarette und blieb noch ein bisschen stehen, weil er das Gefühl hatte, jeder weitere Schritt würde ihn in eine Richtung tragen, in die er nicht wollte. Er wollte nicht nach Aachen fahren und seiner Schwester hinterherlaufen. Er wollte zurück zu Jacob und Maya, mit ihnen in dem lauten, warmen Restaurant sitzen und so fröhlich sein wie früher. Wenn er sich zwischen Vergangenheit und Zukunft hätte entscheiden können, hätte er die Vergangenheit genommen.

Er warf die Zigarette weg und ging los.

Der Markt am Maybachufer war im Sommer wie eine schöne bunte Postkarte. Jetzt im beginnenden Winter war der Markt derselbe, nur ohne Postkartenstimmung. Das Herbstlaub zerfiel auf dem Boden zu faserigem Matsch, und die Menschen hatten sich mit ausladenden Stepp- und Woll- und Funktionsjacken in unförmige Ungetüme verwandelt, die sich fortwährend anrempelten, selbst wenn sie keine Tüten trugen oder ausladende Kinderwägen oder Lastenräder über den Markt schoben. Maya war andauernd am Ausweichen.

Nach dem Restaurantbesuch war sie schweigend Seite an Seite mit Jacob nach Hause gefahren und hatte sich neben ihm ins Bett gelegt. Als sie am nächsten Morgen aufwachte, war Jacob schon wach und saß mit Kopfhörern am Computer. So waren einige Tage dahingegangen. Sie wechselten ein paar Worte, aber nicht darüber, was Moses aufs Tapet gebracht hatte. Jacob ging zur Arbeit, kam nach Hause und erzählte, dass sein Chef erstmal nicht wiederkommen würde und dass alle Kollegen zu einer Art Gruppentherapiestunde gegangen waren, nur er nicht, und dass er seitdem von den anderen komisch angeschaut wurde. Manchmal schien die Sonne durch eine Wolkenlücke, ansonsten war alles grau, und zweimal kamen Nachrichten von Niloo, die sich mit Maya treffen wollte. Zweimal ging Maya raus und traf sich mit Freunden, doch fast alle ihre Freunde waren aus der Theaterszene, und die hatten Gerüchte gehört, wollten wissen, was vorgefallen war, und gaben sich besorgt, doch darunter lag eine Skepsis, so als wären die Freunde insgeheim nicht um Mayas Wohlbefinden besorgt, sondern um ihr eigenes, als wäre Maya von einer Krankheit befallen und man müsste vorsichtig herausfinden, ob Umgang mit ihr noch möglich war.

Jetzt war sie auf den Markt gefahren, weil sie Hunger hatte. Die Stände auf dem Maybachmarkt fielen in zwei Kategorien: Türkenstände und Ökostände. Die Türkenstände hatten Gemüseberge vom Großmarkt, die Verkäufer hatten oft unzerstörbar gute Laune und betrachteten ihre Arbeit als eine Art Showbusiness. Die Ökostände kamen meist von Ökohöfen aus dem Umland, den Standbetreibern waren die Strapazen des Ökobauerndaseins anzumerken, sie hatten dem märkischen Sandboden jede Möhre einzeln abgerungen, manchmal waren sie nett und manchmal schlecht gelaunt, weil die Großstadtleute nicht kapieren wollten, dass die Tomaten hier sieben Euro pro Kilo kosten mussten, es ging nicht billiger, die Preise an den anderen

Ständen waren nur mit Sklavenarbeit und industrieller Umweltzerstörung zu haben.

Früher, als Maya noch studiert hatte, war sie oft gegen 17:30 Uhr auf den Maybachmarkt gegangen, weil man dann an den Türkenständen fast alles billiger oder geschenkt bekam.

»Von wegen *man* kriegt alles geschenkt«, hatte Moses gesagt, »*du* kriegst alles geschenkt. Ich kriege nie irgendwas geschenkt, egal wann.«

»Wieso?«

»Weil du eine schöne junge Frau bist. Die gutaussehende junge Frau ist die privilegierteste Spezies der Welt.«

Maya wollte zu einer wütenden Erwiderung ansetzen, aber bevor sie antworten konnte, rief Moses: »Und das ist auch richtig so! Die schöne junge Frau soll die Welt beherrschen! Auch ich verehre die schöne junge Frau!«

Bei einem Verkäufer, der ein bisschen aussah wie Moses, kaufte Maya einen roten Kürbis, Peperoni, Ingwer, Zwiebeln, Knoblauch, dazu beim Nachbarstand drei Sorten rote Paste und dann noch zwei Sesamringe. Sie würde jetzt eine schöne scharfe Suppe kochen. Sie stopfte alles in ihren Rucksack, dann blieb sie bei einem Ökostand stehen, wo das Gemüse liebevoll in Körben arrangiert war. Außerdem gab es Küchenkräuter in Töpfen.

Als Maya bei Jacob eingezogen war, hatte es in der Wohnung genau eine Pflanze gegeben, und die war tot. Maya hatte sie entsorgt, seitdem war die Wohnung unbepflanzt, doch jetzt erwachte in ihr ein Wunsch. Sie wollte sich um eine Pflanze kümmern. Also kaufte sie für vier Euro einen Topf Basilikum.

»Basilikum will nasse Füße«, sagte die Verkäuferin, »also immer von unten gießen. Im Sommer kannst du ihn auf den Balkon stellen.«

Maya legte die Pflanze auf die restlichen Einkäufe und schloss behutsam den Rucksack. Dann fuhr sie durch die Straßen von Neukölln nach Hause und fühlte sich nicht mehr so allein. Als sie im Treppenhaus hinaufging, spürte sie, wie ihr heiß wurde, und als sie in der

Küche die Einkäufe auspackte, meldete sich ein Kratzen im Hals. Sie schnitt Zwiebeln und Knoblauch, dann nahm sie das schärfste Messer und rückte dem Kürbis zu Leibe. Jacob stand unvermittelt neben ihr und fragte, ob sie Hilfe bräuchte. »Nein«, sagte sie und gab ihm das Messer. Er hackte den Kürbis in Stücke. Dann war ihr schwindlig und gleichzeitig heiß und kalt. Sie legte sich ins Bett. Irgendwann war Jacob da und fragte, ob sie krank sei. Maya bat ihn, die Basilikumpflanze aus der Papiertüte zu holen und in eine Schale oder einen Übertopf oder irgendwas zu stellen, unten Wasser hineinzutun und ihr ans Bett zu bringen. Jacob tat das und stellte den Basilikum auf dem Nachttisch ab.

Maya spürte, wie ihr Herz pochte.

Etwas veränderte sich. Sie wusste nicht, ob es die Welt war oder ihr Blick auf die Welt. Sie lag auf der Seite, ihr Rachen war angeschwollen, Schlucken tat weh, ihr Kopf schmerzte im Rhythmus des Herzschlags. Zwei oder drei Tage im Bett, dann war das üblicherweise erledigt. Sie zog den Basilikumtopf näher zu sich hin. Aus der Nähe sahen die Stengel der Pflanze aus wie ein kleiner Wald.

Der Garten ihrer Mutter, irgendwo in der Nähe von Oldenburg, war groß, weil er aus zwei zusammengelegten Kleingärten bestand. Da waren alte Obstbäume und ein paar jüngere Obstbäume, die noch dünn an Stangen gebunden waren und erst in zwanzig Jahren Äpfel tragen würden. Da waren Hochbeete, Blumenbeete und Gemüsebeete, da war ein Komposthaufen und zwei Kleingartenhäuser, weil es mal zwei Parzellen gewesen waren. Das eine Haus hatte Mayas Mutter sich häuslich eingerichtet. Es gab einen Tisch, ein Sofa und einen alten Schaukelstuhl, viele Bücher und auf der Empore eine große Matratze. In dem anderen Gartenhaus war nur ein Tisch und ein Stuhl und sonst nichts. Das wartet auf dich, hatte ihre Mutter manchmal halb im Scherz gesagt. Maya war lange nicht dort gewesen, aber jetzt, wenn sie wieder gesund wäre, würde sie endlich zu ihrer Mutter fahren. Sie lag mit Fieber im Bett und stellte sich vor, wie sie mit dem Rad zum Hauptbahnhof und mit dem Zug bis Bremen fahren würde, dann in einen roten Regionalzug umsteigen, sich ins obere Abteil setzen und ein Buch lesen und ab und zu aus dem Fenster schauen. Ihre Mutter würde am Gleis warten und sie umarmen, was sich merkwürdig anfühlen würde, denn ihre Mutter war nicht so eine Umarmerin, dann würden sie mit dem Auto aus der Stadt hinaus bis zur Kleingartenkolonie fahren. Du hast mich ganz schön lang warten lassen, würde ihre Mutter sagen, und die Sonne würde scheinen, denn es wäre Sommer. Sie würde das Tor des Gartens öffnen, Maya würde ihren Rucksack abwerfen, sich ins Gras legen und in den Himmel schauen. Der Himmel wäre blau, am Himmel wäre die Sonne und zwei Wolken, davor die Äste der Bäume, und es wäre warm. Ihre Mutter würde eine Karaffe mit selbstgemachter Limonade holen, sie würden sich an den Holztisch vor dem Gartenhaus setzen, und Maya würde erzählen, was passiert war, seit sie das letzte Mal hier gewesen war. Ab und zu würde ein Vogel zwitschern und in der Ferne würde ein Propellerflugzeug brummen. Das Sonnenlicht würde in vielen einzelnen Strahlen durch die Äste der Bäume scheinen, und ihre Mutter würde sagen, dass Maya es sich im anderen Haus gemütlich machen könne, denn das Haus hatte auf sie gewartet, und jetzt war sie da. Maya würde die Basilikumpflanze aus dem Rucksack holen und sie aufs Fensterbrett stellen, wo ab Mittag die Sonne hin schien. Sie würde ihr Handy ausschalten, in eine Schublade legen und es dort vergessen. Sie würde mit ihrer Mutter ein neues Beet anlegen und Kürbisse, Zwiebeln und Ingwer anpflanzen, und sie würden gemeinsam den halbverwilderten Kräutergarten wieder instandsetzen, in dem von den alten Kräutern nur noch der Salbei übrig war, der zu einem großen Busch herangewachsen war, und weil so viel Salbei da war, würden sie gemeinsam alle möglichen Rezepte mit Salbei ausprobieren. Der Basilikum würde auf dem Fensterbrett prächtig gedeihen, sie würde ihm jeden Tag »guten Morgen« sagen, die Tage würden dahingehen, die Sonne würde scheinen. Manchmal würden Regenwolken übers Land ziehen, dann würde sie mit ihrer Mutter im Haus sitzen und Bücher lesen oder Spaziergänge im Regen machen, bei denen man den anderen Gärtnern über den Zaun guten Tag sagte. Eines Tages würde der Basilikum ihr sagen, dass er sich hier wohlfühlte und bleiben wollte, dann würde sie ihn in die Erde pflanzen, am Ufer des Baches, der das Grundstück an einer Seite begrenzte und der ihr vorher überhaupt noch nie aufgefallen war. So würden die Tage vergehen, doch es würden immer neue Tage anbrechen, der Sommer wäre endlos, Maya würde in der Sonne liegen und an nichts mehr denken, was ihr Kummer machte, denn die Zeit folgte hier anderen Gesetzen, und der Garten ihrer Mutter so groß, dass man darin ein Leben lang neue Entdeckungen machen konnte, denn jeder Pfad, den man ging, führte auf überraschenden Windungen zu anderen Pfaden und dann doch zurück zu den beiden Häusern und den Apfelbäumen zwischen den Häusern. Irgendwann käme der Herbst, sie würde mit ihrer Mutter Kürbisse ernten und Suppe kochen, sie würden Äpfel ernten und einlagern, sie würden gemeinsam Marmelade einkochen und Brot backen, dann wäre irgendwann Winter, sie würden an langen Regentagen im Haus sitzen und Bücher lesen, es würde schneien, dann wäre Weihnachten und die Tage würden allmählich wieder länger, dann käme der Frühling und dann wäre wieder Sommer. Die Stadt, aus der sie ihn einst mitgebracht hatte, wäre nach einem Jahr nur noch eine ferne Erinnerung, der Basilikum würde blühen und Samen hervorbringen, aus denen dann wieder neue Pflanzen würden, und dann, eines Tages, wenn sie die Welt fast vergessen hatte, würde sie den Karton mit dem alten Papiertheater aus ihrer Kindheit finden, sie würde es wieder aufbauen und alles, was in der Welt passiert war, als Theaterstück spielen und neue Stücke erfinden, und ihr Theater wäre die Welt, und die Welt wäre ihr Theater. Die Sonne schien, Maya lag im Sonnenschein auf der Wiese, die Vögel sangen, und es war einer dieser Tage Anfang Mai, in denen der Sommer sich ankündigt und sagt, dass er unendlich lang sein wird. Maya schaute hinauf in die Äste der Apfelbäume, wo weiße Blüten und die ersten grünen Blätter hingen, und dahinter war der blaue Himmel und die Sonne und ganz oben am Himmel ein Kondensstreifen, wo ein Flugzeug lautlos in ferne Länder flog, klein wie ein Glassplitter und unendlich weit weg.

Jacob saß am Klavier und drückte probehalber zwei Tasten. Das Instrument war endgültig nicht mehr spielbar. Als Moses ihm in dem veganen libanesischen Lokal mitgeteilt hatte, dass er und Maya miteinander geschlafen hatten, war etwas in der Welt verschoben worden, das er nicht einordnen konnte. Sollte er empört sein? Verletzt? Sollte er im Gegenzug auch bekennen, dass er eine andere Frau geküsst hatte? Er hatte auf keine dieser Fragen eine Antwort, er verstand noch nicht mal mehr die Fragen. Mehr denn je hatte er das Gefühl, dass es auf der Welt keine Menschen mehr gab, ihn selbst eingeschlossen, denn auch er fühlte sich nicht mehr wie ein Mensch. Das Einzige, was er fühlte, war eine Leerstelle, die in seinem Leben vielleicht schon immer gewesen war, die durch den Kuss mit Nichtsteffi mit einem ungeheuren Schlag ausgefüllt worden war und jetzt wieder klaffte wie eine Wunde. Und zugleich hatte sich eine Tür geöffnet, die zuvor verschlossen war. Sein Leben lang war er vor dieser Tür gestanden und hatte der Musik gelauscht, die durch die Tür kam, und hatte sie aufgeschrieben und nachgespielt. Jetzt hatte sich die Tür geöffnet, und dahinter war ein Zimmer, in dem er noch nie gewesen war, doch dann hatte sie sich wieder geschlossen, und seitdem war Stille.

Er saß vor dem Notenpapier und zermarterte sich das Gehirn. Er musste diese Musik aufschreiben und konnte es nicht.

Maya war nach Hause gekommen, hatte höllisch scharfe Suppe gekocht und sich dann krank ins Bett gelegt. Das war einige Tage her. Er hatte die Suppe nach und nach gegessen, Maya schlief die meiste Zeit oder lag wach und guckte mit halb geschlossenen Augen aus nächster Nähe in die Basilikumpflanze, die sie vom Markt mitgebracht hatte. Ab und zu kochte er Ingwer aus und stellte ihr eine Tasse ans Bett. Abends legte er sich neben sie, manchmal glühte sie vor Fieber, dann war sie kalt und fröstelte. Sie hatte etwas von ihrer Mutter gemurmelt und sich an ihn gekuschelt, dann war sie wieder vor ihm zurückgewichen und er hatte sich eine eigene Bettdecke geholt. Morgens war er aufgestanden und hatte sich an den Schreibtisch gesetzt. Er hatte die Schweizer Handynummer nicht gespeichert, weil ihm »Nichtsteffi« vorkam wie ein Witz, bei dem über ihn gelacht wurde, aber er hatte ihr noch ein paar Mal geschrieben, denn er wollte sie wiedersehen. Doch sie antwortete nicht.

Maya erwachte. Ihre Kehle war trocken wie ein Holzbrett. Die Basilikumpflanze stand auf dem Nachttisch, und in der Schale war ein Fingerbreit Wasser. Maya stand auf, und als sie auf ihren Füßen stand, wurde ihr schwindelig. Sie setzte sich wieder hin und stand dann nochmal auf, ging in die Küche und trank ein Glas Wasser. Sie spürte, dass sie gesund wurde. Sie mochte den Moment, wenn man krank gewesen war und neu in die Welt trat. Für ein oder zwei Tage hatte sie dann das Gefühl, das Leben müsse nicht zwingend so sein, wie es ist, man könnte alles auch anders machen, und in diesen Momenten hatte sie grenzenlose Energie. Dann setzte der Alltag ein, und man machte alles wie immer.

Sie ging in die Küche. Der Suppentopf auf dem Herd war leer. In der Spüle stand schmutziges Geschirr. Jacob saß am Schreibtisch und bemerkte sie nicht, als sie zur Tür hereinschaute. Na gut, dachte Maya, das sind lösbare Probleme. Eigentlich gab es überhaupt nur lösbare Probleme.

Sie schaute auf ihr Handy. Niloo hatte 18mal angerufen und 43 Kurznachrichten sowie elf Sprachnachrichten geschickt. Sie hörte die Sprachnachrichten und überflog gleichzeitig die Textnachrichten. Anscheinend ging es darum, dass jemand alte Tweets von Niloo ausgegraben hatte, in denen sie sich zum Israel-Palästina-Konflikt geäußert hatte. Diese Tweets wurden auf Twitter als *hasserfüllt* und *menschenverachtend* bezeichnet, und das wurde wiederum in den Medien so zitiert. Außerdem war unter ihrem Interview auf der Website *Guten Abend* ein Kommentar aufgetaucht, in dem stand:

> Nice, dass hier alle so woke sind, aber Niloofar Bahrami ist ein Oreo wie aus dem Bilderbuch. Do your f*ing research. Ihre Mami ist eine gutverdienende weiße Biodeutsche die sich von ihrem iranischen Mann getrennt hat als Niloofar Bahrami zwei Jahre alt war (talk about casual racism: exotischer Mann mach mir ein Kind und dann verpiss dich) so do the math: Niloofar Bahrami ist mit allen Privilegien der deutschen Mittelschicht aufgewachsen und nicht in der Position für migrantische Perspektiven zu sprechen. Ganz zu schweigen von Fluchterfahrung. die hat sie sowieso nicht. Der deutsche Kartoffelkulturbetrieb schaukelt sich die Eier, wir sind so mega divers, yeah, und ich kotze im Strahl weil die Mechanismen der Exklusion sich progressiv angemalt haben und besser funktionieren than ever. Wetten dass ihre Show am DT die Niloofar Bahrami nach diesem wokeporn bekommen hat, People of Color* zum hundertsten Mal als spaßige Showtruppe vorführen wird? When is this shit gonna end unless we end it?

Es lief darauf hinaus, dass Niloo die Regie im allseitigen Einvernehmen abgegeben hatte, auf eigenen Wunsch eine *Auszeit* nahm und Afshan Hazrat die künstlerische Leitung übernahm. Afshan Hazrat war das für Maya nachgerückte neue Mitglied des Kollektivs *Impenetranza#62C*, war Mann-zu-Frau-transsexuell und als Kind aus Afghanistan geflüchtet.

Maya hatte Niloos Mutter einmal kennengelernt. Sie war eine Dame, die ausladende Röcke in schreienden Erdfarben trug und darüber figurbetonte Blazer, die aussahen wie Uniformen. Niloos Mutter war wortgewaltig und definitionsmächtig, aber Maya betrachtete Niloo und ihre Mutter als zwei separate Menschen. Sie wäre nicht auf die Idee gekommen, Menschen nach Familienzugehörigkeit oder sonst irgendwelchen Eigenschaften zu gruppieren und ihnen dann als Vertreter dieser Gruppen Eigenschaften zuzuschreiben. Es erschien ihr absurd, so über Menschen zu denken, vor allem aber erschien es ihr sachlich falsch, denn Menschen waren ja vor allem eins, nämlich widersprüchlich. Und es weckte ihren Widerwillen, wenn alles auf körperliche Aktionen und Reaktionen reduziert wurde. Wer die falsche Meinung hatte, dem warf man vor, er habe auf eine unterdrückte Gruppe *geschissen*, zum Ausdruck des Missfallens wurde dann gekotzt, und zwar *im Strahl*. Darunter ging es nicht. Jetzt empfand Maya doch etwas. Sie wünschte sich zurück in den Garten ihrer Mutter. Sie setzte sich aufs Bett, nahm die Basilikumpflanze in beide Hände, schloss die Augen und versuchte sich nochmal in diesen Traum zu versetzen. Einen Moment lang dachte sie, was das wohl für ein Bild ergab, sie im Schlafanzug auf der Bettkante mit geschlossenen Augen und einer Pflanze auf dem Schoß. Dann setzte Musik ein. Ein langer Akkord flog heran und blieb im Raum stehen, dann kam ein zweiter dazu, und Maya versuchte sich den Garten vorzustellen. Es war Sommer, dann wurde es Herbst und dann Winter. Die Bäume warfen die Blätter ab. Ihre Mutter wurde alt, ihr Gesicht sah aus wie ein alter Baum, dann starb sie und Maya begrub sie unter dem Apfelbaum. Maya öffnete die Augen. Diese Abzweigung hatte sie nicht nehmen wollen. Die Musik ging weiter, denn sie war nicht in Mayas Kopf, sondern kam aus dem Nebenzimmer. Jacob hatte die Kopfhörer weggelegt und die Boxen aufgedreht.

»Das ist schön«, sagte Maya.

Jacob drehte sich um. »Das ist das, was ich für den Wettbewerb gemacht habe«, sagte er, »die Musik aus der Sexszene. Bisschen verändert.«

»Ach so.«

»Ich hab beschlossen, dass ich jetzt all meine alten Sachen raushole und zu was neuem zusammenbaue.«

Wie er da saß und selbstvergessen von seinen Plänen sprach, wirkte er auf Maya wie ein kleiner Junge, der verkündet, was er mit seinen Bauklötzen als nächstes vorhat, und das erinnerte sie daran, wie sie ihn zum ersten Mal gesehen hatte. Es war bei einer Theaterproduktion gewesen, bei der sie die Regieassistentin und er der Musiker gewesen war. Sie hatte eine grenzenlose Zuneigung für diesen Jungen, der da saß und etwas Schönes gemacht hatte und der derselbe war wie damals vor vier Jahren, und sie fragte sich, was in den Jahren ihrer Beziehung eigentlich daraus geworden war. Sie ging zu Jacob und legte ihm vorsichtig die Hände auf die Schultern. Damals, vor vier Jahren, hätte sie ihn in diesem Moment geküsst. Aber jetzt? Waren sie noch zusammen? Sie spürte eine Verbindung, die immer da sein würde, doch sie durfte, konnte, wollte ihn jetzt nicht küssen.

Von draußen erklang ein aufheulender Motor, eine Hupe, quietschende Bremsen, dann ein lauter Schlag und ein Klirren. Maya trat ans Fenster. In der Mitte der Straße waren zwei Autos kollidiert. Jacob schien es nicht mitbekommen zu haben, oder es war ihm egal. Er stoppte die Musik und korrigierte ein Detail.

Maya spürte, wie ihre Kräfte zurückkehrten, und sie merkte, dass sie eine Woche lang nur im Bett gelegen hatte. Sie wollte duschen.

Unter der Dusche beschloss sie, sich bei Niloo zu melden. Dann dachte sie, dass sie mit Niloo nach Oldenburg fahren und sich im Garten ihrer Mutter zusammen was Neues ausdenken könnte. Sie könnten ein neues Kollektiv gründen. War man zu zweit schon ein Kollektiv? Sie könnten das Gegenteil eines Kollektivs gründen, indem sie behaupteten, nur eine Person zu sein, und einen entsprechenden Namen erfanden. Also naheliegenderweise *Maya Bahrami* oder vielleicht einfach *Erika Mustermann*. Es wäre ein unerhörter Coup, unter dem Namen *Erika Mustermann* Karriere in der deutschen Theaterlandschaft zu machen.

Maya stellte sich ein Interview auf *Guten Abend* vor:

Die Regisseurinnen Maya F. und Niloofar B., gemeinsam bekannt als »Erika Mustermann«, mischen die Theaterszene auf. Ihre manchmal hintergründigen, manchmal grellen, stets doppelbödigen Inszenierungen werfen ein scharfes Licht auf die Verhältnisse und Diskurse unserer immer noch überwiegend weißen, heteronormativen Mehrheitsgesellschaft. Maya und Niloo, wie geht es Ihnen heute?

Niloo: Danke, beschissen. Solange das Patriarchat mir noch sagt, dass ich meine Fotze nicht draußen vorzeigen darf, kotze ich den ganzen Tag im Strahl.

Interviewer: Aber wenn Sie ihre Fotze vorzeigen wollen, wieso tragen Sie dann eine Burka?

Niloo: Aus genau diesem Grund. Wenn schon Patriarchat, dann richtig.

Maya: Mir geht es hervorragend, weil meine Partnerin so hervorragende Witze macht.

Interviewer: Und warum tragen Sie ebenfalls eine Burka?

Maya: Ich trage keine Burka.

Interviewer: Doch.

Maya: Nein.

Niloo: Das vorhin war in der Tat ein Witz, aber solange das weiße Mehrheitspatriarchat nicht über meine Witze lacht, kotze ich weiter im Strahl.

Interviewer: Sind Sie immer Erika Mustermann, oder ist das eine Kunstfigur, oder sind Sie zwei Kunstfiguren, die zusammen eine Kunst-Kunstfigur ergeben, die uns den Spiegel vorhält?

Maya freute sich. Ganz ausgegoren war das Konzept noch nicht, aber Niloo hätte bestimmt Spaß daran. Sie drehte die Dusche ab und stieg aus der Wanne. Der Boden war nass, und beim Griff nach dem Handtuch rutschte sie aus und fing sich gerade noch ab. Ihr Herz klopfte. Als Kind hatte es sie fasziniert, wie die Erwachsenen sich am Rücken abtrockneten, indem sie das Handtuch an beiden Enden packten und hin- und herzogen. Dieser Bewegungsablauf sah einfach aus, war aber erstaunlich kompliziert, wenn man fünf Jahre alt war. Sie trocknete sich den Rücken ab, auf einmal knackste es, und sie spürte einen plötzlichen Schmerz im rechten Unterarm. Sie legte das Handtuch weg und betastete den Arm. Der Knochen fühlte sich seltsam an, und wenn sie darauf drückte, geschah etwas, das sich erschreckend falsch anfühlte. Maya trocknete sich mit der anderen Hand fertig ab, ging ins Zimmer und zog sich an. Sie versuchte den Schmerz zu ignorieren, der erst dumpf war und dann schärfer wurde. Als sie ein Oberteil mit engen Ärmeln anzuziehen versuchte, spürte sie einen Widerstand. Ihr Arm war angeschwollen und protestierte mit stechendem Schmerz gegen jede Bewegung. Sie zog das halb angezogene Hemd wieder aus und nahm stattdessen eine weiter geschnittene Bluse, und beim Versuch, diese zuzuknöpfen, fühlte sie sich behindert. Jede Bewegung der rechten Hand schickte Stiche in den geschwollenen Unterarm.

Maya wurde schwindelig und sie setzte sich auf die Bettkante. Ihr Arm schwoll weiter an und schmerzte vom Ellbogen bis zu den Fingerspitzen.

»Ich glaube, ich habe mir den Arm gebrochen«, sagte Maya, und Jacob brauchte einen Moment, bevor die Nachricht an sein Bewusstsein drang. Er stoppte die Musik und sagte:

»Du hast *was*?«

»Arm gebrochen. Weiß auch nicht wie. Ich geh besser mal ins Krankenhaus.«

»Soll ich dich fahren?«

»Womit denn?«

»Mit einem Kurzzeit-Carsharing-Mietwagen.«

»Gern.«

Die zwei kollidierten Autos standen noch auf der Straße. Es war eine übermotorisierte AMG-Mercedes-S-Klasse und ein ebensolches Audi-

SUV. Der Mercedes war mitternachtsblaumetallic mit schwarzer Carbonfasermotorhaube und himmelblauen Bremssätteln und Zierleisten, der Audi war knallorange mit giftgrünen Schwellern und goldenen Sitzen. Solche Autos fuhren in großer Zahl durch Kreuzberg und Neukölln, die Fahrer sahen aus wie Moses oder Bushido, und bei dem Fahrstil, den sie an den Tag legten, war vor allem erstaunlich, dass sie nicht andauernd Unfälle verursachten. Jetzt waren die Autos ineinander verkeilt, die Airbags hingen über den Lenkrädern, von den beiden Fahrern saß einer auf der Hinterkante des Rettungswagens und guckte mit glasigem Blick ins Leere, während der andere auf einer Trage lag und von zwei Notärzten versorgt wurde. Es gab keine erkennbare Unfallursache. Die Straße war breit genug, dass zwei Autos auch mit hundert Sachen aneinander vorbeifahren konnten.

»Sieht aus, als würde das dauern«, sagte Jacob mit Blick auf ein schwarzes *Miles*-Auto, das von dem Rettungswagen zugeparkt war, »ich schau mal, ob hier irgendwo noch eins ist.« Er schaute in sein Handy. Maya guckte ihm über die Schulter. »Das ist eh schon die halbe Strecke bis zur Klinik«, sagte sie, »da kann ich auch zu Fuß gehen.«

»Soll ich mitkommen?«

Maya wusste nicht, was sie antworten sollte. Wenn Jacob mitkommen wollte, würde er mitkommen. Wenn er fragte, dann wollte er vielleicht nicht.

»Nein«, sagte sie, »ich geh allein.« Sie umarmte ihn mit einem Arm, und weil sie merkte, dass er sich fragte, ob er nicht doch mitkommen sollte, sagte sie: »Mach dir keine Gedanken. Ich schaff das allein. Mach Musik.«

Dann ging sie los, die Straße entlang, um die Ecke, wieder um die Ecke. Alle Geräusche schienen lauter zu sein als sonst. Die Radfahrer klingelten lauter, ihre Ketten quietschten lauter, die Leute redeten lauter. Mayas Arm pochte dumpf, und sie wusste nicht, wie sie ihn am besten halten sollte. Es war 16 Uhr und wurde allmählich dunkel.

Als sie am Krankenhaus ankam, war die Dämmerung der Nacht gewichen. Die automatische Tür öffnete sich, und Maya ging in die hell erleuchtete Rettungsstelle. Der Wartebereich war voll, Leute saßen auf dem Boden, Mütter hatten Kinder auf dem Schoß. Man stellte sich in die Schlange an der Anmeldung, und als sie an die Reihe kam, landete sie vor einer korpulenten Krankenschwester um die 50, die sie zunächst dafür tadelte, dass sie den Anmeldebogen nicht ausgefüllt hatte, worauf Maya sagte, dass sie nicht schreiben konnte, weil sie sich vielleicht den Arm gebrochen hatte.

»Schon wieder sone Geschichte«, sagte die Krankenschwester, »es ist ein Wahnsinn, wir haben die absurdesten Unfälle.«

»Nur heute? Oder schon länger?«

Die Schwester hob hilflos die Hände. »Wir rotieren wie die Wahnsinnigen, soviel kann ich Ihnen sagen. Und sie haben sich also den Unterarm gebrochen? Bei was denn? Oder nee, erstmal Name, Anschrift, Versichertenkarte. Hilft ja nichts.« Als Maya dann den Unfallhergang schilderte, schüttelte sie wieder den Kopf und sagte: »Die ganze Zeit sone Sachen. Leute brechen sich beim Rumtippen auf dem Handy den Finger. Dreijährige mit Schlaganfall. Fahrräder, die einfach durchbrechen. Hamse das mit der U-Bahn in Halensee mitgekriegt?«

Maya schüttelte den Kopf. Die Krankenschwester schüttelte ebenfalls den Kopf. »Und was wir hier einen Krankenstand haben, ist auch nicht mehr feierlich. Ist nicht mehr feierlich, sag ich Ihnen. So, jetzt nehmense mal draußen Platz und üben sich in Geduld. Das kann ein paar Stunden dauern. Sie sehen ja, was los ist.«

Maya ging in den Wartebereich. Die Sitze waren aus orange- und beigefarben lackiertem Metallgitter, und sie waren bis auf den letzten Platz besetzt. Leute lehnten an den Wänden, saßen auf den Fensterbänken und auf dem Boden. Es gab einen Kaffeeautomaten und einen für Süßigkeiten. Maya setzte sich auf den Boden neben den Kaffeeautomaten. Ihr gegenüber saß eine Frau mit Kopftuch, die einen dreijährigen Jungen auf dem Schoß hatte. Daneben eine hagere Mittzwanzigerin mit Tattoos und Undercut, deren linke Gesichtshälfte eine einzige große Schürfwunde war. Sie hielt die Hand einer untersetzten Frau im gleichen Alter mit derselben Frisur, deren Gesicht Maya an eine Bulldogge erinnerte. Die Frau mit dem Bulldoggengesicht las ein Buch. Alle anderen schauten in ihre Handys.

Ein Mann um die 30 näherte sich hinkend dem Kaffeeautomaten, versuchte einen Fuß möglichst nicht zu belasten, und stützte sich dabei auf einen Regenschirm. Vor dem Automaten blieb er stehen, lehnte den Schirm an den Automaten, balancierte auf einem Bein und kramte im Portemonnaie. Er hatte lockige dunkle Haare, graue Augen und einen kurz geschnittenen Vollbart.

»Brauchst du Kleingeld?«, fragte Maya.

»Wenn du 50 Cent hättest, wäre toll.«

Es fühlte sich merkwürdig an, das Portemonnaie mit der falschen Hand aus der Tasche zu ziehen. Sie gab ihm eine Münze, er warf sie in den Automaten und fragte: »Willst du auch einen Kaffee?«

»Nee. Danke.«

Sie spürte, wie er sie musterte, und sie spürte, wie dieser Blick sie nicht störte. Das war merkwürdig. Sie erwiderte den Blick. »Oder doch, ich würde einen nehmen.«

»Dann bräuchte ich nochmal Kleingeld.«

Sie gab ihm einen Euro und zwanzig Cent. Dann hielten sie beide einen Plastikbecher mit kochend heißem Automatenkaffee in der Hand. Der Mann lächelte.

»Den muss ich jetzt hier trinken«, sagte der Mann, »weil wenn ich den auf einem Bein hüpfend woanders hintrage, dann ist er leer.«

»Ich hab auch nur eine Hand frei.«

»Was führt dich denn hierher?«

Maya dachte nach. Dann sagte sie: »Ich bin im Bad ausgerutscht und mit dem Arm auf die Badewanne geknallt. Und du?«

»Ich bin mit meiner Tochter durch die Wohnung gelaufen, wir haben Fangen gespielt, und dann hatte ich aus heiterem Himmel einen

Bänderriss. Zumindest glaube ich, dass es einer ist. Völlig absurde Geschichte.«

Du bist Familienvater und schaust mich trotzdem an, als wolltest du mit mir eine Familie gründen, dachte Maya, und dann sagte sie: »Ich bin eigentlich auch nicht hingefallen, sondern habe mir nur den Rücken abgetrocknet, und dabei ist anscheinend mein Arm gebrochen.«

»Das ist ja genauso absurd.«

»Allerdings.«

»Aber merkwürdigerweise erleichtert mich das jetzt.«

»Wieso?«

»Weil ich mir jetzt nicht mehr so Gedanken mache. Verletzungen ohne Ursache sind doch manchmal ein erster Hinweis auf irgendwas Schlimmes, aber wenn anderen Leuten auch sowas passiert, ist es vielleicht einfach Pech.«

»Vielleicht haben wir ja alle was Schlimmes.«

»Und wieso hast du mir erst erzählt, du wärst hingefallen?«

Maya überlegte. Dann sagte sie: »Weil ich beschlossen habe, dass ich mir so eine Geschichte nicht bieten lasse. Wenn die Realität uns so absurde Geschichten serviert, dann müssen wir bessere erfinden. Und deswegen bin ich ausgerutscht und hab mir den Arm gebrochen.«

»Interessant.«

»Ich finde, du brauchst auch eine bessere Geschichte«, sagte Maya, »du könntest mit deiner Tochter durch den Park gerannt sein und über eine Wurzel gestolpert. Oder du hast mit Freunden Fußball gespielt. Beim Freizeitfußball passieren die schrecklichsten Dinge.«

Der Mann überlegte und sagte: »Ich weiß was. Ich bin die Treppe hinuntergerannt, weil ich spät dran war und meine Ex sauer wird, wenn ich Milou zu spät aus der Kita hole, und dabei bin ich von einer Stufe abgerutscht und hab mir das Außenband gerissen.«

»Viel bessere Geschichte«, sagte Maya, »die glaube ich dir sofort.«

»Tschuldigung«, sagte die Frau mit dem Bulldoggengesicht, »dürfte ich mal?«

Maya und der Mann machten einen Schritt zur Seite, und die Frau holte sich und ihrer Freundin einen Kaffee und einen Zitronentee.

»Ich bin Benedikt«, sagte der Mann.

»Maya«, sagte Maya, »hallo.«

Die Frau am Automaten warf ihnen einen Seitenblick zu.

»Hallo«, sagte Benedikt.

»Hi«, sagte die Frau, »Conny. Und das ist Britta.« Sie deutete auf ihre Freundin mit dem zerschrammten Gesicht.

»Conny und Britta, was bringt euch auf diese Party?«, fragte Maya.

»Mountainbiken«, sagte Conny, »bei Britta ist der Vorbau gebrochen.«

»Vorbau?«

»Das Ding in der Mitte, wo der Lenker dran ist«, sagte Benedikt.

»Das Rad war neu. Drei Monate alt«, ergänzte Conny.

»Benedikt und ich haben gerade beschlossen, dass wir bessere Geschichten brauchen«, sagte Maya.

»Und warum braucht ihr die?«

»Weil die Attacke der Absurdität zurückgeschlagen werden muss!« rief Maya, woraufhin die Mutter mit Kopftuch den Kopf hob und sie fragend anschaute.

»Entschuldigung!«, rief Maya und fuhr leiser fort, »aber wenn uns Dinge passieren, die eigentlich nicht möglich sind, dann untergräbt das unser Vertrauen in die Welt. Also holen wir uns die Oberhand zurück, indem wir unsere Geschichten selber korrigieren.«

Britte, die Frau mit dem zerschrammten Gesicht, hatte das Gespräch verfolgt und lächelte mit ihrer angeschwollen Oberlippe.

»Du bist lustig«, sagte sie.

»Und du brauchst eine Geschichte«, entgegnete Maya.

»Sehr einfach«, sagte Conny, »sie war besoffen und hat zu hart gebremst.«

»Nee, du warst besoffen und hast vor mir gebremst«, erwiderte Britta.

»Auch geil«, sagte Conny.

»Ich weiß! Ich hab den Vorbau steiler gestellt, dann hat das Telefon geklingelt, dann kam was dazwischen, ich hatte die Schrauben noch nicht angezogen und hab das dann vergessen«, sagte Britta.

»Beste Variante«, sagte Conny, und dann fragte sie die Frau mit dem Kopftuch: »Wollen Sie vielleicht auch einen Kaffee?«

Die Frau schüttelte den Kopf.

»Tee?«, fragte Conny. Die Frau nickte. Conny warf Geld ein und drückte auf die Tee-Taste.

»Wir müssen uns jetzt mit allen hier bessere Geschichten ausdenken«, sagte Maya.

»Und dann?«, fragte Benedikt.

»Weiß ich auch nicht. Dann wird alles besser.«

Das, was sich in den folgenden Stunden in der Rettungsstelle des Neuköllner Klinikums ereignete, war als Geschichte selbst eher unwahrscheinlich. Es wäre an einem normalen Tag und in einer normalen Zeit nicht passiert, doch dies war kein normaler Tag und keine normale Zeit. Die Leute, die mit gebrochenen Knochen und zerschundenen Gelenken im Warteraum der Rettungsstelle saßen, rückten zusammen, verloren die Scheu voreinander und fingen an, einander ihre Geschichten zu erzählen und sich bessere Versionen auszudenken als die, die tatsächlich passiert waren. Für die, die wenig Deutsch sprachen, fanden sich welche, die übersetzen konnten, und die, die einfach nur in Ruhe gelassen werden wollten, hörten dennoch mit einem Ohr zu und bekamen mit, wie ihre Nachbarn auf einmal leuchtende Augen kriegten, und dann wollten sie mitmachen und fingen an, sich Geschichten auszudenken und an den Geschichten der anderen mitzuspinnen, bis jeder eine Geschichte hatte, die ihn befriedigte und die Welt wieder ein Stück geraderückte. Wer neu in den Raum kam, war verwundert, doch er wurde schnell eingeweiht und konnte sich dem Sog der Geschichtenerfinderrunde nicht entziehen. Maya merkte, wie beflügelt sie war, sie vergaß ihren schmerzenden Arm, zwischendurch wurde sie zum Röntgen gerufen und hätte am liebsten gesagt »später, ich kann gerade nicht«, und als Britta dann irgendwann aufgerufen wurde, verabschiedete sie sich von ihr wie von einer Freundin. So brachten sie alle gemeinsam die Welt wieder in Ordnung, zumindest hier in diesem Raum und in diesen Stunden, die von 19 Uhr bis kurz vor Mitternacht reichten.

Dann wurde Mayas Name aufgerufen. Sie verabschiedete sich von Benedikt, und er sagte, er wäre mit Sicherheit noch hier, wenn sie wiederkäme. Sie ging durch eine automatische Tür und betrat den abgezirkelten Bereich, in dem es keine Normalsterblichen mehr gab, sondern nur noch Patienten und Leute in weißen Kitteln. Sie betrat den Raum, der ihr zugewiesen worden war, und setzte sich auf die Untersuchungsliege. Eine Schwester kam, maß Puls und Blutdruck und ging wieder. Dann kam nach einigen Minuten ein älterer Arzt herein. Er atmete geräuschvoll und klemmte ein Röntgenbild an einen Leuchtkasten. »Glatter Bruch«, sagte er, »keine Dislokation, ruhigstellen, dann wird das wieder. Sonst irgendwelche Beschwerden? Wie ist das passiert, wenn man fragen darf?«

Maya erzählte ihre ausgedachte Geschichte vom Sturz auf den Badewannenrand.

»Das ist die erste halbwegs sinnvolle Geschichte, die ich heute höre«, sagte der Arzt, »alle anderen erzählen die absurdesten Sachen.«

»Wieso? Ich dachte …«

Maya verstummte. Anscheinend hatte keiner der Patienten aus dem Wartebereich seine ausgedachte Geschichte so ernstgenommen, dass er sie dem Arzt erzählt hätte.

»Schade« sagte sie.

Der Arzt nickte. »Ja. Schade.«

»Und was denken Sie, woran das liegt?«

»Wollen Sie es wirklich wissen?«

Maya nickte.

Er ging an einen Schrank, holte eine gefaltete und geheftete Din-A5-Broschüre und hielt sie Maya hin. Auf dem Heft stand *Sokrates-Report*.

»Lesen Sie sich das mal durch. Können Sie mitnehmen, ich hab noch welche.«

»Oh. Danke.«

»Gern geschehen. Wir machen einen Gips, Schwester kommt gleich. Schönen Abend noch.«

Maya schlug das Heft auf. Einer der Einträge im Inhaltsverzeichnis lautete: *Interview mit Dr. Ing. Wolfgang A. Richter vom Sensos-Institut für biophysische Materialprüfung – Teil 2.* Sie überflog das Interview. Dr. Richter war der Ansicht, der Zerfall der Materie sei eine Art ansteckender Prozess, der sich selbst beschleunigte. Am Ende stand der Hinweis: *In unserer nächsten Ausgabe erscheint der dritte und letzte Teil des Gesprächs mit Dr. Richter. Da geht es um die Frage, die uns wohl am meisten bewegt: Was kann man tun? Sie dürfen gespannt sein: Dr. Richter hat ein Gegenmittel entwickelt und zur Anwendungsreife gebracht, mit dem die fortschreitende Desintegration gestoppt werden kann. Der Bauplan liegt der Redaktion vor und ist, soviel können wir verraten, verblüffend einfach. Mehr dazu in unserer nächsten Ausgabe. Bleiben sie uns treu!*

Maya spürte plötzlich, wie erschöpft sie war. Sie war eine Woche mit Fieber im Bett gelegen, hatte sich den Arm gebrochen und hatte einen Abend lang in einem vollbesetzten Warteraum Geschichten erfunden. Jetzt war es, als hätte jemand den Stecker gezogen.

Ein Krankenpfleger kam herein und modellierte ihr einen Gips an den Arm. Sie bekam es am Rande mit. Dann fragte er, ob sie jemanden hätte, der sie abholen könnte. Auf die Idee war sie noch gar nicht gekommen. Sie rief Jacob an. Er war noch wach und sagte, dass er natürlich vorbeikommen würde. Maya faltete den *Sokrates-Report* mit einer Hand zusammen und steckte ihn in die Hosentasche, ging durch die automatische Tür und war wieder im Warteraum. Das große Geschichtenausdenken war vorbei, es war nicht mehr so voll, die Leute schauten schweigend ins Leere und auf ihre Handys. Benedikt saß noch da, und als er Maya sah, hellten sich seine Züge auf.

»Wie war's?«, fragte er.

»Gips«, sagte Maya und musste gähnen.

»Du siehst müde aus, wenn ich das so sagen darf«, sagte Benedikt.

»Darfst du«, sagte Maya.

»Ich schreib dir meine Nummer auf«, sagte Benedikt, »vielleicht sehen wir uns ja mal wieder. Hast du jemanden, der dich abholt?«

Maya nickte. »Mein Freund holt mich ab.«

»A-ha«, sagte Benedikt und schrieb seine Nummer auf einen Zettel.

»*Ein* Freund«, sagte Maya, »ein *guter* Freund.«

»Das ist doch das Beste, was es gibt auf der Welt«, ergänzte Benedikt und reichte ihr den Zettel, ohne sie anzuschauen.

»Mein Freund, ein Freund«, sagte Maya, »ich weiß es im Moment selber nicht so genau.«

Sie setzte sich neben Benedikt und wusste nicht, was sie sagen sollte. Ein paar Minuten saßen sie so da. Dann kam eine Nachricht von Jacob: *Bin da*. Sie schaute auf. Jacob stand an der Eingangstür und sah sich suchend um.

»Tschüs«, sagte Maya, »das war schön.«

»Fand ich auch«, sagte Benedikt und lächelte zurück, und dabei fiel ihr auf, dass sie ihn anscheinend auch angelächelt hatte. Jacob kam ihr entgegen, umarmte sie und gab darauf acht, ihren Arm zu schonen. Maya spürte, wie Benedikts Blicke Jacob und ihr durch den Raum folgten, bis die Tür sich vor ihnen öffnete und sie hinausgingen in die Nacht.

10
Unschuldsvermutung

Moses war noch in der Nacht losgefahren, nicht weil er irgendwohin wollte, sondern weil er wegwollte. Seinem Arbeitgeber war zum Glück egal, wo er war. Blumige Prosa über Neubauprojekte, die THE BERLIN HAMPTONS hießen, konnte er überall verfassen. Moses' Arbeitgeber war ein alter Bekannter namens Andreas, genannt Andi, mit dem er zu Studienzeiten in einer Band gespielt hatte. Andi studierte BWL, hatte damals schon seine Finger im Immobiliengeschäft, kam ohnehin aus einer Immobiliengeschäftsfamilie und hatte dann den Berlin-Boom der 10er Jahre voll mitgenommen. Für den Job, den Moses bei ihm machte, hätte man normalerweise eine Werbeagentur engagiert oder gleich eine Ausschreibung gemacht, dann wären in fünf verschiedenen Agenturen die Berater und Planer und Kreativen in Aktion getreten und hätten *gebrainstormt* und *Pitches* geschrieben, hätten Nächte durchgearbeitet und dabei sehr viel Kaffee und Club Mate und Pizza vom Lieferdienst vertilgt, hätten ihre Beziehungen strapaziert, ihre Kinder vernachlässigt und auf die Präsentation *hingefiebert*, dann hätte der *Kunde*, also Andi und seine zwei Partner und deren drei Assistenten und der Architekt und dessen Partner und deren Assistentinnen und noch ein externer Berater und dessen Assistent sowie Andis Anwalt, einen Vormittag lang fünf Präsentationen abgesessen, einen Nachmittag lang diskutiert und sich dann um Viertel nach sieben nach zähem Ringen entschieden, woraufhin vier Agenturen enttäuscht gewesen wären oder sich damit getröstet hätten, dass die Entscheidung ganz knapp gewesen wäre, jedenfalls wären in der Summe 647 Arbeitsstunden, davon 126 nach Mitternacht, beim Teufel gewesen, und wenn man Andis Zeit und die seiner Beisitzer einberechnete, noch einige mehr.

All das hielt Andi für *Bullshit* und ließ es bleiben. Er hatte einen Texter, das war Moses, und eine Designerin, diese beiden entlohnte er großzügig von dem Geld, das er nicht für Werbeagenturen ausgab, und ließ ihnen alle Freiheiten, solange sie zuverlässig lieferten und sich gelegentlich im Büro blicken ließen. Die Entourage aus Assistenten und Partnern sparte er sich auch. Potentielle Geschäftspartner waren manchmal irritiert, wenn Andi alleine zum *Meeting* erschien, und wenn er ihnen mitteilte, dass er keine Ja-Sager und Kofferträger benötigte, waren sie am Rand des Beleidigtseins. Moses hatte Andi daher irgendwann vorgeschlagen, einen Mitarbeiter zu engagieren, dessen Aufgabe nur war, neben ihm zu stehen und »ja« zu sagen. Das hatte Andi dann tatsächlich ausprobiert und seinen Buchhalter zu Terminen mitgenommen. Als er diesen einer Gruppe von Finanzierungspartnern mit den Worten »das ist Miroslav, mein Ja-Sager« vorgestellt und Miroslav daraufhin »ja« gesagt hatte, war das Resultat zwar sehr lustig gewesen, hätte auf Dauer aber das Geschäft gefährdet. Also veranstaltete Andi stattdessen öfter fidele Saufabende in den Firmenräumen, die er als *Teambuilding* von der Steuer absetzen konnte, sofern er den Alkohol nicht direkt bezahlte, sondern von einer Eventfirma als Catering in Rechnung stellen ließ, und wer bei den dort stattfindenden Trinkspielen verlor, musste sechs Wochen lang als Ja-Sager zu Andis Geschäftsterminen mitkommen. Das war unkonventionell, aber funktionierte. Moses hatte zum Glück noch nie verloren. Und deswegen konnte er jetzt durch Deutschland fahren.

Noch in der Nacht hatte Jacob ihm kommentarlos eine Reihe von Links geschickt, in denen Hannah vorkam, und Moses war bei einer Raststätte rausgefahren, um zu tanken und die Links durchzusehen. Es waren ein paar ältere Zeitschriftenberichte und Archiv-Screenshots von Websites, auf denen Hannah als Mitarbeiterin aufgelistet war, dann aber auch die Konferenz in Aachen, ein Vortrag auf einem Symposium an der FH Flensburg und einer an der Universität Regensburg, eine Festrede beim Lions Club in Bamberg, eine Podiumsdiskussion an der Volkshochschule Osnabrück und schließlich die Ankündigung einer kirchlichen Erwachsenenbildungseinrichtung in Schwäbisch Hall, wo Hannah Goldberg einen Vortrag über Nahfeldeffekte im Quantenraum halten sollte. Dann war da noch ein Aufgebot vom Standesamt in Monschau in der Eifel. Angekündigt wurde die Eheschließung zwischen Hannah Goldberg, geboren 13.7.1984 – das war in der Tat Hannahs Geburtstag – und einem Nikolaus Nickel, geboren 1.4.1929. All diese Dinge sollten im Lauf der nächsten zwei Wochen stattfinden. Nichts davon hatte Moses bei Google gefunden.

Moses schrieb Jacob zurück: *Danke.*

Jacob schickte einen erhobenen Daumen.

Dann leitete Moses die Linksammlung an seinen Vater weiter und schrieb dazu:

Hannah heiratet einen Neunzigjährigen, der aber vielleicht nur ein Aprilscherz ist.

Es war halb sechs, die Nacht ging zu Ende, Moses fuhr weiter. Im Osten, also hinter ihm, wurde der Horizont hell. Er war im Rheinland, irgendwo in der Nähe von Bonn, und er war bleimüde. Er landete auf einem Zubringer, der kilometerweit an Lärmschutzwänden entlangführte, kam an einer Ausfahrt namens *Wahn* vorbei, dann nahm er eine andere Ausfahrt, war weg von der Autobahn und in einem Wohngebiet aus den 60er Jahren mit Straßen, die *Veilchenweg* und *Lilienstraße* hießen. Es ging bergauf, die Häuser wurden größer, es waren Professorenvillen und Diplomatendomizile. Moses stellte sich vor, wie Konrad Adenauer und Ludwig Erhard hier mit Spazierstöcken spazieren gegangen waren, in den Häusern stellte er sich Männer in Anzügen und, nach Feierabend, Strickjacken vor, deren Aufgabe es gewesen war, neben Konrad Adenauer zu stehen und *ja* zu sagen, und zu den

Männern hatte es Frauen gegeben mit toupierten Haaren und ab den 70er Jahren Dauerwelle, die Käseigel und Königinpastete zubereiteten oder Tiefkühlkost, die der Hausfrau viel Arbeit abnahm. Die waren jetzt auch alle weg und lagen auf den Friedhöfen, ihre Namen waren vergessen, ihre Gräber hatten die 30-Jahre-Frist erreicht, und entweder gab es dann Angehörige, die die Gräber weiterbezahlten und pflegten, oder es gab keine, dann wurde der Grabstein entsorgt. Wie entsorgte man Grabsteine? Konnte man sie recyceln, indem man den Namen des Verstorbenen mit Hammer und Meißel einfach durchstrich und einen anderen darüberschrieb? So einen Grabstein wünschte sich Moses, aber eigentlich rechnete er nicht damit, jemals zu sterben. In den Bonner Diplomatenvillen wohnten jetzt neue Leute, die keine Bücherwand mit Thomas-Mann-Gesamtausgabe mehr besaßen, sondern einen zwei Meter breiten Flachfernseher, auf dem sie wochentags Netflix und sonntags *Tatort* guckten, und wenn sie Bücher lasen, dann war das am ehesten »Der Ernährungs-Kompass« oder »Das Kind in dir muss Heimat finden«. Königinpastete fanden sie jedoch auch toll, denn die Konsumgepflogenheiten von vor 50 Jahren waren schon seit längerer Zeit der letzte Schrei. Ein Fernsehkomiker konnte problemlos Abende damit füllen, Wörter wie »Mettigel« oder »Toast Hawaii« zu sagen und kreischendes Gelächter zu ernten, weil die Leute sich gut fühlten, wenn sie die Merkwürdigkeiten ihrer Elterngeneration feierten, denn man hatte da ein Gefühl von souveränem Zugriff auf die Welt, das sonst nicht mehr so leicht zu haben war.

Moses hielt vor einem Gasthof namens »Ippendorfer Krug«, an dem ein Schild hing: *Fremdenzimmer frei.* Er ging hinein und mietete ein Fremdenzimmer, was ihm folgerichtig erschien, denn er fühlte sich fremd, aber darin fühlte er sich wiederum in guter Gesellschaft, denn das Fremdfühlen war ja die Kitschfigur des deutschen Intellektuellen, seit die Helden nicht mehr Goethe und Schiller hießen, sondern Büchner und Kafka. Wer etwas auf sich hielt, war ein Unbehauster. Moses, der Unbehauste, trat in sein Fremdenzimmer, in dem Tapeten aus den

00er Jahren, Laminatboden aus den 90ern, ein schmales Bett aus den 80ern und Heizkörper aus den 70ern einander Gesellschaft leisteten. Die Heizung war abgedreht, neben der Tür war ein Waschbecken und neben dem Waschbecken ein Schrank aus den 60er Jahren mit schrägen Füßen und einem ovalen Spiegel in der Tür. Moses zog die Vorhänge zu, das Tageslicht kam trotzdem herein, dann legte er sich ins Bett und blieb wach, obwohl er müde war. Er schaute an die Decke und überlegte, was er tun musste, damit das Kind in ihm Heimat fand. Vielleicht musste er mit der großen Liebe zusammenkommen, also mit Betsie. Vielleicht reichte es aber auch, sich in eine feste Beziehung zu begeben, die nicht die große Liebe war, also mit einer Frau, die einfach »ja« sagte. So machten das vermutlich viele, wobei man das nie sicher sagen konnte, weil man ja *nicht drinsteckte.* Vielleicht würde das Kind in ihm aber erst Heimat finden, wenn er auf einem Friedhof unter einem Grabstein lag, auf dem ein anderer Name durchgestrichen und stattdessen MOSES GOLDBERG eingemeißelt war. Dieser Gedanke gefiel ihm am besten.

Als er wieder aufwachte, zeigte die Uhr halb elf. Sein Vater hatte geantwortet:

STRAFFES PRGORAMM. DICKE EIER. 🫗

Moses schrieb zurück: *Dicke Eier?*

HEBA ICH DAS GERADE GESCHIEBEN?

Ja.

HABE ICH NCIHT SO GEMEINT.

Wie hast du es denn gemeint?

ANDERS. 🚬💨🔫🎧🌾🍵🔚

Ich bin mir nicht sicher, ob ich verstehe, was du mir sagen willst.

DIE HABENN MIR EIN NEUES SEHR SEHR STARKES STKARKES MEIKAKDMENT GEGEBEN. SELTENE NEBENWIRKEUNG (<1/10000 FÄLLE): GAGGA UND HALUZINATOINEN 🔄🔁🚽

Oha.

STEHT SO IM BEIZACKPWETTLE. ABER DEN SOLL MAN JA NICHT LESEN

Ja, dann vielleicht besser nicht.

DBDDHKPUKKSAV

Was?

KENNSTE

nein.

DOOF BLEIBT DOOFDF DA HELFNEN EKINE PILEN UND KEIN KRANKENERNHAUS SELBST APSIRUN VERASGT🌑🌚🪲🪲 🪲🪲🪲🪲

Diesen Spruch kannte Moses tatsächlich. Sein Vater hatte ihn manchmal zum Besten gegeben, als er klein gewesen war, und er stammte vermutlich aus seiner Pfadfinderzeit in den 50er Jahren.

ICH STEHE VOR EINEM ERKERNNTNISHTEOROTISCHEDN RÄTSEDL

Und zwar?

MÖGLICHERWEISE HABE ICH DEN HINWEIS AUF MÖGLI-CHE HALUUZIHNANTIONDEN AUF DEM BEIOAQPCKZETTEL MIR SELBST NUR HERBEIHALLUZIHNIERT. 🌚🌚 VIELLEICHF MACHT DAS MEDIKEMTFN ALSO GAFR KEINE HALUZINA-TIONEN MACHT?

Dann hast du keine Halluzination.

ABRE WOHER KOMMT DANN DIE HALLUZINTATION Dass AUF DEM BEIACKZERTLE HALLUZINTAIOEN STHET?

Vielleicht von einem anderen Medikament.

MEIN SOHN DU HAST MEINE MESSWERSCHAREF INTEL-LINGEZN GEERBT

Jawohl.

HABE MIR EIN WOTSPIEL AUSEDHACT. WILLST DU ES HÖ-REN?

Ich bitte darum.

HALLUZINATIONALSOZIALISMUS

Und was ist das?

WEISS ICH NICH 💩

Die Halluzination ist die einzige Nation, der ich angehören möchte.

HALLUZINATIONALSTOLZ !!! 😀😂🤣😇😌😄😅😀💩👽🔹

Halluzinationalmannschaft.

WAS HAT DER SOLDAT UNTEM BETT WENN WAS VOR DER TÜR SHTEH?

Du wirst es mir bestimmt gleich verraten.

DER SOLDAT HAT UNTERM BETT ZU FEGEN WENN KAISERS GEBUERTSGTAG VOR DEER TÜRT STHETH!!! 😄😄😄😄😄😄 😄😄😄😄😄😄😄😄😄😄😄

Wo hast du das denn her?

VON MEINEM OPA

Der Vater von Moses' Vater war im Krieg gefallen. Der Vater von Moses' Mutter war weit weg, und sie mochte ihn nicht, also sah man sich selten, und dann war er gestorben, aber Moses hatte ihn sehr verehrt. Viele Jahre später war er diesem Großvater im Traum begegnet. Moses hatte ihn überschwänglich begrüßt und ihn gebeten, er solle ihm endlich mal das Leben erklären, wie das alles funktionierte mit Männern und Frauen und so weiter, und dann hatte er ihn ausgiebig umarmt und verkündet, dass sie jetzt gemeinsam einen trinken gehen würden, und seinem Opa war diese Umarmung etwas unangenehm gewesen, das hatte er im Traum deutlich gemerkt, aber dann war er aufgewacht und der Traum war vorbei gewesen.

Moses schrieb:

Ich würde mich dann mal an Hannahs Spuren heften, auch wenn mir dieser ganze Terminkalender etwas seltsam vorkommt.

WO BIST FU JETZT?

Bonn.

WAS MACJST DU DA?

Bin einfach so hingefahren.

KOMM DOCH MAL WIEDER HIRE FORBEI. IST NICHT WEIT.

Ich dachte, ich soll Hannah suchen.

DA FÜGHRT DER WEG DOCH EH KREUZ UND QUER DURCH D

Ich sehe erstmal zu, dass ich Hannah finde.

SCHADE.

Vorher will ich dir nicht unter die Augen treten.

HIER GIBTS IMMER EINE WARME MAHLEZTI .

Gut zu wissen.

UND WIR KÖNNTEN EINEN MITEINANDER TRINKEN. DEINE MUNTTER IST IN DIIEERR HINSIDHT EINE SPASS-BRMESE.

Ich bin auf einer Mission, Papa. Auf deiner Mission.

Sein Vater antwortete nicht mehr. Moses stand auf und öffnete die Vorhänge. Der Blick ging zum Parkplatz. Im Garten gegenüber war ein Baum umgefallen und lag halb auf dem Hausdach. Zwei Handwerker auf einer Arbeitsbühne zersägten den Baum. Moses musste an Ueckermünde denken, und das fühlte sich an, als wäre es sehr lang her. Er setzte sich auf die Bettkante und machte sich daran, anhand von Hannahs Terminen einen Reiseplan zu entwerfen.

Nachdem Jacob Maya aus dem Krankenhaus abgeholt hatte, hatte sie sich hingelegt und 15 Stunden am Stück geschlafen, und als sie am nächsten Tag wach wurde, war es schon fast dunkel. Sie hatte wieder vom Garten ihrer Mutter geträumt. Ein Mann war mit ihr dagewesen, und der Mann hatte ein Kind dabeigehabt. Das war gestern gewesen, heute war ein neuer Tag, doch ein Gedanke kreiste in ihrem Kopf. Es musste möglich sein, sich sinnvollere Geschichten auszudenken als die, die tatsächlich passierten. Die reale Welt erzeugte absurde Geschichten, die zwangsläufig auf immer größeres Chaos hinausliefen, bis am Ende nur noch ein Gott das Ganze retten konnte. »Wir müssen zurück zum Anfang gehen, die Geschichte neu schreiben und den

Dingen einen neuen Verlauf geben«, sagte sie zu der Basilikumpflanze, die sie auf den Küchentisch gestellt hatte.

Der Pfleger hatte ihre Hand mit in den Gips hineingegipst. Der Daumen hatte seinen eigenen Ausgang, und der restliche Gips reichte bis zu den Fingerknöcheln. Fast alles, was man im Alltag tat, war damit schwierig oder unmöglich, unter anderem auch das Bedienen einer Computertastatur. Maya versuchte es trotzdem und schrieb:

Am Anfang war das Wort, aber welches Wort, das verrät einem keiner. Liebe? Hass? Sinn? Unsinn? Unfall? Zufall? Lauter schöne Wörter. Oder war am Anfang doch ein längeres Wort wie zum Beispiel »Säumnisgebühr«? Oder eines dieser Worte, die alle 26 Buchstaben das Alphabets enthalten?

Bis das da so stand, hatte sie elf Tippfehler korrigieren müssen, und jetzt tat ihr Arm weh.

Sie tippte mit der linken Hand:

Tippen mit Gips ist wie Haareschneiden mit Fausthandschuhen.

Dann lehnte sie sich zurück und überlegte, ob sie möglicherweise nicht mehr alle Tassen im Schrank hatte. Ein Weg, das herauszufinden, war: Moses fragen. Oder Niloo. Mit beiden war seit Wochen Funkstille. Aber vielleicht musste die Funkstille jetzt enden.

Sie schrieb an Niloo:

Schatzihasimausi! Sorry ich war erst übelst krank, hab aber deine Nachrichten gekriegt und mir dann den Arm gebrochen. Alles krass. Aber, Idee. Wir könnten ein neues Kollektiv aufmachen oder vielmehr das Gegenteil eines Kollektivs. Wir tun so als wären wir eine Person und nennen uns Erika Mustermann.

Sie wartete einen Moment, ob Niloo antworten würde, und ging währenddessen ins Internet. Die fortschreitende Brüchigkeit der materiellen Welt inklusive des menschlichen Körpers war jetzt das beherrschende Thema. Es gab Berichte von Forschern, die Ursachen gefunden haben wollten, und andere Forscher, die erklärten, warum das nur ein Medienphänomen war, eine Art Aufmerksamkeitslawine, die sich immer mehr ausweitete und damit Dinge in den Fokus rückte, die sonst keiner bemerkt hätte. Es gab auch Servicebeiträge, meist in Form von Listen, die einem sagten, was man jetzt vermeiden sollte oder wie man sich schützen konnte. Maya bemerkte, wie diese Berichterstattung sie ermüdete. Sie schaute aufs Handy. Niloo hatte nicht geantwortet, aber das doppelte blaue Häkchen zeigte, dass sie die Nachricht gelesen hatte.

Sie öffnete Instagram. Niloo hatte seit längerer Zeit nichts gepostet. Sie öffnete Twitter. Dort hatte Julian einen Artikel auf *Guten Abend* verlinkt und dazu geschrieben:

wann hört das endlich auf???

Maya öffnete den Link.

Der Artikel begann mit dem großen Foto einer jungen Frau, die so alt sein mochte wie Maya selbst. Sie hatte graue Augen, mittelblonde Haare und einen freundlichen Blick, der den Betrachter gleichwohl aus einer skeptischen Distanz anschaute. Vor ihr stand eine große Tasse Tee, und im Hintergrund sah man unscharfe Lampen und Sessel. Es war ein professionelles Fotografenfoto, offenbar in einem Neuköllner Café aufgenommen.

Wo beginnt Gewalt?

Eine Geschichte aus der Grauzone

Es gilt immer noch als heikles, ja umstrittenes Thema: Wo beginnt Vergewaltigung? Sollte nicht längst allen klar sein, wo die Grenzen verlaufen? Was aber, wenn kein »nein« ausgesprochen wurde, wenn beide es wollten, aber ein Mann* seine Partner*in so über seine Identität getäuscht hat, dass es für sie am Ende einer Vergewaltigung gleichkommt? Die meisten, denen so etwas passiert, schweigen – aus Scham, um zu verdrängen, oder weil sie das Gefühl haben, selbst schuld zu sein. Doch Schweigen ist nicht der Weg, den Betsie Krüger, 29, ge-

hen will. Die Neuköllnerin, die Kunstgeschichte und Amerikanistik an der FU studiert, hat sich entschieden, ihre Geschichte zu erzählen – mit ihrem Namen und ihrem Gesicht. Sie will damit Bewusstsein für ein Problem wecken, das noch viel zu oft im blinden Fleck der öffentlichen Debatte stattfindet und als irrelevant abgetan wird. Und sie will den Opfern dieser sublimierten Vergewaltigung, wie sie es nennt, eine Stimme geben.
Betsie, in amerikanischen Medien ist »narrative rape« mittlerweile ein gebräuchlicher Begriff. Findest du, das ist ein gutes Wort für das, was du erlebt hast?

Maya spürte, wie ihr Herz schneller schlug, und als sie den Namen Betsie las, wurde ihr schwindlig. Sie überflog den Artikel. Betsie schilderte ihre Sicht der Dinge, wurde gegen Ende gefragt, ob sie weitere Schritte unternehmen würde, und sagte, dass sie bisher noch zögerte, zur Polizei zu gehen. Dann nannte sie den Namen des Täters, der *Moses G.* lautete. Auch das sei ein schwieriger Schritt, aber Menschen hätten nun mal Namen, sie selber habe ihren Namen hier preisgegeben und sie wäre auch nicht gefragt worden, ob sie das erleben wollte, was sie erlebt hatte. An dieser Stelle war ein Sternchen, das zu einer Anmerkung führte, in der die Redaktion von *Guten Abend* erläuterte, dass es aus rechtlichen Gründen nicht möglich sei, den vollen Namen des Täters abzudrucken, den Betsie gleichwohl im Gespräch genannt habe.

Maya schloss die Website, googelte *Moses Goldberg* und landete lauter Volltreffer. Es hatte nicht lang gedauert, bis Moses' Nachname an die Öffentlichkeit gedrungen war, und jetzt war die Hölle los. Besonders erfolgreich war eine Twitter-Userin namens *@crewella82* mit einem *Tweet*, der lautete:

Ey, der Typ wohnt über mir. Hier ein Foto von der Trophäensammlung in seiner Küche. Ich kam in den Genuss, als er mir nen Wasserschaden beschert hat. Haltet mir die Daumen, dass er mir jetzt nicht die Tür einrennt und mich abmurkst.

Zu dem Tweet gehörte ein Bild: Eine Wand, an der nebeneinander fünf Fotos von fünf verschiedenen Frauen hingen. Der erste Kommentar darunter lautete:

Ist das noch krank oder schon geisteskrank?

Und die Berliner Polizei twitterte:

Da uns viele Anfragen erreichen – ja, wir prüfen den Fall Moses G. Und ja, liebe Herren der Schöpfung, nein heißt immer noch nein, und zwar auch auf Englisch und in Norwegen.

Maya zitterte. Sie rief Moses an. Er ging sofort ran.

»Hey. Ich fahr Auto. Was gibt's?«

»Hast du schon ins Internet geguckt?«

»Ja, wieso?«

»Hast du gesehen, was da abgeht?!«

»Betsie auf *Guten Abend*? Ja, hab ich.«

»Aber das ist furchtbar, das ist …«

»Halb so wild. In drei Tagen ist die Sau durchs Dorf getrieben, und dann drehe ich den Spieß um und zieh den Rassismus-Joker. Mein Leben als Serie von Mikroaggressionen durch die deutsche Mehrheitsgesellschaft und wie ich in vorauseilender Notwehr die Leute auf Englisch anspreche, wenn sie deutsch und arrogant aussehen.«

»Wie kannst du so ruhig sein? Hast du was genommen?«

»Nein, ich habe nichts genommen, ich muss mich auf den Verkehr konzentrieren.«

»Aber die wollen dich fertigmachen!«

»Sollen Sie doch. Überhaupt, wer sind *die*?«

»Moses! Du musst aufpassen.«

»Muss ich in der Tat, ich bin nämlich gerade in einer Baustelle und überhole einen LKW. Zum Glück ist mein Auto nicht breit, und ich bin auch nicht breit.«

»Aber die Polizei –«

»Die Polizei soll mir das Gesetz zeigen, in dem steht, dass man Sex nur in seiner Muttersprache haben darf. Vielleicht finden sie ja eins aus der Nazizeit. Reichsgeschlechtsverkehrsdurchführungssprachverordnung.«

»Moses, ich hab Angst.«

»Mayalinchen, muss *ich* jetzt *dich* beruhigen, oder was?«

»Hast du mich gerade *Mayalinchen* genannt?«

»Ja, und das werde ich wieder tun, wenn du dich so benimmst. Ich gebe diesem Gespräch zwei von fünf Sternen. Wer von uns hat hier den Shitstorm, du oder ich?«

»Du, und ich hab Angst –«

»Richtig, ich, also mach mir nicht noch zusätzlichen Ärger! Ich kann mir aus deiner Panik nichts Konstruktives bauen. Sehen wir uns heute Abend?«

»Was ist heute Abend?«

»Die Premiere des Theaterstücks, wo du beinahe mitgemacht hättest.«

»Nee, die ist doch – scheiße.«

Maya warf einen Blick aufs Datum und fragte sich, wo sie in der letzten Zeit gewesen war.

»Ich bin auf dem Weg nach Berlin«, sagte Moses, »und die letzten Wochen waren die beklopptesten meines Lebens. Ich will euch sehen. Wie gehts Jacob? Will der mich auch sehen?«

»Jacob sitzt in seinem Zimmer und komponiert«, sagte Maya, »ich glaube, dem ist alles egal.«

»Sehr gut. Dann schmeiße ich meine Sachen zuhause raus, geb den Wagen ab, komme mit dem Rad gegen halb sieben zu euch und dann können wir zusammen weiter. Karten hab ich.«

»Was für einen Wagen gibst du ab?«

»Mietwagen. Der Golf ist explodiert. Passenderweise in Flensburg.«

»Ich kann nicht Radfahren. Hab mir den Arm gebrochen.«

»Ah. Warum?«

»Einfach so.«

»Krass. Ja, äh, dann Pferdekutsche. Wir sehen uns.«

Moses fühlte sich, als müsste er sich schütteln. Die Vorgänge um Betsie waren ihm nicht so egal, wie er behauptet hatte. Andererseits erschien ihm das, was da passierte, so irrsinnig, dass es nichts mit ihm zu tun haben konnte. Während des Telefonats mit Maya war die Baustelle vorbeigezogen, jetzt lag freie Strecke vor ihm, die aber nicht frei war, weil ungeheuer viel los war, Flixbusse, Schwertransporte, LKW, die sich gegenseitig überholten, stockender Verkehr, Stau aus dem Nichts. Es war ein sonniger Oktobertag. Moses setzte eine Sonnenbrille auf und hätte jetzt gern geraucht. Aber er saß in einem Mietwagen.

Das Handy klingelte wieder. Es war Andi.

»Moses. Alter Schwede. Was zur Hölle?«

»Betriebsunfall«, sagte Moses, »ich wurde von meinem sterbenden Vater beauftragt, meine verschollene Schwester zu finden, die besagte Lady wohnt in dem WG-Zimmer, in dem meine Schwester mal gewohnt hat, und ich stelle mich ja gern auf Englisch vor, weil die Leute einen sonst behandeln, als wär man der Paketknecht von Amazon. Und das nahm dann einen ungeahnten Verlauf.«

»Verstehe. War's wenigstens schön?«

»Sehr schön, und ich hätte es gern weitergeführt.«

»Das ist ja scheiße.«

»Stimmt.«

»Hast du wirklich eine Trophäensammlung von Mädels in der Küche hängen?«

»Wie bitte?«

»Hat sone Alte getwittert, die sagt, sie wohnt unter dir.«

Moses schwieg.

»Hat es dir die Sprache verschlagen?«

»Ja, es hat mir die Sprache verschlagen.«

»Geht mich ja nix an, was in deiner Küche hängt.«

»Da hängen Frauen, die mir mal was bedeutet haben.«

»Schon gut. Musst du nicht erklären. Wo bist du?«

»A9, Richtung Berlin.«

»Dann komm mal gut an.«

»Okay. Bis bald.«

Moses fuhr auf eine Raststätte, stellte den Motor ab und öffnete sein Handy. Jemand fand seinen allerersten Tweet, in dem es um Mutterschaft als Machtposition ging, skandalös und bekam dafür viel Zuspruch. Und Gitta, die Nachbarin von unten, hatte tatsächlich in seiner Küche ein Foto gemacht. Moses spürte ein Loch im Bauch, das ihm sagte, dass eine weitere Eskalationsstufe erreicht war.

»Ich bring dich hinter Gitta«, murmelte er, »und ein besseres Wortspiel hast du nicht verdient.«

Er verbot sich selbst, noch mehr Zeit auf Twitter zu verbringen, und drückte die Start-Stop-Taste des Autos. Nichts passierte. All die Piepser und Lichtspiele, mit denen moderne Kraftfahrzeuge ihre Betriebszustände signalisierten, blieben stumm und dunkel.

Moses stieg aus und knallte die Tür zu. Er drückte auf die Fernbedienung, um das Auto abzuschließen, aber auch hier passierte nichts. Er trat dreimal mit Wucht gegen die geschlossene Fahrertür, und weil das für sein Gefühl nicht reichte, sprang er auf die Motorhaube und hüpfte ein paar Mal auf und nieder.

»Dreckskarre«, rief eine Stimme, »mach kaputt!«

Vor dem Auto stand ein Mann um die 30 mit kurzgeschorenen Haaren, rundem Gesicht und schmalen Augen. In der Hand hielt er eine Reisetasche. »Fährst du nach Berlin?«, fragte der Mann mit polnischem Akzent.

»Ich fahre nirgendwohin«, sagte Moses, »weil das Auto kaputt ist.«

»Wenn ich repariere, nimmst mich mit?«

Der Mann trug dreiviertellange Cargohosen und ein ärmelloses T-Shirt. Moses hatte das Gefühl, ihn schon einmal gesehen zu haben. »Ich bin LKW-Fahrer«, sagte der Mann, »nur ohne LKW.«

»Wie kommt's?«

»Auslieferung in Magdeburg gemacht, Kollege fährt Auto zurück nach Ancona, ich wollte mit anderen Kollegen nach Berlin fahren, aber andere Kollegen sind defekt.«

»Kannst ja mal dein Glück versuchen«, sagte Moses und gab ihm den Schlüssel, der kein Schlüssel war, sondern ein abgerundetes Plastikobjekt. Der Mann setzte sich in den Fahrersitz, ließ den Motor an und hob den Daumen.

»Repariert!«, rief er.

Er ließ den Motor laufen, stieg wieder aus, warf seine Reisetasche hinten ins Auto und setzte sich auf den Beifahrersitz. Moses stieg ein und fuhr los.

»Hallo übrigens«, sagte der Mann, »ich bin Pavel.«

»Moses«, sagte Moses.

»Wir haben uns schon mal gesehen«, sagte Pavel.

»Ach ja?«

»Ende August, A2 Richtung Berlin, irgendwo in der Pampa, fünf Stunden Vollsperrung. Du hast mit einer Frau über Rettungsgasse gestritten, ich hab dir Feuer gegeben.«

»Das ist ja ein Ding.«

Moses musterte ihn von der Seite. Er konnte sich nicht erinnern.

»Ich hab ein präzises Gedächtnis«, sagte Pavel. »Du hast Fortschritt gemacht. Damals kein Wutanfall, heute Wutanfall. Gefällt mir.«

Auf der nun folgenden Fahrt erläuterte Pavel, dass die Geschichte der Welt eine Geschichte von Wutanfällen sei. Es lief darauf hinaus, dass der Urknall ein Wutanfall Gottes gewesen sei, Geschlechtsverkehr sei jedesmal eine kleine Erneuerung dieses ursprünglichen Wutanfalls, das sehe man nicht nur bei Menschen, sondern schon bei Tieren, wo der Paarungsakt oft kaum von einem Wutanfall zu unterscheiden sei, der Geburtsvorgang gleiche ebenfalls einem Wutanfall, die erste Reaktion des Neugeborenen auf die Welt sei wiederum ein Wutanfall, auch die Produktion von Kunst geschehe am besten in Form des

Wutanfalls, und die Musik sei die vornehmste der Künste, da sie einen Wutanfall darstellen könne wie keine andere. Sogar ein Auto sei nichts als ein gebändigter Wutanfall, denn in einem Motor würden in jeder Sekunde fünfzig Explosionen stattfinden. Die menschliche Kultur habe es sich zur Aufgabe gemacht, den existentiellen Wutanfall, der allem zugrunde lag, zu bändigen, aber das könne nie auf Dauer funktionieren – die Menschheit würde in jedem Zeitalter aufs Neue eine gewisse Menge an Wut ansammeln, diese angestaute Wut müsse sich irgendwann entladen, und jetzt sei es mal wieder so weit. Daher habe Moses' Zerstörungsakt auf dem Rastplatz ihn erfreut, sagte Pavel, denn dieser sei ihm als Vorbote und Vorbild erschienen für das, was ohnehin bevorstünde. Dann erzählte er noch, dass er in Krakau Philosophie und Mathematik studiert habe, aber in Philosophie durch die Abschlussprüfung gefallen war, weil den Professoren seine Ideen zu radikal erschienen, woraufhin er sich zwei Wochen lang betrunken und dann trotz fortgesetzten Vollrauschs die Abschlussprüfung in Mathematik mit Bravour bestanden habe, anschließend aber LKW-Fahrer geworden sei, weil Mathematik ihn eigentlich langweile. Das läge vielleicht daran, dass in der Mathematik nicht so viel Raum für Wutanfälle sei, gab Moses zu bedenken, und Pavel dankte ihm für diese Analyse und sagte, so habe er das noch gar nicht gesehen. Während des Gesprächs war die Sonne dem Horizont entgegengesunken und hinter einer Wolkenbank verschwunden. Pavel entschuldigte sich, er habe jetzt sehr viel geredet, er sei sonst auf langen Fahrten immer allein, und fragte, was denn überhaupt der Grund für Moses' Wutanfall gewesen sei.

»Es geht damit los, dass ich meine Schwester suche«, sagte Moses und erzählte, wo er in den letzten zwei Wochen überall gewesen war.

»Das ist schräg«, sagte Pavel, »das klingt, als hätte jemand dich ärgern wollen.«

»So kam es mir auch vor.«

»Vielleicht deine Schwester?«

Moses schüttelte den Kopf.

»Habt ihr ein altes totes Tier im Keller?«

Moses warf einen Seitenblick zu Pavel.

»Warst du ein wilder böser Junge?«

»Na ja«, sagte Moses. »Einmal habe ich einen Fußball in die Fensterscheibe vom Chemiesaal geschossen, aber meine größte Untat war, dass ich aus meinem Exemplar vom *Tagebuch der Anne Frank* das *Fragebuch der Anne Tank* gemacht habe. Da musste ich zum Schulleiter.«

»Ich meine in Bezug auf Schwester«, sagte Pavel.

»Damals hab ich sie bestimmt mal geärgert, so wie vermutlich alle Brüder das mit ihren Schwestern tun, aber …

»Keine begrabene Wutbombe?«, fragte Pavel.

Moses dachte nach.

»Jugendliche sind Ausgeburten der Hölle«, sagte Pavel.

Moses durchfuhr ein kalter, kriechender, langsamer Schreck. »Vielleicht hast du recht«, sagte er. »In meiner Klasse war der große Bruder von einer Klassenkameradin meiner Schwester. Der hieß Markus und war so einer …«

»…von den Königen«, ergänzte Pavel.

»Genau. Gut in Sport, aggressiv, schlagfertig. Mit dem wollte ich befreundet sein. Dafür musste ich ihm zeigen, was für ein Kerl ich war. Also haben wir zusammen Zettel geschrieben, mit denen Hannah irgendwohin gelockt werden sollte …«

»…und dann?«

»Keine Ahnung. Nix. Ich glaube, sie wurde damals in der Schule entsetzlich gemobbt.«

»Siehste«, sagte Pavel.

»Mist«, erwiderte Moses. Ihm wurde schwindlig. Er hatte diese Episode erfolgreich verdrängt. Zwanzig Jahre lang war sie weg gewesen. Jetzt brach eine Mauer zusammen, und dahinter stand seine Erinnerung.

Pavel klopfte ihm auf die Schulter.

»Nicht so schlimm«, sagte er, »Jugendliche sind Kreaturen des Hades.«

»Ich hätte sie beschützen müssen«, murmelte Moses, »Scheiße.«

Der Rest der Fahrt verlief schweigend. Sie fuhren am alten Grenzübergang Dreilinden vorbei, der seit dreißig Jahren vor sich hin verwitterte, und auf die kilometerlange schnurgerade Avus, wo man am Horizont den Funkturm herannahen sah und sich mit etwas Phantasie einbilden konnte, Berlin wäre Paris. Pavel bat Moses, ihn beim ICC rauszulassen, schrieb dann noch seine Nummer auf einen Zettel und sagte, wenn Moses einen Wutanfalltheoretiker bräuchte oder einen LKW, solle er sich melden. Moses fuhr weiter, dann fuhr er irgendwo rechts ran, um auszusteigen und tief durchzuatmen. Tief durchatmen ging besser, wenn man eine Zigarette in der Hand hatte, also drehte er sich eine. Ihm war, als habe sich auf einmal ein Abgrund aufgetan. Die Geschichte war 25 Jahre her, er war ein pubertierender Teenager gewesen. Im Grunde war nichts passiert. Er nahm sein Handy und schrieb an die Adresse, die er von Hannah hatte:

Mir ist gerade etwas klargeworden, und es tut mir irrsinnig leid, was damals passiert ist.

Dann setzte er sich wieder ans Steuer und spürte, wie er zitterte.

Die Mietwagenrückgabe war in einer Tiefgarage an einer Seitenstraße der Friedrichstraße.

»Was 'n da los«, sagte der Mitarbeiter, der die zurückgebrachten Fahrzeuge quittierte, und deutete auf die zerbeulte Motorhaube.

»Vandalismus«, erwiderte Moses, »heute Nacht in Dresden. Vermutlich Nazis. Ich habe es nicht gleich gemeldet, weil ich geschockt war und möglichst schnell aus dieser Nazistadt rauswollte.«

»Das ist ja unerfreulich. Aber beim nächsten Mal müssense schon die Polizei rufen und ne Anzeige machen.«

Als Moses zuhause im Treppenhaus nach oben stieg, war irgendetwas anders als sonst, und als er die drei Treppen zu seiner Wohnung hinaufgestiegen war, stand er vor rotem Absperrband mit der Aufschrift

BERLINER FEUERWEHR. Seine Wohnungstür war aufgebrochen und notdürftig verschlossen worden, und an der Tür klebte ein Zettel mit offiziellem Briefkopf, der besagte, dass die Wohnung wegen eines Notfalls geöffnet worden war. Moses riss das Band und den Zettel ab und schob die Tür auf. Feuchte Kälte kam ihm entgegen. In der Küche stand eine Pfütze, die Matratze war nass und im Kleiderschrank wuchs Schimmel. Moses legte sein Gepäck an einer Stelle ab, die ihm trocken erschien, dann ging er wieder, und als er die Tür hinter sich zuzog, woraufhin sie oben aus der Angel brach und schief im Rahmen hing, ahnte er, dass er nicht wiederkommen würde. Ein Stockwerk weiter unten stand ein junger Araber in einer blauen Paketdienstweste mit einem Paket vor Gittas Wohnung.

»Wohnen Sie hier?«, fragte er, als Moses die Treppe hinunterkam.

»Ja, aber ich kann kein Paket annehmen.«

Der Mann sagte nichts.

»Ich kann Ihnen aber trotzdem helfen«, sagte Moses und klingelte.

»Hab schon geklingelt«, sagte der Paketbote.

»Doppelt hält besser«, erwiderte Moses, drückte nochmal auf den Knopf und ließ die Klingel zwanzig Sekunden lang schrillen. Dann hämmerte er mit der Faust an die Tür.

»Lassen Sie«, sagte der Paketbote, »die ist nicht zuhause.«

»Macht nix«, sagte Moses, »Vorsicht bitte.«

Er holte aus und trat mit voller Wucht gegen die Tür. Dann schrie er: »Gitta! Paket für dich!«

Der Paketbote duckte sich und rief: »Wallah! Mach locker!«

»Ich bin locker«, sagte Moses und trat ein weiteres Mal mit Anlauf gegen die Tür. Dann holte er Schwung und warf sich mit der Schulter dagegen. Die Tür der benachbarten Wohnung öffnete sich, und die ältere Frau, deren Name Moses weiterhin nicht wusste, schaute heraus.

»Guten Tag«, rief Moses und trat nochmal gegen Gittas Tür.

Der Paketbote sagte: »Würden Sie ein Paket annehmen?«

Die Frau schloss ihre Tür wieder, ohne ein Wort zu sagen. Moses warf sich ein weiteres Mal mit voller Wucht gegen die Tür und brüllte:

»Gitta! Schwing deine Kackstelzen vom Sofa, du hast ein Paket! Du wartest doch bestimmt schon sehnsüchtig auf deine Amazon-Bestellung!« Beim zwölften Tritt knirschte es, dann brach das Schloss aus seiner Verankerung, Staub rieselte zu Boden und die Tür ging auf.

»Bitteschön«, sagte Moses, »so machen wir Deutschen das. Legen Sie es einfach rein. Schönen Tag noch!«

Dann ging er die Treppe hinab, kaufte im Späti bei Ahmad drei Flaschen Bier, nahm sich auf der Straße einen elektrischen Leihroller, fuhr nach Neukölln und warf den Roller dort in den Kanal. Als er vor Jacobs und Mayas Haustür stand, war es 18:46 Uhr. Er war so gut wie pünktlich.

Jacob war fertig. Er hatte sämtliche Musik, die er im Lauf der letzten zehn Jahre gemacht hatte, aus der Versenkung geholt und zu einer langen Suite aneinandergereiht. Einiges davon war in Form von Noten, anderes als klingende Datei auf der Festplatte seines Computers. Es war alles schon immer dagewesen. Er hatte die Musik zum Ende der Welt längst gemacht, nicht in einem heroischen Gewaltakt, sondern einfach so, im Lauf der Jahre, nebenbei. Jetzt konnte das Leben bitte wieder normal werden. Während der Arbeit hatte er am Rande mitgekriegt, dass Maya ins Zimmer gekommen war und gesagt hatte, dass sie heute Abend ins Theater gehen und Moses vorher vorbeikommen würde.

Es klingelte, Maya öffnete, und Moses kam die Treppe hoch. Jacob trat zu Maya an die Tür, und es fühlte sich merkwürdig an, neben ihr in der Tür zu stehen und Moses' Besuch zu erwarten, als wäre nie etwas gewesen. Erst jetzt drang richtig an sein Bewusstsein, was Moses vor einigen Wochen beim veganen Libanesen gebeichtet hatte, doch noch immer fand er in sich nicht die Emotion, die man bei solchen Geständnissen eigentlich haben sollte. Sein Herz fühlte sich an wie eine leere Bibliothek. Vielleicht hatte das ja auch mit Nichtsteffi zu tun, die ihm nicht mehr geschrieben hatte und die er möglicherweise auch nur erfunden hatte, als wäre sie ein Musikstück.

»Leute«, sagte Moses, »wie überaus herrlich ist es, euch zu sehen. Ich hab Bier dabei.«

»Komm rein«, sagte Jacob, umarmte ihn, ohne nachzudenken, und in seiner leeren Bibliothek wurde ein erstes Buch ins Regal gestellt.

Gleich darauf standen sie in der Küche und stießen an.

»Freunde«, sagte Moses, »die Welt ist ein Wutanfall.«

»Sagt wer?«, fragte Maya.

»Seit wann?«, fragte Jacob.

»Schon immer, und das sagt ein Philosoph namens Pavel, der sich mir gegenüber als LKW-Fahrer ausgegeben hat. Und ich habe in den letzten zwei Wochen Dinge gesehen, die ich nie vergessen werde. Wir stehen vor dem Abgrund.«

»Was für ein Abgrund«, fragte Maya.

»Was für Dinge?«, fragte Jacob.

Moses' Handy machte *ping*, und er zog es heraus und sagte: »Felix hat was gefunden.«

Die Nachricht enthielt einen Link, dessen Überschrift lautete:

Thoughts I had while listening to the award-winning film score composed by an algorithm.

Es war die Seite eines anonymen Bloggers, der irgendwie an die Siegermusik der *Hack the System*-Ausschreibung gekommen war und sie ins Netz gestellt hatte. Der Text, den er dazu geschrieben hatte, war lang, sagte aber insgesamt nur, dass man sich sein eigenes Urteil bilden sollte.

»Soll ich mal laufen lassen?«, fragte Moses.

»Bitte auf anständigen Lautsprechern«, sagte Jacob, »schick mal weiter.«

»Okay« sagte Moses und bekam im selben Moment eine neue Nachricht. Sie war von Andi und lautete: *Alter, die steigen mir aufs Dach.*

Inwiefern?, schrieb Moses zurück.

Ich soll dich feuern und mich distanzieren.

Tu, was du nicht lassen kannst, erwiderte Moses.

»Was ist los?«, fragte Maya.

»Mein Arbeitgeber schreibt, dass Investoren ihn angerufen haben und dass er irgendwas machen muss. Und dass er persönlich mir ja glaubt, aber dass das für ihn auch eine schwierige Situation ist.«

»Zeig«, sagte Jacob, Moses gab ihm das Handy, und Jacob las, was Andi schrieb.

»Okay, dann machen wir jetzt was Lustiges«, sagte Jacob, und es brauchte ein paar Sekunden, bis Moses kapierte, dass Jacob einen Videoanruf in Gang gesetzt hatte und es bei Andi bereits klingelte.

»Hast du nen Knall? Gib das her!«, rief Moses und versuchte Jacob das Telefon wegzunehmen, aber Jacob wich aus und stieg auf einen Stuhl. Auf dem Bildschirm erschien das Gesicht eines Mannes um die 40 mit gepflegtem Vollbart und zurückgegelten blonden Haaren.

»Hi!«, rief Jacob, »ich bin Jacob, Moses' bester Freund und nebenbei sein Anwalt. Wir sind uns, glaube ich, mal begegnet. Ich wollte nur kurz sagen, dass wir in unserer Rechtsordnung ein Ding namens Unschuldsvermutung haben, an das ich als Freund mich jetzt zu halten gedenke, obwohl ich als Freund noch nicht mal an die Rechtsordnung gebunden bin. Und wenn Moses nicht mein bester Freund wäre, sondern irgendein Wildfremder, würde ich es genauso machen.«

»Hör auf!«, rief Moses. Jacob drehte das Handy zu Moses und sagte: »Moses ist auch da und grüßt schön. Und das ist übrigens meine Freundin, Maya. Also, die Unschuldsvermutung ist eine der Säulen unseres Rechtsstaats, und man macht auch als Privatmann nichts verkehrt, wenn man sich daran orientiert.«

Moses stieg auf einen zweiten Stuhl und rief: »Sorry, Andi, der meint das nicht so.«

»Doch«, schrie Jacob, »ich meine das so, und ich meine außerdem, dass du jetzt deinen Investoren mal a.s.a.p. verklickern solltest, dass es dir nicht im Traum einfallen wird, einen verdienten Mitarbeiter zu feuern, nur weil ein geifernder Mob im Internet das fordert. Wenn du das tun würdest, wärst du nämlich ein armseliges Würstchen, und sie

377

wollen doch ihr Geld bestimmt nicht in ein armseliges Würstchen investieren.«

Moses packte Jacob am Arm und versuchte ihm das Handy zu entwinden. Dann brach der Küchenstuhl unter ihm zusammen, und er verschwand aus dem Bild.

»Jetzt ist der Stuhl kollabiert, auf dem Moses stand, aber er hat es überlebt. Also Moses. Der Stuhl wohl eher nicht. Bestell deinen Investoren bitte auch schöne Grüße von Moses' Freunden, die kommen gern vorbei und erläutern ihnen die Lage persönlich.«

»Genau!«, rief Maya und sprang in die Höhe, um im Bild aufzutauchen.

Andi guckte sprachlos in die Handykamera. Jacob fragte sich, was er da eigentlich tat, und fühlte sich, als sei der Geist von Ronny in ihn gefahren. Vielleicht würde er Ronny irgendwann davon erzählen, und dann würde Ronny sagen: *Ick hab do' jlei jesacht, du machst dit schon.*

»Das war's von meiner Seite«, sagte Jacob, »bis bald!« Er drehte das Handy zu Moses, der aufgestanden war und seine Knochen abtastete. »Sag tschüs!«

Moses hob den Daumen. Jacob beendete das Gespräch und gab ihm das Handy zurück.

»Und jetzt schick mir doch bitte mal den Link zu der Algorithmusmusik.«

»Du Arsch«, sagte Moses.

»Nee«, erwiderte Jacob, »wenn hier irgendjemand kein Arsch ist, dann ich. Wann geht das Theater los?«

»Ich glaube, um acht.«

»Sicher?«

»Nein.«

Moses zückte sein Handy und suchte die Tickets. Dann sagte er: »Neunzehn Uhr dreißig.«

Alle drei sprangen in ihre Jacken, hasteten die Treppe hinunter, rannten zur U-Bahn und dann von der Haltestelle Oranienburger Tor zum Deutschen Theater. Sie hätten sich jedoch nicht so beeilen müssen, denn es war 19:28 Uhr, aber noch kein Einlass. Die Produktion war wegen des großen Interesses, und weil eine andere Produktion krankheitsbedingt ausfiel, und weil in der »Box« eine Traverse von der Decke gefallen war, in die Kammerspiele, also auf die nächstgrößere Bühne verlegt worden. Das Foyer der Kammerspiele war ein langer Flur, an den Wänden hingen Fotos der Ensemblemitglieder, die Besucher standen gedrängt und hielten ihre Eintrittskarten in den Händen, in der Luft lag Erwartung. Maya liebte diese Momente, sie liebte die Menschenmenge und die Minuten vor der Premiere. Sie spürte, wie ihre Augen leuchteten und ihre Wangen glühten, und sie vergaß für einen Moment, dass dies eigentlich ihr eigener großer Abend gewesen wäre und dass er das jetzt nicht war. Dann fiel ihr Blick auf eine Gestalt in der Menge. Es war ein sehr kleiner Mann mit kurzen grauen Haaren und struppigem grauen Bart. Er trug einen Parka mit Deutschlandflagge am Ärmel, eine weite Jeans und im Gesicht eine überaus große getönte Brille. Maya musste an etwas denken, was sie in diesem Moment nicht festhalten konnte. Dann wurde sie abgelenkt, weil Gemurmel einsetzte. Die Leute schauten auf ihre Handys und dann auf Moses und tuschelten miteinander.

»Hey«, sagte Moses, als sich vor ihm ein Mann mit Glatze und Hornbrille auf Hinweis seiner Begleiterin umdrehte und ihn anstarrte, »ja, ich bin's. Herzlich willkommen im Deutschen Theater.«

Der Mann hielt Moses' Blick kurz stand, dann drehte er sich weg. Dafür drehten sich drei andere Leute um.

»Hallo«, sagte Moses, »Ja, Sie kennen mich aus dem Internet. Wenn nicht, dann schauen Sie doch mal auf guten-minus-abend-punkt-de.«

Das Tuscheln wurde vernehmlicher.

Jacob legte Moses die Hand auf die Schulter und sagte: »Lass gut sein.«

»Was geht denn heute mit dir?«, fragte Moses.

»Mit mir geht einiges«, sagte Jacob, »zum Beispiel, dass ich jetzt sage: Chill mal.«

Noch mehr Köpfe drehten sich herum. Jacob richtete das Wort an die Umstehenden: »Das mit der Vergewaltigung, was ihr da alle gelesen habt, stimmt nicht. Was stimmt, ist, dass er mit meiner Freundin im Bett war, aber das war freiwillig, steht nicht im Netz und geht nur ihn und mich was an.«

»Von wegen!«, rief Maya, »das geht auch mich was an. Ich bin nämlich die Freundin.«

»Und sie war mit mir im Bett«, sagte Moses.

»Genauer gesagt auf dem Sofa«, ergänzte Maya.

Immer mehr Köpfe gingen herum. Dann murmelte irgendjemand: »Gehört das schon zum Stück?«

Eine Sekunde war Stille, und dann konnte man spüren, wie ein Aha-Erlebnis durch die Menge ging. Noch war die Situation nicht entschärft, aber im selben Moment öffnete sich die Tür des Saals, und der Einlass begann.

Während die Zuschauer ihre Plätze suchten, war der Vorhang bereits offen, und auf der erleuchteten Bühne saßen vier Schauspieler auf vier Bierkisten. Maya erkannte Semjon, er war nackt, mit roter Farbe bemalt und in Toilettenpapier eingewickelt, und Servet, die verschmierten Lippenstift im Gesicht hatte und ein Brautkleid trug, das mit einer groben Schere auf Minirocklänge gekürzt worden war. Dann saßen da zwei Leute, die sie nicht kannte. Der eine trug ein gelbes Hundekostüm aus Plüsch, hockte breitbeinig auf der Bierkiste und spielte sich gedankenverloren an den Genitalien herum. Die andere trug Plateau-High-Heels, Netzstrümpfe, knallig pinkfarbene Hot Pants aus glänzendem Plastik und ein zerrissenes Spice-Girls-T-Shirt ohne Ärmel. Auf dem Kopf hatte sie eine blaue Perücke mit Zöpfen, im Gesicht war sie knallbunt geschminkt. Julian war nicht zu sehen.

Die Zuschauer verstauten ihre Taschen unter den Sitzen und wedelten mit den Programmzetteln. Moses zog sein Handy hervor, um es auszuschalten, und fand eine Nachricht von Andi vor, die lautete: *Dein Kumpel hat echt Eier.*

Das Licht ging aus, das Publikum kam zur Ruhe. Zehn Sekunden lang war alles schwarz. Dann setzte ein Stroboskopgewitter ein, aus den Lautsprechern kam Donnergetöse, und die vier Menschen auf der Bühne zappelten und schrien unartikuliert. Das dauerte fünfzig Sekunden und hörte dann auf.

Die Akteure tauschten einen Blick. Dann begann die Person im Hundekostüm nochmal auf eigene Faust zu schreien und zu zappeln, jedoch ohne Unterstützung durch Stroboskop und Donner. Die anderen blickten zu ihr und dann wieder ins Publikum. Die Hundekostümperson kam zum Stillstand, sah ins Publikum und dann zu den Kollegen.

Irgendwer lachte.

Als nächstes sprang der nackte, rot angemalte und in Toilettenpapier gewickelte Semjon in die Höhe, zappelte, schrie und fiel zu Boden. Am Boden zuckte er nochmal und stieß einen kleinen Seufzer aus. Daraufhin drehte sich Servet im abgeschnittenen Brautkleid nach ihm um und tat einen kurzen spitzen Schreckensschrei. Dann setzten wieder Stroboskop und Donner ein, und alle vier sprangen auf und schrien und zuckten, als bekämen sie Stromschläge verabreicht.

Maya saß zwischen Jacob und Moses. Jacob schaute auf die Bühne und wirkte, als sei er vollkommen gefesselt oder aber mit den Gedanken ganz woanders. Moses grinste in sich hinein. Maya flüsterte ihm zu: »Mir ist jetzt schon langweilig.«

»Ich find's super«, sagte Moses, ohne zu flüstern, »das ist genau mein Leben.«

Die zweite Stroboskop- und Krachsequenz dauerte länger als die erste. Irgendwann hielt Maya sich die Ohren zu. Nachdem es vorbei war, ging es nochmal los und war dann wieder vorbei.

Dann kam Text. Semjon rezitierte eine Litanei aus Zeitungsüberschriften zur Flüchtlingskrise. Die Person in der Netzstrumpfhose rezitierte einen Abschnitt aus Bourdieus *Rhapsodie für das Theater.* Dann sprachen alle im Chor den Ankündigungstext, mit dem im Sommer alles angefangen hatte: *Wir sind eine semipermeable Membran* und so weiter. Und dann sprach Servet einen Text, den Maya kannte, denn sie hatte ihn selbst geschrieben. Es war ihr Monolog über eine WG und einen kaputten Toaster, den sie auf der Bauprobe improvisiert hatte. Er war ein bisschen umformuliert, aber es war ihr Text. Maya schaute wieder zwischen Jacob und Moses hin und her.

»Das ist mein Text«, flüsterte sie Moses ins Ohr.

»Dann beschwer dich«, erwiderte Moses in normaler Gesprächslautstärke.

Vor ihnen drehte eine Frau sich um und machte *pscht*.

Das Stück ging weiter. Semjon, weiterhin nackt und rot angemalt, lieferte sich eine Schlägerei mit der Person mit der Netzstrumpfhose und der blauen Perücke. Dann kam wieder Text, und dann bestückte die Hundekostümperson sich mit einem Umschnalldildo und hatte Sex mit Servet. Erst war Servet auf allen Vieren, der Kostümhund schob das kurze Brautkleid hoch und *nahm sie von hinten*, dann tauschten sie die Plätze sowie den Umschnalldildo, und Servet nahm den Hund von hinten. Danach kam eine Textpassage aus einem Buch von Ernst Jünger, dann zehn Tweets von Elon Musk, und dann entstand auf einmal Unruhe im Publikum. Der kleine Mann mit dem Bundeswehrparka und dem grauen Bart drängelte sich durch die Reihe nach außen, erklomm die Bühne und schrie mit einer hellen Frauenstimme: »Das ist geklaut! Das ist bei mir geklaut! Das war meine Idee!«

Er riss sich den Bart aus dem Gesicht und die Frisur vom Kopf. Darunter kam Niloo zum Vorschein. »Ich bin Niloofar Bahrami«, schrie sie, »ihr habt mich aus dieser Produktion rausgemobbt, und jetzt klaut ihr meine Arbeit! Ihr Sackgesichter! Arschgeigen! Hurensöhne! Nacktschnecken! Klobürsten! Ficknudeln! Scheißfliegen! Schweinetoiletten! Analparasiten! Faschonutten! Abfallschachtratten! Drecksgeschwüre! Mülltonnenschlampen! Schimmelpilzfritzen! Pimmelsackmützen! Stinkerkäsesaftsackproletenschweine!«

Im Publikum herrschte dieselbe Stille wie zuvor. Niloos Auftritt war so formvollendet, dass alle selbstverständlich dachten, er sei Bestandteil der Aufführung. Die Akteure auf der Bühne waren aber ebenfalls erstarrt, weil sie nicht wussten, wie sie weitermachen sollten. Einige Momente war Stille. Man konnte spüren, wie Niloos Auftritt zu verpuffen drohte. Maya hielt den Atem an.

»Ich mein das ernst!«, rief Niloo. Sie erntete einen Lacher.

Und dann sprang Maya ebenfalls auf. »Stimmt!«, schrie sie, »und meine Idee habt ihr auch geklaut! Lassen Sie mich bitte mal raus!« Sie drängelte sich durch die Reihe, rannte zur Bühne, kletterte hinauf, stellte sich neben Niloo und schrie: »Mich haben sie auch rausgemobbt und meine Ideen geklaut! Diese Vorführung ist hiermit beendet!«

Mit dieser zweiten Störung wurde den Zuschauern klar, dass das nicht zum *Abend* dazugehörte. Semjon trat nach vorn und sagte: »Lass uns bitte später darüber reden, ja, wir würden hier gern weiterspielen.«

»Hier wird nicht weitergespielt!«, rief Niloo.

Einige Zuschauer riefen »Buh«, und jemand brüllte »Haut ab!«

»Ruhe!«, schrie eine andere Stimme, »lasst sie reden, sie haben recht!« Die Stimme gehörte Moses. Es wurde weiter gebuht und gepfiffen. Moses sprang auf und rief: »Die haben vollkommen recht! Das ist geklaut! Keine Bühne für Ideenklau!«

»Halt's Maul und setz dich wieder hin!«, rief jemand in der Reihe hinter ihnen.

»Ich denke gar nicht dran!«, schrie Moses und blieb stehen. Und jetzt stand Jacob ebenfalls auf und rief: »Keine Bühne für Ideenklau!«

Ein schmalschultriger Typ um die 30 mit lockigen blonden Haaren kam auf die Bühne. Das musste Julian sein. Er fasste Maya bei den Schultern, sagte etwas und versuchte sie mit sanftem Druck von der Bühne zu schieben. Maya entwand sich seinem Griff. Julian packte sie wieder, diesmal fester.

»Lass sie los!«, brüllte Moses. Niloo versuchte Julian von Maya wegzuzerren. Semjon und die Person im Hundekostüm versuchten sie daran zu hindern. Maya versuchte sich seinem Griff zu entwinden, schon war eine Rangelei im Gang, und dabei bekam Julian Mayas rechten Arm, der weiterhin eingegipst war, mit voller Wucht ins Gesicht. Blut schoss aus seiner Nase. Er taumelte zurück und ging in die Knie.

»Geschieht dir recht, du Depp!«, schrie Moses, der immer noch an seinem Platz stand.

»Halt endlich die Fresse«, erwiderte der Mann hinter ihm und packte ihn an der Schulter. Moses duckte sich weg und zog an dem Arm, der auf seiner Schulter lag, so dass der Mann das Gleichgewicht verlor und über die Stuhlreihe nach vorn fiel. Dafür stand jetzt eine Frau auf, deutete mit dem Finger auf Moses und brüllte: »Das ist der Sexist und Vergewaltiger Moses Goldberg, der hier den Abend sprengen will! Wollt ihr euch das gefallen lassen?«

»Schnauze«, schrie Niloo von der Bühne, »wenn hier wer den Abend sprengt, dann ich!«

Maya stand auf der Bühne und hielt sich den schmerzenden rechten Unterarm beziehungsweise den Gips. Jacob sagte zu seinem Nebensitzer: »Dürfte ich bitte mal raus?«

»Nein«, sagte der Nebensitzer.

Von der Bühne rief Niloo ins Publikum: »Jetzt! Los geht's!«

Darauf erhoben sich 20 oder 30 im Saal verteilte Zuschauer von ihren Plätzen und brüllten: »Keine Bühne für Ideenklau! Kein Mobbing im Theater!«

»Hinsetzen! Maulhalten!« schrien andere, und dann brach an verschiedenen Stellen Handgemenge aus. Jacob packte seinen Sitznachbarn an den Aufschlägen seiner edlen Jeansjacke und sagte in einem Tonfall, den er aus seinem eigenen Mund noch nie gehört hatte: »Hör mal, da vorn ist meine Freundin, und ich geh jetzt zu ihr, also entweder lässt du mich durch, oder ich geh einfach so durch. Alles klar?«

Der Mann schluckte und ließ ihn durch. Maya saß auf dem Bühnenboden. Das Theater fand jetzt im Zuschauerraum statt, und die Schauspieler blickten stumm auf das, was sich da abspielte. Jacob nahm Maya in den Arm und zog sie hoch. Im letzten Moment wich er einer Damenhandtasche aus, die aus dem Publikum geflogen kam. Dann explodierte über ihnen ein Scheinwerfer und krachte neben der Person im Hundekostüm auf die Bühne. Die vier Schauspieler erwachten jetzt zum Leben und zogen sich von der Bühne zurück.

Julian kauerte immer noch benommen auf den Brettern und hielt sich eine Hand vors Gesicht, unter der Blut hervortropfte. »Komm mit«, sagte Jacob im Vorbeigehen. Julian stand auf und folgte ihnen mit schwankendem Schritt.

»Hi«, sagte Jacob, »ich bin der Freund von Maya. Jacob.« Julian sagte mit brüchiger Stimme seinen Namen, streckte Jacob eine blutverschmierte Hand hin und zog sie dann wieder zurück. Niloo stand immer noch in der Mitte der Bühne und kreischte: »Ja! Haut euch!«

»Lass mal gehen«, sagte Jacob, »das wird gefährlich.«

»Aber wir müssen die Aufführung stoppen!«, schrie Niloo.

»Die Aufführung ist gestoppt«, sagte Jacob.

»Echt?«

Maya nickte. Niloo machte einen *double-take*, also ein aus Theater und Film bekanntes Manöver, bei dem man zweimal hinschaut und erst beim zweiten Blick erschrickt.

»Oh Gott!«, schrie sie, »nichts wie weg hier!«

»Wo ist Moses?«, fragte Maya.

»Wo ist Moses!«, schrie Niloo.

Ein zweiter Scheinwerfer löste sich und donnerte auf die Bühne. Dann verlosch das gesamte Licht, und in der Finsternis spürte Jacob, wie eine fremde Macht von ihm Besitz ergriff. Sie kam aus den Abgründen der grauen Vorzeit und schaltete seinen Verstand aus. Er rannte in der Finsternis zu dem Menschenknäuel, in dem er Moses wusste, und warf sich hinein. Er packte einen Mann, der Moses mit beiden Händen würgte, und warf ihn weg wie ein nasses Handtuch. Er wehrte sich, schlug zu, teilte aus und steckte ein.

Das nächste, woran er sich erinnern konnte, war wieder Licht und ein Polizist, der über ihm stand und Moses in die Höhe zerrte. »Sie sind vorläufig festgenommen wegen Verdacht auf Sachbeschädigung sowie Wohnungseinbruch und sexuelle Nötigung«, sagte der Polizist, legte Moses Handschellen an und führte ihn ab.

»Yo Digger«, erwiderte Moses und rief dann im Weggehen zu Jacob: »Ich gebe diesem Theaterabend drei von fünf Sternen!«

Ein paar andere Polizisten standen im Saal und riefen: »Gehen Sie bitte nach Hause! Die Aufführung ist beendet!«

Überall saßen Leute mit zerfetzten Kleidern, zerwühlten Haaren, Prellungen und Schürfwunden. Jacob ging die Stufen hinunter und drückte sich an einem Polizisten vorbei zum Ausgang. Sein linkes Knie tat weh, und sein ganzer Körper schmerzte.

Im Foyer standen und saßen Menschen in mehr oder weniger derangiertem Zustand, dazwischen Polizisten und einige Sanitäter. Moses wurde soeben zum Ausgang geführt. Vor dem Eingang zur Box saß Maya auf dem Boden und neben ihr Niloo.

»Yooo«, rief Niloo, »Jacob! Mein Held!«

Jacob merkte, wie nicht nur sein linkes Knie wehtat, sondern auch der rechte Ellbogen, der Rücken und beide Hände.

»Lass mal nach Hause gehen«, sagte er.

Niloo erwiderte: »Nee. Jetzt ist Premierenparty.«

Von den 25 Freundinnen und Bekannten, die Niloo als Komplizen für ihre Störaktion rekrutiert hatte, waren die meisten noch da und weitgehend unverletzt. Sie standen als Gruppe auf dem Platz vor dem Theater, der von den Blaulichtern einer Armada von Einsatzfahrzeugen erleuchtet wurde. Nach dem Tumult und dem kurzzeitigen Stromausfall war die Vorstellung im großen Haus aus Sicherheitsgründen ebenfalls abgebrochen worden, daher standen jetzt auf dem Vorplatz einige hundert Theatergänger in Abendgarderobe, die nicht wussten, wohin mit dem angebrochenen Abend.

»Weiß wer, wo wir hinkönnen?«, fragte Niloo.

Nach etwas Diskussion und ein wenig Fußweg landeten sie in einer Eckkneipe an der Chausseestraße, deren Wirt mit dem plötzlichen Andrang nicht gerechnet hatte, aber sein bestes tat. Ein Tisch wurde weggeräumt und eine provisorische Tanzfläche eingerichtet, und auf einmal waren Jacob und Maya inmitten einer ausgelassenen Feier mit bunten Lichtern und dichtgedrängt tanzenden Menschen, bei der alle sich angeregt unterhielten, obwohl sie kaum ein Wort verstanden, und ihre Schönheit feierten und die Tatsache, dass sie jung waren und das vorläufige Ende einer vieltausendjährigen Menschheitsgeschichte, auf deren Gipfel sie jetzt standen und den ganzen Überfluss genießen konnten, den die Welt ihnen zur Verfügung stellte. Jacob war erschöpft und sank auf einen Stuhl, Maya war erledigt, zog sich einen zweiten Stuhl heran und lehnte sich an ihn, aber Niloo kam und zog sie zur Tanzfläche, und schon war Maya wieder hellwach, als hätte sie irgendwo eine Energiequelle, die nie versiegte. Irgendwann lief ein langsames Lied, Niloo tanzte engumschlungen mit Maya, Jacob saß auf einem Stuhl, dachte nicht viel und wusste nicht, ob dieser gesprengte Theaterabend richtig oder falsch gewesen war, aber er wusste, dass die beiden, die da miteinander tanzten, sich nie verlieren würden. Er freute sich für Maya, denn wie auch immer die Geschichte von ihm und Maya weitergehen würde, die vor vier Jahren als Liebesgeschichte begonnen hatte, so wollte er doch auf alle Fälle, dass es Maya gut ging und sie Freunde hatte, die immer bei ihr sein würden. Dann zitterte für eine halbe Minute die Erde, ein ungeheurer Donner rollte durch die ganze Stadt, doch Jacob und Niloo und Maya und Niloos Freunde, von denen Jacob niemanden kannte und die zumeist in Mayas Alter waren, tanzten weiter und fuhren auf einem Karussell aus Lichtern und Musik, auf dem die Zeit nichts zu melden hatte, und Maya dachte, dass das ein schönes Ende wäre, wenn alle ein großes Fest feiern und die Geschichte hier aufhörte, aber dann fiel ihr ein, dass Moses fehlte, also konnte hier kein Ende sein.

Irgendwann im Morgengrauen stolperten sie auf die Straße, Maya hing an Jacobs Schulter und Jacob fühlte sich, als sei er verprügelt worden, was ja auch der Fall war, dann gelangten sie irgendwie nach Hause und ins Bett, und ihnen war, als wäre nie etwas geschehen, als wäre Sommer und sie würden am nächsten Tag aufs Land fahren. Mit einem letzten Gedanken dachte Jacob, dass er eigentlich jetzt gern die Musik hören würde, die der Algorithmus komponiert hatte, er hatte zwar Angst davor, dass diese Musik genial sein und seine Existenz überflüssig machen könnte, aber wenn, dann hätte er sie gern jetzt in genau diesem Zustand gehört, aber das ging nicht, denn Moses hatte ihm den Link noch nicht geschickt. Dann schlief er ein und träumte, Maya würde am Bahnhof Friedrichstraße unter Protest in einen roten Regionalzug einsteigen und sich im Zug zwischen furchtbar vielen Fahrrädern aufs Oberdeck durchkämpfen, aber diesmal würden sie gleich durchfahren bis zur Ostsee, und Maya träumte wieder vom Garten ihrer Mutter, und jetzt pflanzte sie Sonnenblumen, die bis übers Dach des Gartenhäuschens hinauswuchsen und riesengroß bis in den Himmel.

Jacob hatte noch nicht lang geschlafen, als Maya an seiner Schulter rüttelte und sagte:

»Der Fernsehturm ist umgefallen.«

Sie hielt ihm ihr Handy vor die Nase. Jacob blinzelte. Auf der westlichen Seite des Bahnhofs Alexanderplatz war ein großes Trümmerfeld, der einstürzende Turm hatte ein benachbartes Gebäude mit sich gerissen, und auch das Glasdach des Bahnhofs war von Betonteilen getroffen worden und halb eingestürzt. Im Internet wurde über einen Terroranschlag spekuliert, in der deutschen Öffentlichkeit hatte man jedoch mehr Angst vor Rechten, die das jetzt instrumentalisieren könnten, falls es wirklich ein islamistischer Anschlag gewesen war, was es ja noch herauszufinden galt, aber die Rechten waren auf jeden Fall das zentrale Problem, egal warum der Fernsehturm umgefallen war.

»Das war dann wohl dieses kleine Erdbeben, als wir getanzt haben«, sagte Jacob.

»Strom ist auch ausgefallen«, erwiderte Maya.

Das Licht ging an, und irgendwo lief eine Maschine.

»Jetzt ist er wieder da«, sagte Maya.

Jacob stand auf. Er hatte Kopfschmerzen und fühlte sich zerschlagen. Er öffnete die Balkontür und trat hinaus. Die Geräuschkulisse war anders als sonst. Wenn man sich auf dem Balkon ein bisschen über die Brüstung lehnte und dabei sicherheitshalber am Geländer festhielt, konnte man über den Dächern am Ende der Straße die Kugel und die rot-weiße Antenne des Fernsehturms sehen.

Jacob hielt sich fest und lehnte sich nach vorn. Über den Dächern war der graue Himmel und sonst nichts. Der Fernsehturm war tatsächlich verschwunden.

11
Erdbestattung

Sie hatten Moses in eine hell erleuchtete Zelle gesperrt, in der schon sechs andere Männer saßen. Zwei schienen zusammenzugehören, die anderen vier saßen einzeln auf Bänken an den drei Wänden und vermieden Blickkontakt. Die vierte Wand war keine Wand, sondern ein großes Gitter zum Gang. Auf der anderen Seite war ein verglaster Verschlag, in dem ein Polizeibeamter saß, der gelegentlich einen Blick hinüberwarf und ansonsten in sein Handy guckte. Hinter ihm war ein vergittertes Fenster, während die Zelle selbst fensterlos war. Spiegel gab es auch keinen, also konnte Moses nur vermuten, wie er aussah. Sein linkes Auge war geschwollen, sein Kiefer tat weh, und unter seiner Nase schien verkrustetes Blut zu sein. Außerdem schmerzte das linke Knie beim Auftreten, und das rechte Handgelenk war mindestens verstaucht. Moses schloss die Augen und versuchte sich in einen schlafähnlichen Zustand zu meditieren, was ihm nicht gelang, weil ihm Meditation sowieso nie gelingen wollte.

Irgendwann zitterte der Boden, und ein Donnergrollen erfüllte den Raum. Staub rieselte von der Decke, und in der Wand entstand ein Riss. Man hörte Rufen und Rennen. Der Polizist ging mit raschen Schritten aus dem Raum.

Vor dem Fenster zogen Staubschwaden vorbei. Nach einer Minute waren sie so dicht, dass man nur noch eine Wand aus grauem Staub sah. Autotüren schlugen, Motoren heulten auf, der Staub wurde blau erleuchtet, als offenbar eine Reihe von Polizeiautos wegfuhr. Der Polizist kam nochmal herein, holte etwas von seinem Schreibtisch und rannte wieder davon.

»Haut ihr ab?«, rief Moses ihm hinterher, »dann hauen wir auch ab!«

»Halt's Maul«, sagte jemand.

Es wurde still. Der Staub vor dem Fenster zog in Schwaden weiter. Dann fiel der Strom aus, und es wurde stockdunkel.

Einer der Gefangenen ließ sein Handy aufleuchten.

»Ey, wo hast du das versteckt?«, fragte einer der anderen.

Die Antwort kam in einer Sprache, die nach Arabisch klang. Das Handy erleuchtete das Gesicht des Mannes. Dann sagte er: »Wallah, Alter.«

»Verarsch mich«, sagte ein anderer.

»Ich schwör. Schau selber.«

Die sechs Männer versammelten sich um den, der das Handy hatte. Auf dem Bildschirm war Facebook, die Beiträge waren jedoch in einer Sprache, die Moses nicht kannte, und es gab unscharfe Bilder, auf denen Trümmer, Staub und Dunkelheit zu sehen waren.

Moses setzte sich wieder. Von der Straße drang gelegentlich eine Feuerwehrsirene durchs Fenster. Ansonsten war es stiller als zuvor, denn auf der Straße war kein Verkehr mehr.

»Kannst du mal hierhin leuchten«, sagte Moses und deutete auf den Riss in der Wand. Der Mann mit dem Handy leuchtete. Aus dem Riss war ein fingerbreiter Spalt geworden, der bis zu der Stelle reichte, an der das Gitter in der Wand verankert war.

»Lass abhauen«, sagte Moses.

»Ey du Spast«, sagte der Mann mit dem Handy, »wenn du abhaust, kriegst du ein Problem. Chill, dann passiert nix.«

»Dicker«, sagte Moses, »die haben uns hier vergessen. Wir sind denen scheißegal. Wir müssen hier raus.«

Moses rüttelte an dem Gitter. Es wackelte.

»Ich hab gesagt, chill drauf!«, rief der Mann mit dem Handy, packte Moses und zog ihn von dem Gitter weg. »Hast du mich verstanden? Du spielst hier nicht *Prison Break*, klar, Mann!«

»Okay«, sagte Moses, »okay. Ich chill drauf.«

Er setzte sich wieder auf die Bank und versuchte zu chillen. Nach einigen Minuten zitterte das Gebäude erneut. Der Riss in der Wand wurde größer und setzte sich fort bis in den Fußboden. Dann löste sich das Gitter aus der oberen Verankerung, die untere knickte ebenfalls weg, und das ganze Gitter fiel mit Donnergetöse zu Boden. Der Weg war frei.

»Wär das okay, wenn ich jetzt abhaue?«, fragte Moses.

Der Mann mit dem Handy wackelte mit dem Kopf und sagte einen Satz in einer fremden Sprache in sein Handy. Dann bekam er eine Sprachnachricht in derselben Sprache, hörte sie ab und nickte Moses zu.

»Kannst gehen«, sagte er.

»Ciao«, sagte Moses, »war nett mit euch.« Er stieg über das abgestürzte Gitter hinweg. Der Polizist hatte ihm Geldbeutel und Handy abgenommen und in eine Schublade gelegt. Moses holte sich beides zurück. Er gelangte in ein Treppenhaus, tastete sich im Schein seiner Smartphoneleuchte nach unten und dann ins Freie.

Die Luft war noch immer voller Staub, und die Straßenbeleuchtung war ausgefallen. Über den Wolken schien der Mond und spendete gerade genug Licht, dass man erkennen konnte, wo die Häuser aufhörten und der Himmel anfing.

Moses brauchte anderthalb Stunden bis nach Kreuzberg, und in dieser Zeit ging hinter einer Wolkenschicht die Sonne auf. Nach einer Weile schien es wieder Strom zu geben, in den Läden brannte Licht, und sein Handy hatte Netz. Moses öffnete ein paar Nachrichtenwebsiten. Offenbar war der Fernsehturm eingestürzt. Und Jacob hatte ihm geschrieben, dass er ihm bitte endlich mal den Link zu der vom Algorithmus komponierten Gewinnermusik des Wettbewerbs schicken sollte. Moses suchte die Nachricht mit dem Link und wurde unterbrochen, als direkt vor ihm ein Blumentopf herabsauste und auf dem Gehweg zerschellte. Er sah nach oben und brüllte: »Ey! Habt ihr sie noch alle?«

Der Blumentopf hätte ihm mühelos den Kopf einschlagen können. Er spürte, wie sein Herz schneller schlug, und beschloss zu frühstücken, und zwar in der türkischen Bäckerei, vor der er gerade stand.

Die Verkäuferin war Ende 20, trug einen Pferdeschwanz und hatte stark nachgemalte Augenbrauen. »Der ist leider von gestern«, sagte sie, als sie ihm einen Zuckerkringel reichte, »wir haben heute keine bekommen.«

»Kein Problem«, sagte Moses.

»Sie sollten mal zum Arzt gehen«, sagte die Verkäuferin, »ihr Auge sieht nicht gut aus.«

Von draußen kam ein Scheppern. Ein zweiter Blumentopf war auf den Gehweg gefallen, und während Moses hinsah, folgte ein dritter. Die Verkäuferin zog nur die Augenbrauen hoch und widmete sich der Kaffeemaschine. Moses ging aufs Klo und betrachtete sein Bild im Spiegel. Er hielt ein Papierhandtuch unter den Wasserhahn und wusch das Blut notdürftig ab. Als er wieder in den Verkaufsraum kam, heulte auf der Straße ein Motor auf, dann folgte ein Knall. Ein Auto war gegen eine Litfaßsäule gefahren.

»Heute sind alle wahnsinnig«, sagte die Verkäuferin und reichte ihm den Kaffee. Moses deutete auf sein gewaschenes Gesicht und fragte: »Besser so?«

Die Verkäuferin zog eine Miene und sagte: »Ein bisschen.«

»Ein bisschen reicht.«

»Warum schlagen sich Männer immer? Oder gucken an, wie andere Männer sich schlagen. Boxen, Fußball, Eishockey, Wrestling, was weiß ich. Immer Schlägerei. Oder Autofahren, wie vom Teufel besessen.«

»Gucken Sie nicht gern Fußball?«, fragte Moses und deutete auf den Fernseher in der Ecke an der Decke, auf dem Fußball lief. Die Verkäuferin rümpfte die Nase. »Ich mag schöne Sachen«, sagte sie, »Tanzen, Eislauf, Skispringen. Leichtathletik, wenn schöne Männer dabei sind.« Sie grinste.

»Bei Zehnkampf gibt's schöne Männer«, sagte Moses.

Sie nahm die Fernbedienung und schaltete durch die Programme. Es war acht Uhr, die meisten Kanäle zeigten keine schönen Sachen und auch keine schönen Männer, sondern Bilder von Schutt und Trümmern.

»Schauen Sie«, sagte die Verkäuferin, »alles Männer.« Sie schaltete weiter zu einem Sportsender, auf dem ein Tischtennisturnier lief.

»Warten Sie mal«, sagte Moses, »könnten Sie eins zurückschalten?«

Das Programm zeigte eine Luftaufnahme vom Alexanderplatz.

»Fernsehturm ist umgefallen«, sagte die Verkäuferin, »und jetzt schlagen sich alle. Einfach so. Wo haben Sie sich geschlagen?«

»Zunächst nur im Internet.«

»Verarsch mich nicht.«

Die Flammen auf der anderen Straßenseite loderten hoch auf, und man konnte die Hitze durch die Fensterscheibe spüren.

»Ich war gestern Abend im Theater«, sagte Moses, »da war Schlägerei.«

»Theater? Wieso schlagen Leute sich im Theater? Theater ist doch schön.«

»Ja, aber nicht in Deutschland. Bei uns muss man *da hingehen, wo es wehtut.*«

»Aber wenn es wehtut, gehe ich nicht hin, sondern weg«, sagte die Verkäuferin.

Draußen kam ein Mann angerannt, ein zweiter folgte ihm und riss ihn zu Boden. Dann kämpften sie in einem Knäuel auf dem Gehweg vor der Bäckerei.

»Alter!«, rief die Verkäuferin, packte ein Backblech, marschierte zur Tür, schlug mit der Faust auf das Blech, was ein unerhört lautes Geräusch machte, und ließ einen Wortschwall in mehreren Sprachen auf die beiden Männer niederfahren. Sie beendeten daraufhin tatsächlich ihre Schlägerei und schlichen davon.

Die Verkäuferin schloss die Tür mit Nachdruck.

»Männer. Wenn ich in meinem Leben nur einen guten Mann getroffen hätte, ich wär längst verheiratet.«

Ein zweiter Feuerball stieg auf. Das brennende Auto hatte ein weiteres in Brand gesteckt. Ein Mann kam mit einem Feuerlöscher angelaufen und richtete ihn auf die Flammen, ohne damit viel auszurichten.

»Sehen Sie, was ich meine?«, sagte die Verkäuferin, »alle drehen durch.«

»Absolut«, sagte Moses. »Wie heißen Sie? Ich bin Moses.«

»Hülya«, sagte die Frau und nahm seine ausgestreckte Hand.

»Es war mir eine große Freude.« Er wandte sich zur Tür.

»Sie müssen aber noch zahlen!«, rief Hülya.

»Oh Gott. Entschuldigung. Was schulde ich Ihnen?«

»Drei Euro achtzig.«

Moses zog sein Portemonnaie und bezahlte. Hülya schüttelte den Kopf und sagte: »Männer, ey.«

Moses verließ die Bäckerei, schaute nach oben, um sicherzugehen, dass keine weiteren Blumentöpfe kamen, und wandte sich in Richtung Hermannplatz. Obwohl er so gut wie gar nicht geschlafen hatte und die Spuren einer Massenschlägerei am Leibe trug, spürte Moses, wie neue Energie in sein Herz strömte. Er hatte sich in den paar Minuten, die er in dieser Bäckerei verbracht hatte, äußerst wohlgefühlt, und dieses Gefühl trug ihn jetzt hinaus in die Stadt.

Im selben Moment und einige tausend Kilometer südöstlich saß ein Mann in seinem Auto und fuhr zur Arbeit. Der Mann war 63 Jahre alt, Vater von drei erwachsenen Kindern sowie Großvater von acht Enkelkindern. Er saß in einem Toyota Carina, sieben Jahre alt, der ihn nie im Stich gelassen hatte, und war auf dem Weg ins Büro. Der Mann arbeitete im Wirtschaftsministerium seines Landes, war im Lauf der letzten 30 Jahre in der Hierarchie aufgestiegen und schließlich auf der zweiten Leitungsebene angelangt, wo zwischen ihm und dem Minister nur noch ein weiterer Beamter war. Die Bezahlung war nicht fürstlich, aber ausreichend, um ihm und seiner Frau ein gutes Leben zu ermöglichen, die eine oder andere Reise zu machen, die Kinder zu unterstützen und

Geschenke für die Enkel zu kaufen. Der Mann liebte seine Enkel, jeden einzelnen der acht, er genoss die Unterschiedlichkeit ihrer Charaktere und sah manchmal in ihnen schon kleine Abbilder der Erwachsenen, die sie eines Tages werden würden. Als seine eigenen Kinder klein gewesen waren, war er selbst im Beruf zu eingespannt gewesen, um den Kindern allzu viel Aufmerksamkeit zu schenken, und umso mehr genoss er es jetzt, die letzten Jahre bis zur Pensionierung an sich vorbeiziehen zu lassen. Das unangenehmste an der Arbeit war der tägliche Weg dorthin, denn die Straßen der Stadt waren chronisch verstopft, und für eine Strecke, die man bei freier Fahrt in zwanzig Minuten zurückgelegt hätte, benötigte er täglich eine Stunde, manchmal auch mehr. Manchmal nahm er sich Arbeit mit und erledigte sie zuhause, dort war er sogar deutlich effizienter, und in seiner Position hatte er ohnehin keinen Vorgesetzten mehr, der seine Anwesenheit kontrollierte, doch er merkte, dass es seinem Status ein wenig schadete, wenn er nicht täglich im Büro erschien, also setzte er sich jeden Morgen ins Auto und fuhr ins Büro. Es war früh, die Sonne hatte noch keine Kraft, aber der Tag würde wieder so heiß werden wie beinahe jeder Tag. Die tägliche Fahrt war angenehmer geworden, seit der Mann nicht mehr auf das Radioprogramm angewiesen war, das im Lauf der Jahre immer schrecklicher geworden war. Seine Schwiegertochter hatte ihn auf ein neues Ding namens *Podcasts* hingewiesen, das waren Radiosendungen, die man sich selbst aussuchen und aufs Handy laden konnte, und sie hatte ihm auf seinem Handy etwas eingerichtet, mit dem er Podcasts anhören konnte. Seitdem war ihm die tägliche Fahrt zur Arbeit nicht mehr so lästig, denn er konnte sich zu allerhand Themen weiterbilden und Informationen aus der ganzen Welt anhören, die zuweilen sogar beruflich von Nutzen waren. Ein besonderes Interesse hatte der Mann an Deutschland, denn dort hatte er vier Semester studiert, und obwohl das vierzig Jahre her war und er nie das Gefühl gehabt hatte, das Land wirklich zu kennen geschweige denn zu verstehen, faszinierte es ihn, wie ein Volk, das so seltsame Sitten und Gebräuche pflegte, auf vielen Gebieten so erfolgreich sein konnte, beispielsweise beim Fußball und in der Industrieproduktion. Ihm war in Deutschland in mehrfacher Hinsicht nie warm geworden. Die Deutschen standen im Ruf, nüchtern, rational und gut organisiert zu sein, das waren sie auch, aber zugleich waren sie jederzeit bereit, die offensichtlich sinnvollen Dinge des Lebens wegzuwerfen für irgendeine Idee, der sie sich mit Haut und Haar verschrieben und die sie bis zur letzten Konsequenz durchziehen mussten, koste es was es wolle. Der Mann empfand sich selbst durchaus auch als nüchtern und rational, aber diese Art des rationalisierten Wahnsinns war ihm fremd. Wenn er aber mit anderen darüber sprach, stieß er auf kein Verständnis. Alle wollten nach Deutschland. Er selbst hatte andererseits Glück gehabt, dass er aus einem wohlhabenden Elternhaus kam und seine Eltern ihm einen Studienaufenthalt im Ausland finanzieren konnten. Seit jener Zeit verfolgte er, was an Nachrichten aus Deutschland zu ihm drang, und vieles erschien ihm merkwürdig, doch insgesamt dachte er nicht mehr oft an seinen Aufenthalt dort, denn das war lang her und er war damals ein junger Mann gewesen, von dem er sich inzwischen weit entfernt fühlte.

Seit einigen Tagen war der Verkehr in der Stadt noch schlimmer als sonst, und hinzu kamen Defekte und Unfälle, die sich merkwürdig häuften. Einmal war er morgens nach drei Stunden im Stau sogar einfach umgekehrt und wieder nach Hause gefahren. Diese Häufung rätselhafter Zerfallserscheinungen war im Ministerium und auch in den Nachrichten bereits Thema gewesen, und er wusste, dass die Staatschefs verschiedener Länder dazu weltweit in Kontakt waren. Manche Regionen waren stärker betroffen, andere fast gar nicht, doch im Grunde wusste niemand, was los war. Heute war es nicht ganz so schlimm, er kam einigermaßen voran, hatte die Schnellstraße bereits verlassen, war ins Regierungsviertel abgebogen und würde pünktlich um neun im Büro sein.

Den Lastwagenfahrer, der im selben Moment sein Gefährt eine abschüssige Straße hinablenkte, traf keine Schuld daran, dass eine winzige Unregelmäßigkeit im Material eines Bremsschlauchs, der achtzehn Jahre lang in den Eingeweiden des LKW seinen Dienst versehen hatte, auf einmal zu einem Riss führte, der rasch größer wurde und den Schlauch halb durchtrennte. Der Fahrer merkte, wie die Bremswirkung nachließ, er trat fester aufs Pedal, doch schon nach wenigen Sekunden war kein Druck mehr im System. Er war so geistesgegenwärtig, in den ersten Gang zurückzuschalten, woraufhin der Motor aufheulte und der Wagen sich verlangsamte, doch als er das Ende der abschüssigen Straße erreichte, wo die Ampel rot war, hatte er immer noch genug Tempo, um den Toyota mit voller Wucht auf der Fahrerseite zu rammen, quer über die Straße zu schieben und dort gegen eine Wand zu quetschen.

Der Mann spürte den massiven Schlag, und er spürte, wie sich in seinem Brustkorb und in seiner Wirbelsäule etwas verschob. Er spürte keinen Schmerz, ihm wurde schnell schwarz vor Augen, und er dachte, dass seine Kinder in Sicherheit waren, sie waren nicht bei ihm im Auto, die Kinder waren keine Kinder mehr, sondern längst erwachsen, sie hatten jetzt selbst Kinder, und diese Kinder waren ebenfalls in Sicherheit. Und mit einem letzten Gedanken, bevor es um ihn dunkel wurde, dachte er merkwürdigerweise an die Zeit in Deutschland vor 40 Jahren und an die Frau aus dem Filmclub, die ihn nach Hause mitgenommen hatte, und er konnte sich nicht erklären, warum ausgerechnet dieses Gesicht jetzt vor ihm erschien, diese Frau mit den lockigen Haaren und der Stupsnase, ganz nah vor seinem Gesicht, wie sie miteinander schliefen und er die Kontrolle verlor und die Eruption geschah, die geschehen musste, damit ein neues Leben entstehen konnte, und wofür er sich insgeheim stets ein wenig schämte. Der Mann dachte an diese Zeit im Jahr 1978, und er spürte eine rätselhafte Traurigkeit, aber das bezog sich nicht auf diese Frau, sondern auf etwas anderes, das auch mit dieser lang vergangenen Zeit in Deutschland zu tun haben musste, doch bevor er den Gedanken zu Ende denken konnte, sackte sein Bewusstsein weg, und er fiel hinab in die Tiefe oder hinauf in die Dunkelheit des Sternenhimmels, in dem seine Eltern und Großeltern warteten und deren Eltern und all seine Vorfahren, die dort seit Anbeginn der Zeit versammelt waren.

Als die Rettungskräfte die verkeilten Fahrzeuge voneinander gelöst und die Tür des Toyota aufgeschnitten hatten, war der Pulsschlag des Mannes schon kaum mehr messbar, und auf dem Weg ins Krankenhaus starb er, ohne das Bewusstsein wiedererlangt zu haben.

Moses war automatisch in die Richtung von Jacob und Mayas Wohnung gegangen, denn seine eigene Wohnung war nicht mehr bewohnbar, aber vielleicht sollte er vorher Bescheid sagen. Er zückte sein Handy, und als er es in der Hand hielt, spürte er, wie sein Herz für einen Moment stehenblieb. Es war, als hätte ein Gletscher ihn überrollt – lautlos und in Zeitlupe, aber mit einer Unerbittlichkeit, die nichts auf der Welt aufhalten konnte. Er rief Jacob an, und als er das Handy ans Ohr hielt, spürte er, wie es in seiner Brust eng wurde. Dann kamen ihm die Tränen.

Jacob ging ran und sagte: »Lebst du noch?«

»Ja«, schluchzte Moses.

»Hallo? Ist irgendwas?«

»Nein«, erwiderte Moses mit tränenerstickter Stimme, »ich war in einem türkischen Bäckerladen.«

»Was?«

»Ist egal. Kann ich zu euch kommen?«

»Ja klar, aber …?«

»Danke. Bis gleich.« Moses legte auf. Ein ungeheures Gewicht drückte ihn zu Boden. Er setzte sich in einen Hauseingang und verbarg das Gesicht in den Händen.

»Ich dachte, du sitzt im Knast!«, rief Maya Moses an der Wohnungstür entgegen. Moses antwortete nicht. Er hatte ein blaues Auge und hinkte.

»Komm rein«, sagte Jacob, »willst du Kaffee?«

Sie gingen in die Küche. Jacob füllte die Kaffeekanne. Dann ging das Licht aus.

»Strom wieder weg«, sagte Maya.

»Also kein Kaffee«, sagte Jacob, »aber schick mir endlich mal den Link zu der Algorithmusmusik.«

»Ihr seid so pragmatisch«, sagte Moses, »ihr seid so toll«, dann begann seine Stimme zu zittern, und ihn überfiel ein unkontrolliertes Schluchzen. Jacob sagte mit der ruhigsten Stimme, die ihm zu Gebote stand: »Erzähl doch einfach mal, was los ist.«

»Wenn ich das wüsste«, schluchzte Moses.

»Willst du ein Bier?«, fragte Maya. Moses schüttelte stumm den Kopf. Das Licht ging wieder an, der Kühlschrank piepste, und Jacob machte mit dem Kaffee da weiter, wo er aufgehört hatte. Maya fragte: »Bist du im Knast vergewaltigt worden?«, Jacob warf ihr einen unwilligen Blick zu, und Maya verteidigte sich mit einer wortlosen Geste, die bedeutete, dass das ja durchaus eine Möglichkeit sei. Jacob holte aus dem Wohnzimmer einen Hocker, weil es seit dem gestrigen Abend in der Küche nur noch zwei Stühle gab, und setzte sich. Maya setzte sich auch und sagte: »Und jetzt Butter bei die Fische. Tacheles. Wir müssen weg.«

Von irgendwo kam das Geräusch einer entfernten Explosion.

»Haben wir ein Auto?«, fragte Maya.

Moses schüttelte den Kopf.

»Wo willst du denn hin?«, fragte Jacob.

Maya ging aus der Küche, kam wieder und knallte ein weißes A5-Heft auf den Tisch. Es war die neueste Ausgabe des *Sokrates-Report*.

Jacob stöhnte. Moses nahm das Heft und fragte: »Was is'n das?«

»Guck mal auf Seite 23.«

Moses schlug die Seite auf und überflog sie. Er wollte etwas sagen, aber ein Schluchzen kam ihm dazwischen, und er reichte das Blatt an Jacob weiter. Maya deutete auf eine Stelle und sagte: »Da.«

»Dr. Richter hat ein Gegenmittel entwickelt und zur Anwendungsreife gebracht«, las Jacob, *»mit welchem der fortschreitende Zerfall der Materie gestoppt werden kann. Die Bauanleitung liegt der Redaktion vor ...«*

»Dein Vater«, sagte Maya, »hatte leider recht. Und deswegen fahren wir jetzt zu ihm.«

»Fang jetzt bitte nicht auch noch so an«, sagte Jacob, »einer in der Familie reicht.«

»Hast du es gelesen?«

»Nein.«

»Siehste«, sagte Maya, »lies es halt mal.«

Moses schaute verständnislos zwischen den beiden hin und her.

»Meinst du dann, dass mein Vater mit dem ganzen restlichen Kram auch recht hat?«, fragte Jacob, »also sollte ich besser alles lesen, ja?«

»Keine Ahnung, aber nicht in diesem Ton!«, fauchte Maya zurück.

»Leute«, sagte Moses, »Leute, bitte, was ist hier los.« Dann ließ er sich vornüber auf die Tischplatte fallen.

»Vielleicht hängen wir auch einfach ein paar Tage da ab, bis alle sich wieder beruhigt haben«, sagte Maya, »oder wir fahren weiter nach Ueckermünde.«

Moses hob den Kopf vom Tisch und sagte mit plötzlich veränderter Stimme: »Ich glaube, meinem Vater ist was passiert.«

»Das wäre ja nicht unerwartet«, erwiderte Maya.

»Ruf doch mal an«, sagte Jacob.

Moses nahm sein Handy und rief die Nummer seines Vaters an. Das Handy war aus. Dann probierte er es auf der Festnetznummer seiner Eltern und dann auf dem Handy seiner Mutter und schließlich bei Rachel.

»Hallo Rachel«, sagte er.

»Moses«, sagte Rachel, »das ist ja ne Überraschung. Hast du geweint?«

»Nee.«

»Du klingst aber so.«

»Weißt du, wie es Papa geht?«

»Den Umständen entsprechend, nehme ich an.«

»Ist Mama bei ihm?«

»Nee, die ist in Barcelona.«

»Hä?«

»War ihr Geburtstagsgeschenk von Ulrike zum Siebzigsten.«

»Wusste ich nicht.«

»Ruf mal öfter an, dann weißt du sowas.«

»Und Papa ist allein?«

»Nee, da ist Magda.«

»Wer ist Magda?«

»Du weißt ja echt nix.«

»Schick mir doch mal die Nummer.«

»Von Magda? Wieso?«

»Weil ich das Gefühl habe, dass Papa was passiert ist.«

»Kann ich machen, aber ich glaube, die hätte uns alarmiert.«

»Schickst du sie mir trotzdem?«

»Kann ich heute Abend machen. Du, ich muss weiter arbeiten.«

»Na dann. Tschüs.«

Moses legte das Handy weg und ließ den Kopf wieder auf den Tisch sinken.

»Kommst du mit aufs Land?«, fragte Maya. Moses regte sich nicht. »Dann packen wir jetzt und ziehen los!«, rief Maya, als würde sie mit einem Schwerhörigen reden. Jacob und Maya stopften Kleider in zwei Rucksäcke und dazu alles, was nach Mayas Meinung für das Überleben in einer Krisensituation nützlich sein konnte: Ein Taschenmesser, eine Wasserflasche, zwei Feuerzeuge, eine Rolle Schnur, eine Schere, drei Plastiktüten und eine Rolle Tesafilm. Außerdem zwei Äpfel und drei Müsliriegel, die sie in der Speisekammer fand. Jacob legte einen USB-Ladestecker fürs Auto, eine Zange und einen Hammer dazu. Dann zogen sie den apathischen Moses in die Höhe, der immer noch von Schluchzern geschüttelt wurde, und nahmen ihn mit.

Maya schloss beide Schlösser zweimal ab, was sie sonst nie tat.

»Tschüs, Wohnung«, sagte sie.

»Und jetzt?«, fragte Jacob.

»Wir nehmen irgendein Auto und fahren zu deinem Papa«, sagte Maya.

Während sie die Treppe hinuntergingen, zog Jacob sein Handy und öffnete die Carsharing-App, die er so gut wie nie benutzte. Sie verlangte die Eingabe seiner Nutzerdaten. Er probierte seine Mailadresse und ein Passwort, das er oft benutzte. Es wurde abgelehnt. Er probierte ein anderes Passwort. Es funktionierte, aber dann sagte die App, dass sein Konto gesperrt sei, weil sein Passwort nicht mehr den Sicherheitsanforderungen entspreche, und er habe eine Mail zum Zurücksetzen des Passwortes bekommen. Jacob öffnete seine Mails und fand nichts. Dann versuchte er den Spamordner seines Mailanbieters zu öffnen, von dem er auch eine App auf dem Handy hatte, die er ebenfalls nur selten benutzte. Die App sagte, die Sitzung sei abgelaufen, und er müsse sich neu anmelden. Jacob gab das Passwort ein, das er meistens benutzte, es war der Mädchenname seiner Großmutter, doch die App lehnte es ab. Er probierte es nochmal mit Kleinschreibung. Es funktionierte. Die Mail vom Carsharinganbieter war im Spam. Jacob setzte das Passwort zurück und wählte ein neues mit mindestens acht Zeichen, darunter ein Großbuchstabe, ein Kleinbuchstabe, eine Zahl und ein Sonderzeichen. Die App loggte ihn ein und gab bekannt, dass sein Zahlungsmittel abgelaufen sei und er sich bei PayPal neu autorisieren müsse. Er versuchte es. Es wurde verweigert.

»Wird das heute noch was?«, fragte Maya, als sie im Erdgeschoss angekommen waren.

»Moses, probier du mal«, sagte Jacob.

Moses reagierte nicht. Maya boxte ihn in die Seite und rief: »Moses! Carsharing!«

Moses zog sein Handy, entsperrte es und hielt es Maya hin.

»In Steglitz gibt's ein Auto«, sagte Maya.

»Wollen wir nicht die Bahn nehmen?«, fragte Jacob.

»Auf keinen Fall«, sagte Maya, »da draußen ist Gewalt und Krieg. Wir müssen – Moment. Ich hab was vergessen.«

Sie rannte zurück, die Treppe hinauf, schloss beide Schlösser wieder auf und holte die Basilikumpflanze aus der Küche. Weil sie alles mit links machen musste, dauerte alles länger als sonst. Sie verstaute die Pflanze in einer Mülltüte, überlegte noch kurz, griff in die Küchenschublade, holte ein langes Messer heraus und behielt es in der Hand. Aus der Ferne hörte sie eine dumpfe Explosion.

Im Erdgeschoss schaute Jacob ihr fragend entgegen, als sie mit dem Küchenmesser in der Hand wiederkam. Moses sah weiterhin mit leerem Blick ins Nichts.

»Okay«, sagte Maya, »wir gehen jetzt raus. Du gehst voran, Moses in der Mitte, ich als letztes.«

»Willst du das nicht lieber wegpacken?«, fragte Jacob und deutete auf das Küchenmesser.

Maya schüttelte den Kopf.

Sie öffneten die Tür und gingen hinaus. Draußen war alles wie immer. Der Gemüseladen an der Ecke hatte geöffnet, Leute standen vor dem Späti und rauchten, nach zehn Schritten kam Maya sich mit dem Messer albern vor und steckte es weg.

»Nur Schwarzköpfe unterwegs«, sagte Moses.

»Was?«

»Guck dich mal um. Die Bleichgesichter sind weg. Die sitzen zuhause und haben Angst.«

Er hatte recht. Die multikulturelle Neuköllner Gesellschaft hatte sich homogenisiert. Jacob und Maya waren die einzigen Biodeutschen in Sichtweite.

»Ich habe einen Blick für sowas«, sagte Moses.

Auf der Sonnenallee war Stau, und ein leichter Brandgeruch schien über der ganzen Stadt zu liegen. An der nächsten U-Bahn-Station gingen sie die Treppe hinunter. Der Bahnsteig war leer, und auf der Anzeige stand: *Betriebsstörung.*

»Wir brauchen einen Plan«, sagte Maya.

»Wir brauchen ein Auto«, sagte Jacob.

»Ist Auto jetzt eine gute Idee?«, fragte Maya.

»Hast du eine bessere?«

»Ich hätte eine Idee«, sagte Moses Er nahm sein Telefon, wählte eine Nummer und ging zum Telefonieren hinauf ans Tageslicht. Jacob und Maya folgten ihm. Moses sagte: »Grenzallee. In einer Stunde.«

Sie verließen die Sonnenallee und bogen in eine kleinere Straße, die parallel zur S-Bahn verlief. Ein giftgelber Mercedes mit kreischendem Motor und wummernder Musik kam ihnen entgegen, die Fenster waren heruntergelassen, drei junge Männer lehnten sich aus dem Auto und kreischten, ob vor Freude oder vor Entsetzen, war nicht auszumachen. Dann hing Brandgeruch in der Luft, über den Dächern sah man eine Rauchsäule, und als sie um die nächste Ecke bogen, standen sie vor einem Haus, das vom Erdgeschoss bis zum Dach in Flammen stand. Die Feuerwehr war nur mit einem einzigen kleinen Fahrzeug im Einsatz, und die Hitze reichte bis zu ihnen. Sie nahmen einen Umweg durch eine Unterführung, und ein Hubschrauber donnerte im Tiefflug über sie hinweg. Einmal stand ein Auto quer auf der Straße, und zweimal kamen sie an Autowracks vorbei, die gegen Wände gedonnert waren. Sie durchquerten die Zone der Gewerbehöfe und Autoschrauberkolonien, dann kamen sie ins Reich der Ausfallstraßen und Möbelhäuser, der Verkehr wurde wieder dichter, aus einzelnen Fahrzeugen wurde eine Autoschlange, und dann standen sie an der Autobahnauffahrt Grenzallee. Sie war vollkommen verstopft von einer hupenden Blechlawine, und die Straße, die zur Auffahrt führte, war zugestaut, soweit das Auge reichte.

»Und jetzt?«, fragte Jacob.

Moses griff zum Telefon, las eine Nachricht und sagte: »Auf die Autobahn«.

Sie manövrierten sich zwischen den Autos hindurch zur Auffahrt. Einzelne Fahrer hupten. Dann öffnete sich vor ihnen eine Autotür. Ein stiernackiger Mann mit rotem Gesicht und Oberlippenbart stieg aus und brüllte, sie sollten verschwinden.

Jacob nahm den Rucksack ab und zog den Hammer heraus.

»Moment mal«, rief der Mann

»Das ist der Hammer«, sagte Maya.

»Der Typ ist unberechenbar«, setzte Moses hinzu.

»Sie glauben gar nicht, wo dieser Hammer überall schon gewesen ist«, sagte Jacob. »Dürfen wir jetzt bitte durch?«

»Fußgänger haben auf der Autobahn nichts zu suchen!«, brüllte der Mann.

Jacob holte aus, der Mann wich zurück, und Jacob schlug den Hammer mit voller Wucht gegen die Leitplanke. Es dröhnte ohrenbetäubend. Jacob tat einen Schritt zurück, hielt den Hammer erhoben und fixierte den Mann, dann ging er mit Moses und Maya auf der anderen Seite an dem Auto vorbei, gefolgt von den starren Blicken des Mannes

»Du bist mein Held«, sagte Maya.

Sie folgten der Kurve der Auffahrt und gelangten auf die Stadtautobahn. Hier stand der Verkehr auf allen drei Fahrstreifen. Auf der Gegenfahrbahn waren ein Bus und ein Laster ineinander gefahren.

»Wonach suchen wir?«, fragte Jacob.

»Er heißt Pavel«, sagte Moses.

»Und was fährt er für einen Wagen?«

»Weiß nicht.«

Eine LKW-Fanfare dröhnte dreimal hintereinander, und eine Batterie von Fernlichtern leuchtete auf. Sie liefen auf den Wagen zu, zweihundert Meter gegen die Fahrtrichtung. Der Laster hupte und blinkte nochmal. Hinter der Frontscheibe sah Jacob ein rundes Gesicht mit kurzgeschorenen Haaren. Sie erreichten den Wagen, der Mann winkte, Jacob kletterte zur Beifahrertür hinauf und öffnete sie.

»Rein in gute Stube!«, rief der Fahrer. Jacob stieg ein, Maya rückte nach, sie zwängten sich zu dritt auf die zwei Beifahrersitze, und Moses zog die Tür hinter sich zu. Sie legten die Rucksäcke vor sich in den Fußraum, und Maya nahm die Basilikumpflanze auf den Schoß.

»Moses!«, rief Pavel.

Jacob und Maya stellten sich vor.

»Ich bin Pavel. Willkommen an Bord. Reise geht heute nach Gdansk. Für unsere deutschen Fahrgäste ist Aussprache schwierig, darum okay, wenn sie *Danzig* sagen. *Danzig* ist außerdem sehr gute Band aus 90er Jahre. Moses, kennst du *Danzig*?«

»Moses ist heute traurig«, sagte Jacob.

»*Danzig* wird ihm gefallen«, sagte Pavel, »wollen wir hören.«

Er tippte den Bandnamen in sein Handy, das in einer Halterung am Armaturenbrett klemmte, und fuhr dabei im Schritttempo weiter, ohne auf die Straße zu schauen. Eine Metal-Gitarre sägte los, eine zweite wummerte darunter, Schlagzeug hämmerte dazu, und Jacob fühlte sich an seine Kindheit erinnert, als er in der fünften Klasse war und die Größeren unter anderem solche Musik hörten. Dann brach die Musik ab. Pavel schaute auf sein Handy und sagte: »High-Speed-Datenkontingent leer.«

»Soll ich dir 'nen Hotspot machen?«, sagte Maya.

»Ja bitte, gnädige Frau.«

»Netz heißt *Meier*, Passwort lautet *Müller*.«

Pavel tippte. Die Musik prügelte wieder los. Der LKW fuhr mit der Autoschlange am ausgebrannten Wrack eines Kleinlasters vorbei, danach krochen sie in ungleichmäßigem Stop-and-Go-Tempo auf den Neuköllner Tunnel zu, wo eine endlose Schlange von Rücklichtern leuchtete.

»Wollen wir da wirklich reinfahren«, fragte Maya, und Jacob war ihr dankbar, dass sie aussprach, was er dachte.

»Ja sicherlicher«, sagte Pavel und drehte die Musik leiser, »kleiner Stau wegen Weltwutwoche, nicht weiter schlimm. In meiner Hütte ist

Gemütlichkeit. *Hütte* ist Fachausdruck für *Führerhaus*. Kein LKW-Fahrer sagt *Führerhaus*.«

»Echt?«, sagte Maya, »das ist ja super.«

»Bei mir lernst du Deutsch«, erwiderte Pavel. Sie fuhren im Kriechtempo durch den Tunnel, und als sie in der Mitte waren, brach die Musik ab.

»Dann Radio«, sagte Pavel.

Er drückte einen Knopf, und aus den Lautsprechern drang Rauschen mit einzelnen Musikfetzen. Je näher sie dem Ende des Tunnels kamen, desto mehr Musik schälte sich heraus, dann kam Werbung, und als sie aus dem Tunnel ans Tageslicht fuhren, sagte ein Radiomoderator: »Wie soeben gemeldet, hat der Einsturz des Fernsehturms am Alexanderplatz nach derzeitigem Stand der Dinge erfreulicherweise keine Todesopfer gefordert. Da haben die Berlinerinnen und Berliner mal wieder Schwein jehabt, wa, aber die lassen sich ja sowieso nicht unterkriegen. Wir bei 103,2 lassen uns vom unrühmlichen Abgang des Ostberliner Traditionsbauwerks auch nicht unterkriegen, sondern machen weiter mit Musik. Hier sind *The Cure* mit *Friday I'm in Love*, das ist ein Wunsch von Denise aus Lichtenberg, und Denise wünscht all unseren Hörerinnen und Hörern sowie ihrem Schatz Axel ein kuscheliges Wochenende.«

»Ich sag doch«, rief Pavel und drehte das Radio lauter, »die Welt ist schön.«

Der LKW kroch mit der Autoschlange an Betonwänden vorbei. Als der Song endete, waren sie am Rand des Tempelhofer Feldes angelangt, wo man freien Blick über die Stadt hatte. Wenn man sich viele Rauchsäulen weg- und den Fernsehturm dazu dachte, sah es aus wie immer. Der Radiomoderator sprach: »Wie wir alle wissen, liebe Hörerinnen und Hörer, verbreiten sich im Internet gute und schlechte Witze mit Lichtgeschwindigkeit, und so gibt es auch zum dramatischen Ende des allseits beliebten Berliner Fernsehturms schon reichlich humoristisches Material. Wir haben uns für Sie ein bisschen da durchgewühlt, und ein Juwel, das uns besonders ins Auge stach, war der Ausdruck Alexit. Den würden wir bis auf weiteres Mal verwenden.«

Ein anderer Moderator setzte hinzu: »Wir verstehen natürlich, wenn einige Hörerinnen und Hörer jetzt die eine oder andere Träne im Knopfloch zerdrücken, aber wir bei 103,2 sind der Meinung, dass auch in schwierigen Situationen Humor immer noch eins der besten Heilmittel ist.«

»Kein gutes Heilmittel«, sagte der erste wieder, »sind dagegen Verschwörungstheorien, auch daran ist ja im Internet kein Mangel. Also wenn Ihnen irgendwer erzählt, er selber oder sein Schwager zweiten Grades habe auf einer garantiert total seriösen Website gelesen, der *Alexit* sei Teil eines größeren Plans oder hinge auf geheimnisvolle Weise mit einem angeblichen *Zerfall der Materie* zusammen, dann tun Sie sich selber einen Gefallen und verbreiten Sie solchen Blödsinn nicht weiter, sondern sagen Ihrem Gesprächspartner, dass er vielleicht mal sein Hirn untersuchen lassen sollte.«

»Richtig ist hingegen, dass wir im Moment ein erhöhtes Aufkommen an Unfällen und Defekten haben«, fügte der zweite hinzu, »also wäre unsere Empfehlung: Machen Sie sich einfach ein schönes Wochenende auf der Couch und hören Sie 103,2! Bei uns erwartet Sie in der nächsten halben Stunde: Ein Interview mit Srdjan Koljevic, dem neuen Trainer von *Alba Berlin*, der uns verraten wird, was in der kommenden Saison seine Pläne sind, und viel schwungvolle Musik aus den 70ern, 80ern und 90ern. Unser nächster Musikwunsch kommt von Irene und Klaus aus Britz, die haben nämlich heute vor genau 34 Jahren auf ihrer Hochzeit zu diesem Song getanzt, und hier ist Heinz Rudolf Kunze mit *Dein ist mein ganzes Herz!*«

»Gutes Lied«, sagte Pavel, als der Song begonnen hatte, »ich möchte mehr deutsche Musik hören.«

Ein Hubschrauber flog über sie hinweg, überquerte das Tempelhofer Feld, flog trudelnd hin und her und verschwand hinter dem Flughafengebäude. Ein Lichtschein leuchtete auf, dann stieg eine Rauchsäule in die Höhe.

»Wo wollen die eigentlich alle hin?«, fragte Moses.

»Hallo, Moses«, erwiderte Pavel und drehte das Radio leise.

»Die können doch alle nirgendwo hin«, sagte Moses.

»Und wo wollt ihr hin?«, fragte Pavel.

Jacob sagte den Namen der Autobahnauffahrt, die zu der Kreisstadt führte, in deren Nähe das Haus seines Vaters lag. Pavel schaute auf die Karte im Handy und sagte, bis zur Stadt könne er fahren, aber danach würden die Straßen zu eng und er sei ohnehin spät dran, genaugenommen sogar zwei Tage zu spät, und er wäre gern noch bei Tageslicht in Gdansk, seine Schwester sei nämlich noch bis morgen zu Besuch, die arbeite ansonsten in Deutschland in der häuslichen Altenpflege, und die würde er gern sehen.

»Heißt deine Schwester zufällig Magda?«, fragte Moses.

Pavel verneinte.

Jacob merkte, dass er in der Nacht kaum geschlafen hatte. Das Grollen des Dieselmotors unter ihm wirkte einschläfernd, die Augen fielen ihm zu, und er bekam im Halbschlaf mit, wie Pavel von der Stadtautobahn auf den Zubringer nach Norden fuhr, auf dem der Verkehr sich etwas schneller bewegte. Immer wieder standen liegengebliebene oder ausgebrannte Autos am Straßenrand, und wenn sie an Tankstellen vorbeikamen, war dort ein großes Chaos aus Autos und Lastern. Halb im Traum zogen die letzten Wochen und Monate an Jacob vorbei, der ausgehende Sommer, der Ausflug aufs Land und zum Strand, die Rückkehr in die Stadt, die merkwürdige Entfremdung von Maya, die sich gleichwohl anfühlte wie ein Gesetzmäßigkeit, der er nichts entgegenzusetzen hatte, seine manische Verbissenheit in die Musik für »Hack the System« und was am Ende daraus geworden war. Moses hatte ihm den Link geschickt, aber er hatte noch nicht reingehört. Maya war ebenfalls eingenickt, doch als Pavel hupte und einen anderen LKW überholte, der in Schlangenlinien über zwei Spuren fuhr, schreckte sie hoch.

»Alle wach«, sagte Pavel, »guten Morgen.«

»Könnte ich mal Musik anmachen?«, fragte Jacob, »ich hätte da was, was ich gern hören würde.«

»Was für Musik? Deutsche Musik?«

»Es ist die erste Filmmusik, die von einer künstlichen Intelligenz komponiert wurde.«

»Klingt sehr gut«, sagte Pavel, »wenn du Bluetooth-Verbindungs-Doktorarbeit hinkriegst, lass krachen.«

»Okay. Moses, du schickt mir jetzt gefälligst entweder den Link oder gibst mir dein Handy.«

Moses reichte ihm sein Handy. Nach einigen Versuchen hatte er es mit dem Radio verbunden und ließ die Musik laufen.

»Lauter« sagte Pavel. Jacob drehte die Musik lauter. Nach einer halben Minute sagte Maya: »Klingt wie Filmmusik.«

Sie lauschten weiter. Nach weiteren zwanzig Sekunden sagte Maya: »Tut nicht weh.«

Nach weiteren zehn Sekunden fragte Moses: »Was ist das?«

»Das ist die Musik vom Algorithmus«, erwiderte Jacob.

Moses lauschte fünfzehn Sekunden und sagte dann: »Langweilig.«

»Sag ich doch«, sagte Maya.

»Es ist auf jeden Fall kein Wutanfall«, warf Pavel ein.

»Ich spiel mal das zweite«, sagte Jacob und ließ das zweite Stück laufen.

Nach zwanzig Sekunden sagte Moses: »Stört nicht«.

Zehn Sekunden später sagte Maya: »Uninspiriertes Gedudel.«

»Dann spiele ich mal das dritte Stück«, sagte Jacob.

Nach fünf Sekunden sagte Maya: »Klingt wie Filmmusik.«

»Tschingdarassabumm auf zwei Akkorden« sagte Moses.

»Mit anderen Worten: Super«, erwiderte Pavel, »Maschine ist erst dann ebenbürtig mit Mensch, wenn Maschine mittelmäßigen Mist macht.«

»Es muss aber mittelmäßiger Mist mit künstlerischem Überbau sein«, sagte Maya, »ein schmerzensreicher Schaffensprozess, und dann kommt am Ende was Langweiliges raus. Das ist wahre Menschlichkeit.«

»Aber dann muss der Algorithmus noch eine Rede halten«, sagte Moses, »wieviel Herzblut in die Arbeit geflossen ist.«

»Nein«, widersprach Pavel, »Vorteil von Maschine ist: Kann Blödsinn produzieren und nicht hinterher erzählen, wie schwierig es war.«

»Aber das Publikum will das«, sagte Maya.

»Publikum will gar nichts«, erwiderte Pavel, »Publikum nimmt alles, aber Kulturindustrie will mediokres Mittelmaterial. Wie MDF-Platte.«

»Ich behaupte«, sagte Maya, »das Publikum ist unzufrieden, wenn man ihm nicht erzählt, wie schwer die Künstler*innen es hatten. Das ist nämlich leichter zu beziffern als sowas Flüchtiges wie Qualität.«

»Wir reden hier von Filmmusik«, meldete sich Jacob, »da interessiert sich keine Sau dafür, wie sehr der Komponist gelitten hat.«

»Auch wahr«, sagte Pavel, »bist du Filmkomponist?«

»Unter anderem.«

»Dann bist du unter anderem arbeitslos. Zieh aufs Land und züchte Pilze. A propos. Wo müssen wir raus?«

»Übernächste Ausfahrt«, sagte Jacob.

»Lass nochmal hören die Musik«, sagte Pavel. Jacob ließ die drei Titel nochmal laufen, und so fuhren sie die letzten zwölf Kilometer Autobahn durchs verregnete Brandenburg, während Musik erklang, die für eine Sexszene, eine Schlägerei und eine Verfolgungsjagd gedacht war, wobei man ja eigentlich nicht sagen konnte, ob da überhaupt etwas *gedacht* worden war. Dann nahm Pavel eine Ausfahrt, und als er in die Kurve bog, bremste er scharf. Ein weißer Kleintransporter war umgefallen und lag quer über der Fahrbahn. Pavel brachte den LKW gerade noch rechtzeitig zum Stehen.

»Ich fürchte, hier endet gemeinsame Reise«, sagte er.

»Dann gehen wir zu Fuß«, sagte Jacob, »oder fahren per Anhalter.«

Sie bedankten und verabschiedeten sich. Pavel wünschte ihnen eine gute Weiterreise und sagte, dass er mit dem Tankinhalt noch bis

Gdansk kommen und sich dort erstmal ein Bier gönnen würde. Dann kletterten sie aus der Hütte hinab auf die Straße, winkten Pavel zum Abschied und bahnten sich den Weg um den umgefallen Sprinter herum, dessen Hecktür offenstand und ein paar Kisten mit Möhren und Salat am Straßenrand verteilt hatte.

Pavel ließ den Motor aufheulen, und aus dem LKW erklang ein lautes Knirschen. Pavel schaltete einmal hin und her, gab wieder Gas, und das Getriebe knirschte wieder.

Die drei blieben stehen. Pavel stellte den Motor ab und stieg aus.

»Rückwärtsgang ist kaputt«, sagte er, als Jacob neben ihn trat.

»Ausgerechnet jetzt«, sagte Jacob.

»Vermutlich schon länger«, erwiderte Pavel, »ich fahr nicht so oft rückwärts.«

»Das wäre doch ein Anlass für einen Wutanfall«, sagte Moses.

Pavel lächelte, und zum ersten Mal wirkte er verlegen. »Wutanfall kann ich nicht gut«, sagte er.

»Aber das ist doch dein Thema.«

»In der Theorie. Bin kein Praktiker.«

»Kannst du den hier nicht einfach von der Straße schieben?«, fragte Maya.

»Geht nicht«, sagte Pavel, »kann Auto nicht beschädigen. Sonst hat Chef Wutanfall.«

Sie schwiegen.

»Geht«, sagte Pavel, »ich finde Lösung.«

Sie verabschiedeten sich ein zweites Mal und gingen erneut an dem umgefallenen Sprinter vorbei. Als sie einige Meter zurückgelegt hatten, hörten sie, wie Pavel hinter ihnen etwas auf Polnisch brüllte und mit Getöse gegen das Dach des umgefallenen Sprinters trat. Zehn Sekunden später erwachte der Motor des LKW wieder zum Leben. Pavel fuhr im Kriechtempo auf den Sprinter zu, bis seine Stoßstange dessen Dach berührte. Dann hupte er und gab Gas. Der Motor des Lasters heulte auf, schwarzer Qualm quoll aus dem Aus-

413

puff, und dann schob der LKW den Sprinter mit ohrenbetäubendem Lärm ein paar Meter die Straße entlang. Maya, Moses und Jacob traten zur Seite und ließen das Gespann an sich vorbeifahren, bis Pavel den Wagen von der Straße geschoben hatte. Dann kletterten wieder zu ihm hinauf.

»Ich muss mehr Praxis betreiben«, sagte Pavel. »Wohin wollt ihr?«

»Da vorn links, dann kommt nach ungefähr sechs Kilometern ein Kreisverkehr«, sagte Jacob, »da kannst du wenden und ab da können wir zu Fuß gehen.«

»Sehr gut!«, erwiderte Pavel, »mitgedacht! Wie wende ich Auto ohne Rückwärtsgang!«

»Unsere ganze Gesellschaft ist ein Auto ohne Rückwärtsgang«, murmelte Moses.

»Richtig«, sagte Pavel, »man muss Kreisverkehre finden.«

Wenige Minuten später waren sie bei dem Kreisel, dort ließ Pavel sie erneut aussteigen, und diesmal umarmte er sie. Dann fuhr er los, nach einigen hundert Metern hupte er, die Fanfare des LKW dröhnte durch Brandenburg wie die Trompeten von Jericho, und Jacob wünschte ihm, dass er wohlbehalten in Gdansk ankommen möge und heute Abend ein Bier bekommen sollte und die Liebe seines Lebens finden und eine Professur für Wutanfallphilosophie und ein langes glückliches Leben.

Sie folgten der Landstraße und gingen am linken Fahrbahnrand, wie sie es als Kinder gelernt hatten. Einmal schoss ein tiefergelegter Golf mit Vollgas an ihnen vorbei, ansonsten war niemand unterwegs. Nach zwei Kilometern bogen sie in eine kleinere Straße ab, die von Bäumen gesäumt war, und nach einigen Minuten kamen sie an die Stelle, an der Sven sie im Sommer mitgenommen hatte. Von dort waren es hundert Meter bis zur Einmündung des Feldweges und dann ein Kilometer bis zum Haus, das man in der Ferne bereits sehen konnte.

Als sie näherkamen, hörten sie ein Motorengeräusch, und als sie noch näherkamen, sah Jacob, dass die Tanne neben der Einfahrt gefällt war. Wo sie gestanden hatte, war ein Baumstumpf und der Boden voller Sägemehl. Die Kastanie hinter dem Haus, unter der sie im Sommer gesessen hatten, war ebenfalls weg.

Das Einfahrtstor war offen. Vor dem Schuppen stand Gerhards Auto mit offener Kofferraumtür, und aus dem Garten drang der Lärm einer Motorsäge.

Sie gingen leise um die Ecke des Hauses. Der Garten existierte nicht mehr. Sämtliche Obstbäume waren umgesägt und lagen zu Klötzen zerteilt auf dem regennassen Gras. Neben dem Tisch, an dem sie im Sommer gesessen hatten, war ein großer Baumstumpf. Inmitten der Verwüstung stand Jacobs Vater und hantierte mit einer Kettensäge. Er trug ein schmutzig dunkelrotes Karohemd, eine zerbeulte Hose und Gummistiefel. Auf dem Kopf hatte er große Ohrenschützer. Er wandte ihnen den Rücken zu und hatte ihre Ankunft nicht bemerkt.

Moses, Jacob und Maya blieben stehen und betrachteten den verwüsteten Garten.

Die Säge stotterte und ging aus. Gerhard setzte die Ohrenschützer ab und ging zu einer Schubkarre, auf der ein Kanister mit Benzin stand. Er füllte Treibstoff nach und bemerkte die Neuankömmlinge noch immer nicht. Als das Motorgeräusch verstummt war, hörte man das Geräusch des leichten Nieselregens.

»Hallo, Papa«, sagte Jacob.

Gerhard hob den Kopf und sah ihn ausdruckslos an. Dann setzte er die Ohrenschützer wieder auf und riss mit einer überraschend schwungvollen Bewegung die Säge an.

»Ich glaube, wir sind hier nicht willkommen«, sagte Moses.

»Das wollen wir doch mal sehen«, erwiderte Jacob. Er legte seinen Rucksack ab, ging zu seinem Vater und tippte ihm auf die Schulter.

»Hallo, Papa.«

Sein Vater ließ die Säge sinken und drehte sich zu ihm um.

»Wir wollten dich mal wieder besuchen«, sagte Jacob.

Sein Vater schaute ihm schweigend ins Gesicht und sah dann an ihm herab bis zu den Schuhen. Maya trat neben Jacob und sagte: »Hallo, Gerhard!«

Jacobs Vater sah auch sie schweigend an. Die Säge in seiner Hand lief weiter im Leerlauf.

»Möchtest du uns mal erzählen, was du da machst?«, fragte Maya.

»Sieht man das nicht?«, erwiderte Jacobs Vater, »ich schneide Obstbäume zurück.«

Maya nickte. »Sehr gut. Du schneidest die Obstbäume zurück.«

»Ja, das habe ich ja gerade gesagt.«

»Kennst du uns noch?«, fragte Maya. »Das ist Jacob, dein Sohn, und ich bin Maya.«

»Natürlich kenne ich euch«, erwiderte Gerhard, »und du musst nicht mit mir reden wie mit einem Kleinkind. Wen habt ihr da mitgebracht?«

»Ich bin Moses«, sagte Moses.

»Moses, aha. Sohn jüdischer Eltern?«

»Vielleicht«, sagte Moses, »vielleicht auch nicht.«

Jacobs Vater wandte sich wieder Jacob zu, betrachtete ihn und legte ihm die Hand aufs Knie. »Das muss auch mal zurückgeschnitten werden«, sagte er, »damit das anständig nachwächst.«

Er nahm die Säge wieder in beide Hände und ließ sie aufheulen. Jacob schrie auf und machte einen Satz rückwärts. Sein Vater blieb stehen und schaute so irritiert, als wäre einer der Apfelbäume vor ihm davongelaufen.

»Das ist Jacob«, sagte Maya, »den kannst du nicht zurückschneiden.«

»Ich will doch nur, dass was aus ihm wird«, sagte Gerhard.

»Komm, leg die Säge weg und lass uns zusammen Kaffee trinken.«

»Na gut.« Er stellte den Motor ab und legte die Säge auf der Schubkarre ab. »Wenn ihr euch angekündigt hättet, hätte ich vorgesorgt. Jetzt habe ich nicht viel im Haus.«

»Macht nix. Wir haben auch nichts mitgebracht.«

Maya hakte sich bei Gerhard unter, wie sie es aus alten Filmen kannte, und ging mit ihm zum Hintereingang. Die Tür führte zu einem Vorraum, wo man Jacken und Schuhe abstellen konnte, und von dort weiter ins Wohnzimmer. Hier war dasselbe Chaos wie immer, nur das größere der beiden Sofas war verschwunden.

»Wo hast du denn das Sofa hin?«, fragte Jacob.

»Das war kaputt«, erwiderte sein Vater.

»Wolltest du das auch … zurückschneiden?«

»Hältst du mich für bescheuert?«, erwiderte sein Vater. »Das Sofa war kaputt, also habe ich es rausgestellt.« Er deutete zum Fenster. Vor dem Fenster war ein Unterstand, wo Brennholz gestapelt war, und davor stand das alte Sofa. Es war in drei Teile zersägt und dabei völlig zerfetzt worden.

»Ich habe es ein bisschen zerkleinert, damit es unter das Vordach passt«, sagte sein Vater, der neben ihn getreten war, »sonst wäre es nass geworden.«

»Wie hast du denn das Riesending allein hier rausgekriegt?«

»Mit dummen Fragen«, sagte sein Vater und ging in die Küche. Dort öffnete er mehrere Schränke und sagte: »Ich hab leider keinen Kaffee. Aber ich kann euch trotzdem einen Kaffee machen.« Er füllte Wasser in die Kaffeemaschine, legte einen Filter hinein und drückte auf den Schalter.

»Da ist jetzt aber kein Kaffee drin«, sagte Maya.

Gerhard öffnete den Deckel. »Stimmt«, sagte er, »dann lassen wir das besser.«

»Vielleicht Tee?«

»Gute Idee.« Jacobs Vater setzte den Wasserkocher in Betrieb, stellte fünf Tassen auf den Tisch, öffnete eine Dose mit Kaffeepulver, tat in jede Tasse einen Löffel und goss das Wasser darauf, nachdem es gekocht hatte.

»Für wen ist die fünfte Tasse?«, fragte Jacob.

Gerhard zählte die Anwesenden, fing bei Maya an und hörte auch bei ihr wieder auf. »Eins, zwei, drei, vier, fünf.«

Er nahm fünf Scheiben Toastbrot aus einer Packung, reichte jedem eine und Maya dann noch eine. »Lasst es euch schmecken. Der Tee muss noch ziehen.«

Maya legte den *Sokrates-Report* auf den Tisch und sagte: »Wir haben den zweiten Teil von dem Interview gelesen und uns gefragt, was im dritten Teil steht. Also das Gegenmittel.«

»Lasst euch überraschen«, erwiderte Gerhard, »die neue Ausgabe kommt in zehn Tagen.«

»Aber könnte man das nicht jetzt schon anwenden oder in Gang setzen oder …?«

»Mädchen«, sagte Gerhard, »das sind Quanteneffekte auf subatomarer Ebene.«

»Ja, wir waren anfangs skeptisch, aber jetzt …«

»Ihr wart skeptisch?«

»Na ja, das klingt ja alles zunächst, wie soll man sagen, ungewöhnlich …«

Maya ließ den Satz im Ungefähren auslaufen und machte eine Geste der Hilflosigkeit, von der sie hoffte, dass sie genug Charme enthielt, um Gerhards lauernden Tonfall zu besänftigen.

»Ich kann euch die Nummer von Dr. Richter geben, dann könnt ihr ihn selber fragen. Ich hab die oben im Computer.« Er stand auf. Moses, Maya und Jacob blieben in der Küche sitzen.

Nach einer halben Minute hörten sie, wie die Motorsäge wieder angeworfen wurde. Sie gingen ins Wohnzimmer und sahen aus dem Fenster. Gerhard stand im Garten und sägte.

»Lasst uns abhauen«, sagte Moses.

»Und zwar wohin?«, fragte Jacob.

Maya fand auf dem Couchtisch eine Fernbedienung und schaltete den Fernseher an. Ein Teleshoppingkanal erschien, auf dem eine Frau ein Scheuermittel vorführte. Im nächsten Kanal lief die Wiederholung eines Fußballspiels. Dann kam ein *Tatort*, dann eine amerikanische Sitcom in Studiokulissen, dann ein Börsenbericht und schließlich Nachrichten. In Amerika war ein Staudamm gebrochen. Hubschrauberbilder zeigten verwüstete Ortschaften und weggespülte Autos. Ein Nachrichtensprecher im Studio sagte, dass auch in Deutschland die Zerfallserscheinungen ein besorgniserregendes Ausmaß angenommen hätten. Ein Wissenschaftler wurde zugeschaltet, der erläuterte, man habe noch keine endgültige Erklärung, aber bis auf weiteres werde empfohlen, jegliche Erschütterung zu vermeiden, sich also am besten irgendwo hinzusetzen und gar nicht mehr zu bewegen, das Phänomen sei zwar akut gefährlich, aber vermutlich nur temporär. Auf einem anderen Kanal berichtete ein Nachrichtensprecher von einer eingestürzten Autobahnbrücke in Baden-Württemberg. Dann kam eine Eilmeldung, die besagte, dass ein Flugzeug auf dem Weg von Sydney nach Singapur vom Radar verschwunden sei, ein weiteres in Chicago beim Start zerbrochen sei und der internationale Flugverkehr bis auf weiteres eingestellt werde. Die Bundesregierung bat die Bürgerinnen und Bürger, Ruhe zu bewahren und ihre Wohnungen nicht zu verlassen. Dann wurde der Nachrichtensprecher dunkel, während der Studiohintergrund hell blieb, die Kamera versuchte die Helligkeit nachzuregulieren, eine andere Lampe wurde auf den Sprecher gerichtet und schien ihm grell ins Gesicht, dann brach das Fernsehbild ab und zeigte nur noch Rauschen.

Maya schaltete um. Drei weitere Kanäle waren ebenfalls ausgefallen, doch auf zwei anderen lief das Programm weiter.

»Tatort oder Teleshopping«, sagte Maya.

»Das muss alles mal zurückgeschnitten werden«, sprach eine Stimme.

Jacobs Vater war ins Zimmer getreten und hatte die Kettensäge mitgebracht.

»Papa«, sagte Jacob, »vielleicht solltest du die Säge nicht hier reinbringen ...?«

»Warte, ich hör dich nicht«, sagte Gerhard und nahm die Ohrenschützer ab. Dann registrierte er die Blicke, die auf ihn gerichtet waren. »Ihr guckt mich an, als wäre ich wahnsinnig geworden. Mir war nur eingefallen, dass ich meinen Tee noch nicht ausgetrunken hatte.«

Er ging in die Küche, kam mit seinem Becher wieder und leerte ihn in einem Zug. »Dann mache ich mal weiter«, sagte er und ging wieder hinaus. Kurz darauf hörte man, wie die Säge wieder angerissen wurde, doch das Geräusch, das dann folgte, klang anders als zuvor. Sie gingen zur Hintertür hinaus. Gerhard war nicht mehr im Garten, sondern in der Einfahrt an seinem Auto. Soeben hatte er einen langen Schlitz in die Beifahrertür gesägt.

»Scheiße«, sagte Moses, »wir brauchen den Wagen.«

»Papa! Hör auf!«, rief Jacob.

»Das muss auch mal zurückgeschnitten werden«, sagte sein Vater, ließ die Säge aufheulen und trennte den rechten Außenspiegel ab. Funken sprühten, Plastikteile flogen, der Spiegel löste sich und baumelte nur noch an einem Kabel.

»Hör bitte auf«, rief Jacob und legte ihm die Hand auf die Schulter. Sein Vater fuhr herum und rief: »Lass mich in Ruhe!« Er fuchtelte Jacob mit der Säge vor dem Gesicht herum, als wolle er eine Fliege verscheuchen. Jacob machte einen erschrockenen Satz rückwärts, stolperte und fiel hin. Sein Vater folgte ihm mit der Säge. Maya schrie und hob einen Spaten vom Boden auf, bereit, Jacob zu verteidigen. Jacobs Vater wandte sich wieder dem Auto zu und nahm den Vorderreifen ins Visier.

»Nee«, sagte Maya, »jetzt reicht's.« Sie hob den Spaten, und bevor Moses oder Jacob sie hindern konnten, ließ sie ihn flach auf Gerhards Kopf herabsausen, dass er zusammenzuckte und taumelte. Moses entwand ihm die Kettensäge, sah sich suchend um und versenkte sie in der Regentonne, wo sie mit einem Schlag ausging und versank. Jacobs Vater sackte in die Knie und tastete nach dem Boden. Jacob versuchte ihn aufzufangen.

»Kümmer du dich um ihn und wir gehen so lang rein und suchen alles ab, bis wir diese scheiß-drecks-fucking Telefonnummer gefunden haben oder irgendwas anderes«, rief Moses, »und dann hauen wir ab! Verfluchte Kacke!«

Moses ging ins Haus, doch Maya blieb neben dem Auto stehen. Jacob stützte seinen Vater, als dieser sich mit fahrigen Bewegungen auf den Boden sinken ließ und an die Beifahrertür des Autos lehnte. »Das ist unkomfortabel«, sagte er, als ein spitzes Stück Blech aus der angesägten Tür sich in seinen Rücken bohrte.

»Selber schuld«, sagte Jacob.

Sein Vater schaute ihn an. »Warum hasst du mich so sehr?«

»Ich hasse dich doch gar nicht.«

»Ich habe alles für dich gemacht. Und jetzt kommst du mit deinen Freunden und willst mich töten.«

»Wir wollen dich nicht töten.«

»Doch, das wollt ihr. Und dann macht ihr euch über mich lustig.«

Er atmete schwer, doch seine Stimme hatte noch immer den Klang, den Jacob seit Anbeginn seines Lebens kannte und der ihm Angst eingeflößt hatte, bevor er irgendetwas von der Welt verstanden hatte.

»Wie du mich wieder anschaust«, sagte Gerhard, »so hast du mich immer angeschaut. Voller Verachtung.«

»Das stimmt nicht«, sagte Jacob.

»Alles weiß er besser«, sagte sein Vater zu Maya, »ich hab alles für ihn getan, aber er hasst mich.«

»Ich hasse dich nicht«, sagte Jacob.

»Ach, dummes Zeug. Du hast ihr gesagt, dass sie mit den Spaten auf den Kopf hauen soll, oder? Maya, du bist doch ein nettes Mädchen. Du würdest sowas nicht machen.«

»Nein«, sagte Maya und schüttelte den Kopf, »beziehungsweise doch.«

»Immer nur Widerworte. Mit meinem eigenen Spaten wollten sie mich in meinem eigenen Garten totschlagen.«

»Wir wollten dich nicht totschlagen«, erwiderte Maya, »wir wollten dich besuchen, weil wir eine Frage hatten.«

»Wenn man zu Besuch kommt, dann kündigt man sich aber vorher an und schleicht nicht herein wie ein Verbrecher.«

»Ja, das haben wir vergessen, und das tut uns leid.«

»Ihr macht ja auch keine Anstalten, mir zu helfen.«

»Ich hol Verbandszeug«, sagte Maya und ging ins Haus. Gerhard folgte ihr mit den Augen.

»Hübsches Mädchen«, sagte er, »bisschen zu vorstehendes Kinn für meinen Geschmack.«

»Ich dachte, es kommt auf den Charakter an.«

»Unter anderem.«

»Auf was denn noch?«

»Ich fand die Nase deiner Mutter zu groß. Hat mich immer gestört.«

»Vielleicht fand sie ja deine Nase auch zu groß.«

»Dummes Zeug. Meine Nase ist nicht groß.«

Maya kam mit leeren Händen aus dem Haus, ging zum Kofferraum und fand dort den Verbandskasten. Jacob betrachtete die Wunde am Kopf seines Vaters und sagte: »Wir könnten ein Pflaster draufmachen.«

Moses kam wieder aus dem Haus und rief zu Maya: »Hättest du Bock, mir zu helfen? Das war ja deine fucking Schnapsidee mit dem verfickten Scheißdrecksgegenmittel von dem Pseudokackprofessor am Arsch der Welt, und ich hab keinen Bock, mich allein durch diesen Messie-Müllhaufen zu wühlen, ohne zu wissen, was ich suche.«

»Nette Freunde hast du«, sagte Gerhard.

»Finde ich auch«, sagte Jacob.

»Ich habe mich nie in deine Freundschaften eingemischt, die waren immer willkommen, auch wenn es die verzogensten Gören waren.«

»Da bin ich dir sehr dankbar.«

»Aber du hast nur Hass und Verachtung für mich übrig. Sag mir, womit ich das verdient habe.«

»Das hast du nicht verdient«, sagte Jacob, »man hat sowieso die wenigsten Sachen verdient.«

Er merkte, wie feucht der Boden war.

»Komm«, sagte er, »wir setzen uns auf die Bank.«

Sein Vater ließ sich von ihm in die Höhe ziehen. Gemeinsam gingen sie zu der Bank mit dem Tisch, auf der sie im Sommer gesessen hatten. Sie setzten sich hin und schauten in den zersägten Garten. Manchmal sprang ein Vogel durch die Zweige, und am Himmel flog eine vereinzelte Krähe. Die Rinde der gefällten Bäume war schwarz und nass, hinter den Wolken sank die Sonne dem Horizont entgegen, und der Abend war nicht mehr fern. Aus dem Haus hinter ihnen drang manchmal Rumpeln, wie wenn Möbel verschoben würden, und gelegentlich hörte man Moses fluchen. Dann gingen in den Fenstern des Hauses die Lichter aus, und Moses fluchte nochmal lauter. Doch Jacobs Vater schien all das nicht zu stören, oder er nahm es nicht wahr. Er fing an, leise vor sich hinzusummen. Es war die Melodie von »Ade nun zur guten Nacht«.

»Sing mit«, sagte er nach einer Weile.

Jacob erwiderte: »Ich kann nicht singen.«

»Dieses Lied habe ich dir immer zum Einschlafen vorgesungen«, sagte sein Vater.

Jacob suchte in seinem Gedächtnis. Er konnte sich nicht erinnern. »Wirklich?« fragte er.

Sein Vater seufzte. »Bevor es dich gab, habe ich mir das vorgestellt: Wenn ich mal ein Kind habe, dann singe ich ihm dieses Lied vor. Aber als du da warst, hast du mich vom ersten Tag an gehasst. Du hast immer geschrien, wenn ich dir näherkam. Immer gleich geschrien.«

»Ich war ein Baby.«

»Das war kein Babygeschrei. Das waren andere Schreie. Hasserfüllte.«

»Das tut mir leid.«

»Ich hätte dir so gern dieses Lied vorgesungen, als du klein warst«, sagte sein Vater.

Dann fing er wieder an zu singen. Jetzt setzte Jacob mit ihm ein, und als Jacob die Melodie trug, sang sein Vater eine zweite Stimme dazu. Jacob kannte den Text der zweiten und dritten Strophe nicht, zumindest dachte er das, doch als er sang, kamen die Worte wie von selbst. Jacob mochte seine eigene Stimme nicht, doch er sang weiter, bis das Lied zu Ende war.

Währenddessen waren Maya und Moses aus dem Haus getreten. Moses trug einen Computer samt Flachbildschirm, Maya hatte Maus und Tastatur und Kabelgewirr in den Händen. Sie hörten zu, wie Jacob mit seinem Vater zweistimmig sang. Dann war das Lied vorbei, und Jacobs Vater schaute schweigend in den dunkler werdenden Garten.

Jacob stand auf und ging zu ihnen.

»Wir hauen ab und nehmen den Rechner mit«, sagte Moses halblaut, »hier ist der Strom weg, und in dem Papierchaos kennt sich kein Schwein aus.«

»Und wir wollen nicht hier pennen«, setzte Maya hinzu.

Moses ging zum Auto, Maya folgte ihm und Jacob kam notgedrungen mit.

»Und was machen wir mit ihm?«, fragte er.

Moses stellte den Computer in den offenen Kofferraum und sagte: »Hierlassen.«

»Nee«, erwiderte Jacob.

»Der ist hier zuhause, kennt sich aus und fühlt sich wohl.«

Jacob sagte leise: »Ich lass meinen Vater hier nicht allein.«

»Was denn dann? Willst du ihn mitnehmen?«

»Klar. Vier Leute passen ins Auto.«

»Einen alten Baum verpflanzt man nicht«, erwiderte Maya.

»Wo wollt ihr eigentlich hin?«

»Irgendwohin, wo noch Strom ist und was zu essen und wo man pennen kann. Krankenhäuser haben Notstromaggregate.«

»Dann können wir ihn ja mitnehmen.«

»Das halte ich für eine schlechte Idee«, sagte Maya.

»Dann fahrt ohne mich, dann bleibe ich auch hier.«

»Nein«, sagte Moses, »das machen wir nicht.«

»Wir kommen hierher, hauen meinem Vater einen Spaten auf den Kopf, nehmen sein Auto und lassen ihn hier sitzen? Nein. Ohne mich.«

»Ich darf daran erinnern, dass er das Auto kaputtmachen wollte«, zischte Maya.

»Egal! Das würdest du mit deiner Mutter auch nicht machen!«

»Meine Mutter wollte mich auch noch nie zersägen.«

»Lass gut sein«, sagte Moses, »Familie ist Familie. Dann nehmen wir ihn mit.«

Maya schaute zornig zwischen Moses und Jacob hin und her. Dann drehte sie sich um und lief ins Haus.

»Versuch ihm mal den Plan zu erklären«, sagte Moses.

Jacob ging durch die Dämmerung zurück zu der Bank, wo sein Vater immer noch saß und in die Reste seines Gartens schaute.

»Papa«, sagte Jacob, »wir haben uns überlegt, dass wir wegfahren, und wir würden dich gern mitnehmen.«

Sein Vater antwortete nicht.

»Papa?«, sagte Jacob.

Sein Vater schwieg. Jacob trat näher und legte ihm die Hand auf die Schulter. Er sank nach vorn auf den Tisch.

Maya warf die Rucksäcke in den Kofferraum, dann ging sie ein zweites Mal ins Haus und holte die Tüte mit dem Basilikum. Moses setzte sich ans Steuer des Wagens, ließ den Motor an und hupte.

»Wir wären so weit!«, rief Maya durch die Dämmerung.

Jacob blieb neben dem Tisch stehen. Ihm war, als stünde er an einer Meeresküste, wo die Wellen tagaus, tagein an den Strand schlugen, doch jetzt hatte das Wasser sich zurückgezogen, und vor ihm war kilometerweit trockener Meeresboden.

»Kann losgehen!«, schrie Maya.

Aus dem Auto erscholl für einige Sekunden *Dancing Queen*, bevor Moses den Schalter des Radios fand.

Jacob drehte sich um und ging zurück zum Auto.

»Was ist?«, fragte Maya.

»Hat sich erledigt«, sagte Jacob.

Er ging wieder zu der hölzernen Sitzgruppe. Maya folgte ihm, Moses kam hinterher. Mayas Herz blieb für einen Moment stehen, als sie die zusammengesunkene Gestalt sah, die mit dem Gesicht auf dem Tisch lag.

»Wenn jemand gestorben ist, dann macht man die Fenster auf, damit die Seele rauskann«, sagte Jacob irgendwann, »aber wir sind ja schon draußen.«

Der Satz klang in seinen Ohren, als hätte jemand anders ihn gesagt, und überhaupt fühlte er sich, als hätte das alles nichts mit ihm zu tun. Das Meer hatte sich kilometerweit zurückgezogen und war verschwunden. Auch am Horizont war kein Silberstreifen mehr.

Zeit war vergangen. Maya hatte Jacob still umarmt. Dann war sie zum Auto gegangen und hatte das Gepäck samt der Basilikumpflanze wieder ins Haus getragen. Auch Moses hatte Jacob umarmt. Dann hatte er geflüstert: »Ich guck mal, ob ich drin was zu essen finde.« Irgendwann hatte Jacob den Spaten genommen und war in den Obstgarten gegangen, der keiner mehr war. An den Zweigen der gefällten und zersägten Bäume hingen noch Äpfel. Jacob brach einen ab und steckte ihn in die Jackentasche. Dann suchte er zwischen den umgesägten Bäumen eine Stelle, die genug Platz bot, um ein Grab auszuheben. Er begann zu graben. Schon bald taten seine Arme weh, die Hände waren aufgescheuert vom Griff des Spatens, und sein ganzer Körper schmerzte ohnehin noch von der Schlägerei am Vorabend. Nach einer Weile kam Moses mit einem zweiten Spaten und half ihm. Das Grab, das sie nach einer Stunde gemeinsam ausgehoben hatten, war nur etwa einen halben Meter tief. Hinter den Wolken war die Sonne untergegangen und hatte einen goldenen Streifen in die Wolken gemalt, der sich dann ins

Rötliche verfärbte. Dann war der Regen stärker geworden, und jetzt konnte man unter dem bleigrauen Himmel fast nichts mehr erkennen.

Sie gingen wieder ins Haus. Im Flur stand ein großer Wäscheschrank. Moses öffnete ihn und holte ein Bettlaken heraus. Jacob ging in die Küche, aus der Kerzenlicht schien. Der Strom war weiterhin weg, aber der Herd wurde von einer Gasflasche gespeist. Maya rührte in einem Suppentopf. Auf dem Tisch und auf der Fensterbank brannten Teelichter.

»Essen wäre fertig«, sagte Maya.

Moses und Jacob setzten sich hin und löffelten schweigend die Suppe.

»Was machen wir denn jetzt?«, fragte Maya irgendwann.

Jacob räusperte sich. »Beerdigung.«

»Dein Ernst?«, fragte Moses.

Jacob zuckte die Schultern. »Jemand stirbt, und dann beerdigt man ihn.«

Moses und Maya tauschten einen Blick.

»Für mein Gefühl«, sagte Moses, »steckt da eine zu große Portion Wahnsinn drin. Wir sollten die Polizei holen.«

»Dann holen wir die Polizei.«

»Und landen im Knast«, sagte Maya.

»Nee«, erwiderte Moses, »der war ja offensichtlich durchgedreht und ist mit der Säge auf uns losgegangen, nachdem er schon den Garten und dann sein Auto zersägt hatte. Drei übereinstimmende Aussagen, kein Mordmotiv, alles bestens.«

»Aber wenn wir ihn begraben, sind wir trotzdem dran«, sagte Maya.

»Dann begraben wir ihn halt nicht«, entgegnete Jacob.

»Du hast aber schon ein Grab ausgehoben. Das müssten wir der Polizei dann auch erklären.«

Jacob schluckte und spürte einen Kloß im Hals. »Ich weiß es doch auch nicht«, sagte er, »vielleicht schlafen wir drüber.«

Ihm war, als stünde er noch immer am leeren Strand, doch jetzt kam das Meer zurück. Der Boden zitterte, eine Flutwelle erschien am Horizont, türmte sich immer höher auf und rollte dann über ihn hinweg. Was da mit ihm geschah, war nicht Trauer, nicht Schmerz, es war wie ein Haus, dem plötzlich eine tragende Säule wegknickt. Er stand vom Tisch auf, zog sich im Windfang wieder seine Schuhe an, ging hinaus zu seinem toten Vater und sank dort heulend zusammen.

Moses und Maya waren ihm gefolgt.

»Drüber schlafen ist vielleicht keine schlechte Idee«, sagte Moses.

»Und zwar wo?«, fragte Maya.

»Irgendwo.«

Maya war hin- und hergerissen zwischen dem Impuls, Jacob in den Arm zu nehmen, und der Abneigung gegen seinen Vater, die sich mit dessen Tod noch verstärkt hatte. Sie beugte sich zu Jacob herunter, der auf dem nassen Boden saß, und umarmte ihn von hinten.

Die Türen des Autos standen noch offen. Moses schlug sie zu, doch dann kam ihm ein Gedanke. Es war kurz vor 19 Uhr. Er warf die CD aus und drückte auf die Sendersuchtaste. Das Radio fand nichts. Moses stoppte den Suchlauf und schaltete von Hand durch die Frequenzen. Ein verzerrter Popsong schälte sich aus dem Rauschen und verschwand wieder. Dann kam ein polnischer Sender, der ebenfalls im Rauschen fast unterging. Und dann eine deutsche Verkehrsfunkdurchsage. Der Sprecher sprach von Staus und Unfällen und dass man seine Wohnung auf keinen Fall verlassen sollte. Es folgte Werbung für Küchenstudios und Autohäuser, dann die Nachrichten. Die Regierungen forderten die Bevölkerungen auf, Ruhe zu bewahren und zuhause zu bleiben. Das Militär werde zur Sicherstellung der Ordnung in den Hauptstädten eingesetzt. Es wurde darauf hingewiesen, dass die Lage weltweit dieselbe sei, und Gerüchte aus dem Internet, wonach einzelne Regionen von den Zerfallsphänomenen verschont blieben, seien Falschmeldungen. Die EU-Staatsoberhäupter hätten sich in einer Telefonkonferenz optimistisch gezeigt, dass das Phänomen sich als vorübergehend herausstellen würde und die Wissenschaft es bald besser verstehen würde. Dann kamen Sport- und Börsennachrichten. Moses schaltete das Radio aus.

Jacob und Maya waren wieder in der Küche, als Moses hereinkam. »Ich hab nen Radiosender gefunden«, sagte er, »man soll nicht in bestimmte Gegenden fahren, weil Gerüchte, dass es da nicht so schlimm sei, falsch sind.«

»Was für Gegenden?«, sagte Maya.

»Haben sie nicht gesagt.«

»Dann fahren wir dahin, wo alle hinfahren. Schwarmintelligenz.«

»Ich kann ja um acht nochmal reinhören.«

»Bis dahin könnten wir klären, wo wir pennen«, sagte Maya.

»Ist oben noch was?«

»Das Schlafzimmer des Hausherren.«

»Dann nimm du die Couch und wir bauen uns am Boden was.«

»Und was machen wir mit …?« Maya deutete nach draußen.

»Ich würde ihn nicht liegenlassen«, sagte Moses, »da gehen Tiere dran.«

»Wir holen ihn auf keinen Fall hier rein«, erwiderte Maya.

»Gibt es einen richtigen Schuppen mit stabiler Tür?«

»Nee.«

Moses dachte nach, und ihm fiel nichts ein.

»Ich glaube übrigens, euer Grab ist nicht tief genug«, sagte Maya, »das können Wildschweine problemlos wieder ausgraben.«

Jacob schlug die Hände vors Gesicht und stöhnte: »Bitte hört auf.«

Sie schauten schweigend hin und her.

»Ich hab ne Idee«, sagte Moses, »baut schon mal Betten.«

Er ging wieder hinaus in die Dunkelheit und zum Auto. Er öffnete den Kofferraum und räumte den Computer von hinten nach vorn. Dann befreite er die Rückbank von Gerümpel und klappte sie um. Im Schuppen fand er ein Seil. Er startete den Motor und manövrierte den

Wagen rückwärts an die hölzerne Bank, wo die Leiche von Jacobs Vater immer noch lag. Dann nahm er das Bettlaken und versuchte den Toten darin einzuwickeln. Zwischendurch ging er zum Auto und schaltete das Radio wieder an. Ein Popsong aus den 90ern lief. Dann sagte ein Moderator: »Das war *All by myself* von Celine Dion, ein Klassiker und thematisch passend, denn wir zwei haben uns auch mutterseelenallein hier im Studio eingeschlossen und halten den Sendemast am Glühen, solange das Notstromaggregat Saft hat. Die Internetleitungen sind wieder mal down and out, von den Zuständen im Rest der Welt haben wir also null Ahnung, aber davon jede Menge. Zugegebenermaßen haben wir uns zu dieser vorgerückten Stunde schon jeder ein Bierchen genehmigt, das ist auf Arbeit eigentlich nicht gestattet, aber unser Chef würde ein Auge zudrücken, wenn er denn hier wäre, Prost. Vielleicht haben Sie ja auch noch Getränkevorräte im Haus, liebe Hörerinnen und Hörer, und wenn der Kühlschrank abtaut, dann halten die sich ja nicht allzu lang, also ist es ein Gebot der Vernunft, die Dinge zu nutzen, bevor sie verderben, und aufs Ende der Welt anzustoßen, zumindest aber auf einen gemütlichen Freitagabend im trauten Heim. In diesem Sinn: Prösterchen! Wenn Sie Netz haben, dann können Sie uns auch anrufen und erzählen, wie Sie den Abend verbringen, unsere Nummer lautet heute zur Abwechslung mal 0172-332246. Und da kommt auch schon ein Anruf. Hallo, wen haben wir da?«

Moses hatte das Betttuch auf dem Boden ausgebreitet, den Leichnam darauf manövriert und in das Tuch eingewickelt. Das so entstandene Bündel vertäute er mit dem Seil, dann schleppte und zerrte er es zum Auto und versuchte es in den Kofferraum zu bugsieren.

Im Radio sagte eine Stimme: »Ja hallo! Ich bin die Nadja aus Schwedt –«

Dann brach das Gespräch ab.

»Da war sie weg, die Nadja«, sagte der Moderator, »aber vielleicht will uns ja noch jemand anders anrufen! Bis dahin erstmal Musik. Hier sind R.E.M. mit *Losing My Religion*.«

Moses schlug den Kofferraum zu, schaltete das Radio aus, zog den Schlüssel ab und verschloss das Auto. Merkwürdig, dachte er, dass man auch nach so einer moralisch fragwürdigen Arbeit ein Feierabendgefühl verspürte.

Jacob und Maya hatten aus allem, was sie an Decken und Kissen finden konnten, auf dem Fußboden eine Schlafstätte gebaut. Jetzt saßen sie in der Küche, und Maya studierte einen alten Autoatlas.

»Kann man hier duschen?«, fragte Moses.

»Du kannst es versuchen«, sagte Maya, »es gibt kein kaltes Wasser, nur sehr heißes.«

»Jacob«, sagte Moses, »würde es dich stören, wenn ich Klamotten von deinem Vater anziehe? Ich hab nix dabei.«

Jacob nickte. Moses ging an den Wäscheschrank und fand eine Jogginghose und ein Hemd. Dann ging er ins Bad. Offenbar gab es im Haus einen Boiler, in dem noch heißes Wasser war, zu heiß zum Duschen. Er versuchte sich irgendwie mit einem Waschlappen zu reinigen, hängte seine schmutzigen Kleider zum Trocknen auf und zog sich an.

»Es ist gleich acht«, sagte Maya, als er wieder in die Küche kam, »wollen wir Nachrichten hören?«

»Hmja«, machte Moses, »im Auto liegt jetzt temporär, äh –«

»Mein Vater«, sagte Jacob.

»Ich will trotzdem«, sagte Maya. Sie gingen hinaus, und Moses schaltete das Radio an. Die Frequenz war immer noch dieselbe, doch aus den Lautsprechern kam nur noch Rauschen. Sie probierten ein wenig herum und gingen dann wieder ins Haus. Jacob saß im Pyjama in der Küche. Moses fand in der Speisekammer eine Flasche Wein und entkorkte sie.

»Wir trinken jetzt auf deinen Vater«, sagte er.

Jacob stieß an und trank mit, doch mit den Gedanken war er weit weg.

»Dann lass pennen gehen«, sagte Moses nach einer Weile.

Sie löschten die Kerzen, gingen im Licht der Handyleuchten ins Wohnzimmer und legten sich in die improvisierten Betten. Es fühlte sich an wie eine harte Hügellandschaft.

»Nacht«, sagte Jacob und schaltete seine Lampe aus.

Maya lag mit angezogenen Beinen auf dem Sofa, das ihr als Bett zu kurz war, und fand keinen Schlaf. In ihrem Bauch war ein Entsetzen, das sie nicht kannte. Mit dem Schlag auf den Kopf von Jacobs Vater hatte sie sich selbst auf die andere Seite einer Grenze befördert, deren Existenz sie zuvor nur geahnt hatte. Es war, als habe sie ihr ganzes bisheriges Leben in einem Garten verbracht, um den herum ein Zaun war, an dem Schilder hingen: Ende der Zivilisation, ab hier ist Barbarei. Sie spürte noch, wie ihre Hände den Spaten hielten, wie sie ihn hob und zuschlug, und in Gedanken vollzog sie diese Bewegung immer wieder und erfand immer neue Varianten, wie es hätte weitergehen können, und kam doch immer wieder zu demselben Bild: Jacobs Vater, wie er unter dem Schlag taumelte, in seinem Gesicht nichts als Verwunderung, und zu Boden ging. Aber es war doch Nothilfe gewesen. Gerhard hatte mit einer laufenden Kettensäge vor Jacobs Gesicht herumgefuchtelt, er war unberechenbar gewesen, er hatte zuvor schon Anstalten gemacht, mit der Säge auf seinen Sohn loszugehen. Und sie hatte gar nicht mit voller Wucht zugeschlagen. Der Bügel des Ohrenschützers hatte die meiste Wucht abgefangen. Gerhard war offenkundig nicht an der Kopfwunde gestorben, sondern vielleicht an dem Schrecken. Doch auch daran war sie am Ende schuld.

Hatte sie jetzt den Bereich der Welt betreten, den Leute wie Semjon schon als Kinder gesehen hatten? Warum war der Kulturbetrieb so fasziniert von Verbrechens- und Gewaltgeschichten? Warum wurde Menschen, die solche Zivilisationsbrüche erlebt hatten, fast schon eine Art moralischer Höherwertigkeit zugeschrieben? Maya dachte an ihr Kollektiv, und Semjon war wohl wirklich der Einzige, der in solche Abgründe geschaut hatte. Servet nicht, Niloofar auch nicht, Julian schon gar nicht. Aber andererseits reichte ja schon das normale häusliche Horrorszenario mit aggressivem Terrorvater oder betrunkener bipolarer Mutter, um einen Blick in die Hölle zu werfen, und wenn man den Leuten ins Gesicht sah, wusste man nie genau, wer was hinter sich hatte. Maya dachte an ihre Mutter, die mit zerschlagenem Gesicht nach Hause gekommen war, als Maya neun Jahre alt war. Was mochte sie in dieser Nacht erlebt haben? Sie war jedenfalls nicht Täterin, sondern Opfer gewesen. Sie hatte keinem wehrlosen alten Mann einen Spaten über den Schädel gezogen. Aber Gerhard war nicht wehrlos gewesen. Er hatte mit einer Kettensäge herumgefuchtelt. Maya drehte sich auf die andere Seite, weg von den Gedanken, die sie dachte, aber die Gedanken waren auf der anderen Seite dieselben. Entweder war die Gesellschaft, die sie kannte, fort und der Zaun niedergetrampelt, dann war alles Wüste und alles egal. Oder das Leben würde irgendwie weitergehen, dann würde immer ein Teil von ihr neben diesem Auto stehen, den Spaten in der Hand, direkt nach dem Schlag, und zuschauen, wie Jacobs Vater taumelte und nicht verstand, was geschehen war.

Moses wachte auf, als ihm Licht ins Gesicht schien. Die Deckenlampe leuchtete, aus der Küche drang Licht und das Geräusch eines Kühlschranks. Jacob lag neben ihm und schien ebenfalls halb wach zu sein. Maya auf dem Sofa hatte sich ein T-Shirt über das Gesicht gelegt und pennte.

Ein Handy machte *ping*, dann nochmal *ping*, und dann noch fünf- oder zehnmal hintereinander. Moses stand auf, schaltete die Lichter in allen Zimmern aus und ging wieder ins Wohnzimmer, um sich hinzulegen. Durchs Fenster leuchtete der Mond, und auf dem Fensterbrett leuchtete sein Handy. Die Wolken hatten sich verzogen, der Vollmond schien auf den zersägten Garten. Der Mond sah auch anders aus als sonst, aber Moses hätte nicht sagen können, was anders war.

Er nahm sein Handy. Er hatte 13 neue Nachrichten. Zwölf davon waren von seinem Vater.

Sie lauteten:

KOMM DOCH MAL WIEDR VORBE

HATS DU HNNAH GEFUNFN?

GISELA HT MICH SCHNÖDE IM STIFCH GELASSEN

ICH VEFMIWSE DICH

MOSES WO BIST DU

LASSN DOCH MA WIEDR EINEN MTEINANDER TRINKEN

GISLE IST WEG

SIE ISDT NACH BEFHSDLHELN

VERZEIHUNG BARFCDALON

BARCELAON

WÜRDE IDH GERN MAL WIEDER DEHEN

MOSES

Die dreizehnte Nachricht war von einer Nummer, die er nicht im Speicher hatte. Sie lautete:

Hey sorry dass ich mich so lang nicht gemeldet hab. War beruflich sehr eingespannt. Das klingt dramatisch mit Papa. Wollen wir uns möglichst bald bei M&P treffen? Bin jetzt flexibler. LG Hannah

Nachdem Moses das Licht wieder ausgeschaltet hatte, hatte Jacob weiterschlafen wollen, aber er war wach. Moses stand im Mondlicht am Fenster. Jacob trat neben ihn. Moses zeigte ihm die Nachricht von seiner Schwester.

»Ist doch schön«, flüsterte Jacob.

Moses antwortete Hannah: *Unbedingt. Ich fahr morgen hin. Komm doch auch.*

Dann schrieb er an seinen Vater: *Bin auf dem Weg zu dir. Wir sehen uns morgen.*

»Habe ich jetzt einfach so beschlossen«, flüsterte er. Dann legte er sich wieder hin. Jacob blieb am Fenster stehen.

Der Mond stand riesengroß am Himmel, sandte seine Strahlen über die Zweige der gefällten Bäume und über das Auto, hinter dessen Scheiben man ein dunkles Bündel erkennen konnte. Der Mond leuchtete heller als sonst, und während Jacob hinsah, schien die Helligkeit noch zuzunehmen. Dann stellte Jacob sich vor, wie das wohl wäre, wenn die Sonne in einem gleißenden Feuerschein als Supernova explodieren würde. Man würde es auf der Nachtseite der Erde, also hier, nicht gleich bemerken, man wäre nur erstaunt, dass der Mond auf einmal so strahlend hell würde, und während die gleißende Hitze auf der Tagseite des Erdballs mit einem Schlag alles vernichtete, würden hier auf der Nachtseite die Menschen schläfrig und erstaunt an den Fenstern stehen und den Mond ansehen, der auf einmal so hell schien wie die Sonne bei Tag, und dabei würden sie aus der Entfernung schon einen dumpfen Donner hören, denn die Atmosphäre auf der Tagseite der Erde, die von der plötzlichen Strahlung explosionsartig auf einige tausend Grad erhitzt worden war, hätte den größten Sturm entfacht, den es je gegeben hatte. Dieser Sturm würde sich mit zwei- oder dreitausend Kilometern pro Stunde ausbreiten, er würde also dort, wo gerade Mitternacht war, erst nach einigen Stunden ankommen, aber man würde schon vorher spüren, wie der Boden zitterte und Lichterscheinungen am Himmel auftauchten, wie der Wind stärker wurde und sich zum Sturm steigerte, und all das im Licht des gleißenden Mondes.

Als Jacob ein Kind war, hatte er seinem Vater viele Fragen gestellt, die oft von solchen Gedankenspielen handelten. Manchmal hatte sein Vater sie nach bestem Wissen beantwortet, manchmal hatte er nur gesagt, Jacob solle ihn mit so etwas in Frieden lassen, und manchmal hatte er sich lustig gemacht. Jacob hatte schon lange nicht mehr an diese Fragen gedacht.

Der Mond schien ihm ins Gesicht, und er konnte die Stimme seines Vaters hören, der ihm sagte, wie das möglicherweise wäre, wenn die Sonne explodieren würde. Und dann erwachte in Jacob der Wunsch, selber ein Kind zu haben und ihm Antworten zu geben, was auch immer sich das Kind für Fragen in seinem Kopf ausdenken mochte. Denn die Sterne würden immer da sein, und Generation um Generation von

Eltern würden ihre Kinder auf den Arm nehmen, die Kinder würden mit ihren Fingern in den Himmel deuten und Fragen stellen, und die Eltern würden ihnen sagen, was sie wussten, und wenn sie etwas nicht wussten, würden sie die Märchen weitererzählen, die man ihnen als Kinder erzählt hatte. So war das schon immer gewesen, und so würde es immer weitergehen.

Als Moses aufwachte, war der Himmel wolkenlos. Die Morgensonne schien durch die Zweige und verwandelte jeden Wassertropfen in einen leuchtenden Stern. Er zog Schuhe an, ging in den Garten, nahm von einem Ast einen Apfel und aß ihn. Dann kam Jacob aus dem Haus, und sie standen nebeneinander vor dem Grab, das sie am Abend ausgehoben hatten.

»Ist vielleicht wirklich ein bisschen flach«, sagte Jacob.

Sie zogen sich wieder ihre schmutzigen Arbeitskleider an und gruben das Grab zwei Handbreit tiefer. Maya war auch aufgewacht und hatte Kaffee gekocht. Moses und Jacob zogen sich erneut um, Moses setzte sich ins Auto, startete den Motor und fuhr den Wagen rückwärts so nah wie möglich an das Grab heran.

Dann beerdigten sie Jacobs Vater.

Die Sonne war höher gestiegen, ein paar Wolkenschleier waren aufgezogen, und in der Hecke, die das Grundstück begrenzte, sang ein Vogel. Jacob fragte sich, ob sein Vater vorgehabt hatte, die Hecke auch noch umzusägen, und hätte ihn gern gefragt.

»Auf Wiedersehen, Gerhard«, sagte Maya, »und danke für den Kaffee und den Kuchen.«

Jacob holte den roten Apfel aus der Tasche, den er am Vorabend gepflückt hatte, und legte ihn ins Grab. Dann warf er eine Schaufel Erde hinterher und reichte den Spaten an Maya weiter.

Sie gingen vom zeremoniellen Teil direkt zum praktischen über und schaufelten das ganze Grab zu. Maya beteiligte sich die ersten fünf Minuten, dann hatte sie genug, trug das Gepäck wieder ins Auto, klappte die Rückbank hoch und suchte im Haus, ob es noch etwas gab, das man mitnehmen konnte. Nach einer halben Stunde war der Boden eben und noch ein Haufen Erde übrig. Jacob und Moses schaufelten auch diesen Haufen auf das Grab, dann sprangen und trampelten sie auf dem hierdurch entstandenen Hügel herum, um ihn so weit wie möglich einzuebnen.

Sie setzten sich ins Auto. Moses startete den Motor und fuhr aus der Einfahrt, vorbei an der gefällten Tanne und auf den holprigen Feldweg. Jacob saß auf der Rückbank und schaute zurück zum Haus auf dem Feld, das immer kleiner wurde, bis es hinter einer Wegbiegung verschwand.

12
Materialermüdung

Im selben Moment, aber 1500 Kilometer weiter südwestlich, saß Gisela am Fenster eines Hotelzimmers mit Blick aufs Mittelmeer. Diese Reise übers erste Adventswochenende war eine dieser Vergnügungen gewesen, die man sich gönnt, weil man sich ja sonst nichts gönnt, obwohl man sich im Grunde ja doch einiges gönnt. Ihre Freundin Ulrike hatte ihr zum Geburtstag ein Wochenende in Barcelona geschenkt. Ulrike und Gisela kannten sich aus dem Studium, waren damals nicht eng befreundet gewesen, aber als es Ulrike dann auch nach Gießen verschlagen hatte und sie beide gleichzeitig mit dem ersten Kind schwanger waren, entstand eine Freundschaft, die ohne die Eifersüchteleien und versteckten Spitzen auskam, die Gisela bei anderen Frauenfreundschaften manchmal als störend empfand. Das Geburtstagsgeschenk, ein selbstgestalteter Reisegutschein, war im Februar überreicht worden, damals war noch nicht abzusehen gewesen, dass Günther an Krebs erkranken würde, und die merkwürdige Naturkatastrophe, die sich erst in den letzten Tagen manifestiert hatte, war noch nicht einmal vorstellbar gewesen. Ulrike hatte angesichts der Umstände gefragt, ob sie die Reise nicht verschieben wollten, Gisela hatte sich dieselbe Frage gestellt, dann hatte sie Günther gefragt, aber der hatte nur mit der Hand gewedelt und geschrieben, sie solle reisen, wohin sie wolle. Also war sie mit Ulrike nach Barcelona geflogen, doch gleich am Morgen nach ihrer Ankunft, als sie gerade beim Frühstück saßen, war der Ausnahmezustand verhängt worden, Militär patrouillierte in den Straßen, und sie durften das Hotel nicht mehr verlassen. Gelegentlich hörte man Geräusche wie von Verkehrsunfällen oder Explosionen, und über der Stadt stiegen Rauchsäulen auf. Ulrike und Gisela hatten sich gemeinsam in Giselas Zimmer eingeschlossen. Am Abend war der Strom ausgefallen und das Handynetz auch. So war die zweite Nacht vergangen. Am Morgen, als auch kein Wasser mehr aus dem Hahn kam, hatte Ulrike eine Panikattacke bekommen. Gisela hatte ihre Freundin so noch nie erlebt, und sie hatte nicht gewusst, dass so etwas möglich war, doch Ulrike war anscheinend auf solche Situationen vorbereitet. Sie hatte ein Medikament im Gepäck, davon hatte sie zwei Tabletten auf einmal genommen, seitdem lag sie apathisch auf dem Bett und murmelte nur unverständlich, wenn Gisela sie ansprach.

Gisela mochte es sich nicht ganz eingestehen, aber ihr Respekt vor Ulrike wurde dadurch beschädigt. Die selbstbewusste Frau, die sie kannte, hatte nichts mehr zu tun mit der Gestalt, die jetzt wie eine Flunder bäuchlings auf dem Hotelbett lag und flach atmete.

Sie saß am Fenster, hatte sich ein Bier aus der Minibar genommen und sah hinaus. Dann hörte sie Männerstimmen, die sich im Hotelflur näherten, schrien und lachten. Jemand schlug mit der Faust gegen die Tür, und Gisela hielt den Atem an. Dann entfernten die Stimmen sich wieder. Irgendwo zerbrach eine Glasscheibe.

Gisela ahnte, dass dies nicht irgendein Notfall war, sondern das Ende der Welt, und dass sie dieses Hotelzimmer nicht mehr verlassen würde. Eine merkwürdige Ruhe breitete sich in ihr aus. Sie hatte keine Angst. Andererseits hatte sie schon immer Angst, nichts als Angst, und dadurch war die Angst ihr selbstverständlich und unsichtbar geworden. Manchmal hatte sie Filme gesehen, die ihr die Angst an die Oberfläche des Bewusstseins holten. Der Film *Rosemarie's Baby,* den sie als junge Frau im Kino sah, hatte so gewirkt. Eine Frau bringt den Antichrist zur Welt – diese Geschichte jagte ihr nacktes Entsetzen ein, ohne dass sie sich erklären konnte, woher es kam, und sie fühlte eine tiefe Verbindung zu dieser Frau. Zugleich spürte sie den Drang, sich davon abzugrenzen. Sie musste die Erinnerung an den Film überschreiben, indem sie andere Filme sah, und so engagierte sie sich beim studentischen Filmclub, und vielleicht war auch ihr Widerwille gegen eine traditionelle Familie im Grunde Gegenwehr gegen diese merkwürdige Idee, Werkzeug einer diabolischen Macht zu sein.

Der Boden zitterte, und sie hörte entfernten Donner. Es roch nach Rauch. Sie lehnte sich aus dem Fenster, um hinauszuschauen. Es sah aus, als stünde ein benachbartes Gebäude in Flammen.

Ulrike auf dem Bett machte ein jammerndes Geräusch. Gisela trank das Bier leer und merkte, dass der Alkohol wirkte. So hatte sie sich das Wochenende in Barcelona nicht vorgestellt. Für einen Moment hielt sie die leere Bierflasche in der Hand. Dann warf sie sie kurzerhand aus dem Fenster und sah ihr hinterher, wie sie vier Stockwerke weiter unten auf der Straße zersplitterte.

Ein Motorengeräusch kam näher. Auf der Hafenpromenade donnerte ein schwarzer Sportwagen vorbei, ließ den Motor aufheulen, bog quietschend um die Ecke und verschwand wieder.

Gisela hatte insgeheim ihr Leben lang darauf gewartet, dass etwas ganz anderes passieren würde. Etwas, das ihr Dasein umkrempelte und einen Sinn herstellte. Doch nichts, was in ihr Leben trat, hatte sich als dieses ganz andere manifestiert. Die Männer waren Männer, die Kinder waren Kinder, Günther war Günther. Sie blieb in ihrem Kokon gefangen, und irgendwann zwischen 40 und 50 hatte sie sich damit arrangiert, doch war in ihr immer eine kleine Flamme aus Hoffnung gewesen. Aber jetzt, in diesem Hotelzimmer in Barcelona, war mehr oder weniger klar, dass nichts mehr kommen würde. Was gerade in der Welt geschah, war das Ende von allem, und sie hatte das merkwürdige Gefühl eines Abgrunds, über den sie selbst mit den Ereignissen in Verbindung stand. Aber vielleicht war genau das ja dieses ganz andere, auf das sie ihr Leben lang gewartet hatte. Sie blieb am Fenster sitzen und sah in den Himmel. Ihren 70. Geburtstag hatte sie sich anders vorgestellt. Die Jahre waren schnell vergangen, aber der Himmel sah aus wie immer. Er war von einer grauen Wolkenschicht bedeckt und schaute schweigend auf die Stadt hinab.

In einem plötzlichen Entschluss stand sie auf und zog Schuhe an. Ulrike murmelte etwas.

»Ich geh mal raus«, sagte Gisela, »spazieren.«

Sie öffnete die Tür des Hotelzimmers. Der Flur war voller beißendem Rauch, und ein Schwall davon drang ins Zimmer. Ulrike auf dem Bett stöhnte und wedelte mit den Händen. Gisela schloss die Tür und setzte sich wieder auf den Stuhl am Fenster.

»Fahren wir Autobahn oder über die Dörfer?«, fragte Moses.

»Bitte nicht Autobahn«, sagte Maya, »da ist bestimmt alles voll mit postapokalyptischen Motorradgangs.«

»Die sitzen alle zuhause«, erwiderte Moses, »die Frage ist eher, wo wir besser durchkommen.«

»Und wie weit der Tank reicht«, gab Jacob von hinten zu bedenken.

»Der ist dreiviertelvoll, aber ich weiß nicht, was die Karre verbraucht«, sagte Moses, »guck doch mal, wie weit Gießen ist.«

»Mein Handy hat kein Netz.«

»Nimm meins. Ich habe heute Nacht ganz Deutschland runtergeladen.«

Er reichte ihm sein Telefon nach hinten. »563 Kilometer auf Landstraßen«, sagte Jacob.

»Auf Landstraßen finden wir im Zweifelsfall immer einen Umweg«, sagte Maya.

»Andererseits könnten wir auf der Autobahn mit dem Tank gerade so hinkommen«, erwiderte Moses.

»Wollen wir knobeln?«, fragte Maya.

»Geht's noch?«, rief Jacob.

»Ruhe auf der Rückbank«, sagte Moses, »schnick-schnack-schnuck.«

Sie schüttelten die Fäuste, dann präsentierte Moses eine flache Hand und Maya eine Faust.

»Autobahn«, stellte Moses fest. Sie nahmen also die Auffahrt, an der Pavel am Vortag den Sprinter von der Straße geschoben hatte, und fuhren zurück in Richtung Süden. Außer ihnen war kein Fahrzeug unterwegs, doch nach einigen Kilometern kam ihnen ein Auto mit Warnblinklicht auf dem Standstreifen entgegen, und als sie näherkamen, hupte und lichthupte es. Moses hupte auch. »Wirklich alle wahnsinnig geworden«, sagte er.

Weitere zwei oder drei Kilometer weiter war eine Schilderbrücke halb eingestürzt. Das blaue Schild, auf dem zu lesen war, dass es bis Berlin 112 Kilometer waren, hing schief auf der Fahrbahn.

»Na gut«, sagte Moses, »dann doch Landstraße.«

Er wendete und fuhr auf dem Standstreifen mit Warnblinklicht zurück. Nach einiger Zeit kam ihnen ein Auto entgegen. Als der Fahrer sie sah, hupte und blinkte er. Maya ließ das Fenster herunter und winkte.

»Jetzt sind wir die Wahnsinnigen«, sagte Moses.

Maya deutete nach vorn und sagte: »Guck mal.«

Am Horizont näherte sich etwas, und als es noch näherkam, erkannten sie einen Militärkonvoi. Eine lange Schlange aus LKW, Radpanzern, Truppentransportern und Jeeps kam ihnen auf beiden Spuren entgegen.

»Scheiße«, sagte Moses, »was machen wir jetzt?«

»Einfach weiterfahren«, sagte Jacob.

Der Militärkonvoi interessierte sich in der Tat nicht für sie. Moses lenkte den Wagen weiter in der falschen Richtung den Standstreifen entlang, während die Schlange der Armeefahrzeuge an ihnen vorbeidonnerte.

»Wollen wir wenden und denen hinterherfahren?«, fragte Moses, »die werden ja wohl das Schild wegräumen.«

»Bei denen geht bestimmt auch bald was kaputt«, sagte Maya.

Sie näherten sich der Auffahrt, auf der sie gekommen waren.

»Wollen wir Musik hören?«, fragte Moses, schaltete das Radio an und holte eine CD aus dem Fach in der Tür.

»Nicht die«, sagte Maya und öffnete das Handschuhfach. Darin lag zuoberst eine leere Hülle, auf der *Hits der 70er* stand, dann eine gebrannte CD, die nur mit einem großen *J* beschriftet war, dann ein Album von *Alan Parsons Project*, eins von Mike Oldfield und eine Gesamtaufnahme von Mozarts Klavierkonzerten.

»Mal gucken, was das ist«, sagte Maya und legte die unbeschriftete CD ein.

Ein Klavier erklang, dann setzte eine Klarinette ein. Jacob kannte die Musik, doch er hatte sie viele Jahre nicht gehört und halb vergessen.

»Ist das von dir?«, fragte Maya.

»Ja.«

»Ach, ist *das* die Klarinettistin, in die du mal verknallt warst?«

Jacob hatte das Stück für ein Theaterprojekt geschrieben, bei dem er tatsächlich vor allem wegen der Klarinettistin mitgewirkt hatte, die ihn zu der Truppe geholt hatte, weil sie ihn als Mensch und Musiker mochte. Jacobs weitergehende Zuneigung hatte sie aber ignoriert oder gar nicht wahrgenommen, daran hatte auch die gemeinsame Arbeit nichts geändert.

»Ich fand die nur nett«, sagte Jacob.

»Ich find's schön«, sagte Moses, »das hat was ganz Eigenes. Mach doch mal Filmmusik.«

»Meinetwegen kannst du weiterschalten«, erwiderte Jacob.

Der nächste Titel war ein elektronisches Musikstück, das er in derselben Zeit produziert hatte.

»Das kannst du bitte auch weitermachen«, sagte er.

Das nächste Stück war eine experimentelle Komposition für Streichquartett, die Maya unaufgefordert weiterdrückte, und danach kamen elektronische Flächenklänge.

»Lass das mal«, sagte Moses, »so Sphärenklänge sind gut für lange Autofahrten. Mach doch mal Meditationsmusik.«

Jacob konnte sich nicht erinnern, diese CD zusammengestellt zu haben. Anscheinend hatte sein Vater das selbst gemacht.

443

»Das ist süß«, sagte Maya, »dein Papa hat eine CD mit deiner Musik im Auto. Ich glaube, der mochte dich.«

Jacob schwieg. Er hörte seine eigene Musik von vor 12 Jahren und hatte aus verschiedenen Gründen einen Kloß im Hals.

Moses drehte sich zu ihm um.

»Schau auf die Straße«, sagte Maya.

»Ich würde vorschlagen, wir halten mal die Schnauze«, entgegnete Moses.

Die Sonne stand so hoch am Himmel, wie sie an diesem Novembertag steigen konnte. Die Landstraße war leer, manchmal standen Autos am Straßenrand, und in den Ortschaften waren die Häuser dunkel. Gelegentlich sah man Menschen, die Hunde ausführten oder einfach in der Gegend herumstanden. Immer wieder lagen umgefallene Straßenlaternen und Verkehrsschilder im Weg, zweimal schimpften Leute hinter ihnen her, einmal war eine Brücke eingestürzt und zwang sie zu einem Umweg, und dreimal waren Bäume auf die Straße gefallen. Die CD mit Jacobs Musik hatte ab der Hälfte einen Sprung, woraufhin Maya sie ausschaltete, und sie alle hingen schweigend ihren Gedanken nach. Jacob saß auf der Rückbank, hatte aus seinem Rucksack Notenpapier geholt und schrieb mit einem Bleistift darauf, und als Maya ihn fragte, was er da tat, gab er keine Antwort. Wenn sie Umwege machen mussten, navigierte Maya mit Hilfe von Moses' Handy. Am Nachmittag wurden sie hungrig, doch die Läden und Tankstellen, an denen sie vorbeikamen, hatten geschlossen, also fuhren sie weiter, und irgendwann sagte Moses, der Sprit werde allmählich knapp. Dann zeigte das Handy an, dass sie kurz vor Warschau waren. Direkt danach waren sie in Frankreich und dann mitten in der Nordsee. Moses meinte, jetzt seien die GPS-Satelliten offenbar auch ausgefallen, also navigierten sie ohne Positionsangabe weiter, so wie man das früher mit Landkarten auch gemacht hatte. Irgendwann fragte Jacob, ob er mal fahren solle, aber Moses lehnte dankend ab. Die Sonne sank dem Horizont entgegen, dann leuchtete die Tanklampe auf, und Moses meinte, damit hätte man noch 100 Kilometer, das könnte gerade hinhauen. Daraufhin sagte Maya, dass sie in Moses' Elternhaus bestimmt schon freudig erwartet würden, da stünde eine warme Suppe auf dem Herd, auf dem Tisch würden Kerzen brennen und im Kamin ein Feuer, woraufhin Moses erwiderte, das werde ganz bestimmt nicht der Fall sein, Stromausfall sei garantiert auch in Gießen und es gebe in dem Haus zwar einen Kamin, der aber zehn Jahre nicht in Betrieb gewesen sei. Maya sagte, Vorfreude habe dennoch ihren Wert, man müsse sich die Ankunft in warmen Farben ausmalen, dann würde auch das Auto weniger Benzin verbrauchen. Die Sonne versank in einem goldenen See, die Straße führte aus einem Wald in eine Hügellandschaft, der goldene See wurde grau, dann stotterte der Motor, und Moses sagte, das werde jetzt wirklich knapp. Er bog von der Landstraße ab, fuhr vorbei an einem Gewerbegebiet mit Pflanzen-, Elektronik- und Supermarkt, das dunkel in der Dämmerung lag, dann in eine Wohngegend und dort in die letzte Straße am Feldrand. Vor einem Haus aus dunklen Ziegeln mit Fensterrahmen aus schwarzem Holz hielt er an und stellte den Motor ab.

»Wartet kurz«, sagte er und stieg aus.

Der Schlüssel lag unter dem Blumentopf, wo er immer lag. An der Tür war ein Namensschild, von Rachels Kinderhand in der Grundschule getöpfert. Moses schloss die Eingangstür auf und rief: »Hallo!«

Das Haus war kalt und still. Er zündete sein Feuerzeug. Die Flamme spiegelte sich in der geriffelten Glastür zum Wohnzimmer, und dahinter sah man das Pflegebett als großen Schatten. Moses öffnete die Tür. Sein Vater lag regungslos im Bett, die Wangen noch eingefallener als vor drei Monaten, die Augen geschlossen.

»Hallo, Papa«, sagte Moses.

Sein Vater öffnete die Augen, sah Moses an, hob andeutungsweise die Hand und winkte ihm zu. Moses trat näher ans Bett. Sein Vater machte eine abwehrende Handbewegung und deutete auf die Bettdecke. Moses verstand verzögert, was los war. Dann bemerkte er den Geruch, der im Raum hing.

445

»Ich kümmere mich«, sagte er.

Er schloss die Wohnzimmertür und ging wieder hinaus auf die Straße, wo Jacob und Maya neben dem Auto standen.

»Kommt rein«, sagte er, »die Sachen könnt ihr im Flur abwerfen, und dann lasst uns in der Küche gucken, ob wir Kerzen und was zu essen finden. Mein Vater ist im Wohnzimmer, geht da mal nicht rein, ich muss noch was machen.«

In der Speisekammer waren Kerzen und eine Taschenlampe. Auf dem Wohnzimmertisch lag ein Adventskranz. Moses zündete alle vier Kerzen an, dann ging er ins Bad und drehte den Hahn auf. Die Leitung röchelte und gab ein paar Tropfen her. »Können wir irgendwas machen?«, rief Maya aus der Küche.

»Ja, Brennholz sammeln«, sagte Moses. »Geht durch die Gärten und schaut, was ihr findet.«

Er ging ins Obergeschoss und holte ein Handtuch und frische Bettwäsche aus dem Wäscheschrank, dann ging er in den Keller, wo der Putzkram war, und holte zwei Eimer. Die Terrassentür öffnete sich mit Getöse. Moses stieg über die niedrige Hecke in den Nachbargarten, wo es einen Gartenteich gab. Dort füllte er die beiden Eimer und trug sie ins Haus. Dann holte er noch einen Müllsack und eine Rolle Klopapier.

»So«, sagte er »dann wollen wir mal.«

Sein Vater tippte auf sein Handy, das neben ihm lag. Der Bildschirm war schwarz und der Akku leer.

»Das bringe ich gleich mal ins Auto zum Laden«, sagte Moses, »und jetzt zur Sache. Das Wasser ist leider kalt.«

Moses hatte vor 20 Jahren bei der Gießener Diakonie als Zivildienstleistender 13 Monate lang Telefonanrufe entgegengenommen. Pflege hatte nicht zu seinen Aufgaben gehört. Sein Vater tippte ihm auf die Hand und machte eine Geste, aus der Moses nur ableiten konnte, dass er irgendwas wollte. Moses reichte ihm sein Handy. Sein Vater tippte:

DU MUSTT DSA NICHT MAHCEN

»Kann sein«, sagte Moses, »aber vielleicht *will* ich es ja machen. Sicher weiß ich nur, dass ich es jetzt machen *werde*.«

Ihm fiel ein, was er vergessen hatte. Er ging ins Schlafzimmer seiner Eltern und suchte nach einem frischen Pyjama. Dann schlug er die Bettdecke zurück, betrachtete das Ausmaß der Verschmutzung, zog seinem Vater behutsam die Hose aus, hörte sich selber Sätze sagen wie »Achtung, jetzt wird's kurz mal kalt«, zog das Bettlaken weg und entfernte auch die wasserdichte Gummiunterlage, die er darunter vorfand. Zwischendurch kamen Jacob und Maya wieder, klopften an die Tür und wollten Brennholz abladen, aber er rief ihnen zu, sie sollten sich gedulden. Er warf alles, was nach Fäkalien aussah oder roch, in die Mülltüte, dann wusch er sich die Hände, zog seinem Vater die saubere Hose an, zerrte ein neues Laken unter ihm hindurch auf die Matratze und bezog die Decke neu. Sein Vater ließ die Prozedur gleichmütig über sich ergehen und vermied Blickkontakt. Schließlich verschloss Moses die Mülltüte, brachte sie hinaus und kippte die Wassereimer im Garten aus.

Im Flur lag ein großer Haufen dicker und dünnerer Äste, und Jacob und Maya saßen in der Küche.

»Super«, sagte Moses, »wir könnten jetzt anheizen.«

»Irgendwas zum Kochen wäre auch super«, sagte Jacob.

»Ich hätte eine Idee«, erwiderte Moses. Er führte die beiden ins Wohnzimmer. »Das ist mein Vater«, sagte er, »das ist Maya und das ist Jacob.«

»Hallo«, sagten Maya und Jacob und ergriffen nacheinander die Hand, die Günther ihnen hinstreckte.

»Sein Handy lädt gerade«, sagte Moses, »aber dann kann man schriftlich mit ihm kommunizieren.«

»Gib ihm doch mal einen Zettel und einen Stift«, sagte Maya.

»Hammeridee«, sagte Moses und holte beides aus einer Schublade. Dann zeigte er auf den Kamin. »Habt ihr den in den letzten fünf Jahren mal angemacht?«

Sein Vater schüttelte den Kopf.

Moses ging zur Vordertür hinaus und nach nebenan zu Frau Frankenberger, deren Haus genauso still und dunkel in der Nacht lag wie das seiner Eltern. Er klopfte. Nichts rührte sich. Er ging um das Haus herum, leuchtete mit der Taschenlampe durch die Terrassentür und rief: »Frau Frankenberger? Ich bin's, Moses von nebenan!« Er klopfte an das Glas, und dabei entstand in der Scheibe ein langer Sprung. Er ging weiter ums Haus zu dem Fenster, hinter dem er das Schlafzimmer vermutete. Die Gardine war zugezogen. Er klopfte und rief. Etwas im Zimmer rührte sich, dann bewegte sich die Gardine, und Frau Frankenbergers Gesicht erschien.

»Ich bin's«, rief Moses, »darf ich reinkommen?«

Frau Frankenberger kippte das Fenster.

»Was willst du?«, fragte sie.

»Ich wollte fragen, ob Sie vielleicht noch irgendwo einen Campingkocher hätten. Ich bin mit zwei Freunden nebenan und besuche meinen Vater, und wir würden gern einen Tee machen oder eine Suppe.«

Frau Frankenberger schaute ihn regungslos an.

»Sie und Ihr Mann waren doch immer campen, da dachte ich ...«

»Kommen Sie mal nach vorn«, sagte Frau Frankenberger. Moses ging wieder ums Haus herum, und Frau Frankenberger öffnete ihm die Vordertür.

»Die ganzen Sachen müssten noch in der Garage sein«, sagte sie, »aber ich kenne mich da nicht aus.« Sie reichte Moses einen Schlüsselbund und zog eine Jacke über. Die Garage war längere Zeit nicht betreten worden. Es gab einen Rasenmäher, Gartengeräte und Regale mit Kartons und beschrifteten Plastikboxen.

»Wir waren ja mit dem Mobil unterwegs«, sagte Frau Frankenberger, »da ist ja alles drin, ich glaube nicht, dass da irgendwo noch ein Kocher ist.«

Moses warf einen Blick auf das Campingmobil in der Einfahrt. »Haben Sie dafür einen Schlüssel?«

448

»Natürlich«, sagte Frau Frankenberger, ging ins Haus und kam mit einem Schlüssel wieder.

Moses schloss das Wohnmobil auf. Es roch muffig. Er steckte den Schlüssel ins Zündschloss und drehte ihn. Die Batterie war erwartungsgemäß leer. Im Küchenbereich stand eine Gasflasche unter dem Herd. Er drehte sie auf, dann drehte er den Herd auf. Die Gasflamme machte ein Gasflammengeräusch und sprang an. Hurra, dachte Moses und drehte das Gas wieder ab. Frau Frankenberger stand in der Einfahrt und fröstelte. Dann näherten sich Schritte, und eine Männerstimme fragte: »Lisbeth? Was machst du denn da?«

Moses schaute aus der Tür des Wohnmobils. Draußen stand ein hochgewachsener, massiger Mann Ende 50, den er vom Sehen kannte.

»Hallo«, sagte er, »ich besuch meinen Vater und hab Frau Frankenberger gefragt, ob sie vielleicht nen Campingkocher hat. Und hier wäre einer.«

Der Mann schaute ihn fragend an.

»Moses Goldberg. Meine Eltern wohnen da. Mein Vater ist pflegebedürftig.«

»Ach, du bist das«, sagte der Mann, »du weißt aber, dass man sich eigentlich gar nicht bewegen sollte, nicht? Das haben sie im Fernsehen gesagt.«

»Ja, aber mein Vater liegt im Sterben, und ich würd ihm gern wenigstens einen Tee machen. Und mir selber auch.«

Der Mann überlegte. »Wir haben einen Kocher. Den könntest du leihen. Das ist einfacher, als immer hier rauszulaufen.«

Moses stieg aus dem Auto, schloss das Garagentor und gab Frau Frankenberger den Schlüssel zurück. Dann folgte er dem Mann zu seinem Haus und wartete vor der Tür, bis der Mann mit einem Campingkocher und einer Gaskartusche herauskam und sagte:

»Wiedersehen macht Freude.« Moses nahm beides in Empfang, bedankte sich und ging zurück.

Frau Frankenberger stand noch in der offenen Haustür. »Danke nochmal«, rief Moses ihr zu. Dann blieb er stehen. »Wollen Sie nicht einfach mit rüberkommen? Dann kochen wir eine Suppe und machen den Kamin an.«

»Danke, das ist nett«, sagte Frau Frankenberger, »aber ich glaube, ich mach's mir hier gemütlich, oder, ach, Blödsinn. Ich ziehe mir nur eben was an.«

Im Wohnzimmer hatten Jacob und Maya das Holz im Kamin zu einer Pyramide aufgeschichtet, und Maya hatte ihre Basilikumpflanze aufs Fensterbrett gestellt. Dann stand Frau Frankenberger in der Tür, und Moses fragte sie, ob sie Wasser in Flaschen hätte. Sie hatte welches, und Jacob half ihr tragen. Danach zündeten sie den Kamin an, und das Wohnzimmer füllte sich mit Rauch, doch dann fand Moses den Hebel für die Klappe, und das Feuer brannte hoch und hell. Sie schnitten Gemüse am Wohnzimmertisch, setzten den Kocher in Gang und erhitzten Wasser in einem Topf.

Jemand hämmerte an die Vordertür. Moses öffnete. Draußen stand der Mann, der ihm den Kocher geliehen hatte, und hielt in jeder Hand eine Weinflasche. »Ich dachte, man könnte Glühwein machen«, sagte er. »Das ist übrigens meine Frau.«

Erst jetzt bemerkte Moses die Gestalt, die im Schatten des Vordachs neben dem Mann stand.

»Ich bin Bernd. Und das ist Margot.«

»Moses. Ja, dann, äh, kommen Sie rein. Auf dem Kocher ist jetzt Suppe, also muss der Glühwein vielleicht noch warten.«

Moses geleitete die neuen Gäste ins Wohnzimmer. Dann beugte er sich zu seinem Vater hinunter. »Ich konnte Frau Frankenberger nicht allein zuhause lassen«, sagte er, »aber die sind von selber aufgetaucht.«

Günther schrieb etwas auf seinen Block und hielt es Moses hin. STOCKMANNS SIND NERVENSÄGEN, stand da.

»Soll ich sie rausschicken?«

Sein Vater schüttelte den Kopf.

»Strom ist jetzt seit gestern Nachmittag weg«, sagte der Mann, »und seit heute früh ist Radio weg. Das letzte, was sie gesagt haben, war, man soll still im Zimmer sitzen und sich am besten gar nicht bewegen! Am besten noch nicht mal aufs Klo gehen. Haben sie gesagt. Kannste dir nicht ausdenken.« Er war offensichtlich einer jener Männer, die nicht in der Lage waren, ihre Stimme zu dämpfen. Er kannte nur *laut* und *sehr laut*.

»Und jetzt sitzen wir hier«, rief er, »und können noch nicht mal Glühwein machen, weil wir nur einen Kocher haben! Hätt ich das mal gewusst.«

An der Terrassentür klopfte es, und hinter der Scheibe erschienen zwei Gesichter. Moses schob die Tür auf. Draußen stand eine Frau um die 50 mit einer Bommelmütze und ein Mädchen von ungefähr 14 Jahren.

»Entschuldigung, wir hatten das Licht gesehen«, sagte die Frau, »und wollten nur mal fragen, also man soll ja eigentlich nicht, aber bei uns im Haus ist es inzwischen ganz schön kalt, und mein Mann ist seit Tagen nicht erreichbar –«

»Kommen Sie rein!«, rief Herr Stockmann.

»Bernd«, sagte Margot, »wir sind hier doch gar nicht die Gastgeber.«

Moses tauschte einen Blick mit seinem Vater. Günther winkte die Neuankömmlinge ins Wohnzimmer.

»Kommen Sie, wir rücken zusammen«, sagte Herr Stockmann, rückte näher an seine Frau heran und klopfte mit der Hand auf den Platz neben sich.

»Danke«, sagte die Frau, »ich bin Medusa, und das ist Eva-Maria.«

»Medusa?«, fragte Maya.

Die Frau nickte und lächelte, als müsste sie sich für den Namen entschuldigen.

»Suppe ist so weit«, sagte Jacob, »holt mal Geschirr aus der Küche.«

»Dann wär jetzt ja Platz für Glühwein!«, rief Herr Stockmann.

»Es ist nicht viel Suppe«, erwiderte Jacob, »und wenn jetzt immer mehr Leute kommen, sollten wir vielleicht noch einen Topf machen.«

»Mensch, so ein Ärger!«, schrie Herr Stockmann.

»Aber übrigens«, meldete sich Frau Frankenberger, und ihre Stimme war leise wie eine Maus, »wir hätten ja im Campingmobil auch noch zwei Gasflammen.«

»Holla, die Waldfee!«, rief Bernd Stockmann und haute auf den Tisch, dass die Suppe fast vom Kocher fiel, »das ist ja ne Nachricht! Und das sagst du einfach so im Nebensatz!«

»Es war ein Hauptsatz«, sagte Frau Frankenberger.

»Wir könnten das draußen vor die Tür stellen«, sagte Moses, »dann hätten wir da eine Art Foodtruck mit Glühwein, und drin gibts Suppe.«

»Das machen wir!«, rief Bernd, sprang vom Sofa in die Höhe, lief zur Tür und winkte Moses einladend zu. Moses folgte ihm, Jacob folgte Moses, und Maya kam hinterher. Bernd setzte sich ans Steuer des Wohnmobils, löste die Handbremse und ließ das Gefährt rückwärts von der abschüssigen Einfahrt rollen, dann schoben sie es zu viert vor die Tür von Moses' Elternhaus, wobei Bernd lautstarke Kommandos rief. Schließlich holte er aus seinem Haus noch mehr Wein sowie einen großen Topf, und dann hatte er noch eine Idee.

»Junge«, sagte er und knuffte Moses in den Oberarm, »der Focus Kombi, ist das deiner? Stell den doch mal vor den Camper. Wollen wir mal gucken, ob wir den nicht gestartet kriegen. Sonst steh ich ja im Dunkeln mit dem Glühwein, und dann trink ich vor lauter Angst alles allein.«

Moses startete das Auto und fuhr es mit dem letzten Tropfen Benzin an das Wohnmobil heran. Bernd holte ein Starthilfekabel, öffnete beide Motorhauben und verband die Batterien. Das Licht im Inneren des Wohnmobils leuchtete auf. Dann drehte Bernd den Schlüssel um. Der Anlasser leierte und röchelte, der Motor des Mobils vibrierte, aus dem Auspuff kam eine schwarze Wolke, dann sprang er an. Bernd haute Moses vor Begeisterung auf den Rücken und schrie: »Hurra!«

Als Moses wieder ins Wohnzimmer kam, saß auf dem Sofa ein weiterer Gast, ein Mann um die 60, den er vom Sehen kannte. Dann wummerte von draußen Musik. Bernd hatte im Wohnmobil eine Schlager-

CD gefunden. Moses ging wieder hinaus und sagte: »Vielleicht ein bisschen leiser, sonst ist hier gleich die ganze Nachbarschaft …?«

»Ach komm, Junge!«, rief Bernd, »so jung kommen wir nicht mehr zusammen, und wer weiß, ob wir überhaupt noch zusammenkommen!«

»Nee, doch, trotzdem«, erwiderte Moses, drehte die Musik leiser und hatte das Gefühl, dass das alles ein wenig außer Kontrolle geriet. Als er wieder aus dem Wohnmobil auf den Gehweg trat, standen dort Jacob und Maya.

»Was macht ihr?«, fragte Moses.

Jacob deutete stumm nach oben. Über ihnen war ein Sternenhimmel, wie keiner der drei jemals einen gesehen hatte. Jeder Stern war wie ein Diamant, scharf und zum Greifen nah. Dann fuhr ein leuchtender Strich über den Himmel, erstaunlich langsam, mit einem weißen Feuerschweif, direkt gefolgt von einem zweiten. Die leuchtenden Streifen verloschen, aber die glühenden Punkte waren weiter zu sehen, bis sie irgendwo über dem Horizont in der Dunkelheit verschwanden, denn am Horizont war kein Licht wie sonst immer, sondern nachtschwarze Finsternis. Und dann erschien oben am Himmel eine dritte Sternschnuppe, noch größer als die ersten beiden. Sie folgte auf der Bahn der ersten beiden, ihr Feuerschweif verlosch nicht, und als sie hinter dem Horizont verschwunden war, leuchtete dort ein neues Licht auf.

»Das waren unsere Sterne«, sagte Maya.

»Das waren vielleicht eher abstürzende Satelliten«, entgegnete Moses.

»Wir werden also ausbrennen und abstürzen«, folgerte Jacob.

»Erst ihr zwei und dann ich«, sagte Maya.

Bernd öffnete die Tür des Wohnmobils und sagte: »Glühwein ist fertig.« Dann ging er ins Haus und rief im Wohnzimmer so laut, dass man ihn bis vors Haus hören konnte:

»Draußen gibt's Glühwein!«

Auf dem Gehsteig näherten sich drei weitere Nachbarn. Sie hatten Tassen mitgebracht und legten Wein und Gewürze im Mobil ab. Anscheinend waren sie zuvor schon dagewesen, und Bernd hatte ihnen das Prinzip der Party erläutert. Moses beschloss, den Dingen ihren Lauf zu lassen, weil er es sowieso nicht ändern konnte. So setzte er sich ins Wohnzimmer seiner Eltern, unterhielt sich mit Leuten, die er seit seiner Jugend nicht mehr oder überhaupt noch nie gesehen hatte, und zwischendurch hatte er ein Auge auf seinen Vater, der in dem Pflegebett lag und ENDLICH MAL ABWECHSLUNG auf einen Zettel geschrieben hatte.

Dass all diese Nachbarn auf einmal hier bei Kaminfeuer und Kerzenlicht im Wohnzimmer seines Elternhauses saßen, das machte Moses ein warmes Gefühl, wie er es zuletzt als Kind empfunden hatte, wenn die Erwachsenen redeten, man mit den anderen Kindern durch die Räume lief und sich frei und geborgen zugleich fühlte. Irgendwann kam Bernd ins Zimmer und verkündete, es sei noch Wein da, aber die Gasflasche sei leer, und dass er jetzt dringend ein kühles Blondes benötige. Dann hatte er von irgendwoher ein Bier in der Hand, und seine Frau stand neben ihm und legte ihm die Hand auf den Arm, wenn er zu laut wurde. So vergingen die Stunden, und irgendwann saßen auf dem Sofa nur noch Frau Frankenberger sowie Medusa, die zurückhaltende Frau mit der Strickmütze, die auf Mayas Nachfrage erzählte, ihre Mutter sei entschlossene Feministin gewesen, daher dieser ungewöhnliche Vorname, und der Name *Eva-Maria,* den sie ihrer eigenen Tochter gegeben hatte, sei wiederum ein Racheakt gewesen, weil die feministische Mutter nämlich einem katholischen Vater entronnen war, den sie hasste, wohingegen Medusa ihn als Großvater sehr mochte. Während sie das erzählte, saß die 14jährige Eva-Maria neben ihr, schaute auf ihre Schuhspitzen und versuchte beim Lächeln ihre Zahnspange zu verstecken, und Maya fühlte sich so erwachsen wie noch nie. Dann standen Bernd und Margot im Zimmer und sagten, sie hätten den Camper einigermaßen saubergemacht und würden dann mal gehen, Bernd wollte nur ein letztes Mal anstoßen, das sei ja eigentlich schrecklich, jeder säße in seiner kalten dunklen Wohnung, und die allgemeine Behauptung, das seien nur ein paar Tage und das werde von selber nachlassen, könne er nicht recht glauben. Dabei kamen ihm die Tränen, und er entschuldigte sich, Margot nahm ihn in den Arm, und Frau Frankenberger schlug vor, sie sollten doch noch ein bisschen bleiben. Also setzten sie sich wieder aufs Sofa, und Frau Frankenberger erzählte, dass sie mit dem Campingmobil leider nur zwei Reisen gemacht hätten, einmal Südfrankreich und einmal Kroatien, dann sei ihr Mann gestorben, seitdem stehe es herum, aber sie bringe es nicht übers Herz, es zu verkaufen. Sie tranken jetzt Rotwein, im Keller waren Vorräte, und Moses fragte sich, was sein Vater damit vorgehabt hatte. Was war die Idee hinter einem Weinkeller? Sollte man den bis zum Ende des eigenen Lebens vollständig geleert haben? Vererbte man ihn? Oder verdrängte man das Thema und tat bei allen solchen Sammeltätigkeiten so, als wäre man unsterblich?

Moses erhob sein Glas.

»Auf diese spontane Runde«, sagte er, »und auf jede Runde. Prost.«

Weil ihm gerade danach war, stand er auf, lief durch den Raum und stieß mit allen an. Von der Straße erklang ein Motorengeräusch, laute Musik und eine Autotür. Moses ging in den Flur und sah auf die Straße. Der Opel Corsa seiner Schwester Rachel mit dem *MÄDELSGANG*-Heckaufkleber stand hinter dem Wohnmobil geparkt, und Rachel ging auf die Haustür zu. Sie trug einen Lederrock, eine Jeansjacke und ein T-Shirt mit einer Manga-Figur. Moses öffnete die Tür, und Rachel stieß vor Schreck einen kleinen Schrei aus.

»Moses! Hast du nen Knall!«

»Nein, ich besuch Papa.«

»Boah, hast du mich erschreckt. Wieso steht das Wohnmobil hier?«

»Wir haben Glühwein gemacht.«

»Hä?«

»Ich hab zwei Freunde mitgebracht, und ein paar Nachbarn sind da.«

»Macht ihr jetzt Party, oder was?«

Sie warf einen Blick ins Wohnzimmer. »Schick die Leute nach Hause«, zischte sie dann, »Papa ist krank und braucht Ruhe.«

»Ich glaube, der findet das ganz gut«, erwiderte Moses.

»Du hast keine Ahnung, was da alles –«

»Ich hab ihn saubergemacht, falls du das meinst.«

Rachel ging ins Wohnzimmer, ignorierte die Gäste und zog Günthers Decke ein Stück weg. »Boah«, sagte sie, man sieht echt, dass du sowas nicht oft machst.«

Dann wandte sie sich den Gästen zu. »Hi. Ich bin Rachel, Moses' Schwester, und ich muss leider die Party auflösen, mein Vater hat nämlich Krebs im Endstadium und braucht Ruhe.«

Die Gäste standen auf. Günther schrieb etwas auf seinen Zettel. KOMM ERSTMAL AN UND TRINK NEN SCHLUCK stand darauf. Dann schrieb er weiter. Moses las es vor:

ALLE HIERBLEIBEN. DAS IST MEINE FETE, DIE IST VORBEI, WENN ICH ES SAGE.

»Papa«, sagte Rachel, »das tut dir nicht gut –«

Günther wedelte mit der Hand und machte ein Geräusch, das einem heiseren Fauchen glich. Rachel verstummte.

»Setzt euch«, sagte Moses. Die Gäste blieben einen Moment verunsichert stehen, dann setzten sie sich wieder hin. Rachel machte missbilligende Gesichtsausdrücke, drückte sich neben Medusa und Maria aufs Sofa und ließ sich von Moses ein Glas Wein geben. »Das ist so krass«, sagte sie, »die kampieren mit Notfallbesetzung in der Klinik, und wenn das Stromaggregat keinen Sprit mehr hat, gibt's halt Tote.«

»Hast du was von Mama gehört?«

»Nee.«

Alle schwiegen. Günthers kurzer Wutanfall hatte etwas verändert. Bernd weinte nicht mehr. Günther lag still im Bett, doch als Moses ihm einen Blick zuwarf, meinte er in seinen Augen Tränen zu sehen. Moses ging zu ihm.

Sein Vater schrieb:

ICH HAB INS INTERNET GESCHAUT.

»Ja und?«, fragte Moses.

HAST DU WIRKLICH DIESEM MÄDCHEN VORGELOGEN, DU KÖNNTEST KEIN DEUTSCH?

Moses seufzte. »Ja. Habe ich.«

SOWAS MACHT MAN NICHT, schrieb sein Vater. Dann schrieb er: ICH BITTE DICH, DEINE SCHWESTER ZU FINDEN, UND DU MACHST SO EINEN UNSINN. Und dann schrieb er noch etwas, aber gab Moses den Zettel nicht, sondern drehte ihn weg.

»Soll ich das jetzt lesen oder nicht?«, fragte Moses.

Sein Vater zuckte die Achseln. Dann hielt er Moses den Zettel hin. Dort stand:

MEIN EIGENER SOHN HÄTTE SOWAS VIELLEICHT NICHT GETAN.

»Alles okay?«, fragte Rachel.

»Ich schulde Günther noch einen Bericht darüber, wie ich Hannah gesucht und nicht gefunden habe.«

Alle sahen ihn an.

»Ich weiß aber nicht, ob euch das interessiert«, sagte Moses.

»Mich interessiert's«, sagte Eva-Maria, und es war der erste vollständige Satz, der aus ihrem Mund kam. »Es ist schnell erzählt«, sagte Moses, »unsere Familie ist ein bisschen speziell –«

»Welche nicht!«, warf Bernd ein, und alle lachten.

»Also, mein biologischer Vater ist ein Unbekannter aus dem Nahen Osten und der von Rachel einer aus Großbritannien. Unsere Schwester Hannah war angeblich das biologische Kind von Günther, aber da war er sich am Ende auch nicht mehr sicher. Hannah hat sich aber aus der Familie weitgehend verabschiedet, also hat er mich gebeten, sie zu finden und einen Vaterschaftstest zu machen. Das habe ich versucht, habe sie nicht gefunden, dafür aber eine Frau kennengelernt, mich als Norweger ausgegeben und was mit ihr angefangen, woraufhin sie der

Meinung war, ich hätte sie vergewaltigt. Und jetzt stehe ich hier mit leeren Händen. Klingt komisch, ist aber so.«

Er schaute in die Runde. Alle schauten fragend zurück. Dann meldete sich Maya.

»Darf ich die Geschichte nochmal erzählen?«

»Wenn die anderen sie nochmal hören wollen.«

»Ich hab heute sonst nichts mehr vor«, sagte Bernd.

»Na gut«, sagte Maya, »aufgepasst.«

Und dann erzählte sie Moses' Geschichte noch einmal, doch wo Moses nur Eckdaten referiert hatte, breitete sie die Lebensläufe der Beteiligten so aus, dass sie greifbar im Raum standen. Da war auf einmal das Jahr 1978, und jeder im Raum sah die Figuren vor sich, als wären es gute Bekannte. Maya erzählte, wie Günther und Gisela von dem Gedanken durchdrungen waren, die Fehler der Eltern nicht zu wiederholen, wie sie der Liebe das Besitzdenken austreiben wollten und wie Günther sich fragte, ob es überhaupt einen hinreichenden Grund geben konnte, die eigenen Gene weiterzugeben. Sie erzählte, wie Moses im Bewusstsein aufgewachsen war, dass bei ihm etwas anders war als bei den anderen Kindern, und wie er immer ein Stück wilder war als die anderen, weil er lieber bewundert als ausgegrenzt werden wollte, und sie erzählte von Hannah, die linkisch und scheu war und wie ihr in der Schule das Leben zur Hölle gemacht wurde. Dann erzählte sie, wie Hannah der Familie abhandengekommen war, weil sie nicht das Gefühl hatte, dass man sich hier für sie interessierte, denn Günther war zu sehr mit sich selbst beschäftigt und dem Aufwand, den es kostete, sein ungutes Gefühl über diese merkwürdige Patchworkfamilie zu unterdrücken, und wie Gisela auf ähnliche Art so viel Energie für die Aufrechterhaltung ihres Weltbildes verbrauchte, dass sie für die Töchter nicht greifbar war. Maya erzählte, wie Moses von seinem Vater auf die Suche geschickt worden war, wie er Hannahs Spur gefunden hatte, wie er auf dieser Suche Betsie kennengelernt und darüber das Ziel aus den Augen verloren hatte. Maya schilderte, wie diese Liebe durch Moses' Versäumnis in einen Alptraum gemündet war, und sie ließ auch nicht aus, wie er in einer Nacht aus Verzweiflung und Kontrollverlust mit der Freundin seines besten Freundes geschlafen hatte, allerdings erwähnte sie nicht, dass sie selbst diese beste Freundin war, und sie erzählte, wie Moses dann auf eine Reise kreuz und quer durchs Land gegangen war und neuen Spuren von Hannah gefolgt war, wie jede dieser Spuren sich als Sackgasse erwiesen hatte und wie Moses dabei immer mehr das Gefühl gehabt hatte, dass jemand sich über ihn lustig machte. Sie erzählte, wie er nach Berlin zurückgekehrt war, während im Internet eine Vernichtungsmaschine gegen ihn anlief, wie er im Gefängnis gelandet und ausgebrochen war, wie er mit den Freunden aufs Land gefahren war zum Haus des alten Mannes, der behauptete, die Lösung für das Problem zu haben, sich dann aber als wahnsinnig herausstellte, und wie Hannah geschrieben habe, dass sie nach Hause kommen wolle. »Und jetzt stehen wir hier mit leeren Händen«, sagte sie schließlich, »das ist das vorläufige Ende, und vielleicht kommt noch was hinterher, aber das weiß keiner.«

Stille trat ein.

»Woher weißt du das alles?«, fragte Moses.

»Dir zugehört und den Rest ergänzt.«

Bernd räusperte sich. »Ich kann ja nur für mich sprechen«, sagte er, »aber wenn ich einen Ziehsohn hätte, der sowas für mich macht, dann wär mir persönlich schnurzpiepegal, ob er biologisch von mir wäre, und meine Tochter, die sich nie meldet, genauso. Das ist doch irgendwann wirklich wumpe, also ich meine … Unser Sohn meldet sich auch nie, und bei dem bin ich mir sicher, dass er von mir ist.«

»Ja«, sagte seine Frau und nickte.

»Wärst du mal fremdgegangen, Margot, dann wär ja vielleicht was Besseres aus dem Jungen geworden.«

»Nee«, sagte Margot und griff nach seiner Hand.

»Übrigens habe ich jede Menge Details weggelassen«, rief Maya. »Als Moses nämlich in Flensburg an der Stadthalle ankam, wo Hannah einen Vortrag halten sollte, hing da ein Schild: *Wegen Meteoriten-*

hagel abgesagt, und schon fiel Feuer vom Himmel, und alle flüchteten in die Häuser und fuhren ihre Autos in die Garagen, aber Moses sah auf einem Spielplatz zwei Kinder, da rannte er hin und brachte sie in Sicherheit, und im selben Moment traf ein Meteorit Moses' Auto. Und als die Mutter der Kinder dann von der Arbeit kam, sagte sie: Du hast meine Kinder gerettet, ich bin zufällig Filialleiterin einer Autovermietung, du darfst dir ein Auto aussuchen, ich habe nämlich freie Hand beim Ausstellen von Geschenkgutscheinen. Und so konnte Moses mit einem Mietwagen weiterfahren.«

»Krass«, sagte Eva-Maria, die Tochter von Medusa.

»Das ist nicht wirklich passiert«, flüsterte ihre Mutter, »das hat die Maya sich nur ausgedacht.«

»Weiß ich«, sagte Eva-Maria.

»Falsch«, erwiderte Maya, »also das habe ich mir zwar ausgedacht, aber es ist trotzdem passiert.«

»Wieso?«

»Weil das das zentrale Problem ist. Pass auf. Jeder Mechanismus kann kaputtgehen.«

»Stimmt«, sagte Bernd.

»Also auch der Mechanismus von Ursache und Wirkung. Wenn wir Wirkungen ohne Ursachen sehe, ist der offenbar kaputt. Also müssen wir die Ursachen ergänzen. Wenn wir das gemacht haben, haben wir den Mechanismus repariert, und die Welt macht wieder Sinn.«

Einen Augenblick war Stille. Dann sagte Moses: »Das hättest du ruhig mal früher sagen können.«

»Ist mir erst heute auf der Autofahrt eingefallen.«

Günther schrieb auf einen Zettel, und Moses las vor: GUTE IDEE.

Dann reichte Günther ihm einen Zettel, den er während Mayas Vortrag geschrieben hatte und auf dem stand: DAS MÄDEL GE-FÄLLT MIR. BLITZGESCHEIT UND REDEGEWANDT! SO EINE HÄTTE ICH MAL HEIRATEN SOLLEN. RÜCKBLICKEND HAB MICH DAMALS ZU SEHR AUF DEINE MUTTER FIXIERT. ABER

SO FRAUEN GAB ES IN MEINER GENERATION KEINE. ZUMIN-
DEST KANN ICH MICH AN KEINE ERINNERN. SCHADE BZW
SCHÖN FÜR DICH. IST DIE MIT DIESEM SCHWEIGSAMEN
HÄNFLING ZUSAMMEN? WAS WILL DIE VON DEM LANGWEI-
LER? LEIDER HABEN DIE BESTEN FRAUEN EINEN RÄTSELHAF-
TEN MÄNNERGESCHMACK.

Diesen Text las Moses nicht vor. Stattdessen sagte er: »Wenn das so
ist, hätte ich auch was beizutragen. Und zwar die Geschichte, wie ich
in Schwäbisch Hall losfahren wollte in Richtung Regensburg, wo am
Abend der letzte Termin war. Es gab da schon Stimmen in den Medien,
die sagten, man solle sich ins Zimmer setzen und nicht mehr bewegen.
Da stand auf einmal ein Pulk aus Leuten mit Zaunlatten und Baseball-
schlägern, die mich nicht durchlassen wollten.«

»Nee«, unterbrach Maya, »Baseballschläger gibt's nur bei Nazis und
in Amerika.«

»Richtig, also Leute mit Zaunlatten und … Schneeschaufeln«

Sein Vater reichte ihm einen Zettel, auf dem stand: DU HAST SIE
ALLE VERMÖBELT.

»Ich habe sie alle vermöbelt«, las Moses vor.

Sein Vater reichte ihm noch einen Zettel: MIT HILFE DEINER
FREUNDE.

»Die waren nicht dabei«, sagte Moses.

DU HAST SIE ANGERUFEN, schrieb sein Vater.

»Du hast uns angerufen und auf laut gestellt«, sagte Maya, »und ich
hab aus dem Telefon gebrüllt: Dieser Mann ist auf einer Mission! Wer
sich ihm in den Weg stellt, stellt sich dem Schicksal in den Weg!«

»Ich hätte da Angst, dass einer ein Messer zieht«, sagte Medusa.

»Da hat auch einer ein Messer gezogen«, erwiderte Maya, »und der
hätte ihn auch um ein Haar erwischt.«

»Hat mich erwischt«, sagte Moses, »ich konnte noch ausweichen,
die Klinge ging trotzdem durch die Hose und ins Bein. Hat ordentlich
geblutet.«

Medusa hob die Hand, als wäre sie im Schulunterricht. »Das hatte dann aber den unerwarteten Effekt, dass die Leute mit den Zaunlatten selber erschrocken waren und ihn durchgelassen haben«, sagte sie.

»Sehr gut!«, rief Maya.

»Also bin ich blutend zum Auto«, fuhr Moses fort, »hab da die Wunde notdürftig verbunden, damit ich im Auto nicht alles vollblute, war ja ein Mietwagen–«

»Er hat die Wunde eigenhändig genäht«, sagte Eva-Maria, »mit Nadel und Faden.«

»Und dann bist du weitergefahren nach Regensburg, aber da war auch nix, und dann ab nach Hause!«, rief Bernd.

Günther schrieb noch etwas. Moses wollte den Zettel entgegennehmen, aber Günther wehrte ihn ab und winkte stattdessen Maya heran. Maya las: ICH BIN STOLZ AUF MEINEN SOHN.

In der Nacht schliefen Jacob und Maya im selben Bett. Die Gäste waren noch eine Weile im Wohnzimmer gesessen und hatten Geschichten aus ihrem Leben erzählt, dann hatten sie sich verabschiedet, und Bernd hatte alle zum Abschied sehr fest umarmt und gesagt, dass er diesen Abend nie vergessen würde und dass man das bei Gelegenheit mal wieder machen sollte, gern auch bei ihnen. Rachel schlief in ihrem alten Kinderzimmer, Moses baute sich ein Nachtlager auf der Couch im Wohnzimmer, Jacob und Maya schliefen in Moses' Zimmer, in dem nur ein schmales Bett war, in dem sie sich eng aneinanderdrücken mussten. Den Basilikum nahm Maya mit ins Schlafzimmer und stellte ihn neben das Bett. Bevor sie die Kerze löschten, sagte Maya: »Ich muss dir was sagen, aber ich weiß nicht, ob ich es dir sagen soll.«

»Was denn?« fragt Jacob.

»Ich hatte seit dem Sommer das Gefühl, dass wir uns trennen.«

»Aha.«

»Wir waren wie zwei Züge, die nebeneinander aus dem Bahnhof fahren. Man kann vom einen Zug in den anderen reingucken und sich zuwinken. Aber dann kommt eine Weiche, der eine Zug fährt nach links und der andere weiter geradeaus, und man sieht, wie der andere Zug sich immer weiter entfernt.«

Jacob schwieg.

»Sag mal was«, sagte Maya.

Jacob dachte nach, aber es gab nichts nachzudenken. Sie hatte recht.

»Ja«, sagte er, »verstehe ich.«

»Hm.«

Jacob merkte, wie seine Antwort Maya leise erschütterte, obwohl er nur bestätigt hatte, was sie bereits gesagt hatte.

»Aber haben wir zurzeit nicht andere Sorgen?«, fragte er.

»Ja und nein. Man kann auf mehreren Gebieten Sorgen haben. Man kann ja auch gleichzeitig Knieschmerzen und Zahnschmerzen haben.«

»Und was machen wir jetzt damit?«

»Ich wollte eigentlich was ganz anderes sagen. Das vorhin war nur die Einleitung zu einem *Aber*.«

»Und was kommt nach dem *Aber*?«

Maya schwieg.

»Wolltest du sagen, dass sich das seit gestern oder heute nicht mehr so anfühlt?«

Maya nickte.

Jacob wollte ihr sagen, dass es sich für ihn auch so anfühlte. Er dachte an die Nacht nach der Theaterpremiere, als sie in der Eckkneipe in der Chausseestraße getanzt hatten, und wie sie danach nebeneinander ins Bett gefallen waren, und wie er bei dieser Theaterpremieren-schlägerei in sich selbst eine neue Seite entdeckt hatte, die bereit war, sich für Maya in jeden Kampf zu werfen. Und dann fiel ihm ein, wie sein Vater mit der Kettensäge vor seinem Gesicht gewedelt und wie Maya ihm einen Spaten auf den Kopf geschlagen hatte. Sie hatte sich auch für ihn in einen Kampf geworfen.

»Ich habe auch das Gefühl, dass sich irgendwas geändert hat«, sagte Jacob.

»Ich will, dass du immer bei mir bist«, flüsterte Maya.

Sie lagen eng an eng auf der schmalen Matratze und spürten die Wärme des anderen im kalten Zimmer. Irgendwann schliefen sie ein, und dann wachten sie davon auf, dass die Morgensonne über die Dächer der Siedlung ins Fenster schien. Jacob stand auf und sah hinaus über die Gärten, in denen er am Abend Brennholz gesucht hatte, und Maya trat neben ihn und sagte:»In dem Teich da können wir jetzt baden.«

Moses war schon wach, hatte bei Frau Frankenberger geklopft und gefragt, ob er vielleicht das Wohnmobil leihen könnte. Medusa hatte sich noch am Abend bereit erklärt, bei Günthers Pflege behilflich zu sein, und Bernd hatte angeboten, den Kamin wieder einzuheizen.

»Und was machen wir?«, fragte Jacob.

»Wir fahren mit Rachel in die Klinik«, sagte Moses, »die haben Strom, da schließen wir den Computer von deinem Vater an. Und dann mal gucken.«

Das Klinikum, in dem Rachel arbeitete, lag auf einer Anhöhe am Rand einer Satellitenstadt von Frankfurt. Rachel war sich unsicher, ob sie bei ihrem Vater bleiben oder den Kollegen zur Seite stehen sollte, die bei Notstrom und ohne fließendes Wasser versuchten, die Patienten am Leben zu erhalten, doch nachdem Medusa und Bernd und sogar Frau Frankenberger Nachbarschaftshilfe angeboten hatten, hatte sie sich entschieden. Das Wohnmobil sprang nach einigen Versuchen an, und der Motor hatte immer wieder kurze Hustenanfälle. Moses fand in Frankenbergers Garage einen elektrischen Kompressor, den man in den Zigarettenanzünder einstöpseln konnte, damit pumpte er die Reifen auf, die von der langen Standzeit halb platt waren. Sie fuhren los, vorneweg Rachel und dann die drei anderen im Wohnmobil. Die Straßen waren voller heruntergefallener Äste und umgeknickter Verkehrsschilder, immer wieder umfuhren sie liegengebliebene Autos, stellenweise war die Fahrbahn von Rohrbrüchen unterspült und halb weggesackt.

Der Platz vor dem Krankenhaus war leer, die Schiebetüren standen offen, und im Foyer war kein Mensch.

»Aufzüge gehen nicht«, sagte Rachel, »hier lang.«

Sie führte sie in den Verwaltungstrakt und stieg hinauf ins dritte Stockwerk. In einem Büro saß eine Frau um die 50, die aussah, als hätte sie drei Nächte nicht geschlafen.

»Das ist Jutta«, sagte Rachel, »das ist mein Bruder Moses. Die bräuchten einmal kurz Strom.«

Jutta nickte ihnen zu. Moses und Jacob bauten den Computer auf. Maya nahm Rachel beiseite und stellte eine Frage, danach ging Rachel mit ihr hinaus und führte sie einmal quer durchs Krankenhaus. In den Gängen brannte Notbeleuchtung, übermüdetes Personal in weißen Kitteln oder Alltagskleidung saß an Arbeitsplätzen, starrte auf Bildschirme und Akten oder lief von irgendwo nach irgendwo.

Als Maya mit Rachel zurück in das Verwaltungszimmer kam, lief der Computer. Jacob und Moses probierten Passwörter aus und Moses führte Buch über die bisherigen Versuche.

»Probiert mal *Miniermotte*«, sagte Maya.

Es funktionierte, und der Rest ging schnell. Es gab Mailverkehr zwischen Gerhard und Wolfgang A. Richter, und dort fand Moses nach kurzer Suche die Passage:

Zum eventuellen Gegenmittel, dessen Existenz ich gleichwohl für mehr als fragwürdig halte, besitze ich leider nur bruchstückhafte Informationen. Vieles stammt von einer Whistleblowerin, die sich Sarah Silberberg nennt – ich glaube nicht, dass das ihr richtiger Name ist, aber ihre Kenntnisse belegen meiner Meinung nach, dass sie keine Hochstaplerin sein kann. Ich hätte eine Post- und eine Mailadresse, voila:

c/o

OBSERVATORIUM FABIANSHÖHE
JOHANNIWEG 1
CH-5180 RÄTHLIWILLEN

Jacob starrte auf den Bildschirm und spürte, wie ihm schwindelig wurde. Die ganze Welt schien sich zu neigen wie ein Schiff im Sturm.

»Merkt ihr das auch?«, fragte er.

»Ich merke irgendwas«, murmelte Moses und fuhr den Rechner herunter. »*Sarah Silberberg* ist jedenfalls der Twitter-Name meiner Schwester Hannah. Und ich würde jetzt vorschlagen, dass wir einfach da hinfahren.«

Sie schalteten den Computer aus. Dann verabschiedeten sie sich von Rachel, die nicht viel sagte, sondern sie alle drei umarmte und ihnen Glück wünschte.

Vor dem Krankenhaus war ein gepflasterter, von Pollern eingegrenzter Vorplatz. Hinter den Pollern parkte das Wohnmobil im Halteverbot. Und davor stand jetzt eine Gruppe von fünf Menschen mit Holzprügeln und Gartengeräten.

»Sie können hier nicht weiter«, sagte ein Mann um die 40 mit einem Baseballschläger, als Moses vor ihm stehenblieb.

»Warum?«

»Das wissen Sie selber. Warum sind Sie nicht zuhause?«

»Sie sind doch auch nicht zuhause.«

»Ich tue hier was für die Allgemeinheit, indem ich Leute wie Sie davon abhalte, uns alle zu gefährden.«

»Ich würde trotzdem gern die Sachen hier ins Auto legen, und dann können wir uns in Ruhe unterhalten.«

»Nein. Sie fassen dieses Auto nicht mehr an.«

»Aha. Und was würden Sie uns empfehlen?«

»Setzen Sie sich in Ihre Wohnung und machen Sie nichts«, sagte der Mann.

»Meine Wohnung ist in Berlin«, erwiderte Moses.

»Ihr Problem.«

Die Frau, die neben dem Mann stand, meldete sich zu Wort.

»Seien Sie doch vernünftig. Es ist doch nur für ein paar Tage, danach wird alles wieder besser.«

»So viel Zeit habe ich nicht«, sagte Moses.

Ein jüngerer Mann trat aus der Reihe und sah Moses ins Gesicht. »Sie kenne ich doch«, sagte er, »Sie sind ein gesuchter Vergewaltiger. Oder? Das sind Sie doch.«

»Würde ja passen«, sagte der Mann mit dem Baseballschläger.

»Hört mal, Freunde«, sagte Moses, »ich verstehe eure Sorgen, aber wenn wir jetzt mit der Karre hier wegfahren, dann ändert das überhaupt nichts am Zustand der Welt. Also, ich würde vorschlagen, wir klären das friedlich.«

Er trat zwei Schritte auf die Lücke zwischen dem Mann und der Frau zu. Der Mann vertrat ihm den Weg und hob den Baseballschläger. Moses wich zurück, wandte sich nach links, um an der Gruppe vorbeizugehen, der Mann vertrat ihm wieder den Weg, und Moses wollte ihm wieder ausweichen. Dann hob der Mann den Baseballschläger und schlug zu. Moses hob geistesgegenwärtig den Computer in die Höhe. Der Schläger donnerte gegen das Gehäuse und zerbrach. Moses zog den Kopf ein und wich ein paar Schritte zurück.

»Jetzt reicht's!«, schrie Jacob.

»Dieser Mann ist auf einer Mission!«, rief Maya. »Wer sich ihm in den Weg stellt, der stellt sich dem Schicksal in den Weg!«

Moses hob den Computer wieder über den Kopf und ging drohend auf den Mann zu, der jetzt keine Waffe mehr in der Hand hatte. Doch dann griff er an seinen Stiefel und hatte plötzlich ein Messer in der Hand. Maya schrie »Vorsicht!«, Moses sprang zurück, Jacob sprang vor und stellte dem Mann ein Bein, der Mann fiel nach vorn, das Messer verfehlte Moses' Brust, die es getroffen hätte, und fuhr stattdessen in sein Bein.

Moses taumelte und ließ den Computer fallen, genau auf den Rücken des Mannes, der vor ihm am Boden lag und gerade wieder hochkommen wollte. Der Mann brach mit einem Stöhnen zusammen.

»Scheiße«, sagte die Frau.

»Verdammt«, sagte der kleinere Mann.

»Schaut euch an, was ihr gemacht habt, ihr blöden Arschlöcher!«, schrie Jacob, packte den kleineren Mann und stieß ihn weg.

»Komm«, rief Maya. Sie stützte Moses, dessen rechtes Bein unter ihm nachgab. Sie schlossen das Campingmobil auf und stiegen ein. Jacob ließ den Motor an. Der Anführer der Gruppe kam wieder hoch. »Ich mach euch fertig!«, brüllte er und trat gegen die Tür. Dann nahm er seinem Kameraden den Spaten weg, schlug ihn gegen die Motorhaube und holte aus, um die Frontscheibe zu zertrümmern.

Jacob legte den Rückwärtsgang ein und setzte mit Vollgas zehn Meter zurück. Dann gab er wieder Gas und hielt auf die Gruppe zu. Der Mann sprang zur Seite, Jacob beschleunigte, fuhr bis ans Ende der Straße, auf die nächstgrößere Straße und aus dem Ort hinaus, bis er sicher war, dass ihnen niemand folgte.

Der Beifahrersitz unter Moses hatte sich dunkelrot gefärbt. Jacob hielt an.

»Verdammte Scheiße«, keuchte Moses. Maya holte das Seil, das sie aus Gerhards Haus mitgenommen hatte, und band damit sein Bein ab. Jacob ließ den Motor wieder an und wendete das Wohnmobil auf der Straße.

»Was machst du?«, fragte Moses.

»Was wohl. Ich fahre zurück zum Krankenhaus.«

»Damit wir nochmal auf die Fresse kriegen?«

Die Gruppe vor dem Krankenhaus hatte Verstärkung bekommen. Es waren jetzt neun oder zehn Leute. Als sie das Fahrzeug kommen hörten, stellten sie sich in einer Kette quer über die Straße.

»Gib Gas«, sagte Moses, »fahr sie um.«

Jacob schüttelte den Kopf, bremste, legte den Rückwärtsgang ein und wendete. Am Ende der Straße bog er in die Richtung ab, wo es laut einem Schild zur Rettungsstelle ging, doch als sie dort vorfuhren, kam der Mann mit seinen Gesellen schon wieder um die Ecke, also gab Jacob wieder Gas und fuhr aus dem Ort heraus, bis er in einem Waldstück anhielt und den Motor abstellte. Maya begutachtete die Schnittwunde an Moses' Bein und sagte:

»Das muss genäht werden.«

»Habt ihr Nähzeug?«, fragte Moses.

Maya nickte.

»Na dann.«

Maya holte Nadel, Faden und Schere und schnitt die Hose weiter auf. »Diese Hose stammt noch aus meiner Abiturzeit«, sagte Moses, »die war bei meinen Eltern in der Kleidersammelkiste. Ich habe mit Befriedigung festgestellt, dass sie mir immer noch passt.«

»Hat dieses Wohnmobil ein Klo?«, fragte Maya.

»Ich glaube schon.«

»Hol mal Papier.«

Jacob fand Klopapier, und Maya tupfte das Blut ab. »Wenn man mir damals gesagt hätte, was mal mit dieser Hose passieren würde, hätte ich das nicht geglaubt«, sagte Moses, »übrigens geht das angeblich besser, wenn die Nadel gebogen ist. Jacob, verbieg doch mal die Nadel.«

Jacob holte seine Zange und machte aus der geraden Nadel eine gebogene. Dann fädelte Maya den Faden ein.

»So«, sagte Moses, »Selbstoperation.«

Er versuchte sich die Nadel selbst in die Haut zu stechen. Seine Hände zitterten, dann zuckte er zusammen und sackte zurück.

»Scheiße.«

»Gib her«, sagte Maya, »guck nicht hin und denk an was Schönes.«

Sie hatte so etwas noch nie gemacht. Doch in dem Moment, als sie die Nadel in die Haut gestochen und durchgezogen hatte, veränderte sich etwas. Das war jetzt eine Arbeit, die bestmöglich erledigt werden musste, und zugleich dachte sie, dass sie eigentlich auch Ärztin werden könnte. Sie war nur immer so versessen aufs Theater gewesen, dass sie nie etwas anderes ernsthaft erwogen hatte.

»Seltsam«, sagte Moses mit zusammengebissenen Zähnen, »was man für ein Verhältnis zu Kleidungsstücken hat. Wenn man Kleider kauft, denkt man sich ein schönes Leben, das man in diesem Kleidungsstück haben wird, aber wenn man es dann trägt, dann ist das Leben so wie immer und man denkt nie daran, was man in bestimmten Momenten angehabt hat. Man läuft einfach rum. Bei dieser Hose werde ich allerdings immer daran denken, was passiert ist. Andererseits werde ich sie höchstwahrscheinlich nie wieder tragen. Scheiße tut das weh. Verfluchte Kacke. Habt ihr von dieser Studie gelesen, wonach man Schmerz besser erträgt, wenn man flucht? Himmel, Arsch und Wolkenbruch. Verdammte Scheiße!«

Als Maya fertig war, wusch sie sich die Hände mit dem Wasser, das aus dem Hahn über der Spüle des Wohnmobils kam und muffig roch, weil es vermutlich schon seit Jahren im Vorratstank war.

»Ich spür mein Bein nicht mehr«, sagte Moses.

»Man muss den Druckverband zwischendurch lockern,« sagte Jacob.

Jacob lockerte das Seil, und die genähte Wunde begann wieder zu bluten. Dann zog er es wieder fest. Sie deckten den großen Blutfleck auf dem Sitz mit einer Decke ab, dann nahmen sie Moses in die Mitte.

»Na dann ab in die Schweiz«, sagte Moses, »Hannah finden und ihr den Hintern versohlen.«

»Meine Mutter wäre in Oldenburg«, erwiderte Maya, »die hätte nen Garten.«

»Das ist die entgegengesetzte Richtung.«

»Ich mein ja nur.«

»Mich beschäftigt was ganz anderes«, sagte Moses. »Ist euch auch aufgefallen, dass gerade genau die Geschichte passiert ist, die wir uns gestern ausgedacht haben?«

»Bis auf den Baseballschläger«, sagte Jacob.

»Maya. Sag doch mal was.«

»Was soll ich sagen«, sagte Maya, »das mit den Geschichten ist auch nur eine Geschichte, die ich mir ausgedacht habe. Es gibt am Ende nur Geschichten, keine Wahrheit.«

»Das halte ich für ausgemachten Blödsinn. Dann müssten wir ja gar nicht mehr reden.«

»Doch. Du erzählst mir deine Wahrheit und ich dir meine.«

»Und zusätzlich gibt es außerdem eine objektive Wahrheit. Plattestes Beispiel: Haben die Nazis Millionen Menschen ermordet, oder nicht?«

»Das ist unfair«, sagte Maya.

»Wollen wir diese Fragen vielleicht ein andermal klären?«, fragte Jacob.

»Jacob, Maya und Moses fuhren einfach wieder los in Richtung Süden«, sagte Maya. »Erst war es windig und wolkig, dann kam die Sonne raus und es wurde warm, dann kamen sie in die Berge und sind da immer höher hinaufgefahren, und da haben sie Moses' Schwester getroffen, die war eigentlich sehr nett, und dann hat sich das alles als Irrtum herausgestellt. Dann schenkte Maya ihr die Basilikumpflanze, Hannah war darüber sehr gerührt, und sie lebten glücklich bis ans Ende ihrer Tage. So war das.«

Der Himmel hatte sich zugezogen und Wind wehte. Die Baumwipfel über ihnen bogen sich, dann wurde es halbdunkel, eine Bö fegte durch den Wald, irgendwo hinter ihnen brach eine Baumkrone ab, und Jacob konnte im Rückspiegel sehen, wie sie auf die Straße fiel. Er ließ den Motor an.

»Schweiz?«, fragte er. Niemand antwortete. Moses reichte Jacob sein Handy.

»Wir hätten mal den Handyhalter aus dem anderen Auto mitnehmen können«, sagte Jacob.

»Wir hätten vor allem das Ladedingsbums mitnehmen können«, erwiderte Maya, »hast du deinen Laptop dabei?«

Jacob nickte. Maya verband das Handy zum Laden mit dem Computer, und sie fuhren los. Die Wolken jagten über den Himmel, mal war es fast finster, dann schien die Sonne, und immer wieder wurde das Wohnmobil von Windböen getroffen wie von Faustschlägen. In den Ortschaften brannten einzelne Häuser, andere waren eingestürzt, und einmal lag in der Ferne das Wrack eines Flugzeugs auf einem Acker. Sie fuhren zwei Stunden auf der Autobahn, dann stoppten sie vor einer Massenkarambolage. Zwanzig Autos und fünf LKW waren ineinandergefahren und offenbar in einem Feuersturm ausgebrannt, aber das schien einige Tage her zu sein, die Wracks waren nassgeregnet und Laub lag auf den schwarzen Blechruinen. Sie kehrten um und fuhren auf Landstraßen weiter, die jedoch oft Feldwegen glichen, wenn der Boden abgesackt war und kratergroße Schlaglöcher entstanden waren. Moses sagte, es gehe ihm den Umständen entsprechend nicht völlig miserabel, und die Blutung habe nachgelassen, ihm sei nur kalt, also holte Maya ihm eine zweite Decke, und er deckte sich zu.

Wenn sie Orte durchquerten, sah man jetzt mehr Menschen auf den Straßen. Offenbar war den Leuten klargeworden, dass keine Rettung kommen würde, also hatten sie die Dinge selbst in die Hand genommen. Fenster und Türen von Supermärkten waren eingeschlagen, bei einigen Häusern standen Kerzen in den Fenstern, andere hatten weiße Betttücher herausgehängt, als wäre ein feindliches Heer zu erwarten. In einem Dorfgasthaus schien eine gesellige Versammlung zu sein, Leute standen rauchend vor der Tür, und in anderen Dörfern sah es aus, als sei tatsächlich eine plündernde Armee durchmarschiert. Als sie in einem Gewerbegebiet an einem Supermarkt vorbeikamen, dessen Eingangstür offenbar vom Aufprall eines Autos zerschmettert worden war, hielt Jacob an. Im Supermarkt war dämmriges Halbdunkel, Jacob füllte einen Einkaufskorb mit Keksen, Chips und Schokoladenriegeln und lud alles in eine Tüte. Als er ans Tageslicht kam, hatte dichter Nebel das Wohnmobil verschluckt, obwohl es nur fünf Meter vor dem Eingang des Marktes stand. Moses saß noch im Fahrzeug, aber Maya war verschwunden.

»Wo ist sie?«, fragte Jacob.

Moses deutete mit dem Daumen über die Schulter, und Maya rief »hier!« aus der Toilettenkabine. Dann kam sie heraus, kletterte auf die Vorderbank und sagte:

»Moses, würde es dir was ausmachen, nach rechts zu rutschen? Ich würd mich gern an Jacob kuscheln.«

»Das ist ja süß«, sagte Moses, »da will ich euch nicht im Wege stehen.«

Mit Mayas und Jacobs Hilfe schoben sie die zusammengefaltete Decke, auf der er saß, auf die rechte Hälfte der Beifahrersitzbank. Unter der Decke kam ein großer nasser Blutfleck zum Vorschein.

»Oh verdammt«, sagte Maya.

»Das ist nicht schlimm«, erwiderte Moses, »vielleicht ein halber oder höchstens ein ganzer Liter. Ein erwachsener Mensch hat sechs Liter Blut, ein handelsüblicher Topf fasst drei Liter. Stell dir einen extragroßen XXL-Suppentopf vor, den du nimmst, wenn du all deine Freunde einlädst. Den voll mit Blut. Erst dann ist man tot.«

»Das beruhigt mich jetzt nur so mittel«, sagte Maya.

Eine Windbö war aufgekommen und hatte den Nebel weggeweht. Maya kletterte auf den mittleren Sitz. Jacob fuhr los. Der Wind blies die Wolken weg, als sie aus dem Gewerbegebiet herausfuhren, war strahlender Sonnenschein, und im Cockpit des Wohnmobils wurde es warm.

»Es wird wieder Sommer«, murmelte Maya und lehnte sich an Jacobs Schulter.

»Ich bewerte dieses Wetter mit fünf von fünf Sternen«, sagte Moses.

Maya lehnte sich an Jacobs Schulter und schloss die Augen. Sie stellte sich vor, wie sie gemeinsam in den Urlaub fuhren, nach Südfrankreich oder nach Spanien. Die Sonne brannte, sie trugen kurze Hosen und ärmellose T-Shirts, die Fahrt dauerte drei Tage, sie stellten das Wohnmobil nachts ans Meer, machten Feuer, tranken Wein und schauten in den Sternenhimmel. Sie war da mit Moses und Jacob, es gab nur sie drei, sie brauchten sonst nichts auf der Welt, außer einer Fähre, die sie bei Gibraltar übers Meer bringen würde, dann würden sie in Marokko weiterfahren, von einer Stadt zur nächsten, nach Rabat und Marrakesch und Casablanca, und dann würde am Ende der Straße ihre Mutter auf sie warten in ihrem Garten, der zwar eigentlich in Oldenburg war, aber in Mayas Phantasie war er jetzt in Marokko, und dort würden sie das Wohnmobil abstellen und sich in den Garten setzen, an eine sprudelnde Quelle, und dort zu viert in den zwei Häuschen wohnen und jeden Abend den Sternenhimmel anschauen, der schon immer dagewesen war und der immer noch da sein würde, wenn sie alle längst tot und vergessen und zu Staub zerfallen wären.

»Willkommen in der Schweiz«, sagte Jacob. Links und rechts von ihnen ragten Berge in die Höhe, und die Straße führte bergauf zur Mündung eines Seitentals.

Maya nahm ein längliches weißes Plastikobjekt, das sie die ganze Zeit in der Hand gehalten hatte, und drückte es Jacob in die Hand.

»Was ist das?«, fragte Jacob.

»Stell dich nicht so dumm«, sagte sie.

»Zwei Striche heißt positiv, oder?«

Maya nickte.

Jacob nahm die rechte Hand vom Steuer und legte den Arm um Maya.

»Freust du dich?«, fragte sie.

»Was habt ihr da?«, fragte Moses.

Maya reichte ihm den Schwangerschaftstest. Moses schaute darauf und zu ihr und dann wieder auf den Test. »Krass«, sagte er, »krass. Mir fällt kein anderes Wort ein. Das ist krass.«

»Allerdings«, sagte Maya.

»Wo hast du überhaupt den Test her?«, fragte Moses.

»Von deiner Schwester aus der Krankenhausapotheke.«

Die Sonne brannte vom Himmel wie an einem heißen Augusttag. Aus den Wiesen stieg Dampf, und nach kurzer Zeit war Hochnebel, durch den die Sonne schien wie durch einen Schleier. Jacob sah hinaus in den Sonnenschein, der jetzt wieder hinter Wolken verschwand. Mit einem Mal wurde es kühler, und Jacob spürte in sich eine Frage, die er sich zu stellen verbot, aber die Frage stellte sich selbst, er wurde sie nicht los, also sagte er: »Ist das von …«

Maya sah ihn an, und sie wusste genau, wie die Frage lautete.

Jacob machte nur eine vage Handbewegung in Moses' Richtung.

Maya schwieg, und sie fühlte sich, als würde ihr der Boden unter den Füßen weggezogen.

»Macht ihr euch jetzt Vaterschaftsgedanken?«, fragte Moses mit leiser Stimme. »Spießer. Zu dem Thema haben wir gestern alles Wesentliche gesagt.«

Die Wolken wurden dichter, der Himmel fast schwarz, dann setzte Regen ein, der sich nach wenigen Sekunden zu einem Wolkenbruch steigerte, bis die Straße sich in einen kleinen Fluss verwandelte und man nur noch einige Meter weit sehen konnte. Jacob hielt an und wartete, bis der Schauer vorbei war. Es donnerte von Ferne, und dann fuhr mit einem ungeheuren Krachen ein Blitz in einen Baum, der zehn Meter vor ihnen am Straßenrand stand. Der Baum begann in einer Stichflamme zu brennen. Maya stieß einen Schreckensschrei aus und klammerte sich an Jacob, und Jacob hielt sie, so fest er konnte.

Dann krachte ein zweiter Blitz, Jacobs Herz blieb für einen Moment stehen, die Haare standen ihm zu Berge, der Blitz hatte das Wohnmobil getroffen. Kleine blaue Flammen tanzten auf dem Blech der Karosserie und verloschen dann.

»Krasse Show«, sagte Moses.

Der Regen hörte so schlagartig auf, wie er eingesetzt hatte. Jacob fuhr wieder los. Schon nach dreihundert Metern war die Straße trocken, und graue Wolkenfetzen jagten über den Himmel. Sie waren in den Alpen, in einem hohen Tal, an dessen Bergflanken die Baumgrenze sichtbar war und darüber, wenn die Wolken eine Lücke ließen, Schnee.

Von irgendwoher erklang ein Handyton.

»Ist das deins?«, fragte Maya.

»Würde mich sehr überraschen«, sagte Jacob, »mein Handy ist irgendwo im Rucksack.«

Maya kletterte nach hinten und durchwühlte Jacobs Rucksack, bis sie sein Handy gefunden hatte.

»*Jetzt haben wir den Salat*«, las sie vor, »unbekannte Nummer mit Vorwahl +41.«

»Das könnte die Willkommensnachricht vom Schweizer Mobilfunknetz sein«, sagte Moses.

Maya stieg mit dem Handy wieder nach vorn. Jacob warf einen Blick auf die Vorschau der Nachricht, sagte »keine Ahnung« und steckte das Handy weg.

»Willst du es nicht lesen?«, fragte Maya.

»Hab ich doch schon.«

»Mich würde an deiner Stelle interessieren, ob die Person noch mehr geschrieben hat.«

Jacob zog das Handy wieder aus der Tasche und entsperrte es.

»Danke«, sagte Maya, nahm es ihm kurzerhand ab und las den Schriftwechsel, der vor dieser letzten Nachricht stattgefunden hatte. Zunächst waren da lauter Nachrichten von Jacob, der schrieb, dass er die andere Person vermisste und dass sie sich bitte melden sollte. In den Nachrichten davor schrieb er, dass er die Begegnung wunderbar gefunden hatte und sich seit dem Kuss fühlte wie ein anderer Mensch. Noch weiter oben gab es Antworten von der anderen Nummer. Sie verabredeten ein Treffen und tauschten sich über Musik aus.

»Nee«, sagte Maya, »nee. Ich glaub's nicht.«

Jacob war auf alles vorbereitet, aber nicht auf das, was jetzt geschah. So wie er Maya bisher kannte, hätte sie ihn jetzt beschimpft, das Handy aus dem Fenster geschleudert oder ihn tätlich angegriffen. Nichts davon tat sie. Stattdessen brach sie in Tränen aus. Ein Schluchzen schüttelte ihren ganzen Körper, sie heulte leise, aber mit einer Gewalt, als wollte sie nie wieder aufhören, als weinte sie um sämtliche großen und kleinen Lügen und Unehrlichkeiten seit Anbeginn der Menschheit.

Jacob schaute auf die Straße, und er fühlte sich, als könne er mit ihr losheulen.

Die Straße führte um eine Kurve. In den Wolken öffnete sich eine Lücke, und die Sonne schien vom Himmel, so strahlend hell, dass Jacob kaum mehr etwas sehen konnte.

»Erklär mir das bitte«, schluchzte Maya.

»Ich hab mich verliebt«, murmelte Jacob, »aber ich weiß nicht, ob sie überhaupt existiert.«

»Das gehört zum Verlieben dazu«, sagte Moses. Jacob meinte zu sehen, wie auch Moses Tränen in den Augen standen.

»Tu dir keinen Zwang an«, sagte Moses, »es gibt immer genügend Gründe zum Heulen.«

Jacob spürte, wie ihm etwas die Kehle zuschnürte, er musste schluchzen, um Luft zu bekommen, und dann liefen ihm Tränen die Wangen hinunter. Er hielt den Wagen an, schaltete den Motor aus, sank nach vorn aufs Lenkrad und heulte. So saßen sie zu dritt in Frau Frankenbergers Wohnmobil und weinten sich die Seele aus dem Leib, denn es war ja so, wie Moses sagte, es gab immer genügend Gründe zum Heulen, man musste sich nicht für einen entscheiden, also weinten sie um das, was sie einander angetan hatten, und um das, was die Welt ihnen angetan hatte, und um das, was noch passieren würde, und außerdem weinten sie um das, was sie sich einzeln und gemeinsam für die Zukunft erträumt hatten, was aber aller Wahrscheinlichkeit nach nicht eintreten würde.

Jacob nahm Maya in den Arm.

Maya dachte an Benedikt, den Mann, den sie in der Rettungsstelle am Kaffeeautomaten kennengelernt hatte, und sie bedauerte, dass sie sich bei ihm nicht mehr gemeldet hatte. Dann schloss sie die Augen und malte sich ein Leben aus, das in Berlin einfach so weitergegangen wäre, mit Benedikt und ihr oder vielleicht auch mit Jacob, wer konnte das wissen.

Die Straße wurde schmaler und führte in Serpentinen weiter bergauf.

Die Sonne brannte vom Himmel.

Moses legte die Decke ab, weil ihm heiß wurde. Der Blutfleck hatte sich ausgebreitet, das Blut war an der Hose nach unten gelaufen, tropfte in seinen Schuh und auf den Boden.

»Ich spür schon wieder mein Bein nicht«, murmelte er und versuchte das Seil zu lösen. Blut strömte aus der Wunde.

»Hör auf!«, sagte Maya, »mach das wieder fest.«

Sie zog das Seil wieder an, fester als zuvor.

»Bin mir nicht sicher, ob das was bringt«, sagte Moses, »da ist vermutlich doch irgendeine Arterie verletzt.« Seine Lippen und die Ränder seiner Augen waren blass. »Ich glaube, das wird nix mehr«, murmelte er.

»Du hältst jetzt durch«, sagte Maya.

»Jawoll.«

Es gab nur noch die Straße, auf der sie fuhren, keine andere mehr, keine Einmündungen und Abzweigungen, es ging immer weiter hinauf in die Berge. Am Himmel war keine Wolke, die Sonne brannte, links und rechts der Straße erhoben sich Felsengebirge, auf deren Spitzen Eis glitzerte, und Bergwälder, aus denen Dampfschwaden aufstiegen. Jacob hörte ein Donnergrollen und sah im Rückspiegel, wie hinter ihnen eine Lawine ins Tal fuhr, und dann schien dort, wo der Schnee hergekommen war, ein Berggipfel zu zerbrechen. Felsen krachten, Staub stieg auf und der Boden zitterte.

»Mir ist eine Erkenntnis gekommen«, sagte Moses mit matter Stimme, »und zwar zum Grundproblem der Welt am Beispiel der Popmusik.«

»Erzähl«, sagte Maya.

»Die Parallelen zwischen der Form von Musikinstrumenten und dem menschlichen, zumal weiblichen Körper sind ja oft beschrieben worden …«

Jacob nahm Gas weg und fuhr langsamer, um zu verstehen, was Moses sagte.

»…nehmen wir beispielsweise die Gitarre, da ist eigentlich alles klar: Gerundete Hüften, schmale Taille, darüber wird es wieder breiter, man

478

nimmt sie in den Arm – aber da hört die Analogie ja nicht auf. Was ist denn in der Mitte? Ein Loch. Ganz einfach. Man spielt mit seinen Fingern in der Umgebung dieses Loches herum und bringt wunderschöne Klänge zum Vorschein. Das ist so platt und naheliegend, dass es fast schon wehtut.«

»Man steckt die Finger aber nicht in das Loch«, sagte Maya, »und auch keine anderen Körperteile.«

»Korrekt, aber Musik ist ja selber auch nur eine Analogie, ein Spiel mit dem Vorspiel«, erwiderte Moses, »keine eins-zu-eins-Abbildung eines technischen Vorgangs. Der interessante Teil kommt erst jetzt. Was ist denn mit der E-Gitarre? Ähnliche Form, aber hey: *Kein* Loch. Man sucht verzweifelt, aber man findet es nicht, weil es keines gibt. Und deswegen schreit man vor Schmerzen und veranstaltet einen unglaublichen Wutanfall.«

»Aber Rockmusiker waren doch in den letzten hundert Jahren die Berufsgruppe, die am meisten Sex hatte«, wandte Jacob ein.

»Auch richtig, aber es geht ja gar nicht um Sex. Sex steht nämlich auch nur für etwas anderes.«

»Und zwar?«

»Sex steht für den eigentlichen Sinn des Lebens.«

»Ich dachte, für euch Männer *wäre* Sex der Sinn des Lebens?«, sagte Maya.

»Nein. Sex *ist* nicht das, was wir wollen, sondern er *symbolisiert* das, was wir eigentlich wollen. Nämlich: Verschmelzen, uns in Liebe vereinigen und dabei etwas Neues zum Vorschein bringen. Die Ursünde der Natur ist nämlich die Zellteilung. Seit die allererste Zelle sich geteilt hat, haben die geteilten Teile Heimweh nacheinander und wollen wieder zusammenkommen. Die Trauer über diese erste Teilung steckt seit Millionen Jahren in uns drin, und das wollen wir rückgängig machen.«

»Krass« sagte Maya.

»Die Natur legt sich dafür tierisch ins Zeug: Mehrzellige Organismen, Symbiosen, Wälder, Wolfsrudel, Ameisenstaaten, Affenhorden,

Familienclans. Die gesamte menschliche Kultur. Wir waren echt gut. Wir haben die Musik erfunden, also den erfreulichsten Weg, das Getrennte in einem großen Liebesakt zusammenzubringen. Aber dann ist irgendwas schiefgegangen, irgendwann im 19. oder 20. Jahrhundert, und was wir jetzt sehen, ist nur ein Symptom des Grundproblems. Die E-Gitarre, die kein Loch hat, steht für eine Welt, in der die Spaltung das letzte Wort ist und nicht überwunden werden kann. Und die völlig adäquate Reaktion hierauf ist ein Schmerzensschrei und ein Wutanfall. Ich glaube, mir ist schlecht.«

Seine Stimme war matter geworden.

»Moses«, sagte Maya, »du musst dich jetzt mal schonen.«

»Okay« murmelte Moses, »ich schone mich, aber schont ihr euch bitte auch.«

Sie waren auf einem Hochplateau angelangt, an dessen Ende man auf einer Anhöhe hinter einem Waldstück ein Gebäude sehen konnte, dessen rundes Dach in der Sonne glitzerte. Sie durchquerten den Wald in langen Kurven zwischen niedrigen Kiefern. Dann endete die Straße auf einem Kiesplatz vor einem viereckigen Gebäude, das an jeder Ecke eine kleine Kuppel hatte und in der Mitte eine große, die mit Blech gedeckt war. Vor dem Eingangstor war ein Auto geparkt, und auf einem Schild stand: OBSERVATORIUM FABIANSHÖHE.

Jacob lenkte das Wohnmobil auf den Parkplatz, hielt an und stellte den Motor ab. Er öffnete die Tür und stieg aus. Draußen war völlige Stille, nur der Wind rauschte in den Wipfeln des Waldes. Drei Stufen führten zu einem Gittertor, danach ging es noch drei Stufen hinauf und dann auf einem geraden Weg zwischen zwei niedrigen Seitengebäuden zum Haupthaus des Observatoriums.

Maya öffnete vorsichtig die Beifahrertür. Moses drehte den Kopf zu ihr. Er war totenblass. Am Boden war eine Blutlache, die jetzt zur offenen Tür hinausfloss.

»Ich würde gern mal raus hier«, flüsterte er. Maya griff nach der Decke, die vor ihm am Boden lag, und breitete sie auf dem Kies aus. Dann stützte Jacob Moses, der sich nicht mehr auf den Beinen halten konnte, und half ihm beim Aussteigen. Moses sank auf die Decke und lehnte sich an das Wohnmobil. Maya und Jacob hockten sich neben ihn.

»Jacob, Maya, es war sehr schön mit euch«, murmelte Moses, »ich habe unsere Freundschaft als das mit Abstand bereicherndste Element meines Lebens wahrgenommen …«

Seine Stimme brach weg. Maya biss sich auf die Lippen.

»…und gebe daher jedem von euch eine Bewertung von fünf Sternen. Lasst ihr mir bitte auch eine gute Bewertung da? Danke.«

Maya heulte, und Jacob heulte auch. Moses spürte den Druck ihrer beider Hände, und es war das letzte, das er spürte, bevor ihm kalt wurde, doch dann, als das Leben sich aus seinem Körper zurückzog, wurde ihm warm, und sein letzter Gedanke war Betsie, und dass er gern die Chance gehabt hätte, mit ihr nochmal von vorn anzufangen, auf eine andere Art, leiser und behutsamer, vielleicht in einer anderen Stadt und einer anderen Zeit, in der die Menschen nicht so erregt und jederzeit bereit waren, einander an die Gurgel zu gehen. Er spürte noch einmal ihre Berührung, und ihm wurde warm. Dann zog das Leben sich noch ein Stück weiter aus seinem Körper zurück, und er dachte mit einem allerletzten Gedanken an die Verkäuferin in dem türkischen Bäckerladen, in deren Gegenwart er sich so merkwürdig geborgen gefühlt hatte. Er sah hinauf in die Sonne, deren Strahlen ihn ein Leben lang gewärmt hatten. Dann fiel ein Schatten auf sein Gesicht, und eine Gestalt stand über ihm.

»Hallo«, sagte Hannah.

Jacob wandte den Blick zu ihr, und durch einen Schleier aus Tränen sah er ihr Gesicht und wusste, wen er vor sich hatte.

»Braucht ihr noch nen Moment?«, fragte sie, »dann warte ich drin.«

Ihr Schatten ging wieder davon, und als die Sonne wieder auf Moses' Gesicht fiel, war kein Leben mehr darin.

Maya schloss ihm die Augen, dann fiel sie in Jacobs Arme, rollte sich zusammen wie ein Embryo und wollte wieder ein Baby werden, wollte zurückgehen durch die gesamte Evolution, durch alle Reihen von Zwei- und Vierbeinern, aus deren Nachkommenschaft sie durch Hunderte von Millionen Jahren bis hierhergekommen war, bis zum Fisch und zum Einzeller, der in einem unendlichen Ozean schwamm, zurück zur ersten lebenden Zelle, bis nichts mehr übrig war, und dann wollte sie sich auflösen in einem unendlichen Meer, in dem niemals Leben entstehen würde.

Die Sonne brannte vom Himmel und schien größer zu sein als zuvor. Im Wald um sie herum knackste es, und bei jedem Windstoß schien irgendwo ein Baum umzufallen. Aus der Ferne erklang Donnergrollen, und dann zitterte die Erde. Jacob und Maya wussten nicht, wieviel Zeit vergangen war, als sie in das Observatorium hineingingen. Maya hatte die Basilikumpflanze aus dem Wohnmobil mitgenommen und trug sie im Arm wie ein Baby. Die Türen standen offen, vom Vorraum ging es in einen Kontrollraum voller Geräte und dann in eine große, runde Halle, in der ein Teleskop, das zehn Meter lang sein mochte, durch den offenen Schlitz in der Kuppel auf den gleißenden Himmel gerichtet war. Hannah stand an einem Tisch und las in einem Buch.

»Da seid ihr ja«, sagte sie, »war die Fahrt okay?«

Jacob starrte sie schweigend an. Maya spürte, wie ihr Herz klopfte, und hörte den Herzschlag als regelmäßiges Sausen in ihren Ohren.

»Was hast du eigentlich in Ueckermünde gemacht?«, fragte Jacob.

»Moses hatte mir geschrieben, dass er auf dem Weg dahin ist«, sagte Hannah, »also dachte ich, ich guck mir das mal an, ob er immer noch so ist, wie er war.«

»Wie war er denn?«, fragte Maya.

»Einer, der das, was ihm angetan wird, an Schwächeren auslässt. So einer war er.«

»Nein, so war er nicht«, sagte Maya.

»Doch. Menschen sind so. Einige vermindern die Gesamtsumme des Leidens in der Welt, andere vermehren es, und die sind in der

Überzahl, deswegen ist das ganze Ding zum Scheitern verurteilt. Aber bevor wir uns da streiten, muss ich euch was zeigen.«

Sie ging zu einem Monitor und drückte auf einige Tasten. Das Teleskop setzte sich mit lauten Geräuschen in Bewegung, und auf dem Monitor erschien das Bild eines Planeten, der von einer scheibenförmigen Wolke umgeben schien.

»Das ist der Saturn«, sagte sie, »die Ringe haben sich aufgelöst, und der ganze Planet verliert seine Kontur. Cool, oder?«

»Seit wann kann man tagsüber die Sterne beobachten?«, fragte Jacob.

»Fortgeschrittene Technologie. Das Ding hier ist in erster Linie kein astronomisches Observatorium, sondern ein kosmologisches. Wir werten Teilchenströme aus. Ich hab mich hier anstellen lassen, obwohl ich ein bisschen überqualifiziert bin, aber das war denen egal, und ich find's nett. Was soll ich in Genf sitzen und mich langweilen.«

»Ganz kurz mal«, sagte Maya, »bitte erklär uns, was hier los ist, und zwar so, dass wir es verstehen.«

»Wir haben am CERN die Grundstruktur des Universums verändert. Eine der Naturkonstanten, die die Atome zusammenhält, wurde in der dritten Nachkommastelle ein bisschen verschoben. Ups, dumm gelaufen, hätte nicht passieren dürfen. Die waren selber überrascht. Der Typ mit seinem Sensos-Institut hat schon die richtigen Fragen gestellt und ist dann auf mich gestoßen, aber der ist sozial so unfähig, der könnte alles erzählen und keiner würde ihm glauben.«

»Und das hast du veranlasst, weil du die Welt scheiße findest und willst, dass sie endet.«

»Ich hab gar nichts veranlasst. Ich hab das kommen sehen und einfach nichts gemacht. Ich hätte die warnen können, aber das hätten die Herren und Damen Professoren in den Wind geschlagen. Und selbst wenn sie auf mich gehört und das Experiment abgeblasen hätten, dann hätten es halt die Chinesen in drei Jahren gemacht, mit demselben Resultat.«

»Und was ist das Resultat?«, fragte Jacob.

»Siehste doch. Materialermüdung. Die Haltbarkeit der Materie hat sich um ein ganz kleines bisschen reduziert. Der Initialmoment war im Sommer, Ende August. Ging ja auch ein bisschen durch die Medien. Die Veränderung hat sich vom Zentrum, also in der Nähe von Genf, mit Lichtgeschwindigkeit durch den Raum ausgebreitet, sie hat also nach achteinhalb Minuten die Sonne erreicht und nach knapp anderthalb Stunden den Saturn, den wir hier sehen. Beim nächstgelegenen Stern wird sie erst in vier Jahren ankommen, und im Zentrum unserer Galaxie in 27 000 Jahren. Die haben also noch ein bisschen Zeit, falls da überhaupt jemand ist.«

Der Boden zitterte.

»Haltet euch besser mal irgendwo fest«, sagte Hannah.

Die Erde grollte, das Dach wackelte, Staub rieselte aus der Kuppel. Jacob hielt sich an einem Geländer fest und nahm Maya in den Arm. Dann sagte er: »Ich hätte da einen Einwand.«

»Und zwar? Liebe oder so? Spar dir die Mühe, reicht nicht. Die konstruktiven Kräfte sind insgesamt unterlegen. Das lässt sich auch mathematisch darstellen. Man kann sich natürlich hinstellen wie ein trotziges Kind und schreien: Ätsch, selbst wenn morgen die Welt untergeht, pflanze ich heute ein Apfelbäumchen. Das ändert nur leider die Realität nicht.«

Jacob öffnete seinen Rucksack und zog eine Stoß Notenpapier hervor.

»Was ist das?«, fragte Hannah.

»Musik.«

»Schön.«

»Diese Musik ist dadurch entstanden, dass wir uns begegnet sind. Und selbst wenn ich mittlerweile froh bin, dass aus dieser Begegnung nichts weiter geworden ist, dann ist da trotzdem etwas passiert. Musik verändert die Menschen, Musik verändert sogar die Zeit, und damit stimmt deine Rechnung nicht mehr.«

»Das hätte ich aber gemerkt.«

»Du merkst es daran, dass wir jetzt hier sind.«

Der Boden zitterte erneut. An der Decke löste sich eine Lampe und fiel klirrend zu Boden.

»Ich habe auch gemerkt, dass die Idioten in Genf das machen, was sie machen. Vielleicht hätten die ja mehr Musik hören müssen.«

»Dann wären die Dinge vielleicht anders verlaufen.«

»Wären sie nicht. Man kann bis auf die molekulare Ebene gehen, man sieht nirgends eine Lücke in der Kausalität. Alles hat eine Ursache, die wieder auf eine andere Ursache zurückgeführt werden kann, nirgendwo ist Platz für freien Willen, alles musste so kommen.«

»Das ist leider Blödsinn«, rief Maya, »da ist nämlich die Beweislast einfach falsch. Mein subjektives Erleben, dass ich jetzt aus freiem Willen *du blöde Schlampe* sage, ist nicht weniger real als dieses Geländer hier, und wenn du behaupten willst, es sei seit Anbeginn der Zeiten festgelegt, dass ich jetzt nochmal *du blöde Schlampe* sage, obwohl ich auch *du dumme Kuh* sagen könnte, dann muss ich dir nicht meine freie Entscheidung beweisen, sondern *du* musst *mir* die zwingende Kausalität nachweisen, die keinen Raum für freien Willen lässt.«

Die Erde zitterte stärker. In der Wand entstand ein Riss, und ein eisernes Geländer brach mit einem scharfen Geräusch aus seiner Verankerung.

»Na schön« sagte Hannah, »wenn ihr so entscheidungsfrei seid, was wollt ihr dann jetzt machen?«

»Wir halten dich auf, du dumme Kuh!«, schrie Maya.

»Da seid ihr zu spät. Es gibt nichts mehr aufzuhalten.«

»Dann können wir dir immer noch eine reinhauen!« Maya sah sich nach einer Waffe um und griff nach einem blechernen Papierkorb.

»Na bitte«, sagte Hannah, »sag ich doch, die destruktiven Elemente sind am Ende die stärkeren.«

»Nein«, erwiderte Jacob, »und das werden wir dir jetzt beweisen. Ich habe mit dieser Frau hier, die gerade diesen Papierkorb in der Hand hält, die letzten vier Jahre meines Lebens verbracht, und diese vier Jahre waren selbst ein Musikstück, das es auf dieser Welt nur ein einziges Mal gegeben hat. Und wenn jetzt tatsächlich die Welt untergeht und wir alle sterben, dann werde ich sie in den Arm nehmen und sie küssen, während du hier allein stehst und niemanden hast, weil die Menschen in der Summe ja so schlimm und böse sind. Komm, leg den Mülleimer weg.«

Er nahm Maya in den Arm, und er dachte zurück an ihren ersten Kuss, das war auf der Premierenfeier des Theaterstücks gewesen, bei dem sie sich kennengelernt hatten, in einer anderen Zeit und in einem anderen Land, spät nachts in einem Keller voller feiernder junger Menschen, die große Ideen hatten. Da waren Maya und er gewesen, vier Jahre jünger als jetzt, und sie hatten sich in die Augen geschaut und einander geküsst, die vier Jahre seit jenem Moment waren im Flug vergangen, und der Rest würde auch im Flug vergehen, während die Sterne seit Jahrmillionen am Himmel standen, da musste man sich küssen, also küssten sie sich, und es war wie das erste Mal, und weil ihm gerade danach war, hob er Maya in die Höhe, und als ihre Körper sich berührten, dachte er, dass es schade war, dass sie schon so lang nicht mehr miteinander geschlafen hatten.

Mit einem Knall schlug ein Blitz ins Gebäude, und von der Decke löste sich ein Stahlträger, an dem eine Kette befestigt war, sodass der Träger nur noch an der Kette hing und auf Jacob und Maya zu schwang. Jacob öffnete rechtzeitig die Augen, um zu sehen, wie der Träger auf Mayas Hinterkopf zu sauste. In einer schnellen Reaktion packte er sie und drehte sie aus der Bahn des Objekts, und dadurch drehte er sich selbst in die Kollisionslinie. Der Träger traf seinen Schädel, 300 Kilo Metall gegen einen menschlichen Kopf. Jacobs Bewusstsein verlosch in einem Augenblick, und er fiel leblos zu Boden. Maya wurde von dem Zusammenprall weggestoßen und taumelte gegen den Tisch. Der Träger hatte sie an ihrem eingegipsten Arm getroffen, ihre Hand blutete, und ein pochender Schmerz meldete sich.

Hannah hatte das Teleskop erneut bewegt und es direkt auf die Sonne gerichtet. Der Monitor zeigte einen brodelnden, dunkel leuchtenden See aus Licht.

»Die Kernfusion in der Sonne hat sich auch verändert«, sagte Hannah. »Die Lichtintensität steigt bereits, und als nächstes sehen wir hier, wenn ich mich nicht irre, ein weißes Loch, das uns alle wegbläst und die Atmosphäre zum Kochen bringt. Das ist ein ganz spannendes Phänomen. Man hat selten die Chance, sowas live zu beobachten.«

Maya stand schweigend im Raum und hielt ihren schmerzenden Arm. Sie wusste nicht, warum, doch sie fühlte sich in diesem Moment wie der mächtigste Mensch der ganzen Welt.

Hannah lächelte ihr zu. »Tut mir leid um deine Freunde«, sagte sie, »aber wir sind auch gleich dran, da ist wirklich nichts mehr zu machen.«

»Doch«, erwiderte Maya, »es gibt immer Hoffnung. Ich bin schwanger, das weiß ich seit drei oder vier Stunden, aber ich ahne es seit Tagen und Wochen, und ich würde dieses neue Leben verteidigen bis ans Ende der Welt.«

»Das ist dann ja nicht mehr so lang hin«, sagte Hannah.

»Und außerdem verteidige ich diese Basilikumpflanze«, sprach Maya, »die habe ich bis hierher gebracht und werde mich um sie kümmern, so lange ich lebe.«

Der Boden zitterte, das Donnergrollen wurde stärker und hörte nicht mehr auf. Das Teleskop brach aus seiner Verankerung und stürzte halb ab, bevor es auf einem Eisenträger hängenblieb.

»Übrigens, der Grund, dass wir überhaupt hier sind«, rief Maya, »war die Liebe deines Vaters, der dich großgezogen hat. Er wollte wissen, ob du wirklich sein Kind bist.«

»Das ist ja nun nicht Liebe, sondern das exakte Gegenteil«, entgegnete Hannah. »Ein Vater, der nur in Frieden sterben kann, wenn sein Kind auch wirklich von ihm ist? Eine Welt, die auf diese Art funktioniert, die muss dringend beendet werden.«

»Natürlich hat er dich geliebt!« rief Maya. »Am Ende war ihm vollkommen egal, wer von wem abstammt! Er hatte Angst davor, dass die Bindung zwischen ihm und dir nicht hält, und er wollte dich sehen, bevor er stirbt! So sind Menschen nun mal!«

»Nein, so sind sie nicht! Aber so wären sie gern! Das sind Geschichten, die sie sich erzählen!«

Mit einem Schlag löste sich die stählerne Halterung, die das Teleskop noch in Position hielt, und zerbrach in einzelne Teile. Das Teleskop sackte auf den Boden, kippte zur Seite weg und begrub Hannah unter sich. Das tonnenschwere Eisengerät zerquetschte ihren Brustkorb, und Maya sah ein ungläubiges Staunen in ihren Augen, als die Luft aus ihren Lungen gequetscht wurde und die Splitter der Rippen ihr Herz durchbohrten.

Der Boden bewegte sich mit einem Ruck in die Höhe, und in der Erde tat sich ein Spalt auf. Maya wurde in die Höhe katapultiert, und als sie nach oben fiel, merkte sie, dass da keine Kraft mehr war, die sie nach unten zog, und sie schwebte durch den leeren Raum, zusammen mit lauter Gegenständen, die zuvor am Boden gewesen waren. Ein Windstoß fuhr durch den Schlitz im Dach und wirbelte Jacobs beschriebene Notenblätter in die Höhe, sodass der ganze Raum auf einmal mit Musik erfüllt war, die nie erklungen war und nie erklingen würde, doch Maya fühlte sich umfangen und aufgehoben wie in Jacobs letzter Umarmung, deren Wärme sie noch spürte, und sie stellte sich vor, wie sie Arm in Arm mit Jacob an einem Frühlingstag im Garten ihrer Mutter auf der Wiese lag, die Sonne ihnen ins Gesicht schien und über ihnen an den Ästen der Apfelbäume die ersten Blätter wuchsen.

Dann wurde die Sonne so hell, dass sie die Augen schließen musste, und noch heller, so dass es ihre Augen durch die geschlossenen Lider hindurch blendete und ein intensiver Schmerz überall zugleich in ihrem Körper aufleuchtete, und sie spürte eine ungeheure Hitze, der sie nichts entgegenzusetzen hatte. Die Hitze wurde glühend, eine Front aus gleißendem Licht und tödlichen Strahlen erreichte die Erde, vernichtete alles, was da noch war, und Maya starb im Bruchteil einer Sekunde.

Epilog

Der Gott, den es im Theater nicht geben darf, weil die Menschen ihre Probleme selbst lösen sollen, der existierte für einen Moment doch, und gerade als er sein Schöpfungswerk rückgängig gemacht hatte, weil er es sah und es nicht gut war, und die Sonne in einem tödlichen Blitz alles Leben vernichtete, da sprach er zu sich: Wir wollen einen neuen Versuch wagen.

So erschuf er eine neue Erde in einem neuen Universum, und auf dieser Erde erschuf er einen Garten mit Gras und Büschen und Obstbäumen. Dann nahm er Maya, hob sie empor aus dem Tod und setzte sie mit sanfter Hand in den neuen Garten, wo sie in einen langen Schlaf fiel, in dem sie sich weiter an die Basilikumpflanze klammerte, die sie als einziges aus der alten Welt gerettet hatte. Dann zog er sich zurück und erteilte keine weiteren Ge- und Verbote, sondern sah, dass es gut war, und verfolgte die weiteren Ereignisse aus wohlwollender Distanz.

Maya erwachte, und alles, was geschehen war, erschien ihr wie ein ferner Traum, doch sie wusste, dass es kein Traum gewesen war, sondern ihr bisheriges Leben, und ihre Basilikumpflanze war ein Beweis, dass all das wirklich passiert war. Der Garten gab ihr, was sie zum Leben brauchte, sie aß Früchte und Nüsse, sie machte Feuer und kochte, und für manches erfand sie neue Namen. Nach einem Dreivierteljahr brachte sie Zwillinge zur Welt, einen Jungen und ein Mädchen, denen man vom ersten Augenblick ansehen konnte, dass sie zwei verschiedene Väter hatten, denn der Junge hatte dunkles Haar, dunkle Augen und war entschlossen und temperamentvoll, das Mädchen hingegen war schmal und blond, hatte blaue Augen und hörte vom ersten Moment an fasziniert zu, wenn Maya ihr ein Lied vorsang. Sie nannte die Kinder Ruth und Dieter, im Andenken an die Freundin ihrer Mutter und deren Mann, der ihr das Theater geschenkt hatte, und sie zog sie mit Liebe und in Freiheit groß und lehrte sie alles, was sie über das Leben wusste. Aus Blättern und Zweigen und Papier, das sie selbst hergestellt hatte, baute sie ein Figurentheater, in dem sie ihnen die Geschichten der alten Menschheit vorspielte und ihre eigene Geschichte, die mit einem Gott endete, der sie in diesen Garten versetzt und der Menschheit die Chance gegeben hatte, nochmal neu anzufangen und es diesmal besser zu machen.

Und weil dieser Gott ein kluger Gott war, hatte er Maya nicht ganz alleine in die Welt gesetzt, sondern noch ein paar andere Eltern mit ihren Kindern, sodass Ruth und Dieter, als sie erwachsen wurden und hinausgingen in die neue Welt, auf andere Menschen trafen und mit ihnen eine neue Menschheit zeugten, deren Stammeltern nicht so mutterseelenallein in die Welt kamen wie damals Adam und Eva, sondern eine Mutter hatten, die sie von Herzen liebte.

ENDE

Dietrich Brüggemann
geboren 1976 in München, Filmemacher, Musiker und Autor. Re-
giestudium an der Babelsberger
Filmhochschule. Erster Spielfilm
Neun Szenen, danach *Renn, wenn
du kannst* und *3 Zimmer Küche
Bad*. Zuletzt erhielt sein Film *Nö*
den Preis für die beste Regie beim
Festival in Karlovy Vary. Dreh-

buchautor und Regisseur dreier preisgekrönter Tatort Folgen, Komponist für alle seine Filme und, gemeinsam mit Desiree Klaeukens, Gründer der Band *Theodor Shitstorm*. Brüggemann lebt in Berlin.

d-trick.de